全国高职高专教学改革规划教材
编写委员会

全国高职高专 教学改革 规划教材

汽车机械基础

韩翠英　主　编
燕晓红　李　政　副主编
尹万建　主　审

化学工业出版社

·北京·

图书在版编目（CIP）数据

汽车机械基础/韩翠英主编．—北京：化学工业出版社，2010.2

全国高职高专教学改革规划教材

ISBN 978-7-122-06601-5

Ⅰ．汽…　Ⅱ．韩…　Ⅲ.汽车-机械学-高等学校：技术学院-教材　Ⅳ．U463

中国版本图书馆 CIP 数据核字（2010）第 001089 号

责任编辑：周　红　　　　　　　　　　　　文字编辑：闫　敏
责任校对：洪雅姝　　　　　　　　　　　　装帧设计：尹琳琳

出版发行：化学工业出版社（北京市东城区青年湖南街 13 号　邮政编码 100011）
印　　装：大厂聚鑫印刷有限责任公司
787mm×1092mm　1/16　印张 20¼　字数 509 千字　2010 年 2 月北京第 1 版第 1 次印刷

购书咨询：010-64518888（传真：010-64519686）　售后服务：010-64518899
网　　址：http://www.cip.com.cn
凡购买本书，如有缺损质量问题，本社销售中心负责调换。

定　　价：39.00 元

序

随着市场经济体制的完善、科学技术的进步、产业结构的调整及劳动力市场的变化，职业教育面临着"以服务社会主义现代化建设为宗旨、培养数以亿计的高素质劳动者和数以千万计的高技能专门人才"的新任务。高等职业教育是全面推进素质教育，提高国民素质，增强综合国力的重要力量。2005年颁布的《国务院关于大力发展职业教育的决定》中，国家进一步推行以就业为导向、继续实行多形式的人才培养工程和推进职业教育的体制改革与创新，提出"职业院校要根据市场和社会需要，不断更新教学内容，合理调整专业结构"。在《关于全面提高高等职业教育教学质量的若干意见》（教高〔2006〕16号）文件中，教育部明确指出"课程建设与改革是提高教学质量的核心，也是教学改革的重点和难点。高等职业院校要积极与行业企业合作开发课程，根据技术领域和职业岗位（群）的任职要求，参照相关的职业资格标准，改革课程体系和教学内容。"

新时期下我国经济体制转轨变型也带来对人才需求和人才观的新变化。大量新技术、新工艺、新材料和新方法的不断涌现使得社会对新型技能人才的需求更加迫切，而以传统学科式职业教学体系培养出来的人才无论从数量、结构和质量都不能很好满足经济建设和社会发展的需要，而满足社会的需要才是职业教育的最终目的。在新形势下，进行职业教育课程体系的教学改革是职业教育生存和发展的唯一出路。改革现行的培养体系、课程模式、教学内容、教材教法，培养造就技术素质优秀的劳动者，已成为高等职业学校教育改革的当务之急。

针对上述情况，高职院校应大力进行课程改革和建设，培养学生的综合职业能力和职业素养。课程设计以职业能力培养为重点，与企业合作进行课程开发与设计，充分体现职业性、实践性和开放性的要求，重视学生在校学习与实际工作的一致性，有针对性地采取工学交替、任务驱动、项目导向、课堂与实习地点一体化等教学模式。课程的教学内容来自于企业生产、经营、管理、服务的实际工作过程，并以实际应用的经验和策略等过程性知识为主。以具体化的工作项目（任务）或服务为载体，每个项目或任务都包括实践知识、理论知识、职业态度和情感等内容，是相对完整的一个系统。在课程的"项目"或"任务"设置上，充分考虑学生的个性发展，保留学生的自主选择空间，兼顾学生的职业发展。

为此，化学工业出版社在全国范围内组织了二十所职业院校机械、电气、汽车三个专业的百余位老师编写了这套"全国高职高专教学改革规划教材"，为推动我国高等职业院校教学改革做了有益的尝试。

在教材的编写思路上，我们积极配合新的课程教学模式、教学内容、教学方法的改革，结合学校和企业工业现场的设备，打破学科体系界限和传统教材以知识体系编写教材的思路，以知识的应用为目的，以工作过程为主线，融合了最新的技术和工艺知识，强调知识、能力、素质结构整体优化，强化设备安装调试、程序设计指导、现场设备维修、工程应用能力训练和技术综合一体化能力培养。

在内容的选择上，突出了课程内容的职业指向性，淡化课程内容的宽泛性；突出了课程内容的实践性，淡化课程内容的纯理论性；突出了课程内容的实用性，淡化课程内容的形式性；突出了课程内容的时代性和前瞻性，淡化课程内容的陈旧性。

在编写力量上，我们组织了一批高等职业院校一线的教学名师，他们大都在自己的教学岗位上积极探索和应用着新的教学理念和教学方法，其中一部分教师曾被派到德国进行双元制教学的学习，再把国外的教学模式与我国职业教育的现实进行有机结合，并把取得的经验和成果毫无保留地体现在教材编写中。

同时，我们还邀请企业人员参与教材编写，并与相关职业资格标准、行业规范相结合，充分体现了校企合作和工学结合，突出了创新性、先进性和实用性。

本套教材从编写内容和编写模式方面，都充分体现了全国高职院校教学改革的成果，符合学生的认知规律，适应科技发展的需要，必将为职业院校培养高素质人才提供强有力的保证。

编委会

课程建设与改革是提高教学质量的核心，也是教学改革的重点和难点。为贯彻教育部教学改革的重要精神，同时为配合职业院校教学改革和教材建设，更好地为职业院校深化改革服务，化学工业出版社组织二十所职业院校的老师共同编写了这套"全国高职高专教学改革规划教材"，该套教材涉及汽车、机械、电气专业领域，其中汽车专业包括：《汽车发动机构造与维修》、《汽车发动机电控系统维修》、《汽车底盘电控系统维修》、《汽车底盘维修》、《汽车自动变速器维修》、《汽车电器系统检修》、《汽车检测与故障诊断》、《汽车性能与使用》、《汽车保险与理赔》、《汽车涂装》、《汽车车身修复》、《汽车专业英语》、《汽车市场营销》、《汽车4S店运行管理》、《汽车机械基础》、《汽车电工电子技术》、《汽车液压、气压与液力传动》、《汽车消费心理学》、《汽车机械识图》等19种教材。

《汽车机械基础》是在高职高专汽车检测与维修专业人才培养模式的基础上，通过学生就业岗位需求和针对职业典型工作任务的分析，侧重培养学生基本技能，按工作过程系统化和课程的基本知识点确定学习情境，任务的选取围绕实际的案例从简到繁、由浅入深地展开，以提高学生分析问题和解决问题的能力为主线，注重和实际工作的结合及实际应用的训练，扩大知识面，增加学生的学习兴趣，充分体现了职业教育的特点。

《汽车机械基础》作为汽车运用与维修专业的一门专业技术课教材，是学好后继专业课的基础。全书共有4个学习领域。学习领域1为汽车工程材料，主要有4个学习情境，在内容上根据汽车行业特点分析各种工程材料的成分、性能及应用，其中学习情境4可以作为知识拓展或自学。学习领域2为工程力学，有9个学习情境，通过实例把工程力学的基本内容和实际工作过程相结合，达到学以致用的效果。学习领域3为公差配合与测量，有3个学习情境，主要讲述在汽车维修当中用到的零件检测方法和零件的尺寸及形位公差的概念，简明易懂。学习领域4为机械设计基础，有9个学习情境，通过实例讲述了常用机构和机械传动，以强化应用、培养技能为主。本教材以工作任务为导向，以项目为载体，可采用四步教学法、引导提示法、案例分析法、模拟教学法、实际动手法等多种教学方法进行教学与实践。每个学习情境设有若干任务，每个任务设有【任务描述】、【任务分析】、【知识准备】、【任务实施】、【自我评估】和【知识拓展】等。任务的选取从简单到复杂、由单一到全面，基本知识由浅入深贯穿全书。每个任务基于完整的工作过程，具有可操作性和可行性，内容安排合理。在教学过程中，建议学习领域1、2在一学期完成，学习领域3、4在下一学期完成，不同院校可根据本学校不同专业设置教学学时数，可以选择适当的任务进行教学。

本书由内蒙古机电职业技术学院韩翠英主编并负责全书统稿，燕晓红、李政副主编。内蒙古大学交通学院李政编写了学习领域1，内蒙古机电职业技术学院燕晓红编写了学习领域2，内蒙古机电职业技术学院郭秀珍编写了学习领域3，内蒙古机电职业技术学院刘芳编写了学习领域4。本书由邢台职业技术学院尹万建主审。

本书在编写前进行了广泛的调研，在制定编写提纲的过程中广泛听取了有关兄弟院校专业教师和学生的建议，在编写过程中得到了相关学校有关教师的大力支持和帮助，在此表示衷心的感谢。

由于编者水平有限，加之时间仓促，书中难免有疏漏和不妥之处，恳请广大读者批评指正。

本教材的练习题答案请到 http：//www. cipedu. com. cn下载！

编者

目录

学习领域 1 汽车工程材料

学习领域 ❷　工程力学

学习领域 ❸　公差配合与测量

学习领域 ❹ 机械设计基础

学习领域 1

汽车工程材料

学习情境 1.1 金属材料的力学性能

【学习目标】

(1) 了解钢铁材料的生产。
(2) 掌握金属材料的力学性能指标。

任务 1.1.1 钢铁材料的生产

【任务描述】

金属材料是现代工业中最重要的工程材料，汽车上应用最多的是金属材料，在工业上，通常把金属材料分为黑色金属和有色金属，黑色金属是指钢铁材料，这里将对不同形式的钢铁材料是如何生产的进行阐述。

【任务分析】

钢铁材料的生产，主要有炼铁、炼钢、钢材生产等。

【知识准备】

1. 炼铁

铁是钢铁材料的基本组成元素。在自然界，铁以各种化合物的形式存在，并同其他元素的化合物混在一起而成为铁矿石。炼铁本质上就是把铁从其他化合物中还原、分离出来，加入还原剂进行冶炼后，得到一种高碳的、同时含有硅、锰、硫、磷等杂质的铁碳合金，称为生铁。由于生铁性硬而脆，一般不直接用作工程材料，主要用于炼钢；含硅量较高的生铁可用于铸造。

2. 炼钢

由于生铁中含有较多的杂质和过多的碳，使其性能无法满足加工和使用的要求。为此，必须降低生铁中过量的碳及其他杂质的含量，采用的办法就是氧化。加入氧化剂，将杂质和碳氧化后，生成各种氧化物及 CO，最终以炉渣和气体的形式排除，这就是炼钢。由于氧化，钢中必然残留大量的 O_2 及 FeO，使其力学性能下降，故在炼钢过程中的后期还必须加入脱氧剂脱氧。常见炼钢方法有转炉炼钢法、平炉炼钢法、电炉炼钢法等。电炉炼钢法主要用于冶炼高级优质钢和合金钢，在汽车工业中应用较多。

3. 钢材生产

炼好的钢液大部分都浇注成钢锭，然后采用轧制、挤压、拉拔、锻造等压力加工方法，将钢锭加工成各种不同的形状、规格和尺寸的钢材，再投入使用。钢材的种类繁多，一般按其外形分为型材、板材、管材和线材等几大类。

(1) 型材是钢材中最重要的一类，也是数量最多的一类。根据其断面形状，常见型材有圆钢、方钢、扁钢、六角钢、角钢、槽钢、工字钢、螺纹钢等。

(2) 板材俗称钢板，一般包括中厚钢板、薄钢板、钢带（亦称带钢）和硅钢片等几大品种。

(3) 管材的品种很多，一般主要以无缝钢管和焊接钢管（即有缝钢管）进行区分。无缝钢管由于其断面上没有接缝，所以强度远高于焊接钢管。

（4）线材是直径为 6～9mm 的圆钢及直径在 10mm 以下的螺纹钢。由于常盘成圆形供给，所以通常又称为盘圆和盘条。线材经过进一步拉伸加工即为钢丝。

任务 1.1.2　金属材料的力学性能

【任务描述】

汽车上应用最多的是金属材料，金属材料的选择与使用，其主要依据就是其使用性能与工艺性能，力学性能是最重要的使用性能，是选材和设计零件的主要依据。

【任务分析】

根据任务描述，需要知道什么是金属的力学性能，金属的力学性能包括哪些指标，如何分析金属材料主要的力学性能指标，掌握每个指标的测试方法及在汽车零件设计制造中的应用。

【知识准备】

1. 金属材料和金属材料的力学性能

金属及其合金，统称为金属材料。金属材料的力学性能是指金属材料在载荷（外力）作用下表现出来的抵抗能力。常用的力学性能有强度、塑性、硬度、韧性和抗疲劳性等，用来表征材料力学性能的各种临界值或规定值均称为力学性能指标。金属材料的力学性能的优劣就是用这些指标的具体数值衡量的。

2. 强度与塑性

强度是指金属材料抵抗永久变形和断裂的能力。塑性是指金属材料断裂前永久变形的能力。强度和塑性的判断依据主要通过拉伸试验测定。

要研究材料的力学性能，必须先了解零件所承受载荷的性质和作用方式。根据载荷的性质，一般分为静载荷、冲击载荷和交变载荷。静载荷指载荷的大小和方向不变或变动极缓慢。汽车在静止状态下，车身对车架的压力属于静载荷。冲击载荷是指以较高速度作用于零部件上的载荷。当汽车在不平的道路上行驶时，车身对悬架的冲击即为冲击载荷。交变载荷指大小与方向随时间发生周期性变化的载荷。运转中的发动机曲轴、齿轮等零部件所承受的载荷均为交变载荷。根据载荷形式的不同，载荷也可分为拉伸载荷、压缩载荷、弯曲载荷、剪切载荷和扭转载荷等。

金属材料受到载荷作用时，发生几何尺寸和形状的变化称为变形。变形一般分为弹性变形和塑性变形。所谓弹性变形，是指材料受到载荷作用时产生变形，载荷卸除后恢复原状的变形。而塑性变形则是指材料在载荷作用下发生变形，且当载荷卸除后不能恢复的变形，故也叫永久变形。

试验时先将被测金属材料制成标准试样，如图 1-1-1 所示。当 $L_0 = 10d_0$ 时，称为长试样；$L_0 = 5d_0$ 时，称为短试样。将试样装夹在拉伸试验机上，加载记录计算，即可算出强度和塑性的主要判据。载荷 F 和伸长量 ΔL 之间的关系曲线，称为拉伸曲线，如图 1-1-2 所示。

我们知道，材料受外力作用，将产生变形。随着作用力的增大，材料由弹性变形过渡到塑性变形，最终断裂。材料单位横截面积上的内力称为应力，用 σ 表示，单位伸长量称为应变，用 ε 表示；拉伸曲线可改成为 σ-ε 曲线。

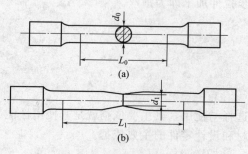

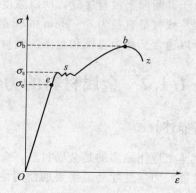

图 1-1-1 拉伸试样示意图　　　　　　图 1-1-2 拉伸曲线示意图

（1）强度的主要指标　材料的强度是材料最重要的力学性能指标之一。强度是指材料抵抗塑性变形或断裂的能力。

通常，采用拉伸试验来测定材料的强度与塑性的各种力学性能指标。

① 弹性极限　材料产生完全弹性变形时所承受的最大应力值为弹性极限，用符号 σ_p 表示

$$\sigma_p = F_e/A_0 \tag{1-1-1}$$

式中，σ_p 是弹性极限，MPa；F_e 是试样产生完全弹性变形的最大载荷，N；A_0 是试样原始横截面积，mm^2。

弹性零件在使用过程中，其工作应力不允许大于其弹性极限，否则将导致零件的失效和损坏，所以弹性极限是弹性零件（如弹簧）设计和选材的主要依据。

② 屈服极限　表示在外力的作用下，材料刚开始产生塑性变形时的最小应力值，用符号 σ_s 表示

$$\sigma_s = F_s/A_0 \tag{1-1-2}$$

式中，σ_s 是屈服强度，MPa；F_s 是试样产生屈服时的最小载荷，N。

不少脆性材料，如铸铁等，在拉伸试验时没有明显的屈服（塑变）现象，难以测算其屈服点。此时规定用试样标距部分的残余伸长量（塑变量）为试样标距长度的 0.2% 时的应力值作为屈服强度，即规定残余伸长应力，用符号 $\sigma_{0.2}$ 表示。

零件在工作时一般不允许产生明显的塑性变形。所以 σ_s 或 $\sigma_{0.2}$ 是机械零件选材和设计的依据。可以看出，同一材料的 σ_s 和 $\sigma_{0.2}$ 在数值上是很接近的。

③ 抗拉强度　材料拉断前所承受的最大应力值，用符号 σ_b 表示：

$$\sigma_b = F_b/A_0 \tag{1-1-3}$$

式中，F_b 是试样断裂前所承受的最大拉伸力，N。σ_s/σ_b 是设计和选材的重要依据。

（2）塑性的主要指标　塑性是指材料在断裂前产生永久变形而不被破坏的能力。材料的塑性通常采用伸长率 δ 和断面收缩率 ψ 两个指标来表征。

① 断后伸长率　试样拉断后标距的伸长量与原始标距的百分比，用符号 δ 表示：

$$\delta = \frac{L_1 - L_0}{L_0} \times 100\% \tag{1-1-4}$$

式中，L_1 是试样断裂后的标距，mm；L_0 是试样的原始标距，mm。

长试样与短试样的伸长率分别以 δ_{10} 和 δ_5 表示，同种材料的短试样 δ_5 大于长试样 δ_{10}。

② 断面收缩率　试样拉断后断口处（缩颈处）横截面积的最大缩减量与原始横截面积

的百分比，用 ψ 表示：

$$\psi = \frac{A_0 - A_1}{A_0} \times 100\% \tag{1-1-5}$$

式中，A_1 是试样断裂处的最小横截面积，mm；A_0 是试样的原始横截面积，mm。

ψ 不受试样尺寸的影响，能可靠地反映材料的塑性。δ 和 ψ 越大，则表示材料的塑性越好。塑性好的材料如铝、铜、低碳钢等，容易进行压力加工，而塑性差的材料如铸铁等，只能用铸造方法成形。大多数零件除要求具有较高的强度外，还必须有一定的塑性，这样才能提高安全系数。

3. 硬度

硬度是衡量材料软硬程度的指标，表示材料抵抗局部变形和破坏的能力，是重要的力学性能指标之一。硬度通过硬度试验测得。生产和科研中应用最广泛的硬度试验方法有：布氏硬度试验和洛氏硬度试验。

（1）布氏硬度及布氏硬度试验　布氏硬度在布氏硬度试验机上进行，其试验原理如图 1-1-3 所示。

用直径为 D 的淬火钢球或硬质合金球作为压头，在相应的试验力 F 的作用下压入被测金属的表面，保持规定时间后卸除试验力，金属表面留下一压痕，用读数显微镜测量其压痕直径 d，求出压痕表面积，则球面压痕单位表面积上所承受的平均压力即为布氏硬度值，用符号 HBS（淬火钢球压头）或 HBW（硬质合金球压头）表示。在实际应用中，可根据压痕直径的大小直接查布氏硬度表而无须计算即可得出硬度值。

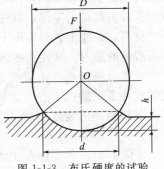

图 1-1-3　布氏硬度的试验
原理示意图

在进行布氏硬度试验时，钢球直径 D、施加的载荷 F 和载荷保持时间，应根据被测试金属的种类和试样厚度而定，布氏硬度试验规范见表 1-1-1。

表 1-1-1　布氏硬度试验规范

材料	硬度范围	球径 D/mm	载荷 F/D^2	保持时间/s
钢、铸铁	<140	10,5,2.5	10	10~15
	≥140	10,5,2.5	30	10
非铁金属	35~130	10,5,2.5	10	30
	≥130	10,5,2.5	30	30
	<35	10,5,2.5	2~5	60

金属材料的软硬不同，厚薄不同，因此在进行布氏硬度试验时，就要求使用不同的试验力和不同的直径压头。

布氏硬度试验压痕面积较大，损伤零件表面，且试验过程较麻烦，但试验结果较准确。因此布氏硬度试验只宜测试原材料、半成品、铸铁、有色金属及退火、正火、调质钢件，不适于检测成品件，不宜测定太薄小件，不宜测试过硬件。

（2）洛氏硬度　当被测物体硬度较高时（如淬火钢），可用洛氏硬度试验机来测定（用顶角为 $120°$ 的金刚石圆锥体或直径为 $1.588mm$ 的淬火钢球作压头），为了在硬度机上测定不同硬度的材料，需用不同的压头和试验力组成不同的硬度标尺，并用字母在 HR 后面加以注明。常用的洛氏硬度标尺有 A、B、C 三种：HRA，HRC 和 HRB，洛氏硬度标注时，硬度值写在硬度符号前面，如50HRC。

洛氏硬度试验操作简便，可直接从表盘上读出硬度值。其压痕小，基本不损坏零件表面，可直接测量成品和较薄零件的硬度，但测得的数据不太准确和稳定，故需在不同部位测定3点取其算术平均值。

（3）硬度在生产上的实用意义　硬度实际上是强度的局部反映（抵抗局部塑性变形的能力）。而硬度试验相对拉伸试验来说，更为简便迅速，经济实用，且可直接用于零件的测试而无须专制试样，故在生产科研中取得了广泛的应用。同时，对于磨损失效而言，钢的耐磨性随其硬度提高而增加，所以常把硬度数据作为技术要求标注在零件图上。

4. 韧性

强度、塑性、硬度等都是在静试验力（静载荷）作用下的力学性能。实际上，许多零件常在冲击载荷或交变载荷作用下工作，如锤杆、冲头、齿轮、弹簧、连杆和主轴等。对于这些承受冲击载荷的零件，其性能不能用静载荷作用下的指标来衡量，因为即使是采用强度较高的材料，在冲击载荷作用下也会发生断裂。所以用于这类零件的材料，还必须考虑其抵抗冲击载荷的能力。韧性和疲劳就是在动载荷作用下测定的金属力学性能。

金属材料抵抗冲击载荷破坏的能力称为韧性，用冲击韧度表征。冲击韧度的测定在摆锤式冲击试验机上进行。用摆锤一次冲断试样所消耗的能量即冲击吸收功的大小来表示金属材料冲击韧度的优劣。用符号 A_{kU} 或 A_{kV} 表示，单位为 J，A_{kU} 大，表明材料韧性好。

实际上，许多零件在工作时往往承受小能量多次冲击后才断裂。实践表明，抵抗这种小能量多次冲击破坏的能力主要取决于材料的强度，因此，可通过改变热处理工艺规范（降低回火温度）来提高强度，从而达到提高零件使用寿命的目的。韧性实际上是材料强度和塑性的综合反映。韧性与脆性是对立的，且能互相转化，因为冲击韧度值与试验时的温度有关，随试验温度下降而降低。有些材料在低于某一温度时，冲击韧度值显著下降呈脆性，导致断裂。这一转变温度称为韧脆转变温度。韧脆转变温度低者，表示其低温冲击韧度好，否则将不宜在高寒地区使用，以免在冬季低寒气温条件下金属构件发生脆断现象。

5. 疲劳强度

疲劳是指零件在交变应力作用下，过早发生破坏的现象。所谓交变应力，是指应力的大小、方向或大小和方向都呈周期性变化的应力。疲劳破坏事先没有明显的征兆，具有很大的突发性和危险性，往往会造成严重事故，如汽车的轴颈、缸盖、齿轮、弹簧等零件的损坏失效，大部分属于疲劳破坏。

疲劳强度是指材料经受无数次应力循环而不被破坏的最大应力值。钢铁材料应力循环次数为 10^7 次，有色金属应力循环次数为 10^8 次。任何材料发生脆断，都是材料中微小裂纹突然失稳扩展的结果。为提高材料的疲劳强度，一般可从以下几个方面考虑。

（1）设计方面，尽量使零件避免尖角、缺口和截面突变，以避免应力集中及其所引起的疲劳裂纹。

（2）材料方面，减少材料内部存在的夹杂物和由于热加工不当而引起的缺陷，如疏松、气孔和表面氧化等。

（3）机械加工方面，要降低零件表面的表面粗糙度值，表面刀痕、碰伤和划痕都是疲劳裂纹源。

（4）零件表面强度方面，可采用化学热处理、表面淬火、喷丸处理和表面涂层等，在零件表面造成压应力，以抵消或降低表面拉应力引起疲劳裂纹的可能性。

1-1-1　金属的力学性能包括哪些指标？

1-1-2　分析低碳钢的拉伸试验曲线。

1-1-3　下列各物件应选择何种硬度试验方法来测定其硬度？写出硬度符号。

（1）锉刀；（2）黄铜轴套；（3）供应状态的各种碳钢钢材；（4）硬质刀片；（5）灰铸铁

1-1-4　下列硬度标注方法是否正确？

（1）600，650HBS；（2）15～20HRC；（3）89—100HRA；（4）HRCA5；（5）HBS 210—240

学习情境 1.2　钢铁材料

【学习目标】

（1）了解金属的晶体结构与结晶。

（2）掌握常用的铁碳合金材料的力学性能。

（3）掌握典型材料的热处理和合金化工艺。

（4）了解汽车上使用的其他材料性能

任务 1.2.1　金属的晶体结构与结晶

【任务描述】

为什么不同的材料具有不同性能，即使同一成分的合金材料，经过不同的加工处理也会使性能发生很大的变化。其根本原因是由于材料内部结构不同。

【任务分析】

材料的性能不同主要是材料的化学成分及其内部的组织结构不同。因此，研究金属材料的内部结构，对于掌握材料的性能、合理选材是非常重要的，这要从分析金属、合金的结晶过程开始。

【知识准备】

原子（离子或分子）在三维空间呈有规则的周期性重复排列的材料为晶体材料，如氯化钠、天然金刚石、水晶等；原子（离子或分子）在三维空间无规则排列的材料则为非晶体材料，如石蜡、松香等。

在汽车所采用的固态材料中，由于构成固态金属的金属离子在空间呈有规则的排列，因而固态金属均为晶体。其他固态物质如塑料、玻璃、橡胶等，则属于非晶体材料。

1. 金属的晶体结构

原子呈周期性规则排列的固态物质称为晶体。金属材料都是晶体物质。

（1）晶格、晶胞与晶格常数　晶体中原子（离子或分子）在空间的排列形式称为晶体结构，如图 1-2-1(a) 所示。为了便于描述晶体结构，通常将每一个原子抽象为一个点，再把这些点用假想的直线连接起来，构成空间格架，称为晶格，如图 1-2-1（b）所示。晶格中由一系列原子所构成的平面称为晶面，而任意两个原子间的连线所指的方向，称为晶向，如图 1-2-1（c）所示。

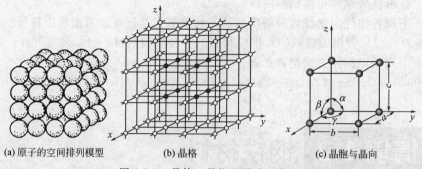

(a) 原子的空间排列模型　　(b) 晶格　　　　(c) 晶胞与晶向

图 1-2-1　晶体、晶格和晶胞示意图

组成晶格的最小的几何单元称为晶胞，如图 1-2-1（c）所示。晶胞的基本特征可以反映出晶体结构的特点。晶胞的大小和形状可用晶胞的棱边长度和三条棱边之间的夹角等六个参数来描述，称为晶格常数。

（2）常见晶格类型　不同的金属具有不同的晶体结构，常见的有以下三种，如图 1-2-2 所示。

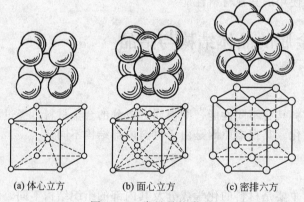

(a) 体心立方　　　(b) 面心立方　　　(c) 密排六方

图 1-2-2　常见晶格类型

① 体心立方晶格　晶胞为立方体，在立方体的八个角上和立方体的中心各有一个原子。具有体心立方晶格的金属有铬（Cr）、钨（W）、钼（Mo）、钒（V）、α 铁（α-Fe），其塑性较好。

② 面心立方晶格　晶胞为立方体，在立方体的八个角和立方体的六个面的中心各有一个原子。具有面心立方晶格的金属有铝（Al）、铜（Cu）、镍（Ni）、金（Au）、银（Ag）、铁（Fe）等，其塑性优于体心立方晶格。

③ 密排六方晶格　晶胞为正六方柱体，在正六方柱体的十二个角以及上、下底面中心各有一个原子，另外在晶胞中间还有三个原子。具有密排六方晶格的金属有镁（Mg）、锌（Zn）、铍（Be）等，其性能较脆。

除上述三种最常见的晶格以外，在黑色金属中还存在有正方晶格（淬火马氏体）、斜方晶格（渗碳体）等一些较复杂的晶格。当金属的晶格类型改变时，其晶体结构就不同，金属的各种性能也会发生相应的变化。

（3）金属的实际晶体结构　金属的实际晶体结构往往与上述的理想状态的晶体结构有所不同。在理想状态下，金属的晶体结构完全可以看作由晶胞在三维空间重复堆砌而成，这种晶体称为单晶体，如图 1-2-3 所示。可以看出，单晶体的原子排列的位向或方式都是一致的。实际上，由于多种因素的影响，工程上所用的金属材料绝大多数是多晶体，如图 1-2-3(b) 所示。

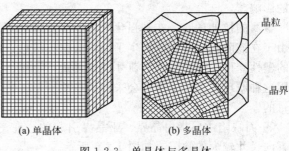

(a) 单晶体　　　(b) 多晶体

图 1-2-3　单晶体与多晶体

多晶体是由许多微小的单晶体构成的，这些单晶体称为晶粒。在同一个晶粒中，晶格的位向基本上是一致的，而不同的晶粒，其晶格位向则不同。晶粒与晶粒之间的交界区称为晶界，厚度约为 2～3 个原子厚度。由于晶界上原子的排列是不同位向的晶粒的过渡状态，因而排列较不规则。

在实际晶体中，由于原子的热振动、杂质原子的掺入以及其他外界因素的影响，原子排列并非完整无缺，而是存在着各种各样的晶体缺陷。晶体缺陷对金属的性能会产生很大的影响。按照晶体缺陷的几何特征，可将其分为点缺陷、线缺陷和面缺陷三类。

① 点缺陷主要指由于晶格中出现晶格空位和存在间隙原子，使晶格不能保持正常排列状态的缺陷，如图 1-2-4 所示。点缺陷在三维尺度上一般不超过几个原子直径。

引起点缺陷的原因是原子的热振动。由于晶体中晶格空位和间隙原子的存在，使周围原子之间的平衡关系遭到破坏，致使原子间的距离减小或增大，晶格局部发生扭曲，引起晶格畸变。晶格畸变将会使金属材料产生物理、化学和力学性能上的变化，如材料的密度发生变化，电阻率增大，强度、硬度提高等。

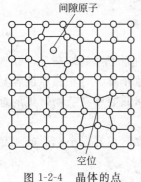

图 1-2-4　晶体的点缺陷示意图

② 线缺陷主要指由晶体中原子平面间的相互错动而引起的，某一方向尺寸较大、另外两个方向尺寸很小的晶体缺陷，如图 1-2-5 所示。线缺陷主要指位错。

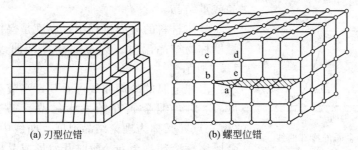

(a) 刃型位错　　　(b) 螺型位错

图 1-2-5　晶体的线缺陷示意图——位错

由于晶格中的某处有一列或若干列的原子发生了某些有规律的错排引起位错。位错主要有刃型位错。由于位错线周围会造成晶格畸变，只需较小的力，位错线就会从一个位置滑移到相邻的另一个位置，在滑移时还会相互缠结或合并，因而，位错的存在极大地影响着金属材料的力学性能，对于金属材料的塑性变形、强度、相变、扩散、疲劳、腐蚀等性能均有重要的影响。

　　金属的拉伸试验，在其强化阶段，需要施加更大的载荷才能使试样继续变形，其原因就是由于在该阶段试样内部发生了原子的位错滑移，所产生的大量位错线相互缠结，阻碍了材料的塑性变形，必须加大载荷才能继续进行变形。这种情况，在实际生产中称为冷作硬化。利用这种原理，生产中往往会采用大量冷变形工艺来提高材料的位错线密度，达到强化金属的目的。

　　③ 面缺陷主要指由晶界、亚晶界引起的，在三维空间中一个方向上尺寸很小，另外两个方向尺寸较大的缺陷，如图 1-2-6 所示。

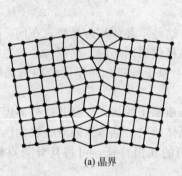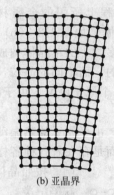

(a) 晶界　　　　　　　　　　　(b) 亚晶界

图 1-2-6　晶体的面缺陷示意图——晶界、亚晶界

　　前面提到，晶界是不同位向的晶粒之间的过渡区，由于晶界上的原子排列较杂乱，晶界上的原子相对晶粒内部的原子而言有更强的活动能力，因而置于腐蚀介质中时，晶界最容易被腐蚀，而且在加热时，晶界也会首先熔化。同时，晶界也是位错和低熔点夹杂物聚集的地方，它对金属的塑性变形起着阻碍的作用。

　　实验证明，每一个晶粒内的晶格位向也并非完全一致，但这些位向相差很小，形成亚晶界。亚晶界实质上是由一系列的位错构成的，其特性与晶界相类似。

2. 金属的结晶

物质由液态转变为固态的过程，称为凝固。晶体材料的凝固过程也称为结晶。通常，把金属从液态转变为固态的过程称为一次结晶，而金属从一种固体晶态转变为另一种固体晶态的过程称为二次结晶或重结晶。

晶体材料的凝固过程中，温度是保持不变的，这个温度称为结晶温度。纯金属的冷却曲线示意图，如图 1-2-7 所示。

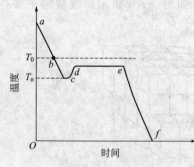

图 1-2-7　纯金属的冷却曲线

由纯金属的冷却曲线可看到，当液态金属缓冷到温度 T_0 时，纯金属开始发生结晶，T_0 为纯金属的凝（熔）点，又称为理论结晶温度。曲线中 ab 段表示液态金属逐渐冷却，至 bcd 段时开始形成晶核，该段温度略

低于理论结晶温度。在 de 段金属正在结晶，此时金属液体和金属晶体共存，到 e 点结晶完成。在 ef 段，全部转变为固态晶体后的金属逐渐冷却。

　　液态金属在冷却到理论结晶温度以下还未结晶的现象，称为过冷现象。理论结晶温度 T_n 与开始结晶温度 T_0 之差叫做过冷度，用 ΔT 表示，即 $\Delta T = T_0 - T_n$，过冷度 ΔT 与冷却速度是密切相关的，冷却速度越快，ΔT 越大，反之亦然。在冷却速度非常缓慢的平衡条件下，过冷度 ΔT 则很小。

（1）结晶过程　金属的结晶过程是不断形成晶核和晶核不断长大的过程。金属结晶时，首先在液态金属中形成一些极微小的晶体，称为**晶核**。在晶核长大的同时，在液体中又会产生新的晶核并长大，直到液态金属全部消失，晶体彼此接触为止。每个晶核长成一个晶粒，结晶后金属便是由许多晶粒组成的多晶体。

（2）金属结晶后的晶粒大小　金属结晶时，冷却速度越大即过冷度越大，则晶粒越细小，金属的强度和硬度越高，塑性和韧性也越好。因此，细化晶粒是使金属材料强韧化的有效途径。金属结晶时，一个晶核长成一个晶粒，显然在一定体积内形成的晶核数目越多，则结晶后的晶粒就越细小。

工业生产中，为了获得细晶粒组织，结晶时常采用以下方法。

① 提高液态金属的冷却速度，以增大过冷度。

② 进行变质处理。变质处理也称为孕育处理。在浇注之前，向金属液中加入一些细小的形核剂（也叫变质剂或孕育剂），使它们分散在液态金属中作为人工晶核，以增加晶核数量，达到细化晶粒的目的。例如，在铸铁中加入硅铁、硅钙，在钢中加入钛、硼、铝等都能起到细化晶粒的作用。

③ 采用机械振动、超声波振动、电磁振动等方法，以增加晶核数目，从而细化晶粒。

3. 合金的晶体结构与结晶

纯金属一般都具有良好的导电性、导热性和塑性，但价格较贵，同时强度和硬度也较低，种类有限，多数不能满足工业生产中对金属材料多品种、高性能的要求。因此，大量使用的金属材料都是各种不同成分的合金，如碳钢、合金钢、铝合金、铜合金等。

前面提到，合金是指由两种或两种以上的金属或金属元素与非金属元素，经熔炼、烧结或其他方法组合而成的，并具有金属特征的物质。组成合金的独立的、最基本的单元称为组元。组元可以是金属、非金属，也可以是稳定的化合物。由两个组元组成的合金称为二元合金。例如生产中应用最普遍的钢铁材料，就是主要由铁、碳两种组元组成的二元铁碳合金（Fe_3C 合金）；由多个组元组成的合金则称为多元合金。

由两个或两个以上的组元按不同的比例配制而成的一系列不同成分的合金称为合金系，如铁碳合金系（Fe_3C 系）、铅锡合金系（Pb-Sn 系）等。

（1）合金的相结构　在合金中，凡是具有相同化学成分、相同晶体结构，并与其他部分有明显界面分开的均匀组成部分称为相。按照相的形态划分，可分为液相和固相；对于固态合金，由一个相组成的合金为单相合金，由两个或两个以上的相组成的合金为两相或多相合金。

讨论合金的晶体结构，实质上就是讨论合金的相结构。固态合金中的相结构，分为两类基本相：固溶体和金属化合物。

① 固溶体　固溶体是指组成合金的组元在液态和固态下均能相互溶解，形成均匀一致的且晶体结构与组元之一相同的固态合金。组成固溶体的组元分溶剂与溶质。通常把形成固溶体后，其晶格保持不变的组元称为溶剂，而溶入溶剂中、其晶格消失的组元称为溶质。例如铁碳合金组织中的铁素体相，就是碳原子溶入 α-Fe 形成的固溶体，其溶剂为 Fe，保持体心立方晶格，碳原子则溶入 α-Fe 的晶格之中，其原有的晶格则消失殆尽。

固溶体有一定的强度、硬度，塑性、韧性良好。形成固溶体时由于溶质原子的溶入，引起溶剂晶格畸变，使固溶体的强度、硬度提高的现象称为固溶强化。固溶强化是提高金属材料力学性能的重要途径之一。因此，实际使用的金属材料大多都是单相固体合金或以固溶体为基体的多相合金。

② 金属化合物　金属化合物是指由合金组元之间相互化合而成的、其晶格类型和特性完全不同于原来任一组元的固态物质，亦称为中间相。金属化合物一般可用分子式来表示，如钢中的渗碳体用分子式 Fe_3C 表示。

金属化合物一般具有复杂的晶体结构，熔点高，硬而脆。一般起着强化相的作用，是合金中重要的组成相。

③ 机械混合物　合金中还存在有不同的相组成的混合物，性能介于组成相之间，通常称之为机械混合物或复相混合物。绝大多数工业用合金都是混合物，它们的性能决定于组成混合物的各部分以及它们的形态、大小和分布。

（2）合金的结晶　合金的结晶过程同样包括形成晶核和晶核长大，但是合金的结晶绝大多数是在一个温度范围内进行，即结晶的开始温度和结晶的终了温度是不相同的。而且，合金的结晶过程中经常会发生固相转变，即由一种固相转变为另一种固相。因此，合金的结晶过程有两个相变点（所谓相变点，是指金属或合金在加热或冷却过程中，发生相变的温度）。在大多数情况下，合金结晶时往往形成两种不同的固相组成的多相组织。

合金的结晶过程，是合金的组织结构随温度、成分的变化而变化的过程，常用合金相图来反映。合金相图又称为合金状态图，它表明了在平衡状态下（即在极缓慢的加热或冷却的条件下），合金的相结构随温度、成分发生变化的情况，故亦称为平衡图。

任务 1.2.2　铁碳合金

【任务描述】

纯铁的强度、硬度很低，生产上很少用纯铁制造零件，通常都是使用铁碳合金。碳钢和铸铁是现代轿车工业极为重要的金属材料，它们都属于铁和碳两个组元组成的铁碳合金。

【任务分析】

根据任务描述，需要分析铁碳合金的基本相和组织，掌握铁碳合金相图的成分、组织、性能。

【知识准备】

1. 铁碳合金的基本相和组织

铁碳合金的基本相和组织有液相、铁素体、奥氏体、渗碳体、珠光体以及莱氏体。

（1）铁素体　碳溶入 $\alpha\text{-}Fe$ 中形成的间隙固溶体称为铁素体，用符号 F 表示。铁素体的性能与纯铁相近，强度、硬度低，而塑性、韧性好。

（2）奥氏体　碳溶入 $\gamma\text{-}Fe$ 中形成的间隙固溶体称为奥氏体，用符号 A 表示。

奥氏体在 727℃ 以上高温才存在，是铁碳合金中主要的高温相结构，强度、硬度不高，塑性、韧性较好，易锻压成形，且无磁性。

（3）渗碳体　渗碳体是铁和碳相互作用形成的金属化合物，用符号 Fe_3C 表示。渗碳体熔点为 1227℃，碳的质量分数为 6.69%，硬度很高，而塑性、韧性极差，很脆。渗碳体是钢中的主要强化相，常以片状、粒状、网状等分布在铁素体基体上，它的数量、大小、形状及分布对钢的性能影响很大。合金钢铁材料中，若渗碳体中的铁原子部分地被锰、铬等原子所代替，或碳原子部分被氮、硼等原子代替，则会形成 $(Fe, Mn)_3C$、$(Fe, Cr)_3C$ 或 $Fe_3(C、N)$ 等合金渗碳体。另外，渗碳体是亚稳定化合物，在一定条件下会分解成铁和石墨状的自由碳，这一点对铸铁有重要的意义，在铸铁中碳就是以石墨的形式存在的。

（4）珠光体　珠光体是由铁素体和渗碳体组成的复相混合物，用符号 P 表示。碳的质量分数为 0.77%，性能介于铁素体和渗碳体之间，具有较高的强度和硬度、良好的塑性和韧性。

（5）莱氏体　莱氏体由奥氏体和渗碳体组成，存在于 1148~727℃高温区间，称为高温莱氏体，用符号 Ld 表示。在 727℃以下莱氏体由珠光体和渗碳体组成，称为低温莱氏体，用符号 Ld′ 表示。莱氏体组织可看成是在渗碳体的基体上分布着粒状的奥氏体（或珠光体），力学性能与渗碳体相近，硬度很高，塑性、韧性很差。

2. Fe-Fe₃C 相图

在极其缓慢的加热或冷却的条件下（称之为平衡态），铁碳合金的成分与组织状态、温度三者之间的关系及其变化规律的图称之为铁碳合金相图。相图通过实验测绘形成，不同的合金具有不同的相图。由于 C＞6.69% 的铁碳合金脆性很大，已无实用价值，仅仅研究 Fe-Fe₃C 部分，故又称 Fe-Fe₃C 相图。

一般应用 Fe-Fe₃C 相图简图。简化后的 Fe-Fe₃C 相图如图 1-2-8 所示。这实际上是一个平面坐标图。左边的纵坐标表示温度，又代表组元纯铁；右边的纵坐标代表另一组元 Fe₃C；横坐标表示碳的质量分数。

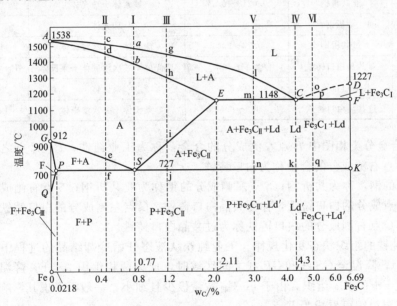

图 1-2-8　简化的 Fe-Fe₃C 相图

（1）Fe-Fe₃C 相图分析　整个相图实际上由点、线、面组成。图中任一点都是对应着两个基本坐标参量：纵坐标上的投影温度，横坐标上的投影成分，其位置则反映出所处的组织状态。一系列合金的特性点就组成了特性线，由特性线组成不同的相区，单相区和两相区等。

相图分析的目的就是为了更好地认识相图、应用相图。现以 C＝0.77% 的铁碳合金为例进行分析。

在相图上找到横坐标 0.77 的成分点，由此点作横坐标的垂线，穿过相图，此垂线Ⅰ称为合金线，代表成分 C＝0.77% 的铁碳合金。合金线交 AC 线于 a 点，交 AE 线于 b 点。将此合金熔化成液相 L，后缓慢降温冷却，冷至 a 点温度时，开始结晶，由 L 相中结晶出固态的 A 组织。随着温度的下降，进入两相区 A+L，生成的 A 数量不断增多。降温至 b 点温度时，结晶完毕，全部变成固态的 A 相。随后进入单相区 A，由 b 至 S 温度区间，合金全部处于单相区。温度降至 S 点（727℃），合金发生共析转变，生成 $F+Fe_3C$ 的复相组织即珠光体。温度降到 S 点以下至室温，此时一般不考虑由 F 中再析出 Fe_3C_{III}，则合金组织保持为 P 不变，所以将 C=0.77% 的铁碳合金称为珠光体钢。若将此合金从室温开始加热至重新熔化，其转变过程与冷却时刚好相反，即加热和冷却的转变是可逆的。

(2) Fe-Fe_3C 合金组织、成分和温度的变化规律　按照相图，可将铁碳合金分为工业纯铁、碳钢和白口铸铁（生铁）三大类，其碳的质量分数分别是：工业纯铁 C≤0.0218%，碳钢含碳量为 0.0218%～2.11%，白口铸铁含碳量为 2.11%～6.69%。通过相图分析，我们可以把铁碳合金的平衡组织归纳见表 1-2-1。当然，仅仅有平衡组织在生产中是远远不够的，通常会采用各种热处理、合金化和石墨化等手段对铁碳合金进行处理，以满足生产上的需要。

表 1-2-1　按照相图分类的铁碳合金及室温平衡组织

种　类		C/%	室温平衡组织	符号表示
工业纯铁		≤0.0218	铁素体	F
碳钢	亚共析钢	0.0218～0.77	铁素体+珠光体	F+P
	共析钢	0.77	珠光体	P
	过共析钢	0.77～2.11	珠光体+二次渗碳体	$P+Fe_3C_{II}$
白口铸铁（生铁）	亚共晶白口铸铁	2.11～4.3	珠光体+二次渗碳体+莱氏体	$P+Fe_3C_{II}+Ld'$
	共晶白口铸铁	4.3	莱氏体	Ld'
	过共晶白口铸铁	4.3～6.69	莱氏体+一次渗碳体	$Ld'+Fe_3C_I$

① 铁碳合金分类相图中 P 点左侧成分的合金，称为工业纯铁；P、E 点之间成分的合金称为钢；E 点右侧成分的合金称为白口铸铁。

S 点成分的钢，称为共析钢；S 点左侧成分的钢称为亚共析钢；S 点右侧成分的钢称为过共析钢。C 点成分的白口铸铁，称为共晶白口铸铁；C 点左侧成分的白口铸铁，称为亚共晶白口铸铁；C 点右侧成分的白口铸铁称为过共晶白口铸铁。

② 工业纯铁的组织状态变化规律。工业纯铁从液态开始冷却结晶的过程中，首先转变成奥氏体（A）；降温至 GS 线和 GP 线之间区域时，成为两相组织 A+F；降温至 PQ 线以下时，转变成 $F+Fe_3C_{III}$ 组织。由于 Fe_3C_{III} 数量极少且细小，一般不考虑其影响的存在，故工业纯铁的室温组织可看成为 F。

③ 钢的组织状态变化规律。钢液冷却过程中，冷至 AE 线以下时，全部转变为单相的 A 组织。亚共析钢经 GS 线转变为 A+F 两相组织；经 PSK 线时，转变为 P，到室温时转变为 F+P 组织。共析钢在 AE 线以下时为单相 A，S 点时转变为 P，至室温不变。过共析钢在 AE 线以下时为单相 A，至 ES 线时，开始析出 Fe_3C_{II}，经 PSK 线时，A 转变为 P，到室温时其组织为 $Fe_3C_{II}+P$。由于冷却缓慢，Fe_3C_{II} 将以网状形式析出，称为网状渗碳体，它将增加材料的脆性。

④ 白口铸铁的组织状态变化规律。白口铸铁的结晶过程分析可参照钢，不再列举说明。由相图中可看出，亚共晶、共晶、过共晶白口铸铁的室温组织分别为 $P+Fe_3C_{II}+Ld'$；Ld'；Fe_3C_I+Ld'。

⑤ 铁碳合金的室温组织和性能随成分变化的规律。不同成分的铁碳合金在室温时的组

织都是由铁素体和渗碳体两个基本相组成的。随着碳的质量分数的增加，铁素体量减少，渗碳体量增加，且渗碳体的形态和分布也发生变化，所以，不同成分铁碳合金具有不同的室温组织和性能，如图1-2-9所示。

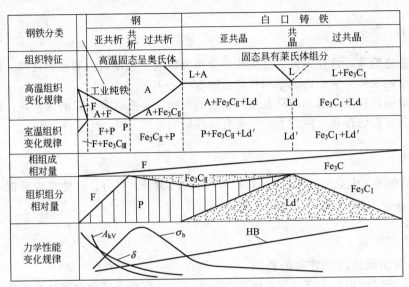

图 1-2-9　铁碳合金的组织、性能变化规律

　　a. 铁碳合金室温组织变化。如下式所示：

$$F \rightarrow F+P \rightarrow P \rightarrow P+Fe_3C_{\mathrm{II}} \rightarrow P+Fe_3C_{\mathrm{II}}+Ld' \rightarrow Ld' \rightarrow Ld'+Fe_3C_{\mathrm{I}}$$

　　b. 铁碳合金力学性能变化。随着含碳量的增加，硬度直线上升，即含碳量越高，合金的硬度也越高，而塑性、韧性则不断下降；C<0.9%时，随着含碳量的增加，强度基本呈直线上升；当C>0.9%时，由于出现大量的网状渗碳体沿晶界分布，使脆性增加，特别是在白口铸铁中出现大量的渗碳体组织，故强度将随着含碳量增加而明显下降。为了保证工业用钢具有足够的强度、一定的塑性和韧性，钢中碳的质量分数一般不超过1.4%。

　　(3) Fe-Fe₃C相图的应用　Fe-Fe₃C相图反映了铁碳合金成分、组织和温度三者的变化规律，即不同的成分的合金在不同的温度具有不同的组织状态，因此，相图将作为制订热加工工艺的重要依据，如确定铸造的熔化温度、浇注温度，确定锻造加热温度及始锻、终锻温度范围，确定热处理的加热温度范围等。

　　根据组织（常指室温组织）、性能和成分的变化规律，相图将作为合理选材的重要依据。例如：建筑工程用钢、冷冲压件、焊接件等需塑性、韧性良好的材料，应选用低碳范围的钢；受力较复杂的机械结构零件，如轴类零件等，要求强度、塑性和韧性都较好即具有综合力学性能的材料，应选用中碳范围的钢；而需要高强度、高耐磨性好的各种工具，则应选用高碳范围的钢等。

　　汽车生产上，对于汽车齿轮类零件的选材，由于齿轮受力较大，受冲击频繁，要求表硬内韧的力学性能，因而根据铁碳相图，应采用低碳钢（如20Cr、20CrMnTi等），再采取表面处理等工艺，使其具有较好的冲击韧度；对于综合力学性能要求较高的轴类零件，则采用中碳钢；对于汽车上承受载荷及振动的螺旋弹簧，则需选C＝0.65%～0.85%的弹簧钢，可以获得高弹性、高韧性的力学性能。

　　可以说，只有掌握Fe-Fe₃C相图，才能掌握钢铁材料及其热加工工艺。必须指出的是，相图只能作为选材和制订热加工工艺的重要工具和参考，因为在实际生产中，还必须考虑合金中的其他元素的影响，还必须考虑实际的加热或冷却速度等诸多因素。

任务 1.2.3　碳钢

【任务描述】

碳钢的价格低廉，性能良好，是工业中应用最普遍、用量最大的金属材料。钢铁材料是汽车工业用材的主体，它们占汽车用材总量的 65%～70% 左右。

钢铁在冶炼过程中，由于原料及燃料因素的影响，必然含有少量的锰、硅、硫、磷等常存杂质元素。它们的存在对钢的力学性能有哪些影响？

【任务分析】

因为碳钢在汽车中应用较多，我们需要对碳钢的牌号、成分、性能加以掌握，以便正确使用。

【知识准备】

1. 常存杂质元素对钢性能的影响

在实际生产中使用的碳钢，不单纯是铁和碳组成的合金，还包含有一些杂质元素，其中常规的杂质元素主要有硅、锰、硫、磷四种，它们对碳钢的性能有一定的影响。

① 锰和硅是在炼钢时作为脱氧剂而进入钢中的。在钢中是一种有益元素。它们能溶入铁素体中形成固溶体，产生固溶强化，从而在不降或略降塑性和韧性的基础上，提高钢的强度和硬度。锰作为杂质一般应不超过 0.8%，硅作为杂质一般应不超过 0.4%。同时锰还能与硫形成 MnS 以减少硫对钢的有害作用。

② 硫和磷。硫与铁形成的化合物 FeS 与铁形成低熔点（985℃）的共晶体，分布在奥氏体的晶界上。当钢材在 1000～1200℃ 进行形变加工时，由于共晶体熔化，晶粒间结合被破坏，钢材变脆，出现脆裂现象，称为热脆。磷溶入铁素体中使其强度特别是低温下的塑性和韧性下降，使钢变脆，称之为冷脆。故将硫、磷称为有害杂质元素，钢中应严格控制其百分含量。一般硫含量不应超过 0.05%，磷含量不应超过 0.045%，但在易切削钢中，为使切屑易断，改善其可加工性能，反而在钢中适当提高硫、磷的含量。

2. 常用碳钢

碳钢的分类如下。

a. 按碳的质量分数分类

低碳钢：含碳量≤0.25%。

中碳钢：含碳量在 0.25%～0.60%。

高碳钢：含碳量＞0.60%。

b. 按有害杂质硫和磷的含量分类

普通碳钢：S≤0.055%，P≤0.045%。

优质碳钢：S≤0.040%，P≤0.040%。

高级优质碳钢：S、P 均≤0.03%。

c. 按用途分为**碳素结构钢**、**碳素工具钢**。

d. 按成形方法分为**加工用钢**、**铸造用钢**。

e. 按脱氧程度分为**沸腾钢**、**镇静钢**、**半镇静钢**等。

3. 常用碳钢的牌号和用途

① 碳素结构钢。这类钢通常不经过热处理而直接使用，因此只考虑其力学性能和有害杂质含量，不考虑碳的质量分数，故其牌号由屈服点字母、屈服点数值、质量等级符号、脱氧方法符号等内容按顺序组成。其中屈服点字母以"屈"字汉语拼音字首"Q"表示；屈服点数值为σ_s值；质量等级分A、B、C、D四级，A级质量最低，D级质量最高；脱氧方法，符号用汉语拼音字首表示，"F"表示沸腾钢，"Z"表示镇静钢，但可省略。例如Q235A.F，表示$\sigma_s=235$MPa的A级质量的碳素结构钢，属于沸腾钢。

碳素结构钢一般属于低碳钢，有良好的可塑性和可焊性，并具有一定的强度，通常以型材、板材、管材等成形，用于桥梁、建筑等工程构件及一般机械零件。在汽车零部件中，可用碳素结构钢制造的有螺钉、螺母、垫圈、法兰轴、后桥后盖、制动器底板、车厢板件、备胎托架、发电机支架、曲轴前挡油盘、拉杆、销、键等。

② 优质碳素结构钢。这类钢属于亚共析钢，牌号用两位数字表示，代表钢中平均含碳量的万分数，例如45表示平均碳的质量分数为0.45%的优质碳素结构钢。若钢中锰的含量较高，则在两位数字后加符号"Mn"。若为沸腾钢，则在两位数字后加符号"F"，如65Mn、08F等。

优质碳素结构钢，一般需经过热处理后使用，有较高的力学性能和工艺性能，广泛应用于制造较重要的机械零件。

常用优质碳素结构钢性能和用途见表1-2-2。

表1-2-2　常用的优质碳素结构钢的性能和用途

牌号	种类	主要性能	主要用途
08F、10F、15F	低碳沸腾钢	强度、硬度很低，塑性很好	主要用于冷冲压件，如水箱壳、油箱、车身、离合器盖、机油盘、制动阀座等
10、15、20、25	低碳钢	强度、硬度低，塑性、韧性好，冷冲压性能和焊接性能良好	主要用于制造冷冲件和焊接构件及受力不大、韧性要求高的机械零件，如螺栓、车轮螺母、纵横拉杆、变速叉、变速操作杆、轴套、法兰盘、焊接容器等；还可用作一般渗碳件，如销子等
30、35、40、45、50、55	中碳钢（经调质处理又称碳素调质钢）	综合力学性能良好	主要用于齿轮、连杆、连杆螺母、飞轮齿环、制动盘、转向主销、前轴等，其中以40、45钢应用最为广泛
60、65、70	高碳钢（60、65、65Mn又称为碳素弹簧钢）	经热处理后，有较高的强度、硬度和弹性	主要用于离合器压板弹簧、活塞销卡簧、弹簧垫片、气阀弹簧等弹性构件和轧辊等机械零件

③ 碳素工具钢。碳素工具钢的牌号冠以"碳"字的汉语拼音字首"T"，后面加数字表示钢中平均含碳量的千分数；若是高级优质碳素工具钢，则在数字后加"A"，如T10A等。这类钢属共析、过共析钢，强度高，硬度高，耐磨性好，塑性、韧性差。适于制造各种低速切削工具，经热处理后使用。

常用优质碳素工具钢性能和用途见表1-2-3。

表1-2-3　常用的优质碳素工具钢的性能和用途

牌号	主要性能	主要用途
T7、T8	能承受冲击、振动，韧性较高	用于制造大锤、冲头、錾子、木工工具、剪刀等
T9、T10	硬度、耐磨性较高，耐冲击性较差	用于制造丝锥、板牙、小钻头、手工锯条、冲头等工具
T12、T13	高硬度、高耐磨性，耐冲击振动性能差	用于制造锉刀、刮刀、铰刀、量具、丝锥、板牙等工具

学习领域 1
汽车工程材料

4. 铸钢

铸钢这类钢属中、低碳钢即亚共析钢，适于制作形状复杂的钢件。牌号以"铸钢"两字的汉语拼音字首"ZG"，后面加两位数字表示。第一组表示屈服点，第二组表示抗拉强度。例如 ZG200-400，表示该牌号钢的屈服点 $\sigma_s = 200\text{MPa}$，抗拉强度 $\sigma_b = 400\text{MPa}$。常用铸钢性能和用途见表1-2-4。

表 1-2-4　常用铸钢性能和用途

牌号	主要性能	主要用途
ZC200-400	良好的塑性、韧性和焊接性能	用于受力不大，要求韧性好的机械零件，如机座、变速箱壳体、减速器壳体等
ZG230-450	有一定的强度和较好的塑性、韧性，焊接性能良好	用于变力不大，要求韧性好的机械零件，如砧座、外壳、轴承盖、底板、阀体、箱体等
ZG270-500	有较高的强度和较好的塑性，铸造性能好，焊接性能尚好，切削性能好	用途广泛。用作轧钢机机架、轴承座、连杆、箱体、曲轴、缸体、飞轮等

任务 1.2.4　钢的热处理

【任务描述】

材料本身的性能是有限的，而人类对材料性能的要求是无限的，如何通过热处理来改变材料的性能呢？

【任务分析】

热处理在机械制造业中应用极为广泛，它既能提高零件的使用性能，充分发挥钢材的潜力，延长零件的使用寿命，又能改善工件加工的工艺性能，提高加工质量。因此，热处理是强化钢材性能的重要措施。我们有必要对热处理的原理、工艺、方法进行分析和掌握。

【知识准备】

热处理是将固态金属或合金通过加热、保温和冷却以获得所需组织结构与性能的工艺。其目的在于改变或改善金属材料的使用性能和工艺性能，挖掘金属材料的性能潜力，提高产品的质量，延长其使用寿命。80%左右的汽车、拖拉机零件需要进行热处理。所有的刀具、模具、量具、滚动轴承等均需要进行热处理。

热处理一般分为普通热处理和表面热处理。

普通热处理又称整体热处理，主要包括退火、正火、淬火和回火等。

表面热处理包括表面淬火和化学热处理等。

热处理的主要对象是钢制零件，所以常有"钢的热处理"一说。实际上，所有金属都可以进行热处理。任何热处理方法，其工艺过程都由加热、保温、冷却三个阶段组成，其主要工艺参数是加热温度、保温时间和冷却速度。因此，热处理工艺可用以温度、时间为坐标的图形来表示，称为热处理工艺曲线，如图1-2-10所示。

1. 钢的热处理原理

（1）钢在加热时的组织变化　在 Fe-Fe₃C 相图中，A_1、A_3、A_{cm} 是钢在加热或冷却时的相变临界线。实际生产中加热速度和冷却速度不可能极其缓慢，都存在一定的过热度和过

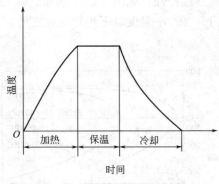

图 1-2-10　热处理工艺曲线

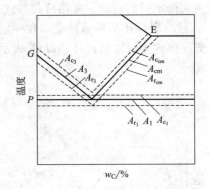

图 1-2-11　钢在加热和冷却时的相变点

冷度，使实际的相变临界线偏离平衡态时的相变临界线，过热度和过冷度越大，偏离程度也越大，用 A_{c_1}、A_{c_3}、$A_{c_{cm}}$ 代表加热时实际的相变临界线；用 A_{r_1}、A_{r_3}、$A_{r_{cm}}$ 代表冷却时实际的相变临界线，如图 1-2-11 所示。

① 奥氏体的形成　由 $Fe-Fe_3C$ 相图可知，钢加热到 A_{c_1} 以上时，将发生珠光体向奥氏体转变。亚共析钢加热到 A_{c_3} 以上时，铁素体将完成向奥氏体的转变。过共析钢加热到 $A_{c_{cm}}$ 以上时，二次渗碳体完成向奥氏体的溶解。形成奥氏体的过程称为奥氏体化。其目的就是为了获得均匀细小的奥氏体组织，为随后冷却时的组织转变作组织准备。这也是钢的热处理的加热目的。

形成奥氏体的过程中有以下几个环节。

a. 奥氏体晶核的形成（简称形核）与长大。奥氏体晶核优先在铁素体与渗碳体相界面处形成。晶核形成后，依靠铁、碳原子的扩散，同时向铁素体和渗碳体方向长大，形核和核长大同时进行。

b. 未溶渗碳体的溶解。由于铁素体的晶格与含碳量比渗碳体更接近奥氏体，所以铁素体首先完成向奥氏体的转变，残存的未溶渗碳体，随保温时间的延长逐渐溶入奥氏体而消失。

c. 奥氏体成分的均匀化　未溶渗碳体刚溶解时，奥氏体的成分是不均匀的，原渗碳体处的碳含量高于原铁素体处的碳含量，通过继续延长加热时间，获得均匀化的奥氏体。这就是需要保温过程的原因。

对于亚共析钢或过共析钢，加热温度在 A_{c_1} 以上时，其加热组织为铁素体加奥氏体或奥氏体加二次渗碳体，此时为部分奥氏体化。要得到单相奥氏体即完全奥氏体化，必须将钢加热到 A_{c_3} 或 $A_{c_{cm}}$ 以上。

② 奥氏体晶粒的长大　奥氏体形成后的晶粒细小，随着加热温度的升高和保温时间的延长，奥氏体晶粒将继续长大粗化。

加热时获得的奥氏体晶粒越细小，冷却时转变产物的晶粒也越细小；晶粒越细小，其综合力学性能也越好。所以，加热温度和保温时间必须合理选择。

加热速度、原始组织和成分，也将影响奥氏体的晶粒大小。加热速度越快，奥氏体的晶粒越细小；原始组织越细小，相的界面则越多，奥氏体晶核数目也越多，从而有利于获得细晶粒组织；奥氏体中碳含量增加，有利于奥氏体晶粒长大，但当奥氏体晶界上存在未溶碳化物时，将阻碍晶粒的长大，故奥氏体的实际晶粒仍较细小。除锰、磷少数元素外，大多数合金元素都阻碍奥氏体晶粒的长大，即合金钢在同样的加热条件下，易获细晶粒组织。

（2）钢在冷却时的组织转变　冷却是热处理的关键工序。不同的冷却方式和冷却速度，将使钢获得不同的组织。常用冷却方式有等温冷却和连续冷却，如图 1-2-12 所示。

① 过冷奥氏体的等温转变　在一定的冷速条件下，在 A_1 温度以下仍暂时存在的、不稳定的奥氏体称为过冷奥氏体，以 A′ 表示。

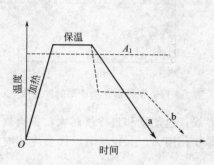

图 1-2-12　两种冷却方式示意图
a—连续冷却；b—等温冷却

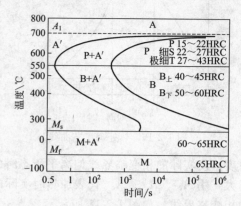

图 1-2-13　共析碳钢奥氏体等温转变图

a. 过冷奥氏体等温转变图。过冷奥氏体等温转变图是表示过冷奥氏体在不同过冷度下的等温过程中，转变温度、转变时间与转变产物量的关系线图。曲线的形状与字母"C"相似，故又称 C 曲线。不同成分的钢具有不同的 C 曲线。现以共析碳钢为例，过冷奥氏体等温转变如图 1-2-13 所示。

图 1-2-13 所示的两条 C 曲线，左边的一条为过冷奥氏体转变开始线，右边的一条为转变终了线，其右侧为转变产物区，两条 C 曲线之间为过冷奥氏体部分转变区。M_s 线为马氏体转变开始线。

过冷奥氏体转变前的一段时间称为孕育期，它以转变开始线与纵坐标之间的距离表示其大小。对共析钢而言，在 550℃ 左右时孕育期最短，说明过冷奥氏体最不稳定，最易分解转变。高于或低于此温度，孕育期均由短变长，转变开始线在此出现一个拐弯，称之为 C 曲线的鼻部。

b. 过冷奥氏体等温转变产物的组织与性能。根据转变产物的不同，过冷奥氏体的等温转变可分为珠光体型转变、贝氏体型转变和马氏体型转变。

ⅰ. 珠光体型转变。在从 A_{r_1} 到鼻部的温度范围内等温冷却时，转变产物为铁素体与渗碳体片层状复相组织，即珠光体型组织。随转变温度的降低即过冷度的增大，珠光体晶粒细化，即层片间距变小，硬度增大。通常分为以下几种：在 A_{r_1}～650℃ 之间形成的较粗大的珠光体，仍称为珠光体，用符号 P 表示，硬度约 15～22HRC；在 650～600℃ 之间形成的细珠光体称为索氏体，用符号 S 表示，硬度约 22～27HRC；在 600～550℃ 之间形成的极细珠光体，称为屈氏体，用符号 T 表示，硬度约 27～43HRC。

珠光体、索氏体、屈氏体实际上都是铁素体和渗碳体的机械混合物，仅片层粗细不同，并无本质差异。片层间距越小，则强度、硬度越高，塑性和韧性也有所改善。

ⅱ. 中温等温转变区——贝氏体型转变。550℃～M_s 之间的温度范围内等温冷却时，转变产物为贝氏体型组织。在 550～350℃ 之间，形成的贝氏体为上贝氏体。其形态为在平行排列的条状铁素体之间不均匀分布着细小的短杆状渗碳体，用符号 $B_上$ 表示，硬度约 40～45HRC，塑性较差，脆性大，无实用价值。

在 350℃～M_s 之间形成的贝氏体为下贝氏体。其形态为极细小的渗碳体均匀分布在针状的铁素体基体上，用符号 B_F 表示，硬度约 50～60HRC，韧性良好，综合力学性能较高。生产中，常用等温淬火方法获得下贝氏体组织，以改善其力学性能。

ⅲ．低温转变区——马氏体型转变。在 M_s 以下温度范围内冷却，转变产物主要为马氏体。马氏体是碳在 γ-Fe 中所形成的过饱和固溶体，用符号 M 表示。硬度取决于碳的过饱和程度，即随碳的质量分数增加，硬度明显增高，硬度高达 60～65HRC。

由于马氏体的转变终了线基本上都在摄氏零下几十度，如为连续冷却，马氏体转变也连续进行；如冷却终止，这转变也立即终止。一般情况下，冷却往往进行到室温为止，马氏体转变存在不完全性，这会导致钢中残留未转变的奥氏体存在，称为残余奥氏体。残余奥氏体的存在及其数量，将影响钢的性能。

如图 1-2-14(a) 所示，低碳马氏体为板条状组织，具有良好的综合力学性能；而高碳马氏体则呈针状，塑性、韧性较差，是获得其他优良组织的基础，其形态如图 1-2-14（b）所示。

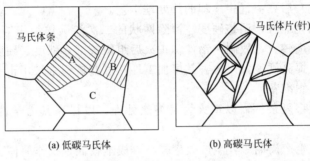

(a) 低碳马氏体　　　　　　(b) 高碳马氏体

图 1-2-14　马氏体组织示意图

② 过冷奥氏体的连续冷却转变　连续冷却是生产中最经济、最方便、最得以广泛使用的冷却方式。但由于连续冷却转变曲线测绘困难，可利用等温转变的 C 曲线来分析连续冷却转变的产物。即将连续冷却曲线与 C 曲线相交，根据相交的大致位置来判断连续冷却后的组织和性能，如图 1-2-15 所示。这对制定热处理工艺有着重要的现实意义。

冷却曲线 v_1、v_2、v_3、v_4 分别代表实际生产过程中的炉冷、空冷、油冷、水冷等冷却方式下的冷却速度。由此可估计出其相应的转变产物分别为 P、S、T＋M、M＋A'，相应的硬度分别为 170～220HBS、25～35HRC、45～55HRC、55～65HRC。图中与鼻部相切的冷却速度曲线 v_c 称为临界冷却速度，它表示过冷奥氏体转变成马氏体的最小冷却速度。v_c 的大小反映了钢的淬透性（即获得马氏体组织淬硬层的能力）的高低。

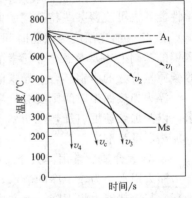

图 1-2-15　连续冷却的冷却速度线在等温转变曲线上的应用

2. 退火与正火

在钢的普通热处理中，一般将退火与正火称为预先热处理，而将淬火与回火称为最终热处理。预先热处理的目的是消除工件的某些缺陷，为后续工序和最终热处理作组织准备。最终热处理的目的是使零件获得所要求的使用性能。

（1）退火　将金属材料加热到一定温度，保温后缓冷的热处理工艺，称为退火，又称焖火。退火的主要目的是细化晶粒，均匀组织，降低硬度，消除内应力等。常用退火方法有完全退火、球化退火、去应力退火。

① 完全退火　将钢件加热到 A_{c_3} 以上 30～50℃，保温后缓慢冷却（一般为随炉冷却）的热处理工艺称为完全退火。其目的是细化晶粒，消除内应力，降低硬度（软化），改善切削加工性能等。

完全退火主要用于亚共析钢结构件，一般件作最终热处理，重要件作预先热处理。

② 球化退火　球化退火指过共析钢加热到 A_{c_1} 以上20～30℃，保温后随炉冷却的热处理工艺。退火组织为球状珠光体。退火的目的是降低硬度，改善切削加工性能，为淬火作组织准备。

③ 去应力退火　去应力退火是把零件加热到 A_{c_1} 以下 500～650℃温度范围，保温后缓冷的热处理工艺。主要目的是消除零件因加工产生的内应力，稳定尺寸，减少变形。如铸件、锻件、焊接件、精加工件等需经去应力退火后才转入下一道工序。

（2）正火　正火是将零件加热到 A_{c_3}（亚共析钢）或 $A_{c_{cm}}$（过共析钢）以上 30～50℃，保温（完全奥氏体化）后在空气中冷却的热处理工艺。

正火的目的是细化晶粒，调整硬度，消除网状的二次渗碳体组织等，基本与退火相同，只是冷速稍快，过冷度较大，故同一钢件，正火后组织较细，强度、硬度较高。

低碳钢常用正火提高硬度，以改善其可加工性；过共析钢常采用正火消除网状二次渗碳体，为球化退火作组织准备。

普通结构钢、大型复杂件，以正火为最终热处理，以提高其力学性能，避免淬火开裂危险。

正火采用空冷，生产周期短，生产效率较高，成本较低，操作简便。在技术条件许可的情况下，应优先采用正火。

3. 淬火

淬火是将零件加热到 A_{c_3}（亚共析钢）或 A_{c_1}（过共析钢）以上 30～50℃，保温后以不小于临界冷却速度冷却，获得马氏体或下贝氏体组织的热处理工艺。

① 淬火的目的是提高硬度和耐磨性，为回火作组织准备，从而提高结构件或工具的力学性能，也可改善某些特殊钢的力学性能或化学性能，如不锈钢、高锰钢的固溶处理等。

② 淬火加热温度与保温时间。碳钢的加热温度是以 Fe-Fe$_3$C 相图为依据的。合金钢在碳钢的基础上还要考虑合金元素的影响。除锰元素外，绝大多数合金钢的加热温度都高于同等碳质量分数的碳钢。合金元素的含量越高，影响越显著。

淬火加热保温时间则要综合考虑诸多因素，如零件成分、结构形状、尺寸大小、性能要求，以及加热速度、加热炉功率、装炉量等。原则上以钢件"烧透"，即零件内外均达到同一加热温度为准。

③ 淬火介质。常用淬火介质是水、油和盐。

淬火用水应为较干净的清水，冷却能力大，但容易造成零件的变形和开裂。随着水温的升高，其冷却能力将下降，生产中一般不允许超过 40℃。此外，盐水的冷却能力高于普通清水。淬火用油为各种矿物油，油的冷却能力小于水，有利于减少变形。

为了减少零件淬火时的变形，也可用盐浴做淬火介质。常用碱、硝盐、中性盐。

淬火介质的选择，主要考虑零件的尺寸形状和钢的淬透性等因素。一般原则是碳钢水淬，合金钢油淬；大件水淬，小件油淬；复杂件油淬，简单件水淬等。对于一些低淬透性的简单零件，可采用盐水淬火。

理想的淬火冷却应是 C 曲线鼻部温度附近快冷，其他温度区间慢冷，既保证得到淬火组织马氏体，又降低应力以减少变形，避免开裂。实际上，这样的淬火介质是没有的。所以，生产中常采用不同的淬火方法来尽量接近理想淬火效果。

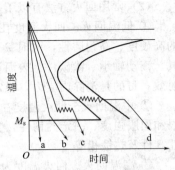

图 1-2-16　常用的淬火方法
a—单液淬火；b—双液淬火；
c—分级淬火；d—等温淬火

④ 常用淬火方法主要有以下几种。

a. 单液淬火。将零件加热到淬火温度，保温后在一种介质中冷却的方法称为单液淬火，如图 1-2-16 中的 a 所示。这种方法操作简单，易于实现机械化、自动化，应用广泛。一般仅适于形状简单、性能要求不太高的零件。

b. 双液（双介质）淬火。将零件加热到淬火温度，保温后先淬入一种冷却能力较强的介质中，待零件冷至 C 曲线鼻部以下、M_s 以上的温度区间时（约 $300\sim400$℃），再将零件马上淬入另一种冷却能力较弱的介质中冷却，如先水后油、先水后空气等，如图 1-2-16 中的 b 所示。双液淬火的目的是在低温区让过冷奥氏体在缓慢冷却的条件下转变成马氏体，以减少热应力和组织应力，从而减少变形，防止开裂。但操作方法较难掌握，关键在于控制零件在水中的冷却时间。

c. 分级淬火。将零件加热到淬火温度，保温后淬入稍高于 M_s 温度的盐浴中冷却，经短时间停留（内外均达介质温度）后取出空冷，以获得马氏体组织，如图 1-2-16 中的 c 所示。

由于分级冷却，减少了零件内外温差，减少了淬火内应力，从而减少变形，防止开裂。显然，这种方法比双液淬火易控制，但因介质冷速较慢，所以它只适用淬透性好的合金钢或尺寸较小而形状复杂的高碳钢零件。

d. 等温淬火。将零件加热到淬火温度，保温后冷却至下贝氏体转变的温度区间（约 300℃）等温冷却，待过冷奥氏体完全转变成下贝氏体组织后再空冷的方法称为等温淬火，如图 1-2-16 中的 d 所示。下贝氏体组织硬度较高，综合力学性能良好，淬火应力与变形很小，基本上避免了开裂。等温淬火适合小型复杂零件的淬火工艺。如小齿轮、丝锥、螺栓等。

⑤ 淬透性和淬硬性。

a. 淬透性。指钢在一定的淬火条件下，获得淬硬层深度的能力。它反映了钢接受淬火的性能。

淬透性主要由钢的临界冷却速度决定。临界冷却速度越小，则钢的淬透性就越好，就越容易淬火。淬透性是钢重要的热处理工艺性能。淬透性好的钢，经淬火回火后，组织均匀一致，具有良好的综合力学性能，有利于钢材潜力的发挥。同时，淬透性好的钢淬火时可采用低的冷速缓冷，以减少变形与开裂。所以，受力复杂及截面尺寸较大的重要零件都必须采用淬透性好的合金钢制造。

b. 淬硬性。指钢在理想条件下淬火所能达到的最高硬度的能力。它取决于马氏体中碳的百分含量，即取决于钢中碳质量分数，钢中碳质量分数越高，淬硬性越好。这是工具钢属于高碳钢的主要原因之一。应当明确，淬透性好的钢，其淬硬性不一定高。两者的概念是不同的，不可混为一谈。

4. 回火

将淬火零件重新加热到 A_{c_1} 以下某一温度，保温后以一定的冷速冷至室温的工艺称为回火。回火通常是热处理最后一道工序。淬火后必须立即回火，其间隔时间最长也不宜超过 1h。

（1）回火的目的是消除或减少淬火应力，降低脆性，防止零件变形开裂；稳定组织，从而稳定零件尺寸；调整力学性能，满足零件的性能要求。

(2) 常用回火方法有以下几种。

① 低温回火。回火温度在 150～250℃ 之间。回火组织为回火马氏体，基本保持马氏体的高硬度、高耐磨性，同时韧性提高，内应力明显降低。低温回火常用于刀具、模具、量具、滚动轴承、渗碳件、表面淬火件等。在 100～150℃ 下长时间的低温回火，又称为人工时效，目的是消除内应力，稳定尺寸。

② 中温回火。回火温度在 350～500℃ 之间。回火组织为回火托氏体，具有高的弹性极限和屈服强度、一定的韧性，且内应力基本消除，硬度约 35～50HRC。中温回火常用于弹性零件及热锻模等。

③ 高温回火。回火温度为 500～650℃ 之间。淬火加高温回火的复合热处理又称为调质处理，简称调质。回火组织为回火索氏体，具有良好的综合力学性能，硬度约为 25～40HRC。高温回火常用于受力复杂的重要结构件如曲轴、连杆、半轴、齿轮、螺栓等。所以典型的中碳范围的结构钢又称调质钢。

5. 表面热处理

汽车上许多零件如传动齿轮、活塞销、花键轴等，要求零件表面具有高的硬度和耐磨性，心部具有足够的强韧性。这种使用性能要求，直接采用原材料和一般的热处理方法很难满足，生产中常采用表面热处理，以达到强化零件表面的目的。

常用表面热处理方法为表面淬火和化学热处理两类。前者只改变表面组织而不改变表面成分；后者同时改变表面成分和组织。

(1) 表面淬火 仅对零件表层进行淬火的工艺称为表面淬火。一般包括感应加热表面淬火和火焰加热表面淬火等。

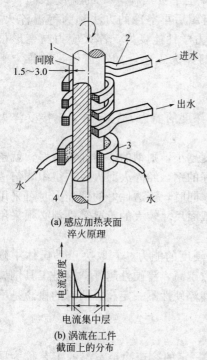

(a) 感应加热表面淬火原理

电流密度

电流集中层

(b) 涡流在工件截面上的分布

图 1-2-17 感应加热表面淬火原理示意图

1—工件；2—加热感应器；
3—淬火喷水套；4—加热淬火层

① 感应加热表面淬火。利用感应电流通过零件时产生的热效应，使零件表面迅速达到淬火温度，随即快速冷却的淬火工艺称为感应加热表面淬火。

如图 1-2-17 所示，淬火时将零件放入空心铜管绕成的感应器中，感应器中通入一定频率的交流电以产生交变磁场，于是在零件内部就会产生频率相同、方向相反的感应电流。由于感应电流的"集肤效应"，感应电流主要分布在零件的表层。频率越高，电流密度集中的表层越薄。由于钢本身具有电阻，电阻热使零件表层迅速加热到淬火温度，而心部温度基本不变，随后快速冷却（水冷），使零件表层淬硬，从而达到表面淬火的目的。

零件淬硬层的深浅，主要取决于电流频率的高低。电流频率越高，淬硬层越浅。因此，感应加热表面淬火又分为高频（200～300kHz）感应加热淬火、中频（2.5～8kHz）感应加热淬火和工频（50Hz）感应加热淬火。

感应加热淬火因其加热速度快、加热时间短、晶粒细小、淬火质量好、生产率高、易于机械化、自动化而适于大批生产等特点而广泛应用于齿轮、凸轮轴、曲轴轴颈、小轴等零件的表面淬火。但大件、太复杂件难以处理。淬火后仍需进行低温回火。

② 火焰加热表面淬火。主要应用氧-乙炔火焰对零

件表面进行加热，使其快速达到淬火温度，然后迅速喷水冷却，使表层获得所需硬度和淬硬层深度，这种工艺称为火焰加热表面淬火。

火焰加热表面淬火，操作简单、方便，主要用于中碳范围的单件和大型零件的局部表面淬火。但因其淬火质量不高且不易控制，使应用受到了限制。

（2）化学热处理　化学热处理是指将零件放入一定温度的活性介质中，使一种或几种元素渗入零件表面，以改变表层的化学成分、组织和性能的一种表面热处理工艺。

按渗入元素的不同，化学热处理可分为渗碳、渗氮等。

① 渗碳。钢的表面渗入碳原子的过程称为渗碳。显然，渗碳钢只能是低碳钢或低碳合金钢。

渗碳主要用于强烈磨损并承受较大冲击载荷的零件。如汽车传动齿轮、轴颈、活塞销、十字轴等。

② 渗氮。零件在渗氮介质中（氨气等）加热并保温，使活性氮原子渗入零件表面的化学热处理工艺称为渗氮。渗氮前零件进行调质处理，以保证心部的力学性能。渗氮后不必淬火回火。

渗氮比渗碳具有更高的硬度、耐磨性、疲劳强度及更好的耐蚀性、红硬性，且变形小，主要用于精密齿轮、精密丝杆、排气阀、精密机床主轴等零件。

【知识拓展】

钢的热处理新技术简介。

随着材料科学技术的发展，热处理工艺也在不断地改进，经过了近20多年的发展，形成了许多新的热处理工艺，如可控气氛热处理、真空热处理、形变热处理等。

（1）可控气氛热处理　可控气氛热处理是指将炉气成分控制在预定范围内的热处理加热炉中进行的热处理。零件和炉中气氛通过反应，其表面可以获得所要求的金属或非金属元素。

可控气氛热处理能保证零件的耐磨性和疲劳强度，并且减少零件热处理后的加工余量及表面的清理工作，缩短生产周期，节能、省时、提高经济效益，是现代热处理领域中的先进技术之一。正确控制炉中气氛也可对加热过程的零件提供保护，以防止零件高温氧化、脱碳。

（2）真空热处理　真空热处理是指在真空中进行的热处理。它包括真空淬火、真空退火、真空回火及真空化学处理等。真空热处理是在 $1.33 \sim 0.0133Pa$ 真空度的真空中加热零件。真空热处理的零件表面不氧化、不脱碳，表面光洁，变形小，可显著提高零件耐磨性和疲劳强度。真空热处理的工艺操作条件好，有利于实现机械化和自动化，而且污染小，节约能源，因而真空热处理目前发展得很快。

（3）形变热处理　形变热处理是将塑性变形同热处理有机地结合在一起，获得形变强化和相变强化综合效果的强化方法。这种工艺方法不仅可以提高钢的强韧性，还可以大大简化金属材料或零件的生产流程。

形变热处理的方法很多，有低温形变热处理、高温形变热处理等。低温形变热处理是将钢加热到奥氏体状态后，快速冷却到 A_{r1} 以下，进行 $70\% \sim 80\%$ 的变形，随即淬火、回火的工艺。与普通热处理相比，这种热处理能在保持塑性不变的情况下，大幅度提高钢的强度和抗磨性。这种工艺适用于某些珠光体与贝氏体之间有较长孕育期的合金钢。如高速钢刀具、合金弹簧钢等。高温形变热处理是在奥氏体稳定区进行塑性变形，然后立即淬火的热处理工艺。这种热处理工艺在保证强度高于普通热处理工艺的情况下，大大提高韧性，减少回火脆性，降低缺口敏感性。这种工艺多用于调质钢及加工量不大的锻件或轧材，如曲轴、连杆、弹簧等。由于受设备和工艺条件限制，形变热处理目前应用还不普遍。

（4）热喷涂技术　热喷涂技术是表面强化处理技术的一种。是指以某种热源，将粉末或线状材料加热到熔化或熔融状态后，用高压高速气流将其雾化成细小的颗粒喷射到零件表面上，形成一层覆盖层的过程。如在喷涂之后进行第二次加热，使之达到熔融状态而与基体材料形成冶金结合则称为喷焊。

热喷涂可以喷金属材料，也可以喷非金属如陶瓷。生产中多为喷金属，通常称为金属喷涂。根据热源不同，喷涂可分为电弧喷涂、乙炔氧火焰喷涂、等离子喷涂等。汽车修理中应用较多的是氧-乙炔焰粉末喷涂及电弧喷涂。

金属喷涂是近年来发展较快的一项表面处理技术，被国家列入重点推广项目。金属喷涂主要用于修复磨损的零件。如汽车、拖拉机的曲轴、缸套、凸轮轴、半轴、活塞环等。喷涂也可用于填补铸件裂纹，以及制造和修复减摩材料、轴瓦等。

（5）气相沉积技术　气相沉积是利用气相中发生的物理、化学过程，改变零件表面成分，在表面形成具有特殊性能的金属或化合物涂层。可将气相沉积技术分为化学气相沉积和物理气相沉积两大类。

随着表面热处理技术的不断发展，离子化学热处理、电子束淬火和激光表面处理等新技术也不断得以应用。其中：

离子化学热处理是在真空炉中通入少量与热处理目的相适应的气体，在高压直流电场作用下，稀薄的气体被电离，启辉加热零件。与此同时，欲渗入的元素从通入的气体中离解出来，渗入零件表层。离子化学热处理比一般化学热处理速度快，生产效率高，表层组织可自由选择，零件变形开裂倾向小，具有良好的力学性能和物理性能。但离子化学热处理设备投资费用较高。

电子束淬火是利用电子枪发射出成束的电子，轰击零件表面，使之快速加热，而后自冷淬火。其能量利用率可大大提高，约达80%。这种表面热处理工艺不受钢材种类的限制，淬火质量高，基本性能不变，是很有发展前途的新工艺。日本丰田、日野等汽车公司已将电子束淬火用于汽车的离合器、凸轮、气门、挺杆等零件的表面处理。

激光表面处理是利用专门的激光器发生能量密度极高的激光，以极快速度加热零件表面，经自冷淬火后使零件表面强化。生产上应用较多的是激光表面淬火和激光融化淬火。

任务1.2.5　合金钢

【任务描述】

随着现代工业和科学技术的发展，对钢的性能要求越来越高，而碳钢在许多方面不能满足使用要求，合金钢正是为了弥补碳钢的缺点发展起来的。合金钢是在碳钢的基础上为了达到某种特定性能要求，在冶炼时加入一种或数种合金元素后形成的钢。所谓合金元素，就是炼钢时特意加入的元素。不管是金属元素还是非金属元素，也不管量多量少，只要是特意加入的元素统称为合金元素。常见合金元素有硅、锰、铬、镍、铝、钨、钒、钛、铌、铅、硼、稀土元素等。

【任务分析】

由于合金元素的加入，钢的组织和性能将发生改变或改善，使合金钢具有优良的综合力学性能及特殊的物理、化学、力学性能、热处理工艺性能，从而扩大了钢的应用范围，提高了钢在工程材料中的地位和重要性。有必要对合金钢的牌号、性能、使用要求进行了解。

【知识准备】

1. 合金元素在钢中的作用

合金元素与钢的基本组元铁、碳的相互作用，是钢的组织和性能变化的基础。合金元素在钢中的作用是十分复杂的，主要可简单概括为以下几个方面。

（1）合金元素与铁的作用　大多数合金元素都能固溶于铁素体中而形成合金铁素体，产生固溶强化。随着合金元素含量的增加，其强化效果将呈直线上升趋势。其中硅、锰的强化作用最显著。

合金元素对铁素体韧性的影响。一般来说，随合金元素含量的增加，韧性将呈下降趋势。但铬、镍、硅、锰等合金元素，在其含量不高时，韧性甚至还略有提高，特别是镍，既可提高铁素体的强度、硬度，又使韧性保持在较高水平。所以铬、镍、硅、锰等就成为合金钢中最常用的合金元素。

（2）合金元素与碳的作用

① 非碳化物形成元素。如镍、硅、钴、铜、氮、硫、磷等，属非碳化物形成元素，或固溶于铁中，或形成化合物。

② 碳化物形成元素。如锰、铬、钼、钨、钒、铌、钛等（与碳的亲和力由弱到强排列）。其中钒、钛等将与碳形成特殊碳化物，如 VC、TiC、NbC 等。铬、钨、钼等将形成特殊合金碳化物或合金渗碳体，如 Cr_7C_3、WC、MoC、$(Fe, Mn)_3C$ 等。锰主要形成合金固溶体。

合金碳化物的共同特点是熔点高、硬度高、稳定性好，对钢的组织和性能将产生很大的影响。

（3）合金元素对 $Fe-Fe_3C$ 相图的影响

① 扩大奥氏体相区。镍、锰等合金元素，使 A_3 线下降，奥氏体相区扩大。含量越高，影响越大，导致钢在室温下仍保持奥氏体组织，称为奥氏体钢。如 Cr18Ni9 型奥氏体不锈钢。

② 缩小奥氏体相区。硅、铬、钨、钼、钛、钒等合金元素，使 A_3 线上升，奥氏体相区缩小。含量越高，影响越大，直至奥氏体相区缩小封闭或消失，使钢在室温下具有单相的铁素体组织，称之为铁素体钢，如铁素体不锈钢。

③ 影响共析点温度。除镍、锰外均使 S 点上升。这意味着绝大多数合金钢的热处理加热温度比相同碳含量的碳钢要高。

④ 影响相图中 S、E 点的成分。所有合金元素均使 S、E 点左移，使得亚共析成分的钢出现共析组织，从而改善钢的力学性能；使得共析钢、过共析钢中出现共晶组织，称为莱氏体钢，如高速钢。

（4）合金元素对热处理的影响

① 对加热时组织转变的影响。除镍和钴外，碳化物形成元素将显著减慢碳在奥氏体中的扩散速度，从而减慢奥氏体形成速度。特殊碳化物，由于其在高温下的稳定性而不易溶入奥氏体，加上合金元素自扩散缓慢等因素的影响，故合金钢必须采用较高的加热温度和较长的加热时间。合金钢在加热过程中不易过热，并保持细晶粒，从而有利于获得细小的淬火组织。

② 对冷却时组织转变的影响。除钴、铝外，大多数合金元素将不同程度地延缓过冷奥

氏体的分解，使 C 曲线向右下移动，降低钢的临界冷速，提高钢的淬透性。特别是碳化物、强碳化物形成元素的影响尤为显著，多种合金元素比单一合金元素的影响又更为有效。这是大型或复杂零件采用合金钢的主要原因。

③ 对回火时组织转变的影响。

a. 提高回火稳定性。回火稳定性指淬火零件在回火时抵抗软化的能力。由于合金元素的溶入，使原子扩散速度减慢，因而在回火过程中，将延缓马氏体、残余奥氏体的分解及碳化物析出聚集长大的速度，将转变过程推向更高的温度。因此，在相同的回火温度下，合金钢的回火温度要高，内应力的消除也就更彻底，塑性和韧性也就比碳钢要好。高的回火稳定性使合金工具钢表现出良好的热硬性，即钢在高温下仍保持高硬度的能力。

b. 产生二次硬化。含有铬、钼、钨、钒等合金元素的合金钢，淬火后在 $500\sim600℃$ 回火时硬度升高的现象，称为二次硬化。这一现象与特殊碳化物的析出有关，加上残余奥氏体转变为马氏体，双重作用导致钢硬度回升。高的回火稳定性和二次硬化能力，是高速钢及热锻模钢极为重要的性能特点。

c. 出现回火脆性。某些合金钢在高温回火后缓冷，则产生回火脆性，称之为第二类回火脆性。如铬、锰等合金钢。为防止第二类回火脆性，可在钢中加入钨、钼合金元素，如冷作模具钢 Cr12MoV、热作模具钢 5CrMnMo 等；对于中小零件，可采用回火后快冷（油冷）的方法加以防止。

应该说，只有真正了解合金元素对钢的影响，才可能了解合金钢的性能和应用。

2. 合金结构钢

合金钢品种繁多，为便于生产和管理，必须对合金钢进行分类与编号。

一般地，按合金元素含量可分为：**低合金钢**，合金元素总含量≤5%；**中合金钢**，合金元素总含量为 5%～10%；**高合金钢**，合金元素总含量≥10%。

按用途可分为：**合金结构钢，合金工具钢，特殊性能钢**等。

按正火后的组织可分为：**珠光体钢，马氏体钢，奥氏体钢**等。

按合金元素的种类可分为：**铬钢，锰钢，铬镍钢，硅锰钢**等。

合金结构钢是在碳素结构钢的基础上加入一种或几种合金元素的钢。主要用来制造各种重要工程构件和各种重要机械零件。主要包括低合金结构钢、合金渗碳钢、合金调质钢、合金弹簧钢、滚动轴承钢及其他结构钢等。

典型的合金结构钢有以下几种。

（1）低合金结构钢

① 成分特点。低碳（含碳量＜0.20%），以保证具有良好的塑性、韧性和焊接性能。

低合金（合金元素总量＜3%），锰为主加元素，辅加钒、铌、钛、硅、磷、铜等，以提高强度。

② 性能特点。良好的塑变能力，良好的焊接性能，良好的加工工艺性能。高的强度和低的冷脆临界温度，较好的耐蚀性能等。

③ 用途范围。广泛应用于船舶、桥梁、汽车纵横梁、车辆、压力容器、管道、井架等。

④ 牌号。由代表屈服点的汉语拼音字首"Q"、屈服点值、质量等级符号（A、B、C、D、E）按顺序排列组成。如 Q390A、Q345A、Q295B 等。

⑤ 热处理。在供应状态下使用，一般不再进行热处理。

（2）合金渗碳钢

① 成分特点。低碳（含碳量＜0.25%），以保证渗碳件心部具有良好的塑性和韧性。

主加元素为铬、锰、镍、硼等，以提高淬透性，保证心部强度；辅加元素为钼、钨、钒、钛等。合金元素含量一般属于低合金，以细化晶粒，改善渗碳工艺，提高渗层的耐磨性。

② 性能特点。渗碳层有高的硬度、优良的耐磨性及抗疲劳性，心部具有足够的强韧性、良好的淬透性和渗碳工艺性。

③ 用途范围。适用于承受冲击载荷及磨损条件下工作的重要渗碳零件，如汽车后桥齿轮和变速箱齿轮等。

④ 牌号。由两位数字＋元素符号＋数字表示。前两位数字表示钢中平均碳含量的万分数，元素符号为合金元素，其后面的数字为该合金元素的百分含量，当合金元素含量小于1.5％时不标数字，大于1.5％时，按整数标出。如20Mn2B等。

⑤ 热处理。渗碳前正火处理，渗碳后淬火并低温回火。

⑥ 常用合金渗碳钢有以下几个常见品种。

a. 低淬透性合金渗碳钢，如20Cr、20CrV、20MnV等，用于制造承受载荷不大的小型耐磨零件，如齿轮、活塞销、凸轮、气阀挺杆、齿轮轴、滑块等。

b. 中淬透性合金渗碳钢，如20CrNi3、20CrTi、20MnVB等，常用于制造承受中等载荷的耐磨零件，如汽车用齿轮、转向轴、调整螺栓、汽车后桥主动齿轮、花键轴套、万向节、十字轴、行星齿轮等。

c. 高淬透性渗碳钢，如20Cr2Ni4、18Cr2NiWA等，可用于制造承受重载荷及强烈磨损的重要大型零件，如大截面的齿轮、曲轴、凸轮轴、连杆螺栓等。

（3）合金调质钢

① 成分特点。中碳的含量0.25％～0.50％，过低则强度、硬度不够；过高则塑性、韧性差。主加元素为铬、镍、钨、钒、钛、铝等，以防止第二类回火脆性，可细化晶粒，增加回火稳定性等。

② 性能特点。具有良好的综合力学性能。

③ 用途范围。主要用来制造在多种载荷下工作的重要零件，如机床主轴、汽车底盘半轴、连杆、连杆螺栓、曲轴、凸轮轴等。

④ 牌号。表示方法与合金渗碳钢相同。

⑤ 热处理。淬火加高温回火即调质处理，如表层或局部有耐磨要求，则调质后进行表面淬火加低温回火，甚至进行渗氮处理。

⑥ 常用合金调质钢有以下几个常见品种。

a. 低淬透性合金调质钢，如40Cr、40Mn2、40MnB、40MnVB等，主要用于中等截面的重要零件，如进气门、前轴、曲轴、曲轴齿轮、缸盖螺栓、齿轮、半轴、转向轴、活塞杆、连杆、螺栓等。

b. 中淬透性合金调质钢，如30CrMo、40CrMo、30CrMnSi、40CrNi、38CrMoAl等，主要用于截面大、承受较重载荷的重要零件，如主轴、曲轴、齿轮轴、锤杆、减速器主动齿轮、从动齿轮等。

c. 高淬透性合金调质钢，如40CrNiMo、40CrMnMo、30CrNi3、25Cr2Ni4WA等，主要用于大截面、重载荷的重要零件，如汽轮机叶片、齿轮、齿轮轴、连杆、后桥半轴等。

（4）合金弹簧钢

① 成分特点。含碳量偏高（含碳量0.50％～0.70％），过高则塑性、韧性差，疲劳极限下降。主加元素以硅、锰为主，辅加元素有铬、钨、钒等。

② 性能特点。具有高的抗拉强度、高的屈强比（σ_s / σ_b）、高的疲劳强度、足够的塑性和韧性、良好的表面质量、高的淬透性和低的脱碳敏感性，易成形等。

③ 用途范围。主要用于制造各种弹性零件,如减振板簧、螺旋弹簧、缓冲弹簧等。

④ 钢号(即牌号)。表示方法与合金渗碳钢、合金调质钢相同。

⑤ 常用热处理。不同的钢中有不同的热处理工艺,一般可分为以下两大类。

a. 热成形弹簧钢。大截面弹簧加热成形,随后淬火加中温回火,以获得回火托氏体组织。

b. 冷成形弹簧钢。小截面弹簧,常用冷拉钢丝冷卷成形,因冷拉钢丝已经铅浴处理,不再淬火,冷卷成弹簧后,只需经低温去应力退火即可(200~250℃油槽中加热)。

⑥ 常用合金弹簧钢。有以下几个常见品种。

55Si2Mn、60Si2Mn、55SiVB 等广泛用于制造汽车、拖拉机、机车车辆用的螺旋弹簧和板弹簧及其他重要弹簧等。

50CrVA、30W4Cr2VA 等,用于制造如气门弹簧、阀门弹簧等重要弹性零件。

(5)滚动轴承钢

① 成分特点。高碳(含碳量为0.95%~1.10%),属于过共析钢,以保证高的强度、硬度和足够的碳化物以提高耐磨性。主加元素以铬为主,辅加硅、锰等,以提高淬透性、疲劳强度和耐磨性等。

② 性能特点。具有高的硬度和耐磨性,高的接触疲劳强度和抗压强度,高的弹性极限和一定的冲击韧度及抗腐蚀性等。

③ 用途范围。基本上是一种专用钢,主要用来制造滚动轴承中的滚动体(滚珠、滚柱、滚针)、内外套圈等。也可用于形状复杂的工具如精密量具等。

④ 钢号。用"G+符号+数字"表示,其中,G 为滚字的汉语拼音字首,符号为合金元素铬,数字为铬质量的千分数,其他合金元素的表示与合金结构钢相同,如 GCr15 等。

⑤ 热处理。预先热处理为球化退火,最终热处理为淬火加低温回火。对于精密轴承,还需进行冷处理,经回火和磨削后,再经低温时效处理。

⑥ 常用滚动轴承钢。GCr9、GCr9SiMn、GCr15、GCr15SiMn 等,广泛用于汽车、拖拉机、内燃机等专用轴承。

合金结构钢,除滚动轴承钢外,一般都属亚共析钢的碳的含量和低合金钢的合金元素含量范围,根据碳和合金元素在钢中的影响与作用,基本上就可以根据钢号判断其组织性能,根据性能也就可以基本上确定其应用范围,所以掌握碳钢的关键在于掌握碳对碳钢组织性能的影响,掌握合金钢的关键在于掌握合金元素对碳钢的影响。同一类别的合金钢性能的优劣,可根据所谓的"合金化原则"(多元少量)大致判定,即同等碳的含量的合金钢,在合金元素总含量大致相等的情况下,合金元素的种类越多,钢的综合力学性能就越好。

3. 合金工具钢

合金工具钢基本上是在碳素工具钢的基础上,再加入适量的合金元素的钢。它比碳素工具钢具有更高的硬度、耐磨性、更好的淬透性、热硬性和回火稳定性等,因此用于制造截面大、形状复杂、性能要求高的各种工具。

合金工具钢基本上属于共析、过共析钢,即高碳钢,而且都是优质或高级优质钢。其牌号表示方法与合金结构钢基本相同,只是数字以碳质量的千分数来表示,当 C<1.0% 时,以一位数字表示,当 C>1.0% 时,通常不标含碳量的数值。

合金工具钢按用途一般分为刀具钢、量具钢和模具钢三大类。

(1)合金刃具钢 合金刃具钢主要用来制造金属切削刀具,如车刀、铣刀、钻头、丝锥、板牙等。根据切削对象和切削条件,又分为低合金刃具钢和高速钢两类。所有合金刃具钢都必须具有高的硬度和耐磨性,高的热硬性,足够的韧性。

① 低合金刀具钢

a. 成分特点。高碳（C=0.80%～1.50%），以保证淬硬性和形成合金碳化物。主加元素有铬、锰、硅、钒等，以提高淬透性和硬度，提高耐磨性、热硬性及回火稳定性。属低合金钢。

b. 热处理特点。成形前进行球化退火，成形后采用淬火加低温回火，以获得回火马氏体、碳化物及少量残余奥氏体等复相组织。

c. 常用低合金刀具钢。9SiCr、9Mn2V、CrWMn 等，常用于低速切削刀具，如丝锥、板牙、钻头、冷冲模等。

② 高速钢。高速钢为高速工具钢的简称。主要用于制造各种用途和类型的高速切削刀具。因硬度高且能长时间保持切削刃口的锋利，高速钢又名锋钢；因其高的淬透性，淬火时空冷也能淬硬，高速钢又称为风钢；因成品高速钢刀具表面光洁，高速钢又有白钢之说，在许多企业，白钢一词几乎取代了高速钢而广为流传。这些称呼，实际上反映了高速钢的高硬度、高的强度、耐磨性、淬透性及热硬性等特点。

a. 成分特点。高碳（C=0.70%～1.60%），以形成足够的碳化物数量，保证钢的高硬度、高耐磨性。主加元素以钨为主，还有铬、钒、钼、钛等，以提高钢的淬透性、热硬性、耐磨性、回火稳定性、抗蚀性、二次硬化效应等。

b. 热处理特点。高速钢毛坯必须是锻件，以打碎粗大的莱氏体和碳化物，改善组织从而改善性能。预先热处理常采用等温退火，最终热处理为淬火加高温回火。

c. 常用高速钢。所有高速钢钢号，前面一律不标含碳量数字。常用钢号有 W18Cr4V、W6Mo5Cr4V2、W6Mo5Cr4V2Al 等，主要用于制造车刀、刨刀、钻头、铣刀、拉刀等高速切削机用刀具。

（2）量具钢　量具是机械加工过程中的测量工具，如游标卡尺、千分尺、塞尺、量块等。为保证量具在使用过程中的测量精度，量具钢必须具备高硬度、高耐磨性、高的尺寸稳定性、足够的韧性等性能。

量具钢的选用，取决于量具本身的要求。普通量具如样板、卡板等，选用低碳钢经渗碳热处理即可；对要求高精度和形状复杂的量具，则必须选用合金工具钢或滚动轴承钢。

量具钢的热处理为淬火加低温回火，对于高精度的量具，淬火后立即进行冷处理，然后低温回火。

常用合金量具钢有 CrMn、CrWMn、GCr15 等。原则上所有的碳钢和合金钢都可以作为量具用钢，因此量具钢前面是否加上合金二字也就无所谓了。

（3）合金模具钢

① 冷作模具钢。用于在冷态下使金属变形的模具，包括冷冲模、冷挤压模等。

a. 性能要求。冷作模具因在工作过程中受到很大压力、摩擦或冲击，主要因过度磨损而失效，有时也因脆断、崩刃而报废。因此，要求冷作模具钢具有高的硬度和耐磨性、足够的强度和韧性，以及较高的淬透性。

b. 成分特点。为满足高硬度和耐磨性要求，多数冷作模具钢中碳的质量分数大于1%，加入的合金元素有 Cr、Mo、W、V 等，以提高钢的强度、硬度、回火稳定性和淬透性。

典型的冷作模具钢为 Cr12 型钢，其成分特点是高碳高铬，使钢在淬火回火后存在大量高硬度的特殊碳化物，提高了钢的耐磨性。同时，由于有大量的铬存在，使 Cr12 型钢具有很好的淬透性。

c. 热处理特点。冷作模具钢的最终热处理通常采用淬火＋低温回火，以保证获得高的硬度和耐磨性。

d. 常用冷作模具钢。由于冷作模具对钢的性能要求与刃具钢基本相似，因此，碳素工具钢和低合金刃具钢也常用于制造冷作模具，如 T10A、9SiCr、CrWMn 等，但碳素工具钢只适合于制造形状简单的小型模具，低合金刃具钢常用于制造尺寸较大的轻载模具。对于截面尺寸较大的重载模具或形状复杂的高精度模具，则一般采用 Cr12 型钢。

② 热作模具钢。热作模具是用来使加热金属（或液态金属）获得所需形状的模具，通常又分为热锻模、热挤压模和压铸模等。

a. 性能要求。热作模具工作时，以很大的冲击力作用于被加热的坯件，使坯件发生塑性变形。因此，要求热作模具钢有足够的高温强度和冲击韧度，一定的硬度和耐磨性，良好的耐热疲劳性和淬透性。

b. 成分特点。热作模具钢属中碳范围，C＝0.30%～0.60%，以保证具有足够的强度、韧性和一定的硬度。常加入的合金元素有 Cr、Ni、Mn、Mo、W、V 等，主要用以提高钢的强度、硬度、淬透性和回火稳定性。

c. 热处理特点。热作模具钢的最终热处理为淬火＋回火处理。由于不同尺寸的模具对硬度的要求不同，模具的不同部位也有不同的硬度要求，因此，回火温度应根据硬度要求而定，通常为中温回火。

d. 常用热作模具钢。典型热作模具钢有 5CrMnMo、5CrNiMo、3Cr2W8V 等。其中，5CrMnMo 适于制造中小型热锻模；5CrNiMo 因其淬透性和韧性较好，适于制造大型热锻模；3Cr2W8V 适于制造工作中承受的冲击力较小、主要用于要求高温强度和热硬性的热挤压模和压铸模。

4. 特殊性能钢

特殊性能钢指对某些特殊的物理性能、化学性能和力学性能具有较高指标的钢，简称特殊钢。常用特殊钢包括不锈钢、耐热钢、耐磨钢等。

(1) 不锈钢　凡能抵抗大气、水、酸、碱、盐等介质腐蚀的钢统称为不锈钢。必须指明的是不锈钢只是相对一般碳钢和合金钢而言的，如若长期与腐蚀性介质接触，特别是在高温下长时间接触，所谓不锈钢仍然会锈蚀而损坏。

腐蚀有化学腐蚀和电化学腐蚀之分。化学腐蚀指金属与外界介质发生化学反应而引起的金属破坏，如钢件锻造时，热处理后表面形成的一层疏松的氧化皮，就是化学腐蚀的产物，严重时将导致零件的报废或丧失应有的性能。电化学腐蚀是指金属与酸、碱、盐等电解质溶液接触时伴有微电流产生，即所谓微电池作用而引起的金属破坏。电化学腐蚀危害性大，涉及面广，是腐蚀的主要形式。特别是局部电化学腐蚀，其危害性更大，会导致整个零件报废。金属电化学腐蚀的产生，是由于金属与电解质溶液相接触时，金属基体的电极电位较低而成为微电池的阳极，不断失去电子成为离子，从而不断被溶解腐蚀。因此，提高金属基体的电极电位并使合金呈单相组织，是解决合金腐蚀的根本途径，不锈钢也由此而得名。

不锈钢最基本的合金元素是铬。铬在氧化性介质中能形成致密而完整的氧化膜（Cr_2O_3），防止钢表面被进一步氧化和腐蚀。考虑到铬是碳化物形成元素，钢中必然有一部分铬将与碳形成铬的碳化物，从而降低铬的有效含量，所以不锈钢基本上都是微碳钢、低碳钢。为进一步提高不锈钢的抗晶界腐蚀能力，常加入强碳化物形成元素如钛、铌等，除铬外，主加元素常为镍、铝等。

常用不锈钢主要有铬不锈钢和铬镍不锈钢两种类型。

① 铬不锈钢。铬不锈钢以 Cr13 型不锈钢为主。钢号有 1Cr13、2Cr13、3Cr13、4Cr13 等。

铬不锈钢经淬火加高温回火后，得到回火索氏体组织，塑性韧性好，具有良好的抗大气、海水、蒸汽等介质腐蚀的能力，故常用于制造受冲击载荷的耐蚀结构件，如汽轮机叶片、水压机阀、螺栓、螺母等。不锈钢 3Cr13、4Cr13，经淬火加低温回火，得到回火马氏体组织，硬度可达到 50HRC 左右。可用于制造弹簧、轴承、热油泵轴、阀门零件及医疗器械等。这类钢由于淬火后为马氏体组织，故又称为马氏体不锈钢。

② 铬镍不锈钢。铬镍不锈钢以 Cr18Ni9 型不锈钢为主，钢号有 0Cr18Ni9、1Cr18Ni9、1Cr18Ni9Ti 等。

因镍是扩大奥氏体相区的元素，经热处理（固溶处理）后，呈单一奥氏体组织，所以也称为奥氏体不锈钢。所谓固溶处理，是指将工件加热到 1000℃ 左右，使钢中其他相溶入奥氏体中，然后快速冷却（水冷），以获得过饱和的单相奥氏体组织的一种热处理工艺方法。

由于铬镍不锈钢中铬镍的含量高，且为单相组织，故耐蚀性高于其他不锈钢，在温度不太高的情况下，还可作耐热钢使用。由于奥氏体的无磁性，铬镍不锈钢又称为无磁钢。铬镍不锈钢常用于制造耐硝酸、有机酸、盐、碱等溶液腐蚀的设备及抗磁仪表、医疗器械、日常生活器具等。

还有一类高铬的铁素体不锈钢，如 0Cr13、1Cr17、1Cr28、1Cr17Ti 等，其用途范围与铬镍不锈钢近似，实际上就是指铁素体不锈钢。

（2）耐热钢　耐热钢系指具有高温强度和高温下抗氧化的综合性能的钢，主要用于制造在高温下使用的零件。

为了提高钢的抗氧化性能，钢中应加入铬、硅、铝等合金元素，以形成一层致密完整、高熔点并覆盖于零件表面的氧化膜，如 Cr20、SiO_2、Al_2O_3，避免钢被进一步氧化。

为了提高钢的高温强度，钢中应加入钛、铌、钒及钨等合金元素，以提高钢的再结晶温度，增加钢的抗蠕变能力，提高钢的高温强度，防止高温下的晶界腐蚀。

按正火组织，常用耐热钢分为珠光体钢、马氏体钢、奥氏体钢。常用珠光体钢如 15CrMo、12CrMoV 钢等，用于工作温度 600℃ 以下耐热构件如锅炉管、过热器等。常用马氏体钢如 4Cr9Si2、4Cr10Si2Mo 等，用于内燃机的排气阀等；常用奥氏体钢如 Cr18Ni9Ti、4Cr14Ni14W2Mo 钢等，用于高温下工作的锅炉、加热炉等构件。

（3）耐磨钢　在强烈的冲击、挤压和严重磨损的作用下，产生硬化从而具有良好耐磨性的钢，称之为耐磨钢。典型的耐磨钢为高锰耐磨钢，简称高锰钢。

高锰钢的热处理为水韧处理，即将钢加热到 1000～1100℃，保温后淬入水中速冷，组织为单相奥氏体，硬度不高，塑性、韧性良好。当受到强烈冲击、巨大压力和磨损时，表面会产生塑性变形而明显强化，并诱发奥氏体向马氏体转变，导致钢的表面硬度大幅提高。而心部仍保持具有良好塑性、韧性的奥氏体状态，使钢具有很高的耐磨性和抗冲击能力。因此，高锰耐磨钢并不适用于一般零件，主要用于制造在严重磨损和强烈冲击条件下工作的零件，如破碎机上齿板，粉碎机上的衬板，挖掘机上的铲齿，铁路上的道岔，坦克、拖拉机、推土机用履带板等。

高锰钢难以切削加工，一般采用铸造方法成形，因此，高锰钢的钢号用铸钢的汉语拼音字首"ZG"、锰元素符号及其百分含量、序号表示。如 ZGMn13。

任务 1.2.6　铸铁

【任务描述】

铸铁具有良好的铸造性能、切削加工性能、耐磨性、减振性，且价格低廉。因此，铸铁广泛应用于汽车制造业。虽然铸铁的强度、塑性比钢差，但仍然是工业生产中最重要的金属材料之一，特别是经过球化和孕育处理后，铸铁力学性能已不亚于结构钢，可取代碳钢、合金钢制造一些重要的结构零件，如曲轴、连杆、齿轮等。一些力学性能要求不高、形状复杂、锻制困难的零件如缸体、缸盖、活塞环、飞轮、后桥壳等则全部由铸铁制造。

【任务分析】

碳质量分数为 $2.11\%\sim6.69\%$ 的铁碳合金称为铸铁。工业铸铁中，锰、硅、硫、磷等的质量分数一般都高于碳钢，碳的质量分数常为 $2.5\%\sim4.0\%$。有时为了进一步提高铸铁的力学性能或得到某些特殊性能，常加入铬、钼、铜、钒、铝等合金元素或提高硅、锰、磷等元素的质量分数，这种铸铁称为合金铸铁。

【知识准备】

碳在铸铁中有两种存在状态：一种是化合状态——渗碳体（Fe_3C）；一种是游离状态——石墨（通常用符号 G 表示）。其中，石墨存在的形式对铸铁的影响很大。

因此，要了解各种铸铁的本质，就必须了解铸铁中石墨的形态以及石墨数量、大小、形状和分布对铸铁的影响等问题。可以说，掌握了石墨的特性及石墨在铸铁中的影响和作用，就基本上掌握了各类铸铁的本质和性能特点。至于合金铸铁，关键在于合金元素的影响和作用，使合金铸铁具有与普通铸铁不同的性能特点。

1. 铸铁的分类

根据碳在铸铁中的存在形式和形态的不同，铸铁一般分为白口铸铁、灰铸铁和麻口铸铁三类。

白口铸铁中碳主要以渗碳体形式存在，断面呈银白色，故称白口铸铁。白口铸铁性硬而脆，难以切削加工，很少直接用于制造机械零件，主要用作炼钢原料或可锻铸铁的毛坯，有时，也利用白口铸铁高硬度、高耐磨性的特点，用激冷的方法（使铸件表面获得白口组织而心部为灰铸铁组织的铸铁称之为激冷铸铁）制作一些承受摩擦及有磨料磨损的零件，如犁铧、轧辊、磨球等。

灰铸铁中，碳以石墨的形式存在。根据石墨的形态不同，灰铸铁又分为普通灰铸铁、可锻铸铁、球墨铸铁和蠕墨铸铁。石墨及石墨的形态对铸铁的性能起着决定性的作用。

2. 石墨及石墨化

石墨具有简单六方晶格，是碳的同素异构体，强度、塑性、韧性几乎为零，硬度极低，密度较小，组织松软，可自润滑等。

铸铁中形成石墨的过程称为石墨化。石墨既可以从液相中析出，也可以从奥氏体中析出，还可以由渗碳体的分解而得到。灰铸铁、蠕墨铸铁中的石墨主要由液相中析出；可锻铸铁中的石墨则是白口铸铁经长时间的高温退火，由渗碳体分解而得到。在铸铁由液相结晶为固相（固态）、由高温到低温的整个冷却过程中，如果石墨化过程得以充分进行，基体组织将是铁素体；如果石墨化过程只能部分进行，将只能得到铁素体-珠光体基体或珠光体基体组织。

影响石墨化的因素很多，最主要的影响因素是化学成分和冷却速度。

（1）化学成分　碳和硅是强烈促进石墨化的元素。铸铁中碳和硅的质量分数越高，就越有利于石墨的析出。当然，为防止因石墨析出过多而影响铸铁的强度，碳、硅的含量必须控制在一定范围，而不是说越高越好。

锰、硫是阻碍石墨化的元素，必须严格控制其含量。但锰和硫能形成 MnS，从而减弱硫的有害作用而间接成为石墨化促进元素，因此，允许铸铁中保留适当的锰含量。

磷是促进石墨化的元素，磷能提高铸铁的硬度和耐磨性，这对耐磨铸铁是有利的。但是，若过高，就会增加铸铁的脆性，所以对磷的含量同样要严格控制。磷的高低需根据铸件的具体使用要求而定。

（2）冷却速度　冷却速度越慢，碳原子扩散时间越充分，则越有利于石墨化的进行，越容易形成灰铸铁。反之，冷速越大，则越容易形成白口铸铁。冷却速度主要取决于铸件壁厚、铸型材料及浇注温度等。因此，同一成分的铸铁件中，表层和薄壁部分，常常出现白口组织，而内部和厚大部分则形成灰铸铁组织；金属型铸件比砂型铸件容易形成白口铸铁组织；小件比大件容易形成白口组织。

3. 灰铸铁

灰铸铁中碳全部或大部分以片状石墨形态存在，其断口呈暗灰色，故称灰铸铁。灰铸铁是应用最广泛的铸铁。

（1）灰铸铁的组织和性能　灰铸铁的片状石墨是在正常的铸造条件下形成的。在室温下，灰铸铁的组织为铁素体与石墨，或铁素体、珠光体与石墨，或珠光体与石墨，分别称之为铁素体灰铸铁、铁素体加珠光体灰铸铁、珠光体灰铸铁。

由于石墨的力学性能几乎为零，所以灰铸铁的力学性能主要取决于基体的性能和石墨的形态、数量、大小与分布。灰铸铁的基体就是亚共析钢、共析钢。石墨分布在基体上就相当于孔洞和裂纹。换言之，灰铸铁可以看成是充满了孔洞和裂纹的钢。这些孔洞和裂纹，破坏了基体组织的连续性，减少了承载的有效面积，且在石墨片的尖角处产生应力集中，使灰铸铁容易脆断，抗拉强度、塑性与韧性比同样基体的钢低得多。石墨数量愈多，尺寸愈大，分布愈不均匀，对基体的破坏作用愈严重，铸铁的力学性能也就愈低。由此可知，珠光体灰铸铁的强度、硬度比铁素体灰铸铁要高，铁素体加珠光体灰铸铁介于二者之间。但在压应力作用下，石墨对基体的性能影响不大。所以灰铸铁的抗压强度和硬度与相同基体的钢差不多。也正由于石墨的存在及其性能特点，在切削时，石墨起到减摩和润滑断屑的作用，刀具磨损少，因而加工性能好；石墨组织松软，能吸收振动能，因而铸铁有良好的消振性；石墨本身就相当于孔洞，阻止了裂纹的延伸扩展而使铸铁具有低的缺口敏感性；石墨本身是良好的润滑剂，石墨剥落后留下孔洞能起到储油作用，使铸铁具有良好的减摩耐磨性；石墨密度较小，铸铁凝固时部分补偿了基体的收缩，从而有利于铸造成形，即铸铁有良好的铸造性能等。

（2）灰铸铁的牌号和应用　灰铸铁的牌号以灰铁二字的汉语拼音字首"HT"与一组数字表示，数字表示最小抗拉强度。如 HT150 表示最小抗拉强度为 150MPa 的灰铸铁。

灰铸铁广泛应用于承受压应力及有减振要求的零件，如床身、机架、立柱等；也适于制造形状复杂但力学性能要求不高的箱体、壳体类零件，如缸盖、缸体、变速器壳等。

HT100 用于制造端盖、油盘、支架、手轮、重锤、外罩、小手柄等。

HT150 用于制造机座、床身、曲轴、带轮、轴承座、飞轮、进排气歧管、缸盖、变速器壳、制动盘、法兰等。

HT200、HT250 用于制造缸体、缸盖、液压缸、齿轮、阀体、联轴器、飞轮、齿轮箱、床身、机座等。

HT300、HT350 用于制造大型发动机曲轴、缸体、缸盖、缸套、阀体、凸轮、齿轮、高压液压缸、机座、机架等。

（3）灰铸铁的孕育处理　为了进一步提高灰铸铁的力学性能，生产中常对灰铸铁进行孕育处理。铁液浇注前，把作为孕育剂的硅铁或硅钙合金（加入量一般约为铁液质量的0.4%）加入铁液中，搅拌后再进行浇注，以获得大量非自发晶核，从而得到细晶粒珠光体和细石墨片组织的铸铁。经孕育处理的灰铸铁称为孕育铸铁，如 HT300、HT350 即是孕育铸铁的代表。

孕育铸铁由于基体组织和石墨组织的细化，与普通灰铸铁相比，不仅强度、塑性与韧性较高，而且因晶核数目增多，结晶过程几乎同时进行，使得铸铁内部组织和性能均匀一致，从而使铸件具有断面敏感性小的特点，这对于力学性能要求较高且截面尺寸变化较大的大型铸件是非常重要的，也是常采用孕育铸铁来制造的原因。

（4）灰铸铁的热处理　影响灰铸铁力学性能的主要因素是片状石墨对基体的破坏程度，而热处理只能改变基体组织，不能改变石墨的形态、大小和分布，所以通过热处理来提高灰铸铁力学性能的效果不大。灰铸铁热处理的主要目的是消除铸造内应力和白口组织。常用热处理方法有去应力退火、石墨化退火、表面淬火等。

① 去应力退火。是指将铸铁缓慢加热到 500～600℃之间，保温几个小时后，随炉缓冷至 200～150℃出炉空冷。

② 石墨化退火。是将铸铁件加热到 850～950℃之间，保温后随炉缓冷至 500～400℃出炉空冷。目的是消除白口组织，获得铁素体或铁素体加珠光体灰铸铁，以降低硬度，改善切削加工性能。

③ 表面淬火。是为提高铸件（如机床床身导轨部分）的表面硬度和耐磨性，采用接触电阻加热等表面淬火方法进行表面淬火处理。

4. 可锻铸铁

可锻铸铁是将白口铸铁件在高温下经长时间的石墨化退火后得到的，其组织为团絮状石墨，基体为铁素体或珠光体。铁素体可锻铸铁又称为黑心可锻铸铁，牌号用"可铁黑"三字的汉语拼音字首"KTH"与两组数字表示。两组数字分别表示抗拉强度和伸长率的最小值，如 KTH300-06；珠光体可锻铸铁又有白心可锻铸铁之称，牌号用"可铁珠"三字的汉语拼音字首"KTZ"表示，其后两组数字的含义与铁素体可锻铸铁相同，如 KTZ550-04。

由于团絮状石墨对基体的破坏作用大大减弱，使可锻铸铁相对灰铸铁而言，具有较高的强度和塑性。事实上，可锻铸铁并不可锻。

可锻铸铁由于生产周期长，成本较高，使其应用受到一定的限制，已逐渐被球墨铸铁取代。可锻铸铁常用于制造汽车后桥壳、轮毂、变速器拨叉、制动踏板及管接头、低压阀门、扳手等零件。

5. 球墨铸铁

铸件在浇注前往铁液中加入球化剂（如镁或稀土镁合金）和孕育剂（硅铁或硅钙合金），使片状石墨呈球状石墨分布，这种铸铁称为球墨铸铁，简称球铁。

（1）球墨铸铁的组织和性能　球墨铸铁的室温组织可看成是由碳钢的基体和球状石墨组成。基体有铁素体、铁素体 珠光体、珠光体等。

由于球状石墨对基体的破坏作用更弱小，因而能较充分地发挥基体组织的作用，基体强度的利用率可达 70%～90%，故球墨铸铁的抗拉强度、塑性和韧性大大超过灰铸铁，接近中碳钢。同时球墨铸铁又基本具有灰铸铁的一系列优良性能，使得"以铸代锻，以铁代钢"成为现实。

（2）球墨铸铁的牌号和应用　球墨铸铁的牌号由"球铁"两字的汉语拼音字首"QT"加两组数字表示，两组数字分别表示最低抗拉强度和最小伸长率。如 QT400-18 表示最低抗拉强度为 400MPa 和最小伸长率为 18% 的球墨铸铁。

QT400-18 常用于制造汽车轮毂、驱动桥壳、差速器壳、离合器壳、拨叉、辅助钢板弹簧支架、齿轮箱等零件。

QT500-07，可制造机油泵齿轮、飞轮、传动轴、铁路车辆轴瓦等零件。

QT600-03 常用于制造柴油机曲轴、连杆、缸套、凸轮轴、缸体、进排气阀座、摇臂、后牵引支承座等工件。

QT900-02 可制造汽车后桥弧齿锥齿轮、转向节、传动轴、曲轴、凸轮轴等零件。

（3）球墨铸铁的热处理

① 退火。高温退火，获得铁素体球墨铸铁。退火温度为 900～950℃，保温后随炉缓冷至 600℃ 出炉空冷。低温退火，获得铁素体球墨铸铁，退火温度为 720～760℃，保温后随炉缓冷至 600℃，出炉空冷。退火的目的是为了使铸铁获得良好的塑性和韧性，改善切削加工性能，消除铸造内应力。

② 正火。正火是为了获得珠光体球墨铸铁。正火加热温度为 860～920℃，保温后空冷。正火的目的主要是提高铸铁的强度、硬度和耐磨性。

③ 调质淬火温度为 860～900℃，回火温度为 550～600℃，组织为回火索氏体，目的是使铸件获得良好的综合力学性能。如曲轴、连杆的处理。

④ 等温淬火将铸件加热到 860～900℃，保温后淬入 250～350℃ 的盐浴中等温停留 0.5～1.5h，然后空冷。等温淬火后获得下贝氏体组织，目的是使铸件获得较高强度、较高硬度、较高韧性的较高综合力学性能。处理零件如齿轮、凸轮轴等。

6. 蠕墨铸铁

蠕墨铸铁是灰铸铁浇注时，向铁液中加入蠕化剂（镁钛合金、稀土镁合金等），获得介于片状石墨和球状石墨之间，形似蠕虫状石墨的铸铁。蠕墨铸铁的性能介于灰铸铁和球墨铸铁之间，强度接近于球墨铸铁，具有一定的韧性，较高的耐磨性，同时又具有灰铸铁所具有的良好性能。

蠕墨铸铁的牌号用"RuT"代表"蠕铁"两字，后面的数字代表最低抗拉强度，如 RuT380 表示最低抗拉强度为 380MPa 的蠕墨铸铁。

蠕墨铸铁已开始在生产中广泛应用，目前主要用于制造缸盖、进排气管、制动盘、变速器箱体、阀体、制动鼓、机床工作台等零件。

7. 合金铸铁

在铸铁中加入一定量的合金元素，以获得某些特殊性能的铸铁称为合金铸铁。常见的有以下几种。

① 耐磨铸铁常加入铬、钼、铜、磷等合金元素以提高耐磨性。如高磷合金铸铁，形成硬而脆的磷化物共晶体，同时加入铬、钼、铜、钛等合金元素，细化组织，提高强度和耐磨性。它主要应用在汽车、拖拉机、精密机床方面，如发动机的缸套、活塞环等零件。

② 耐热铸铁。耐热铸铁是指在高温条件下，具有抗氧化和抗热生长能力，并能承受一定载荷的铸铁。主加合金元素为铬、铝、硅等。使其表面形成一层致密的氧化膜，如 SiO_2，保护内层不被继续氧化，从而提高铸件的耐热性。同时，合金元素还可提高铸铁的相变点，使铸铁在工作温度范围内不发生相变，并促使铸铁获得单相铁素体组织，以免铸铁在高温下因渗碳体分解而析出石墨。

耐热铸铁的种类较多，一般分为铬系、硅系、铝系、铝硅系等。铬系耐热铸铁价格较贵，铝系耐热铸铁力学性能较低，故硅系、铝硅系耐热铸铁发展较快，应用较广。

耐热铸铁主要用于制造高温下工作的排气阀、进气阀座及加热炉炉底板、烟道挡板、钢锭模等零件。

③ 耐蚀铸铁。在腐蚀介质中工作时具有抗蚀能力，且具有一定的力学性能的铸铁称为耐蚀铸铁。主加合金元素有铬、镍、硅、铝、铜等，以提高铸铁基体组织的电极电位，并使铸铁表面形成一层致密的保护性氧化膜，硅还能促使形成单相基体，从而提高了铸铁的耐腐

蚀性能。耐蚀铸铁广泛应用于化工部门，制作管道阀门、泵类、盛贮器等。

【自我评估】

1-2-1 金属晶粒的大小对力学性能有何影响？控制金属晶粒大小的方法有哪些？

1-2-2 默绘简化后的 $Fe-Fe_3C$ 相图，简述相图在工业生产中的应用。

1-2-3 随着钢中碳的质量分数的增加，钢的力学性能有何变化？为什么？

1-2-4 钢中碳的质量分数越高，质量越好，强度和塑性也越高，对否？为什么？

1-2-5 若将 30 钢用来制造锉刀，或将 20 钢当作 60 钢制成弹簧，则使用过程中将会出现什么问题？

1-2-6 什么是热处理？

1-2-7 常用退火方法有哪些？分别适用于处理哪一类零件？

1-2-8 淬火的目的是什么？淬火加热温度如何选择？常用冷却介质和淬火方式各有哪些？

1-2-9 什么叫回火？回火的目的是什么？常用回火方法有哪些？分别适于处理哪类零件？

1-2-10 什么叫淬透性、淬硬性？影响因素有哪些？有何现实意义？

1-2-11 45 钢件，甲经正火处理，乙经调质处理，结果硬度相同，问甲、乙零件的性能是否相同？为什么？

1-2-12 甲、乙两齿轮，甲为低碳钢，乙为中碳钢，各应采用什么热处理才能满足使用性能要求？

1-2-13 试分析比较低合金结构钢、合金渗碳钢、合金调质钢、合金弹簧钢、合金工具钢、特殊性能钢的成分特点、使用状态、组织特点、性能特点、应用范围及热处理特点等。

1-2-14 说明下列钢号的成分并判断各属于哪一类钢：

Q345、ZGMn13-2、GCr15、40Cr、20CrMnTi、60Si2Mn、W18Cr4V、1Cr13、0Cr18Ni9、40CrNiMo、3Cr2W8V、Cr12、CrWMn

1-2-15 根据碳在铸铁中存在的形态，铸铁可分为哪几类？

1-2-16 影响铸铁性能的主要因素有哪些？

学习情境 1.3 有色金属及其合金

【学习目标】

（1）掌握汽车常用的有色金属。

（2）熟悉常用有色金属的物理性能和化学性能。

（3）了解汽车常用有色金属的组成、牌号、性能。

任务 1.3.1 铝及铝合金

【任务描述】

当前，全球汽车工业的发展趋势是减重节能。因此，为了实现汽车轻量化，各汽车制造厂家都扩大了铝、镁合金和塑料的应用。铝及铝合金的密度小，属轻金属。有关试验测定，若采用铝合金制造汽车的缸体和车身，整个汽车的自重可减轻40%，这样，汽车的速度和载重量增大了，而耗油量却能相应地减小。

【任务分析】

现在汽车工业中，铝的使用量和使用率每年都在增加。例如，汽车发动机的重要零件活塞，就是由铝合金制造的。另外，某些汽车的缸体、缸盖也是用铝合金制成的。在国外铝车轮已成为标准安装件。铝及铝合金是汽车的重要材料之一。

【知识准备】

铝在地球上的储量居金属元素之首，其年产量居有色金属之冠。纯铝呈银白色，具有面心立方晶格，无同素异构转变。铝的密度只有 $2.72g/cm^3$，约为铁密度的 1/3，熔点 660℃，基本无磁性。铝的导电、导热性能优良，仅次于金、银、铜。在大气中，铝制品的表面会生成一层致密的薄膜，可阻止其进一步氧化，故铝的抗大气腐蚀能力强。但是，铝不能耐酸、碱和盐的腐蚀。

工业上使用的纯铝纯度一般为 99.7%～98%，其强度低（σ_b＝80～100MPa）、塑性好（ψ＝80%）。通过压力加工可制成各种型材，如丝、线、箔、棒和管等。按 GB/T 3190—1996 规定，工业纯铝的牌号有 1070A、1060、1050A、1035 等（即化学成分近似于旧牌号 L1、L2、L3、L5）；牌号中数字越大，表示杂质的含量越高，纯度越低。

根据纯铝的特点，其主要用途是代替较为贵重的铜合金制作电线，配制各种铝合金，以及制作一些质轻、导热或耐大气腐蚀而强度要求不高的器具。在汽车上，纯铝主要用于制作空气压缩机垫圈、排气阀垫片、汽车铭牌等。

1. 铝合金的分类

纯铝的强度低，若在铝中加入硅、铜、镁、锌、锰等合金元素，就可获得较高强度的铝合金。此外，还可以通过冷变形加工、热处理等方法对铝合金进一步强化，同时保持其密度小、比强度高和导热性好的特性，使之宜制造各种机械零件。

根据铝合金的成分及生产工艺特点，铝合金可分为变形铝合金和铸造铝合金两大类。变形铝合金其塑性很好，宜于进行压力加工，故称为变形铝合金。铸造铝合金由于冷却时发生共晶反应，流动性较好，宜于铸造工艺，故称为铸造铝合金。

2. 变形铝合金

变形铝合金包括防锈铝合金、硬铝合金、超硬铝合金及锻铝合金等。常用变形铝合金的牌号、化学成分、力学性能及用途举例见表 1-3-1。

表 1-3-1　常用变形铝合金的牌号、化学成分、力学性能及用途举例

类别	牌号	化学成分（余量为 Al）/%					材料状态	力学性能			用途举例
		Cu	Mg	Mn	Zn	其他		σ_b/MPa	δ_{10}/%	HBS	
防锈铝合金	5A05	0.1	4.8～5.5	0.3～0.6	0.20		O	280	20	70	散热器片、导管、日用品、铆钉以及中载零件及制品
	3A21	0.20	0.05	1.0～1.6	0.10	Ti 0.15	O	130	20	30	蒙皮、容器、油管、焊条、铆钉、轻载零件及制品
硬铝合金	2A01	2.2～3.0	0.2～0.5	0.20	0.10	Ti 0.15	T₄	300	24	70	工作温度不超过 100℃ 的结构用中等强度铆钉
	2A11	3.8～4.8	0.4	0.4～0.8	0.30	Ni 0.10 Ti 0.15	T₄	420	15	100	中等强度的结构零件，如骨架、固定接头、支柱、螺旋桨叶片、局部镦粗零件、螺栓和铆钉

类别	牌号	化学成分(余量为 Al)/%					材料状态	力学性能			用途举例
		Cu	Mg	Mn	Zn	其他		σ_b/MPa	δ_{10}/%	HBS	
超硬铝合金	7A04	1.4~2.0	1.8~2.8	0.2~0.6	5.0~7.0	Cr 0.1~0.15	T_6	600	12	150	主要受力结构件，如飞机大梁、桁架、加强框、起落架
锻铝合金	2A50	1.8~2.6	0.4~0.8	0.4~0.8	0.30	Ni 0.10 Ti 0.15	T_6	420	13	105	中等强度的复杂形状锻件及模锻件
	2A70	1.9~2.5	1.4~1.8	0.20	0.30	Ni 0.9~1.5 Ti 0.02~0.1	T_6	440	12	120	内燃机活塞和在高温下工作的复杂锻件、板材、结构件

注：O—退火，T_4—淬火+自然失效，T_6—淬火+人工失效。

3. 铸造铝合金

铸造铝合金的力学性能虽然不如变形铝合金，但其具有优良的铸造工艺性能，可进行各种成形铸造，生产形状复杂的铸件。铸造铝合金种类很多，主要有铝-硅系、铝-铜系、铝-镁系、铝-锌系四个系列。

常用铸造铝合金的牌号、化学成分、力学性能及用途举例见表1-3-2。

表 1-3-2　常用铸造铝合金的牌号、化学成分、力学性能及用途举例

类别	合金牌号	化学成分(质量分数)/%(余量为 Al)						力学性能(不低于)			用途
		Si	Cu	Mg	Mn	Zn	Ti	σ_b/MPa	δ_5/%	HBS	
铝硅合金	ZL101 ZAlSi7Mg	6.5~7.5		0.25~0.45			0.08~0.20	202 192	2 2	60 60	形状复杂的砂型、金属型和压力铸造零件，如飞机、仪器的零件，抽水机壳体，工作温度不超过185℃的汽化器等
	ZL102 ZAlSi12	10.0~13.0						153 143 133	2 4 4	50 50 50	形状复杂的砂型、金属型和压力铸造零件，如仪表、抽水机壳体，工作温度在200℃以下，要求气密性、承受低载荷的零件
	ZL105 ZAlSi5Cu1Mg	4.5~5.5	1.0~1.5					231 212 222	0.5 1.0 0.5	70 70 70	砂型、金属型和压力铸造的形状复杂、在225℃以下工作的零件，如风冷发动机的汽缸头、机匣、油泵壳体等
	ZL108 ZAlSi12Cu2Mg1	11.0~13.0	1.0~2.0		0.4~1.0	0.3~0.9		192 251		85 90	砂型、金属型铸造的、要求高温强度及低膨胀系数的高速内燃机活塞及其他耐热零件
铝铜合金	ZL201 ZAlCu5Mn		4.5~5.3		0.6~1.0		0.15~0.35	290 330	8 4	70 90	砂型铸造的在175~300℃以下工作的零件，如支臂、挂架梁、内燃机汽缸头、活塞等
	ZL202 ZAlCu10		9.0~11.0					104 163		50 100	形状简单、表面粗糙度要求较低的中等承载零件
铝镁合金	ZL301 ZAlMg10			9.5~11.5				280	9	60	砂型铸造的、在大气或海水中工作的零件。承受大振动载荷，工作温度不超过150℃的零件
铝锌合金	ZL401 ZAlZn11Si7	6.0~8.0		0.1~0.3		9.0~13.0		241 192	1.5 2	90 80	压力铸造的、零件工作温度不超过200℃，结构形状复杂的汽车、飞机零件

铸造铝合金具有重量轻、导热性好的优点，有利于提高发动机的压缩比，提高能源利用率。其缺点是在使用过程中易变形。在维修过程中铸造铝合金缸盖不能用碱水清洗，以免引

起腐蚀。

任务 1.3.2　铜及铜合金

【任务描述】

铜及铜合金是汽车行业中不可缺少的材料。据统计，一辆载货汽车需要 20kg 左右的铜。汽车上主要使用纯铜、黄铜和青铜。

【任务分析】

铜是较为贵重的有色金属，全世界产量仅次于钢和铝。纯铜中铜的质量分数为99.7%～99.95%，它的新鲜表面呈玫瑰红色，表面形成氧化亚铜膜层后呈紫色。密度为 8.96g/cm³，熔点为 1083℃。具有良好的导电性，在所有金属中，铜的导电性略逊于银。铜的导热性及抗大气腐蚀性也很好，还是抗磁性金属。广泛用作电工导体、传热体、防磁器械及用于配制各种铜合金。纯铜具有面心立方晶格，无同素异构转变现象。强度低、塑性好，可进行冷变形强化，但塑性下降显著。纯铜的焊接性能良好，但强度低，不宜作结构材料。

【知识准备】

1. 纯铜

纯铜中的杂质主要有 Si、Mn、S 和 P 等，它们对纯铜的性能影响极大，如 Si、Mn 可引起铜的"热脆"，而 S、P 却能导致铜的"冷脆"。所以，在纯铜中必须控制杂质含量。

根据杂质含量的不同，工业纯铜分 T1、T2、T3、T4 四种，"T"为铜的汉语拼音字首，其后的数字愈大，纯度愈低。工业纯铜的牌号、成分及用途见表 1-3-3。

表 1-3-3　工业纯铜的牌号、成分及用途

代号	牌号	铜含量/%	杂质含量/%		杂质总含量/%	用　　途
			Bi	Pb		
一号铜	T1	99.95	0.002	0.005	0.05	导电材料和配制高纯度合金
二号铜	T2	99.90	0.002	0.005	0.1	电力输送用导电材料,制作电线、电缆等
三号铜	T3	99.70	0.002	0.01	0.3	电机、电工器材、电器开关、铆钉、油管
四号铜	T4	99.50	0.003	0.05	0.5	同三号铜

2. 铜合金

铜中加入合金元素后，可获得较高的强度和硬度，韧性好，同时还保持了纯铜的某些优良性能。一般将铜合金分为黄铜、青铜和白铜三大类。

（1）黄铜　黄铜是以锌为主要合金元素的铜合金。按化学成分不同，黄铜分为普通黄铜、特殊黄铜两种。其牌号用"黄"字汉语拼音字首"H"来表示，其后附以数字表示铜的平均质量分数，余量为锌。如 H70 表示平均铜的质量分数为 70%，锌的质量分数为 30%的普通黄铜。

① 普通黄铜是铜-锌（Cu-Zn）二元合金。常热轧成棒材、板材。这类黄铜也可铸造。普通黄铜的力学性能、工艺性和耐蚀性较好，应用广泛。

常用黄铜的牌号、化学成分、力学性能及用途见表 1-3-4。

表 1-3-4　常用黄铜的牌号、化学成分、力学性能及用途

类别	牌号	主要成分(质量分数)/%(余量为 Zn)		制品种类	力学性能		用途举例
		Cu	其他		σ_b/MPa	δ_5/%	
普通黄铜	H80	79~81		板、条、带、箔、棒、线、管	265~392	50	色泽美观,用于镀层及装饰
	H68	67~70			294~392	40	管道、散热器、铆钉、螺母、垫片等
	H62	60.5~63.5			294~412	35	散热器、垫圈、垫片等
特殊黄铜	HPb59-1	57~60	Pb 0.8~1.9	板、带、管、棒、线	343~441	25	切削加工性好,强度高,用于热冲压和切削加工件
	HMn58-2	57~60	Mn 1.0~2.0	板、带、棒、线	382~588		耐腐蚀和弱电用零件
铸铝黄铜	ZCuZn31Al2	66~68	Al2.0~3.0	砂型铸造、金属型铸造	295~390	12~15	要求耐蚀性较高的零件
铸硅黄铜	ZCuZn16Si4	79~81	Si 2.5~4.5	砂型铸造、金属型铸造	345~390	15~20	接触海水工作的管配件及水泵叶轮、旋塞等

②　特殊黄铜。为了获得更高的强度、抗蚀性和良好的铸造性能,在铜锌合金中加入铅、锡、铝、镍、铁、硅、锰等元素,形成各种特殊黄铜:铅黄铜、锡黄铜、铝黄铜、镍黄铜、铁黄铜及硅黄铜等。代号用"H+主加元素符号+铜的质量分数+主加元素的质量分数"表示。例如 HPb61-1,表示平均成分为含铜量 61%、含铅 1%、其余为锌的铅黄铜。

特殊黄铜中若加入的合金元素较少,则塑性会较高,也称为压力加工特殊黄铜。加入的合金元素较多,则强度和铸造性能好,称为铸造用特殊黄铜,代号中用"Z"表示"铸造"。加入铝、锡、锰、镍的铜合金还能提高抗蚀性和耐磨性。

(2) 青铜　青铜原指铜-锡(Cu-Sn)合金,但现在工业上习惯把以铝、硅、铅、铍、锰等为主加元素的铜合金统称为青铜。所以青铜实际上包括有锡青铜(Cu-sn)、铝青铜(Cu-Al)、铍青铜(Cu-Be)等。青铜也可分为加工青铜(以青铜加工产品的形式供应)和铸造青铜两类。青铜的牌号是:Q+主加元素符号+主加元素的质量分数+其他元素的质量分数。"Q"表示"青铜",例如,QSn4-3 表示含 Sn=4%、Zn=3%、其余为 Cu 的锡青铜。铸造青铜是在编号前加"Z"字。

常用青铜合金的牌号、化学成分、力学性能及用途举例见表 1-3-5。

表 1-3-5　常用青铜合金的牌号、化学成分、力学性能及用途举例

类型	牌号	主要成分(质量分数)/%(余量 Cu)		制品种类	力学性能		用途举例
		Sn	其他		σ_b/MPa	δ_5/%	
压力加工锡青铜	QSn4-3	3.5~4.5	Zn 2.7~3.3	板、带、棒、线	350	40	较次要的零件,如弹簧、管配件和化工机械等
	QSn6.5-0.1	6.0~7.0	Pb0.1~0.2	板、带、棒	350~450	60~70	耐磨件、弹性零件
	QSn4-4-0.25	3.0~5.0	Zn3.0~5.0 Pb1.5~3.5	板、带	300~350	35~45	轴承、轴套、衬垫等
铸造锡青铜	ZCuSn10Zn2	9.0~11.0	Zn1.0~3.0	金属型铸造	245	6	中等或较高负荷下工作的重要管配件,泵、齿轮等
				砂型铸造	240	12	
	ZCuSn10Pb1	9.0~11.5	Pb0.5~1.0	金属型铸造	310	2	重要的轴瓦、齿轮、连杆和轴套等
				砂型铸造	220	3	

类型	牌号	主要成分(质量分数)/%（余量 Cu）		制品种类	力学性能		用途举例
		Sn	其他		σ_b/MPa	δ_5/%	
铝青铜	ZCuAl10Fe3	Al 8.5~11.0	Fe 2.0~4.0	金属型铸造	540	15	重要用途的耐磨、耐蚀、重型铸件,如轴套、螺母、蜗轮
				砂型铸造	490	13	
铍青铜	QBe2	Be 1.9~2.2	Ni 0.2~0.5	板、带、棒、线	500	3	重要仪表的弹簧、齿轮等
铅青铜	ZCuPb30	Pb 27~33		金属型铸造			高速双金属轴瓦、减摩零件等

① 锡青铜。锡青铜是以锡为主加元素的铜合金。铸造锡青铜流动性差,易形成疏松,组织不致密。但它在凝固时尺寸收缩小,特别适于铸造对外形尺寸要求较严格的铸件。锡青铜的抗蚀性优于纯铜及黄铜,特别是在大气、海水等环境中,其优越性更为明显。但在酸类及氨水中,其耐蚀性较差。此外,锡青铜耐磨性好,多用于制造轴瓦、轴套等耐磨零件。

② 铝青铜。铝青铜是以铝为主加元素的铜合金。铝青铜的力学性能比黄铜和锡青铜的高,铝青铜的结晶温度范围很小,流动性好,缩孔集中,易获得致密的铸件,并且不形成枝晶偏析。铝青铜的耐蚀性优良,在大气、海水及大多数有机酸中的耐蚀性均比黄铜和锡青铜高,耐磨性也比黄铜和锡青铜好,常用来制造强度及耐磨性要求较高的零件,如齿轮、蜗轮、轴承等。

③ 铍青铜。铍青铜是以铍为主加元素的铜合金。由于铍在铜中的溶解度随温度变化很大,温度在866℃时,最大溶解度为2.7%,而在室温时却只有0.2%,故铍青铜进行固溶时效处理后,可获得很高的硬度和强度,硬度可达350~400HBS,超过其他铜合金。铍青铜不仅强度高、疲劳抗力高、弹性好,而且抗蚀、耐热、耐磨等性能均好于其他铜合金。导电性和导热性优良,而且具有抗磁、受冲击时不产生火花等特殊性质。主要用于制造精密仪器、仪表中重要的弹性元件,如钟表齿轮、电焊机电机及防爆工具、航海罗盘等重要零件。但铍青铜工艺复杂,价格较高。

(3) 白铜 以镍为主要合金元素的铜合金称为白铜。普通白铜仅含铜和镍,其代号为:B+镍的平均质量分数。"B"为"白铜"。例如,B19表示Ni＝19%,余量为铜的普通白铜。普通白铜中加入锌、锰、铁等元素后分别叫做锌白铜、锰白铜、铁白铜。

在固态下,铜与镍无限固溶,因此工业白铜的组织为单相α固溶体,有较好的强度和优良的塑性,能进行冷、热变形。冷变形能提高强度和硬度。它的抗蚀性很好,电阻率较高。主要用于制造船舶仪器零件、化工机械零件及医疗器械等。锰含量高的锰白铜可制作热电偶丝。

常用白铜的代号、化学成分、力学性能和用途见表1-3-6。

表 1-3-6 常用白铜的代号、化学成分、力学性能和用途

类别	代号	化学成分(质量分数)/%				力学性能			用途
		Ni(＋Co)	Mn	Zn	Cu	加工状态	σ_b/MPa	δ_5/%	
普通白铜	B25	29.0~33.0			余量	软	380	23	船舶仪器零件,化工机械零件
	B19	18.0~20.0			余量	硬	550	3	
	B5	4.4~5.0			余量	软	300	30	
锌白铜	BZn15-20	13.5~16.5		18.0~22.0	余量	软	350	35	潮湿条件下和强腐蚀介质中工作的仪表零件
锰白铜	BMn3-12	2.0~3.5	11.0~13.0		余量	软	360		弹簧、热电偶丝
	BMn40-1.5	42.5~44.0	1.0~2.0		余量	硬	400	25	

任务 1.3.3　滑动轴承合金

【任务描述】

在相对运动的机械构件中常用轴承起减摩作用，轴承分滚动轴承和滑动轴承。滑动轴承具有承压面积大、工作平稳、无噪声及检修方便等优点，所以滑动轴承的使用比较广泛，在汽车上有多处旋转轴用的就是滑动轴承。

【任务分析】

在滑动轴承中，制造轴瓦及内衬的合金，称为轴承合金。滑动轴承与轴直接配合使用，轴在高速旋转时，被施以定期的交变负荷和冲击载荷，且在轴与轴承之间产生高速的相对运动，发生摩擦、磨损且生热，因此，对轴承合金有一定的性能要求。用作轴承合金的有哪些材料类型呢？

【知识准备】

1. 对滑动轴承合金性能的要求

（1）力学性能

① 硬度要合适，太低易变形，不耐磨；太高不易同轴颈磨合，使轴的运转情况恶化。

② 良好的塑性和韧性，以避免因受冲击和振动而发生开裂；较高的疲劳强度，避免疲劳破裂。

③ 足够的抗压强度和屈服强度，以承受轴的压力和摩擦生热，抵抗热变形。

（2）较好的磨合性和耐磨性，并能保持住润滑油。

磨合性是指在不长时间的工作后，轴颈和轴承能紧密配合，即基体软而塑性高，磨合好，接触面积大，压力小，低的摩擦因数，不但本身要耐磨，而且也不磨损轴颈。

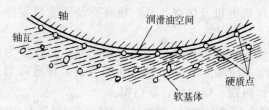

图 1-3-1　轴承合金理想组织示意图

（3）良好的抗蚀性和导热性以及较小的膨胀系数。

（4）容易制造，价格低廉。

根据上述要求，轴承合金既要求较高的强度，又要求有较好的减摩性，针对这两个对立的性能要求，合金组织应同时存在两类不同组织组成物，轴承合金组织最好是在软基体上分布着硬质点，如图 1-3-1 所示，这样轴承跑合后，软的基体被磨损而压凹，可以储存润滑油，以便能形成连续的油膜，同时，软的基体还能承受冲击和振动，并使轴和轴承能很好地磨合。软的基体还能起嵌藏外来质点的作用，以保证轴颈不被擦伤。这类组织承受高负荷能力差，属于这类组织的有锡基和铅基轴承合金（又称巴氏合金）。

反过来采用硬基体上分布软质点的组织形式也可以达到同样的目的。这类组织有较大的承载能力，但磨合能力较差。属于这类组织的有铝基和铜基轴承合金。

2. 常见的轴承合金

常见的锡基与铅基轴承合金有以下几种。

（1）锡基轴承合金（锡基巴氏合金）　它是以锡为基础，加入锑、铜等元素组成的合金。其组织是以锑溶入锡形成的 α 固溶体为软基体，以化合物 SnSb 和 Cu_6Sn_5 形成硬质点及骨架。这种合金摩擦因数小，塑性、导热性好，是优良的减摩材料，常用作最重要的轴承，如汽轮机、发动机、内燃机等大型机器的高速轴承。它的主要缺点是疲劳强度较低，价格贵。使用温度不能高于 150℃。

（2）铅基轴承合金（铅基巴氏合金）　以铅-锑为基础，加入锡、铜等元素，其硬度、强度、韧性均较锡基合金低，且摩擦因数较大，但价格便宜。这种合金常用来制造承受中、低载荷的中速轴承，如汽车、拖拉机曲轴轴承、连杆轴承及电动机轴承。使用工作温度不超过 120℃。常用轴承合金的牌号、化学成分、力学性能及用途见表 1-3-7。

表 1-3-7　常用轴承合金的牌号、化学成分、力学性能及用途

| 类别 | 牌号 | 化学成分（质量分数）/% | | | | | 硬度 HBS（不小于） | 用途举例 |
		Sb	Cu	Pb	Sn	杂质		
锡基轴承合金	ZSnSb12Pb10Cu4	11.0~13.0	2.5~5.0	9.0~11.0	余量	0.55	29	一般发动机的主轴承，但不适于高温工作
	ZSnSb11Cu6	10.0~12.0	5.5~6.5		余量	0.55	27	1300kW 以上蒸汽机、370kW 涡轮压缩机、涡轮泵及高速内燃机轴承
	ZSnSb8Cu4	7.0~8.0	3.0~4.0		余量	0.55	24	一般大机器轴承及高载荷汽车发动机的双金属轴承
	ZSnSb4Cu4	4.0~5.0	4.0~5.0		余量	0.50	20	涡轮内燃机的高速轴承及轴承衬
铅基轴承合金	ZPbSb16Sn16Cu2	15.0~17.0	1.5~2.0	余量	15.0~17.0	0.6	30	110～880kW 蒸汽涡轮机，150～750kW 电动机和小于1500kW 起重机及重载荷推力轴承
	ZPbSb15Sn10	14.0~16.0		余量	9.0~11.0	0.5	24	中等压力的机械，适用于高温轴承
	ZPbSb15Sn5	14.0~15.5	0.5~1.0	余量	4.0~5.5	0.75	20	低速、轻压力机械轴承
	ZPbSb10Sn6	9.0~11.0		余量	5.0~7.0	0.75	18	重载荷、耐蚀、耐磨轴承

（3）铜基轴承合金　有铅青铜、锡基铜等。与巴氏合金相比，铜基轴承合金是硬的基体上均匀分布着软的质点，具有高的疲劳强度和承载能力，优良的耐磨性、导热性和低的摩擦因数，能在较高温度（250℃）下正常工作，因此可制造高速、重载的重要轴承，例如航空发动机、高速柴油机的轴承等。

（4）铝基轴承合金　铝基轴承合金是以铝为基体加入锑、锡等合金元素所组成的合金。它是 20 世纪 60 年代发展起来的一种新型减摩材料，具有密度小、导热性好、疲劳强度高和耐蚀性好等优点，并且原料丰富，价格低廉，但其膨胀系数大，运转时容易与轴咬合，可通过提高轴颈硬度、加大轴承间隙和降低轴承和轴颈表面粗糙度值等办法来解决。这种合金现已不断改进，并逐渐推广用来代替巴氏合金与铜基轴承合金。汽车上目前广泛应用的是高锡铝基轴承合金、铝镁锑轴承合金。

除以上轴承合金外，粉末冶金含油轴承、聚氨酯橡胶、聚四氟乙烯工程塑料等也可作滑动轴承或衬套材料。

学习情境 1.4　汽车材料的选择

【学习目标】

（1）了解汽车常用材料。
（2）明确汽车材料的使用模式与选用原则。

（3）了解汽车材料的发展前景。

任务 1.4.1　汽车材料概述

【任务描述】

随着汽车工业和科学技术的发展，汽车的材料也在发展和进步，材料是汽车工业的基础，据统计，汽车上的零部件采用了 4 千余种不同的材料加工制造。这里将系统地介绍汽车应用材料的基础知识，使学生对汽车上应用的各种工程材料及汽车在运行过程中使用的各种运行材料有基本的了解。

【任务分析】

分析从汽车的设计、选材、加工制造，到汽车的使用、维修和养护中涉及的材料。掌握汽车材料的使用模式与选用原则。

【知识准备】

汽车材料介绍如下。

汽车材料是指生产汽车，以及汽车在运行过程中所用到的材料。按照用途来分，一般将其划分为汽车工程材料和汽车运行材料。

1. 汽车工程材料

工程材料主要是指用于机械、车辆、船舶、建筑、化工、能源、仪器仪表、航空航天等工程领域中的材料。它既包括用于制造工程构件和机械零件的材料，也包括用于制造工具的材料和具有特殊性能的材料。汽车工程材料是指用于制造汽车零部件的材料，目前常用的有以下几种。

（1）金属材料　金属材料是目前汽车上应用最广泛的工程材料。工业上，通常把金属材料分为两大部分：黑色金属和有色金属。黑色金属是指钢铁材料；有色金属是指除钢铁材料以外的所有金属材料，如铝、铜、镁及其合金。按照特性来分，有色金属又可分为轻金属、重金属、贵金属、稀有金属和放射性金属等多个种类。

钢铁材料在我国汽车工业生产中仍占主流地位。一辆中型载货汽车上钢铁材料约占汽车总质量的 3/4。钢铁材料最大的特点是价格低廉，比强度（强度/密度）高，便于加工，因而得到广泛的应用。汽车用钢铁材料有钢板、结构钢、特殊用途钢、钢管、烧结合金、铸铁及部分复合材料等，主要用于制造车架、车轴、车身、齿轮、发动机曲轴、缸体、罩板、外壳等零件。

有色金属因具有质轻、导电性好等钢铁材料所不及的特性，在现代汽车上的用量呈逐年增加的趋势。例如：铝合金材料具有密度低、强度高和耐蚀性好的特性，在轿车的轻量化中占举足轻重的地位。据统计，近 10 年来，轿车上的铝及其合金用量已从占汽车总量的 5% 左右上升至 10% 左右。此外，采用新型镁合金制造的凸轮轴盖、制动器等零部件，可以减轻重量和降低噪声。在轿车制造行业，采用铝、镁、钛等轻金属替代钢铁材料减轻自重，是轿车轻量化的一个重要手段。

（2）高分子材料　高分子材料属于有机合成材料，亦称聚合物。高分子材料可分为天然高分子材料（如蚕丝、羊毛、油脂、纤维素等）和人工合成高分子材料。后者因具有较高的强度、良好的塑性、较强的耐腐蚀性、很好的绝缘性和较轻的重量等特点，很快成为工程上发展最快、应用最广的一类新型结构材料。在工程上，根据人工合成高分子材料的力学性能和使用状态，一般将其划分为塑料、合成纤维、橡胶、胶黏剂和涂料等种类。

塑料主要指强度、韧性和耐磨性较好的，可用于制造某些零部件的工程塑料。塑料具有价廉、耐蚀、降噪、美观、质轻等特点，它正式应用于汽车始于 20 世纪 60 年代石油化工工业的兴盛期。现代汽车上的许多构件，如汽车保险杠、汽车内饰件、高档车用安全玻璃、仪表面板等零部件，均采用工程塑料制造，与钢铁材料相比更具有安全性，并可降低造价，大大改善了汽车的安全性、舒适性和经济性。

其他高分子材料在汽车上也有着广泛的应用。合成纤维是指由单体聚合而成具有很高强度的高分子材料，如常见的尼龙、聚酯等。汽车的坐垫、安全带、内饰件等，多数是由合成纤维制造的。橡胶通常用来制造汽车的轮胎、内胎、防振橡胶、软管、密封带、传动带等零部件；各种胶黏剂起到粘接、密封等作用，并可简化制造工艺；各种车用涂料对车身的防锈、美化及商品价值有不可忽视的作用。

（3）陶瓷材料　陶瓷材料是人类最早利用自然界提供的原料进行加工制造而成的材料，具有耐高温、硬度高、脆性大等特点。陶瓷材料属于无机非金属材料，主要为金属氧化物和非金属氧化物。传统的陶瓷多采用黏土等天然矿物质原料烧制，而现代陶瓷则多采用人工合成的化学原料烧制。典型的工业用陶瓷材料有普通陶瓷、玻璃和特种陶瓷等。

普通陶瓷（传统陶瓷）主要为硅、铝氧化物的硅酸盐材料；特种陶瓷（现代陶瓷）主要为高熔点的氧化物、碳化物、氮化物、硅化物等的烧结材料。近年来，还发展了金属陶瓷，主要指用陶瓷生产方法制取的金属与碳化物或其他化合物的粉末制品。陶瓷在汽车上的最早应用是制造火花塞。现代汽车中，陶瓷的用途得到大大的拓展：一部分陶瓷作为功能材料被用于制作各种传感器，如爆振传感器、氧传感器、温度传感器等部件；另一部分陶瓷则作为结构材料用于替代金属材料制作发动机和热交换器零件。近年来，一些特种陶瓷用于制造发动机部件或整机、气体涡轮部件等，可以达到提高热效率、降低能耗、减轻自重的目的。

玻璃的主要成分是 SiO_2。汽车上使用的玻璃制品主要为窗玻璃，要求其具有良好的透明性、耐候性（对气温变化不敏感）、足够的强度和很高的安全性。因而，车用玻璃必须是安全玻璃，主要有钢化玻璃、区域钢化玻璃、普通复合玻璃和 HPR 夹层玻璃等几种类型。其中，HPR（High Penetration Resistance）夹层玻璃是指具有高穿透抗力的夹层玻璃。当车受到冲撞时，乘员若撞到车窗玻璃，HPR 玻璃不会被击穿，从而避免了乘员因玻璃碎裂而受伤的危险。在欧美等国家，已规定前挡风玻璃只允许使用 HPR 夹层玻璃。

（4）复合材料　复合材料是指由两种或两种以上不同材料组合而成的材料。由于它是由不同性质或不同组织结构的材料以微观或宏观形式组合形成的，不仅保留了组成材料各自的优点，而且具有单一材料所没有的优异性能，在强度、刚度、耐蚀性等方面比单纯的金属材料、陶瓷材料和高分子材料都优越。

原则上来说，复合材料可以由金属材料、高分子材料和陶瓷材料中任意两种或几种制备而成。按基体材料的种类来分，复合材料可分为非金属基复合材料和金属基复合材料两大类。非金属基复合材料是指以聚合物、陶瓷、石墨、混凝土为基体的复合材料，其中纤维增强聚合物基和陶瓷基复合材料最常用；金属基复合材料是指以金属及其合金为基体，与一种或几种金属或非金属增强的复合材料。

复合材料是一种新型的、具有很大发展前途的工程材料。它起初主要应用于宇航工业，近年来在汽车工业中也逐步得到应用。对于汽车车顶导流板、风挡窗框等车身外装板件，采用纤维增强复合材料（FRP）制造，具有质轻、耐冲击、便于加工异形曲面、美观等优点；汽车柴油发动机的活塞顶、连杆、缸体等零件，采用纤维增强金属（FRM）来制造，可显著提高零件的耐磨性、热传导性、耐热性，并减小热膨胀。

2. 汽车运行材料

汽车运行材料通常是指汽车赖以运行并且在运行过程中因消耗而需不断补充、更新的消耗性材料。主要包括燃料、润滑油、工作液及轮胎等。这些材料大多属于石油产品。

随着汽车数量的迅速增加，使得运行材料的消耗量也随之上升。据资料介绍，美国汽车耗去全社会精炼石油产品的50%、橡胶制品的60%。我国汽车消耗的汽油量占总产量的80%左右，柴油占10%左右。同时，随着汽车结构、性能和运行条件的变化，以及引进国外新型汽车和先进汽车技术等，对汽车运行材料也提出了更高的要求，使燃料、润滑剂和轮胎等的新品种、新规格也不断增多。因此，了解汽车运行材料的性能和规格，掌握使用技术和管理知识，对充分发挥汽车的使用性能、保证安全运行、节约能源、减少环境污染、降低运输成本都有着重要的意义。

（1）燃料　燃料通常指能够将自身储存的化学能通过化学反应（燃烧）转变为热能的物质。汽车燃料主要指汽油和轻柴油。汽油作为点燃式发动机（汽油机）的主要燃料，是从石油提炼出来的密度小、易于挥发的液体燃料。轻柴油（可简称柴油）是车用高速柴油机的燃料。与汽油相比，轻柴油的密度较大，易自燃。

（2）车用润滑油　汽车用润滑油主要包括发动机润滑油、汽车齿轮油和汽车润滑脂、液力传动油、液压油等。由于汽车可运行的地域辽阔，各地区的气候条件相差很大，因而对车用润滑油的要求比一般的润滑油更高。汽车发动机润滑油的主要功能是对汽车摩擦零件间（曲轴、连杆、活塞、汽缸壁、凸轮轴、气门）进行润滑，除此以外，性能优良的发动机润滑油还应具有冷却、洗涤、密封、防锈和消除冲击负荷的作用。汽车齿轮油是用于变速器、后桥齿轮传动机构及传动器等传动装置机件摩擦处的润滑油，它可以降低齿轮及其他部件的磨损、摩擦，分散热量，防止腐蚀和生锈，对保证齿轮装置正常运转和齿轮寿命具有十分重要的作用。

润滑脂是指稠化了的润滑油。与润滑油相比，润滑脂蒸发损失小，高温、高速下的润滑性好，附着能力强，还可起到密封作用。

（3）汽车工作液　汽车用制动液、减振器液、冷却液及制冷剂等，统称为汽车用工作液。

制动液是汽车液压制动系中传递压力的工作介质，俗称刹车油，是液压油中的一个特殊品种。发动机冷却液是对发动机冷却系统的冷却介质。其中防冻冷却液不仅具有防止散热器冻裂的功能，而且具有防腐蚀、防锈、防垢和防开锅（高沸点）的功能，可以有效地保护散热器，改善散热效果，提高发动机效率，保障汽车安全行驶。减振器液是汽车减振器的工作介质。它利用液体流动通过节流阀时产生的阻力起到减振作用。制冷剂是汽车空调器工作介质。它在空调器的系统中循环，不断地被压缩和膨胀，在膨胀蒸发时吸热，达到制冷的目的。

（4）轮胎　轮胎的主要作用是支承全车重量，与汽车悬架共同衰减汽车行驶中产生的振荡和冲击，支持汽车的侧向稳定性，保证车轮与路面有良好的附着性能。汽车轮胎以橡胶为原料制成。世界上生产的橡胶约80%用于制造轮胎。轮胎的费用占整个汽车运输成本的25%左右。轮胎使用性能的好坏，直接影响着车辆的安全性、行驶稳定性和经济性。随着车辆行驶速度的不断提高，对轮胎的技术和安全要求也越来越高。掌握轮胎特征，正确地使用养护轮胎，可以延长轮胎的使用寿命，降低汽车的运行成本。

20世纪80年代以来，随着我国汽车工业的迅速发展及大量国外先进汽车的引进，汽车的种类越来越多，结构越来越复杂，性能越来越高，促使我国汽车运行材料的生产及应用水平迅速提高。现在，国家新的车用燃料分类标准已经颁布。我国大部分运行材料骨干生产企业，已经能够批量生产相当数量的中高档燃料和高性能车用轮胎，不少产品的性能、品质已接近或达到国际同类产品的水平。国产汽车运行材料的生产及应用水平与国际先进水平的差距正在逐步缩小。

总之，汽车运行材料的生产与应用，在很大程度上依赖于汽车制造业的发展。而汽车运行材料生产及应用水平的提高，反过来又对汽车制造业的进步给以强有力的推动作用，两者相辅相成。国外发达国家汽车运行材料的生产及应用，一直摆在与汽车制造技术同等重要的地位。汽车运行材料的开发研究及应用研究，是与汽车新产品开发同步进行的，有时甚至超前于汽车新产品的开发。

任务 1.4.2　汽车材料及其选用原则

【任务描述】

汽车工业的发展一直是与汽车材料及材料加工工艺的发展同步的。现代社会中，人们对汽车的要求从运输逐渐转向以车代步和多功能化，因此，现代汽车要满足安全、舒适、自重轻、污染排放低、能耗小、价格低等要求，首先就要从材料方面考虑。

【任务分析】

汽车工业作为现代工业社会的一个重要标志，可带动和促进石油、化工、电子、材料等工业和交通运输业、旅游业等30余个行业的发展。一部汽车由3万余个零件构成，使用的材料有许多种类，因此，汽车材料的合理选用是汽车工业发展的重要因素。与其他机器相同，在汽车制造过程中，从设计新产品、改造老产品，到维修、更换零件，都会涉及零件的选材、热处理工艺的确定等问题，这对提高产品质量和生产率、降低成本有着重要的意义。在前面的情境内容中，已为合理选材、正确制定热处理工艺打下了一定的基础。因此，现将进一步讨论汽车零件的失效与选材的关系，选材的基本原则，并分析一些典型的汽车零件的选材及热处理工艺。

【知识准备】

1. 使用性能原则

零件在使用状态下的力学性能，是保证零件正常使用的主要条件。它一般是在分析零件工作条件和失效形式的基础上提出的。因此，通过对零件工作条件和失效形式的全面分析，可确定零件对使用性能的具体要求。

由于工况不同，零件的工作条件是复杂的。从载荷性质来分，有静载荷、动载荷；从受力状态来分，有拉、压、弯、扭应力，有交变应力；从工作温度来分，有低温、室温、高温、交变温度等；从环境介质来看，有接触酸、碱、盐、海水、粉尘等。此外，有时还要考虑物理性能方面的要求，如导电性、导磁性、导热性、热膨胀性、辐射等。

选材前，应通过对零件工作条件和失效形式的全面分析，确定零件对使用性能的具体要求。

表1-4-1举出了几种常用零件的工作条件、失效形式和所要求的主要力学性能指标。

表 1-4-1　几种常用零件的工作条件、失效形式和主要力学性能

工作条件				常见的失效形式	要求的主要力学性能
零件	应力类型	载荷性质	受载状态		
紧固螺栓	拉、剪	静载		过量变形断裂	强度、塑性
传动轴	弯、扭	循环、冲击	轴颈摩擦、振动	疲劳断裂、过量变形、轴颈磨损	综合力学性能
传动齿轮	压、弯	循环、冲击	摩擦、振动	齿折断、磨损、疲劳断裂、表面疲劳磨损	表面高强度及疲劳强度、心部强度、韧性
滚动轴承	压	循环	摩擦	过度磨损、点蚀、表面疲劳磨损	抗压强度、疲劳极限
弹簧	扭、弯	交变、冲击	振动	弹性失稳、疲劳破坏	弹性极限、屈强比、疲劳强度
冷作模具	复杂应力	交变、冲击	强烈摩擦	磨损、脆断	硬度、足够的强度、韧性

2. 工艺性能原则

材料的工艺性能指材料加工的难易程度。在选材时，同使用性能相比较，材料的工艺性能一般处于次要地位，但在某些特殊情况下，工艺性能也可成为选材考虑的主要依据。例如，在大批量切削加工生产中，为了保证材料的切削加工性，往往选用易切削钢。

因此，选材时必须考虑材料的工艺性能，使所选材料的工艺性能满足生产工艺的要求。例如，高分子材料的成形工艺虽然比较简单，但它的导热性较差，若需要采用切削加工，在切削过程中不易散热，易使零件温度急剧升高，可能使热固性塑料变焦，使热塑性材料变软；陶瓷材料在压制、烧结成形后，硬度极高，除了可用碳化硅或金刚石砂轮磨削外，几乎不能进行任何其他加工。总之，选材时应当尽量使材料所要求的工艺性能与零件生产的加工工艺路线方法相适应。具体的工艺性能，就是从工艺路线中提炼出来的。

3. 经济性原则

材料的经济性是选材的根本原则。采用低价格的材料，把总成本控制至最低，取得最好的经济效益，使产品在市场上具有竞争力，始终是零件设计的主要目标。

在以强度为主要指标进行选材时，常常根据强度和成本来比较材料。例如，在轿车零件选材时，要求重量轻、强度高，在满足使用要求的前提下，尽量选低成本材料，并把必须使用的贵重金属材料减少到最低限度。值得一提的是，许多优异性能的高分子材料，在一些场合可以替代金属材料，这样既降低了成本，又减轻了重量。例如利用高密度聚乙烯替代钢板制造油箱；采用片状玻璃纤维增强塑料替代钢板制造车身外板件，具有相当的竞争力；采用聚甲醛塑料替代轴承钢制造的 4t 载重汽车用底盘衬套轴承，汽车可行驶 1 万千米以上不用加油保养。

此外，选材时还要立足于国家的资源，要考虑材料的来源是否丰富、生产该种材料所耗能源的高低、对环境是否有影响等各方面因素。

任务 1.4.3　汽车典型零件的选材

【任务描述】

零件的合理选材，制定正确的工艺路线，对产品有着重要的意义。

【任务分析】

下面我们通过几个典型汽车零件的选材和工艺路线的选择，了解零件的选材方法。

【知识准备】

1. 零件选材的一般方法

一般的选材步骤主要分为以下几步。

① 周密分析零件的工作特性和使用条件。通过分析，找出主要失效形式，从而恰当地提出主要力学性能指标。

② 根据零件的工作情况，提出必要的设计制造技术条件。

③ 根据所提出的技术条件和要求，考虑工艺性、经济性，对材料进行预选择，通常是通过与相类似机器零件的比较和实践经验来选择，或者通过各种材料手册进行选择。

④ 通过实验室试验、台架试验和工艺性能试验，最终确定合理选材方案。

2. 汽车的主要构成

现代汽车的结构比较完善，是由许多机构和装置组合而成的，大多数汽车的总体构造及其主要机构的构造和作用原理大体上是一致的。常用汽车的总体构造基本上由以下四个部分组成：发动机、底盘、车身、电器电子设备。货车总体构造示意图如图 1-4-1 所示。

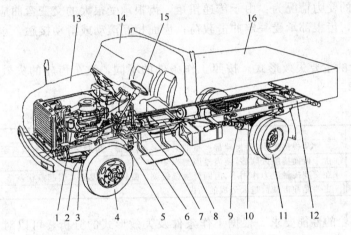

图 1-4-1 典型货车的总体构造

1—发动机；2—前轴；3—前悬架；4—转向车轮；5—离合器；6—变速器；7—手制动器；8—传动轴；9—驱动桥；
10—后悬架；11—驱动轮；12—车架；13—车前板制件；14—驾驶室；15—转向盘；16—车厢

（1）发动机　发动机是汽车的动力装置，是汽车的"心脏"。其作用是通过燃料燃烧而发出动力，通过底盘传动系驱动汽车行驶。发动机主要由缸体、缸盖、活塞、连杆、曲轴及配气、燃料供给、润滑、冷却等系统组成。

（2）底盘　底盘接受发动机发出的动力，使汽车得以正常行驶。底盘将汽车各总成、部件连接成为一个整体，并具有传动、转向、制动等功能。底盘主要包括传动系（离合器、变速箱、后桥等）、行驶系（车架、车轮等）、转向系（转向盘、转向蜗杆等）和制动系（油泵或气泵、刹车片等）四大系统。

（3）车身　车身用以安置驾驶员、乘客和货物。通常，货车车身由驾驶室、车厢等组成；客车、轿车则由车身结构件、车身覆盖件、车身外装件、车身内装件和车身附件等总成零件组成。

（4）电器电子设备　汽车电器电子设备主要包括电源、发动机的启动系和点火系、照明、信号、电子控制设备等。在现代汽车中，电子技术配备有了飞跃性的发展。目前，在汽车上，尤其是在轿车上，较普遍地使用了电子打火、发动机动力输出控制（EPC）、发动机

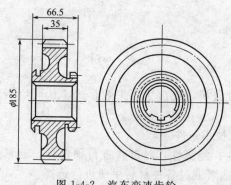

图 1-4-2　汽车变速齿轮

电控喷射系统、自动防抱死系统（ABS）、安全气囊系统（SRS）、自动诊断装置等电子设备，大大提高了轿车的可靠性和安全性。

3. 典型汽车零件的选材及工艺路线

下面以几个典型汽车零件为例，介绍汽车典型零件的选材步骤。

（1）汽车齿轮的选材　汽车齿轮的选材要从齿轮的工作条件、失效形式及其对材料性能的要求等方面综合考虑。汽车变速齿轮如图 1-4-2 所示。

① 汽车齿轮的工作条件。汽车齿轮主要分装在变速箱和差速器中。在变速箱中，通过齿轮改变发动机、曲轴和主轴齿轮的速比；在差速器中，通过齿轮增加扭矩，调节左右轮的转速。全部发动机的动力均通过齿轮传给车轴，推动汽车运行。所以，汽车齿轮受力较大，受冲击频繁，对其耐磨性、疲劳强度、心部强度以及冲击韧度等的要求比一般机床齿轮的要高。齿轮工作时的受力情况为：由于传递扭矩，齿根承受很大的交变弯曲应力；换挡、启动或啮合不均匀时，齿根部承受一定冲击载荷；齿面相互滚动或滑动接触，承受很大的接触应力及摩擦力作用。

② 汽车齿轮的主要失效形式。按照工作条件的不同，汽车齿轮的失效形式主要有以下几种，见表 1-4-2。

表 1-4-2　汽车齿轮的主要失效形式

失效形式	失效表现
疲劳断裂	主要从根部发生，是齿轮最严重的失效形式，常常一齿断裂会引起数齿甚至所有齿的断裂
齿面磨损	由于齿面接触区摩擦，使齿厚因磨损变小
齿面接触疲劳破坏	在交变接触应力作用下，齿面产生微裂纹。微裂纹的发展，引起点状剥落
过载断裂	主要是冲击载荷过大造成的断齿

③ 对汽车齿轮的性能要求。根据工作条件及失效形式的分析，可以对齿轮材料提出如下性能要求：

a. 高的抗弯抗疲劳强度；

b. 高的接触疲劳强度、耐磨性；

c. 较高的强度和冲击韧度；

d. 较好的热处理性能，热处理变形小。

④ 典型汽车齿轮选材。在我国应用最多的汽车齿轮用材是合金渗碳钢 20Cr 或 20CrMnTi，并经渗碳、淬火和低温回火。渗碳后表面碳含量大大提高，保证淬火后得到高硬度，提高耐磨性和接触疲劳强度。由于合金元素可提高淬透性，淬火、回火后可使心部获得较高的强度和足够的冲击韧度。为了进一步提高齿轮的使用寿命，渗碳、淬火、回火后，还可采用喷丸处理，增大表面压应力，有利于提高疲劳强度，并清除氧化皮。

⑤ 合金渗碳齿轮的工艺路线。一般的齿轮加工工艺路线为：下料—锻造—正火—切削加工—渗碳、淬火及低温回火—喷丸—磨削加工。

（2）汽车发动机曲轴的选材　曲轴是汽车发动机中的形状复杂的重要零件之一，如图 1-4-3 所示。

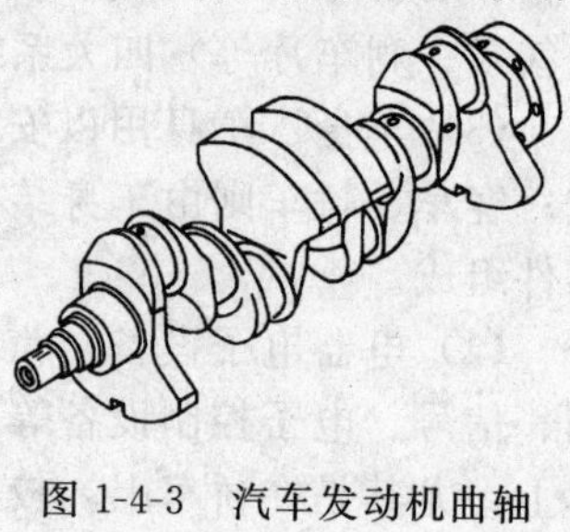

图 1-4-3　汽车发动机曲轴

① 汽车发动机曲轴的作用是输出动力，并带动其他部件运动。曲轴在工作中受到弯曲、扭转、剪切、拉压、冲击等交变应力。而且，曲轴的形状极不规则，其上的应力分布极不均匀；曲轴颈与轴承还发生滑动摩擦。

② 曲轴的主要失效形式。由上述受力情况可知，曲轴的主要失效形式是疲劳断裂和轴颈严重磨损两种。

③ 曲轴具有以下几方面的性能：

a. 高强度；

b. 一定的冲击韧度；

c. 足够的抗弯、扭转、疲劳强度；

d. 足够的刚度；

e. 轴径表面有高的硬度和耐磨性。

④ 典型曲轴的选材中，按照制造工艺，将汽车发动机曲轴分为锻钢曲轴和铸造曲轴。锻钢曲轴一般采用优质中碳钢和中碳合金钢制造，如 30、45、35Mn2、40Cr、35CrMo 钢等。铸造曲轴主要由铸钢、球墨铸铁、珠光体可锻铸铁及合金铸铁等制造，如 ZG230-450、QT600-3、QT700-2、KTZ450-5、KTZ500-4 等。

⑤ 曲轴典型的工艺路线。根据材质不同，曲轴的工艺路线可分为以下两类。

a. 铸造曲轴的工艺路线：铸造—高温正火—高温回火—切削加工—轴颈气体渗碳。

b. 锻钢曲轴的工艺路线：下料—模锻—调质—切削加工—轴颈表面淬火。

(3) 汽车板簧的选材　汽车板簧的结构，如图 1-4-4 所示。

图 1-4-4　汽车板簧

① 汽车板簧的工作条件用于缓冲和吸振，承受很大的交变应力和冲击载荷。

② 汽车板簧的主要失效形式为刚度不足引起的过度变形或疲劳断裂。

③ 汽车板簧材料要有较高的屈服强度和疲劳强度。

④ 典型板簧选材。汽车板簧一般选用弹性高的合金弹簧钢来制造，如 65Mn、65Si2Mn 钢等。对于中型或重型汽车，板簧还采用 50CrMn、55SiMnVB 钢；对于中型载货汽车用的大截面积板簧，则采用 55SiMnMoV、55SiMnMoVNb 钢制造。

⑤ 板簧的工艺路线。一般采用如下加工工艺路线：热轧钢板冲裁下料—压力成形—淬火—中温回火—喷丸强化。

喷丸强化也是对板簧进行表面强化的重要手段，目的是为了提高板簧的疲劳强度。

(4) 常见汽车零件的选材

① 汽车结构零件材料　汽车结构零件材料多为发动机零件和底盘零件。一般采用钢铁材料居多，一些零件还采用了有色金属合金和粉末冶金材料。汽车发动机和传动系简图如图 1-4-5 所示。零件的用材情况见表 1-4-3、表 1-4-4。

a. 发动机缸体选材。发动机缸体是发动机的骨架和外壳，在缸体内外安装着发动机主要的零部件。缸体在工作时要承受燃气压力的拉伸和燃气压力与惯性力联合作用下的扭转和弯曲以及螺栓预紧力的综合作用，会使缸体产生横向和纵向的变形，尤其是活塞、连杆和曲轴等零件的工作可靠性和耐磨性会受到严重影响，并导致发动机不能正常运转。因此缸体材料必须具有良好的铸造性、切削性能，价格低廉。

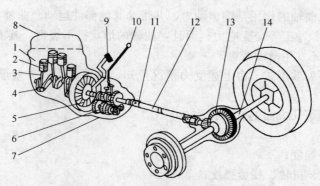

图 1-4-5　汽车发动机和传动系的示意图

1—缸体；2—活塞；3—连杆；4—曲轴；5—离合器；6—变速齿轮；7—变速箱；8—缸盖；
9—离合器踏板；10—变速手柄；11—万向节；12—传动轴；13—后桥齿轮；14—半轴

表 1-4-3　汽车发动机零件用材

代表零件	材料种类及牌号	使用性能要求	主要失效方式	热处理及其他方式
缸体、缸盖、飞轮、正时齿轮	灰铸铁：HT200	刚度、强度、尺寸稳定性	产生裂纹、孔壁磨损、翘曲变形	不处理或去应力退火。也可用 ZL104 铝合金作缸体、缸盖，固溶处理后时效
缸套、排气门座等	合金铸铁	耐磨性、耐热性	过量磨损	铸造状态
曲轴等	球墨铸铁：QT600-2	刚度、强度、耐磨性	过量磨损、断裂	表面淬火、圆角滚压、渗氮，也可以用锻钢件
活塞销等	渗碳钢：20,2Cr2Ni4	强度、冲击韧度、耐磨性	磨损、变形、断裂	渗碳、淬火、回火
连杆、连杆螺栓、曲轴等	调质钢：45,40Cr,40MnB	强度、疲劳强度、冲击韧度	过量变形、断裂	调质、探伤
各种轴承、轴瓦	轴承钢、轴承合金	耐磨性、疲劳强度	磨损、剥落、烧蚀破裂	不热处理(外购)
排气门	高铬耐热钢：4Cr10Si2Mo,4Cr14Ni14W2Mo	耐热性、耐磨性	起槽、变宽、氧化烧蚀	淬火、回火
气门弹簧	弹簧钢：65Mn,50CrVA	疲劳强度	变形、断裂	淬火、中温回火
活塞	高硅铝合金：ZL108,ZL110	耐热强度	烧蚀、变形、断裂	固溶处理及时效
支架、盖、罩、挡板、油底壳等	钢板：Q235,08,20,16Mn	刚度、强度	变形	不热处理

表 1-4-4　汽车底盘零件选材类型

代表零件	材料牌号	使用性能要求	主要失效方式	热处理及其他方式
纵梁、横梁、传动轴(4000r/min)保险柜、钢圈等	钢板：25 16Mn	强度、刚度、韧性	弯曲、扭斜、铆钉松动、断裂	要求用冲压工艺性能好的优质钢板
前桥(前轴)转向节臂(羊角)、半轴等	调质钢：45 40Cr 40MnB	强度、韧性、疲劳强度	弯曲变形、扭转变形、断裂	模锻成形、调质处理、圆角滚压、无损探伤
变速箱齿轮、后桥齿轮等	渗碳钢：CrMnTi 40MnB	强度、耐磨性、接触疲劳强度及断裂强度	麻点、剥落、齿面过量磨损、变形、断齿	渗碳(渗碳层深度0.88mm 以上)淬火、回火，表面硬度58~62HRC

代表零件	材料牌号	使用性能要求	主要失效方式	热处理及其他方式
变速器壳、离合器壳	灰铸铁：HT200	刚度、尺寸稳定性、一定的强度	产生裂纹、轴承孔磨损	去应力退火
后桥壳等	可铸铸件：KT350-10 球墨铸铁：QT400-10	刚度、尺寸稳定性、一定的强度	弯曲、断裂	后桥还可用优质钢板冲压后焊接或用铸钢
钢板弹簧	弹簧钢：65Mn、60Si2Mn、50CrMn、55SiMnVB	耐疲劳、冲击和腐蚀	折断、弹性减退、弯度减小	淬火、中温回火、喷丸强化
驾驶室、车厢罩等	08钢板 20钢板	刚度、尺度稳定性	变形、开裂	冲压成形
分泵活塞、油管	有色金属：铝合金、纯铜	耐磨性、强度	磨损、开裂	

缸体常用的材料有灰铸铁和铝合金两种。铝合金的密度小，但刚度差、强度低、价格贵。所以，除了某些发动机为减轻重量而采用铝合金外，一般缸体材料均用灰铸铁。

b. 发动机缸套选材。发动机的工作循环是在汽缸内完成的。汽缸内与活塞接触的内壁面，由于直接承受燃气的冲刷，并与活塞存在着具有一定压力的高速相对运动，使汽缸内壁受到强烈的摩擦，造成磨损。汽缸内壁的过量磨损是造成发动机大修的主要原因之一。因此，汽缸的缸体一般采用普通铸铁或铝合金，而汽缸工作面则用耐磨材料，制成缸套镶入汽缸。

常用缸套材料为耐磨合金铸铁，主要有高磷铸铁、硼铸铁、合金铸铁等。为了提高缸套的耐磨性，可以用镀铬、表面淬火、喷镀金属钼或其他耐磨合金等办法对缸套进行表面处理。

c. 活塞组选材。活塞、活塞销和活塞环等零件组成活塞组，与缸体、缸盖配合形成一个容积变化的密闭空间，以完成内燃机的工作过程，如图1-4-6所示；同时，它还承受燃气作用力并通过连杆把力传给曲轴输出。活塞组工作条件十分苛刻，在工作中受到周期性变化的高温、高压燃气影响，工作温度最高可达2000℃，并在汽缸内作高速往复运动，产生很大的惯性载荷。活塞在传力给连杆时，还承受着交变的侧压力。对活塞用材料的要求是热强度高、导热性好、吸热性差、膨胀系数小，减摩性、耐磨性、耐蚀性和工艺性好等。

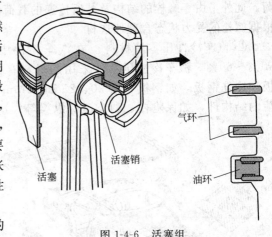

图1-4-6 活塞组

常用的活塞材料是铝硅合金。铝合金的特点是导热性好、密度小；硅的作用是使膨胀系数减小，耐磨性、耐蚀性、硬度、刚度和强度提高。铝硅合金活塞需进行固溶处理及人工时效处理，以提高表面硬度。

由于经活塞销传递的力高达数万牛顿，且承受交变载荷。这就要求活塞销材料应有足够的刚度、强度及耐磨性，还要求外硬内韧，同时具有较高的疲劳强度和冲击韧度。活塞销材料则一般用20、20Cr、18CrMnTi等低碳合金钢。活塞销外表面应进行渗碳或液体碳氮共渗处理，以满足外表面硬而耐磨、材料内部韧而耐冲击的要求。

活塞环材料应具有耐磨性、易磨合、韧性好以及具有良好的耐热性、导热性和易加工性等性能特点。目前一般多用以珠光体为基的灰铸铁或在灰铸铁基础上添加一定量的铜、铬、钼及钨等合金元素的合金铸铁，也有的采用球墨铸铁或可锻铸铁。为了改善活塞环的工作性能，活塞环宜进行表面处理。目前应用最广泛的是镀铬，可使活塞环的寿命提高 2～3 倍。其他表面处理的方法还有喷钼、磷化、氧化、涂敷合成树脂等。

d. 气门选材。气门的主要作用是打开和关闭进、排气道。气门在工作时，需要承受较高的机械负荷和热负荷，尤其是排气门工作温度高达 650～850℃。另外，气门头部还承受气压力及落座时因惯性力而产生的相当大的冲击。对气门的主要要求是保证燃烧室的气密性。气门材料应选用耐热、耐蚀、耐磨的材料。进、排气门工作条件不同，材料的选择也不同。进气门一般可用 40Cr、35CrSi、38CrSi、42Mn2V 等合金钢制造；而排气门则要求用高铬耐热钢制造，采用 4Cr10Si2Mo 作为气门材料时工作温度可达 550～650℃。

e. 半轴选材。汽车半轴是驱动车轮转动的直接驱动零件，也是汽车后桥中的重要受力部件。汽车运行时，发动机输出的扭矩经过变速器、差速器和减速器传给半轴，再由半轴传给车轮，推动汽车行驶。半轴在工作时主要承受扭转力矩、交变弯曲以及一定的冲击载荷。因而，要求半轴材料具有高的抗弯强度、疲劳强度和较好的韧性，即有较高综合力学性能。通常选用调质钢制造半轴。中、小型汽车的半轴一般用 45 钢、40Cr，而重型汽车则用 40MnB、40CrNi 或 40CrMnMo 等淬透性较高的合金钢制造。半轴加工中常采用喷丸处理及滚压凸缘根部圆角等强化方法。

f. 螺栓、铆钉等连接零件选材。汽车结构中的螺栓和铆钉等冷镦零部件，主要起连接、坚固、定位以及密封汽车各零部件的作用。在汽车行驶过程中，螺栓连接的零部件不同，这些零部件所受的载荷也各不相同，故不同螺栓的应力状态也不相同。有的承受弯曲或切应力；有的承受反复交变的拉应力和压应力；也有的承受冲击载荷；或同时承受上述几种载荷。此外，由于螺栓的结构及其所传递的载荷的特性，螺栓会有很高的应力集中。因此，应根据螺栓的受力状态合理地选材。

② 汽车冷冲压零件材料　在汽车零件中，冷冲压零件种类繁多，约占总零件数的 50%～60%。汽车冷冲压零件采用的材料有钢板和钢带，其中主要是钢板，包括热轧钢板和冷轧钢板，如钢板 08、20、25 和 16Mn 等。热轧钢板主要用来制造一些承受一定载荷的结构件，如保险杠、刹车盘、纵梁等。这些零件不仅要求钢板具有一定刚度、强度，而且还要具有良好的冲压成形性能。冷轧钢板主要用来制造一些形状复杂、受力不大的机器外壳、驾驶室、轿车的车身等覆盖零件。这些零件对钢板的强度要求不高，但却要求它具有优良的表面质量和良好的冲压性能，以保证高的成品合格率。

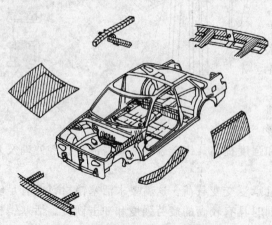

图 1-4-7　高强度钢板在轿车中的使用部位

近年开发的加工性能良好、强度（屈服强度和抗拉强度）高的薄钢板——高强度钢板，由于其可降低汽车自重、提高燃油经济性而在汽车上获得应用。如已用于制造车身外面板（包括车顶、前脸、后围、发动机罩、车门、行李箱等）、保险杠、横梁、边梁、支架、发动机框架等。高强度钢板在轿车中的使用部位，如图 1-4-7 所示。

【自我评估】

1-4-1　简述零件的选材原则。

1-4-2　试分析发动机曲轴零件的选材和热处理工艺特点。

学习领域2

工程力学 ②

学习情境 2.1　物体的受力分析与受力图的绘制

【学习目标】

（1）明确结构、构件、力、平衡、刚体和约束、约束反力的概念。
（2）熟悉各种约束类型及约束反力的画法。
（3）掌握物体受力分析的方法并正确绘制受力图。

任务 2.1.1　球体的受力分析

【任务描述】

如图 2-1-1 所示，一匀质球自重为 G，一端用绳系住，另一端靠在光滑的斜面上，试分析小球的受力情况并画出受力图。

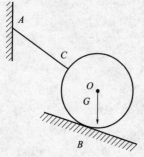

图 2-1-1　匀质球

【任务分析】

根据任务描述，首先确定所要研究的对象是匀质球。从图 2-1-1 中可以看出，该球受到地球引力的作用，有向下运动的趋势，但由于受到绳索和斜面的限制，小球既不能沿斜面滑落也不能向左摆动，小球处于平衡状态。显然，绳索和斜面都对小球的运动有限制作用，但两者的作用形式和效果是不同的，失去了绳索和斜面的限制，小球将不能保持现有的平衡状态。那么，如何分析周围物体对小球的这些限制作用并将其用图示的方式清楚地表达出来呢？这就需要首先了解有关力的基础知识。

【知识准备】

1. 力

（1）力的概念　从图 2-1-1 中可以看出，该球受到地球引力的作用，有向下运动的趋势；绳索和小球以及斜面和小球之间相互的机械作用，限制了小球的运动，使其处于平衡状态，说明绳索和斜面对小球都有力的作用。由此说明，**力是物体间相互的机械作用**。这种作用随它们的大小、方向和作用点的不同而变化。

这种作用有两种效应（效果）：一种是使物体的运动状态发生变化，称为**运动效应或外效应**，另一种是物体产生变形，称为**力的变形效应或内效应**。静力学只研究力的外效应，材料力学将研究力的内效应。

（2）力的三要素　在力学中，将力的**大小、方向和作用点**合称为**力的三要素**。在力的三要素中，任何一个要素发生变化，力对物体的作用效果也将发生变化。

① 力的大小　力的大小是指物体间相互作用的强弱程度。在我国法定计量单位中规定力的单位为牛顿（N）、千牛顿（kN），且 $1kN = 1000N$。

② 力的方向　通常包含方位和指向两个意思。例如：描述重力的方向是"铅直向下"，"铅直"是指力的方位；"向下"是指力的指向。

③ 力的作用点　是指力对物体作用的位置。一般来说，力的作用位置并不是一个点，而是一部分面积。但是当作用面积很小时就可以近似看作一个点，而作用在这个点上的力称为**集中力**，这个点称为**作用点**。

在力的三要素中，如果改变其中任何一个因素，也就改变了力对物体的作用效果。

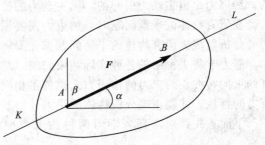

图 2-1-2　力的表示方法

（3）力的表示方法　力是具有大小和方向的量，所以是矢量，常用一根带箭头的线段来表示，如图 2-1-2 所示，线段 AB 的长度（按一定的比例尺画出）表示力的大小；线段 AB 和水平线的夹角 α（也可以是和铅直线的夹角 β）表示力的方位，箭头则表示力的指向；线段的起点 A（或终点 B）表示力的作用点，与线段重合的直线 KL 称为**力的作用线**。本书用黑体字母表示矢量，记作 $\boldsymbol{F}$。

（4）物体的受力分析和受力图　求解力学问题时，首先要分析物体受到哪些力的作用，以及每个力的作用位置和方向。这一过程称为**物体的受力分析**。为了清晰地表示物体的受力情况，常把所研究的物体（称为**研究对象**）从限制其运动的周围物体中分离出来，将其所受的外力（包括主动力和约束反力）全部画出，这样的图形称为**物体的受力图**。画受力图是解决工程力学问题的基础和关键，必须熟练掌握。

2. 刚体

刚体是指在力的作用下不变形的物体。实际上在力的作用下物体本身都会产生不同程度的变形，而静力学是研究物体在力系作用下平衡规律的学科，略去变形不会对静力学研究的结果有显著影响，却能使研究的问题大大简化。因此，在静力学中为使问题便于解决，常把所研究的物体抽象为刚体。

3. 平衡

如图 2-1-1 所示的匀质球在重力、绳子的拉力、斜面的支撑力的作用下保持静止，即处于平衡状态。所谓的**平衡**是指物体相对于地球保持静止或匀速直线运动的状态。如果一个力系作用在物体上使物体处于平衡状态，则称该力系为**平衡力系**。平衡力系所应满足的条件，称为**力系的平衡条件**。需要注意的是，事实上，任何物体都处于运动中，即运动是绝对的、无条件的，而静止却是相对的、有条件的。理解平衡的概念不仅要掌握它的两种运动状态即**静止或匀速直线运动状态**，同时更应当掌握平衡总是**相对于地球（参考系）**而言的。

4. 约束和约束反力

在实际工程中，一些物体可以在空间自由运动，获得任何方向的位移。这些物体称为**自由体**。例如，在空中航行的飞机，飞行中的炮弹、气球等，另一些物体在空间的运动受到其他物体的限制，使其在某些方向上不能发生位移，这些物体便称为**非自由体**或受约束物体。例如，机器中的轴承对轴就是一种约束；图 2-1-1 中小球受到绳索和斜面的限制不能下落，绳索和斜面分别构成了对小球的约束。

既然约束是限制物体运动的，那么，当物体沿着约束所能限制的方向有运动或运动趋势时，约束对该物体必然有力的作用。这种约束作用于非自由体上的力称为**约束反力**，简称为**约束力**。约束力的方向总是与约束所能限制非自由体运动的方向相反，它的作用点就在约束与被约束物体的接触点。

与约束力相对应，凡是能主动引起物体运动或使物体有运动趋势的力，称为**主动力**，又称**主动载荷**，简称为**载荷**。如重力、风力、水压力等。主动力是已知的，而约束力是未知的。约束力是由主动力引起的，随主动力的变化而改变，因此，约束力是一种被动力。

在研究物体的平衡问题时，约束力需要根据平衡条件来推定。因此，约束的类型及约束力的分析就成为研究物体的平衡问题首先要解决的问题。

静力学将工程中的各种实际约束归纳、总结、简化成典型的**约束类型**，不同的约束类型其约束的特性、约束力的作用方式也各不相同，必须熟练掌握各种约束类型的特点及相应约束力的特性，才能正确分析物体的受力并绘制受力图，进而能够求解物体的平衡问题。

下面首先针对本任务学习两种约束类型，其余的约束类型将在其他任务中陆续进行研究。

5. 柔索约束

柔软且不可伸长的绳子、胶带、链条、钢丝等通常称为**柔索**。柔索本身只能承受拉力，不能承受压力。其约束特点是：限制物体沿柔索伸长的方向运动，只能给物体提供拉力。所以**柔索约束的约束力永远为拉力，沿柔索的中心线背离被约束物体**。用符号 F_T 表示。

如图 2-1-3 所示，图（a）为一根绳 AB 拉住一个重物 G，绳 AB 就对重为 G 的物体产生约束，去掉约束，用约束反力 F_{TB} 表示；图（b）为用链条 OA、OB 起吊一根轴，去掉约束，分别作用于铁环 O 的拉力为 F_{TA}、F_{TB}，均属于柔索约束。

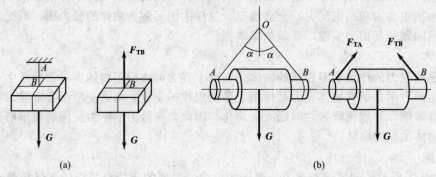

图 2-1-3 柔索约束

6. 光滑接触面约束

当物体与约束的接触面之间摩擦很小，可以忽略不计时，则认为接触面是光滑的，这种光滑的平面或曲面构成的约束称为**光滑接触面约束**，也称为**光滑面约束**。如图 2-1-4 所示，光滑面约束只能限制物体沿接触点或接触面的公法线指向约束物体的运动，而不能限制物体

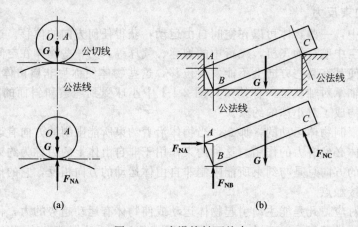

图 2-1-4 光滑接触面约束

沿着接触点或接触面沿公切线方向的运动，也不能限制物体沿接触点或接触面的公法线背离约束物体的运动。所以**光滑面约束的约束力恒为压力，通过接触点，方向沿接触点处的公法线指向被约束物体**，用符号 F_N 表示。

7. 三力平衡汇交定理

根据任务描述，小球在三个力作用下处于平衡状态，则三个力之间一定存在着平衡关系，三力平衡汇交定理可说明这一关系，即：**刚体在共面的三个力作用下处于平衡时，若其中两个力的作用线汇交于一点，则第三个力的作用线必通过该点。**

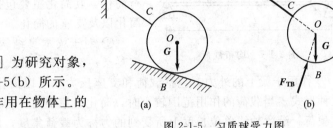

图 2-1-5　匀质球受力图

【任务实施】

解：

（1）以小球［图 2-1-5（a）］为研究对象，并画出球的分离体图，如图 2-1-5（b）所示。

（2）分析并画出主动力，作用在物体上的主动力为 G。

（3）分析并画出约束反力。作用在物体上的约束反力是绳 AC 的拉力 F_{TC}，作用于接触点 C，沿着绳的中心线且背离球心，光滑面对球的约束反力 F_{TB}，通过切点 B，沿着公法线并指向球心。物体的受力图如图 2-1-5(b) 所示。

【任务小结】

绘制受力图的步骤如下。

（1）确定研究对象，画出分离体图。

（2）画出作用在物体上的主动力。

（3）根据约束类型画出约束反力。

（4）准确标注各力矢相应的符号和作用点的字母。

任务 2.1.2　梁的受力分析

【任务描述】

图 2-1-6 所示为一简支梁，A 端为固定铰链支座，B 端为活动铰链支座，C 处作用一外力 F。若不计梁的自重，试画出梁 AB 的受力图。

【任务分析】

根据任务描述，首先确定所要研究的对象是处于平衡状态的梁 AB（其自重忽略不计）。

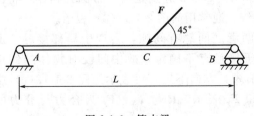

图 2-1-6　简支梁

从图 2-1-6 中可以看出，梁 AB 在 C 处受到外力 F 的作用，使梁有沿着力的方向运动的趋势，但由于受到 A、B 两端铰链支座的限制，使梁保持平衡状态。即 A、B 两端铰链支座是梁的约束，但这种约束与已经学习过的柔索约束和光滑面约束显然是不同的。那么，这种约束具有哪些特点？其约束反力如何表示？下面将在知识准备里进行重点讨论，并结合工程实际学习梁的基本结构，为进一步掌握物体的受力分析、正确绘制受力图储备更加全面的知识。

【知识准备】

1. 梁

（1）梁的概念　以承受弯曲变形为主的构件称为**梁**。

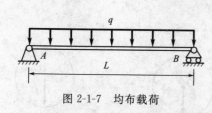

图 2-1-7　均布载荷

（2）梁计算简图　工程上梁的截面形状、载荷及支承情况都比较复杂，为了便于分析和计算，必须对梁进行简化，其简化主要包括：梁本身结构的简化、载荷的简化以及支座的简化。

① 对于梁本身结构的简化，不管梁的截面形状有多复杂，都用梁的轴线来表示。

② 作用于梁上的外力，包括载荷和支座反力，可以简化为集中力、分布载荷和集中力偶三种形式。当载荷的作用范围较小时，简化为集中力；若载荷连续作用于梁上，则简化为分布载荷。沿梁轴线单位长度上所受到的力称为**载荷集度**，以 q（N/m）表示，如图 2-1-7 所示为一简支梁，梁上作用有均布载荷。集中力偶可理解为力偶的两力分布在很短的一段梁上（力偶的知识将在学习情境 2 中重点讨论）。

（3）梁的种类　根据支座对梁约束的不同特点，支座可简化为三种形式：固定铰链支座，活动铰链支座和固定端支座。因而基本的梁有以下三种类型。

① 简支梁　一端是活动铰链支座，另一端为固定铰链支座的梁，如图 2-1-8 所示。

② 外伸梁　一端或两端伸出支座之外的简支梁，如图 2-1-9 所示。

③ 悬臂梁　一端为固定端支座，另一端自由的梁，如图 2-1-10 所示。

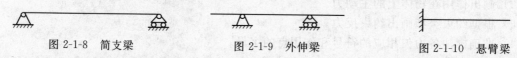

图 2-1-8　简支梁　　　　　　图 2-1-9　外伸梁　　　　　　图 2-1-10　悬臂梁

上述三种类型的梁在承载后，其支座反力均可由静力学平衡方程完全确定，这些梁称为**静定梁**。如梁的支座反力的数目大于静力学平衡方程的数目，应用静力学平衡方程无法确定全部支座反力，这种梁称为**超静定梁**，如图 2-1-11（a）和（b）所示。

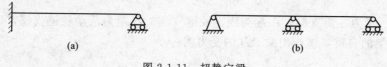

（a）　　　　　　　　　　　　　　　　（b）

图 2-1-11　超静定梁

2. 光滑铰链约束

（1）中间铰约束（铰接）　如图 2-1-12（a）所示，1 和 2 分别是两个带圆孔物体，将圆柱形销钉穿入物体 1 和 2 的圆孔中，便构成中间铰。通常用简图 2-1-12（b）表示。

由于销钉与物体的圆孔表面都是光滑的，两者之间总有间隙，会产生局部接触。那么销钉对物体的约束力应通过圆孔中心。但由于接触点不确定，故中间铰对物体的约束力特点是：作用线通过销钉中心，垂直于销钉轴线，方向不定，可表示为图 2-1-12（c）中单个力 **R** 和未知角 α，或用两个正交分力 F_x 和 F_y 表示。**R** 与 F_x、F_y 为合力与分力的关系。

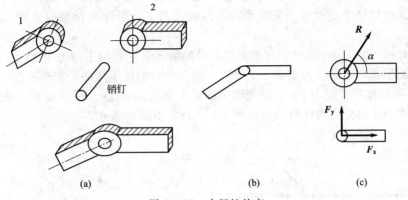

图 2-1-12　中间铰约束

（2）固定铰链支座约束　如图 2-1-13（a）所示，将中间铰结构中的物体换成支座，且与基础固定在一起，则构成固定铰链支座约束，符号如图 2-1-13（b）所示；约束力特点与中间铰相同，如图 2-1-13（c）所示。

（3）活动铰链支座约束　将固定铰链底部安放许多辊子，并与支承面接触，构成活动铰链支座，又称辊轴支座。如图 2-1-14（a）、（b）所示，这类支座常见于桥梁、屋架等结构中，通常用简图 2-1-14（c）表示。活动铰链支座只能限制构件沿支承面垂直方向的移动，不能阻止物体沿支承面的运动或绕销钉轴线的转动。因此，活动铰链支座的约束力的特点是：通过销钉中心，垂直于支承面，指向不确定，如图 2-1-14（d）所示。

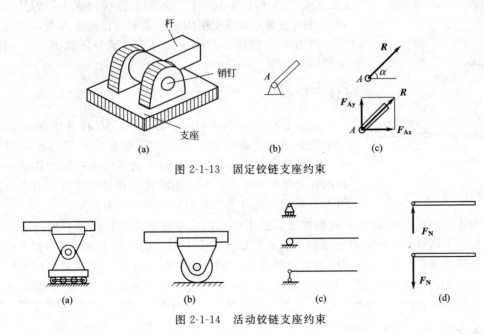

图 2-1-13　固定铰链支座约束

图 2-1-14　活动铰链支座约束

【任务实施】

（1）取梁 AB 为研究对象，画出分离体图，见图 2-1-15（a）。

（2）分析并画出梁 AB 所受主动力。梁 AB 所受主动力为作用在 C 点的力 F。

（3）分析并画出约束反力。梁 AB 在 A 端受到固定铰链支座约束的作用，其约束反力一般用相互垂直的两个分力 F_{Ax}、F_{Ay} 表示；梁 AB 在 B 端受到活动铰链支座约束的作用，其约束反力通过铰链中心垂直于支承面，方向假设向上，因此为铅直向上的，用 F_B 表示。如图 2-1-15(a) 所示。

从以上分析可知，梁 AB（在自重忽略不计的情况下）受到主动力 F 和 A、B 两端约束反力的作用而平衡，根据三力平衡汇交定理，这三个力的作用线必汇交于一点。由此，可根据主动力 F 和 B 端约束反力 F_B 的作用线来确定汇交点为 D 点，而 A 端的约束力必通过此点。因此，梁 AB 的受力图还可以画成图 2-1-15(b) 所示的形式。

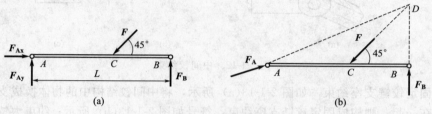

图 2-1-15 梁 AB 的受力图

任务 2.1.3 支架的受力分析

【任务描述】

如图 2-1-16 所示，一个三角支架由 AB 杆和 AC 杆用铰链 A 连接而成。杆的另一端 B 和 C 分别用固定铰链支座固定于墙上。在铰链 A 处的销钉上挂有一重为 G 的物体。不计各杆自重，试分别画出 AB、AC 杆及销钉 A 的受力图。

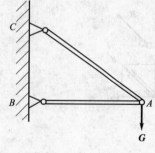

图 2-1-16 三角支架

【任务分析】

如图 2-1-16 所示，支架中的 AB、AC 杆及销钉 A 属于同一系统中相互关联的构件，彼此间存在着作用与反作用的关系，对支架进行受力分析时，除按前面学习过的物体受力分析和画受力图的基本方法外，还需利用相邻物体间作用力与反作用力的关系，来确定物体相互之间的受力情况。

支架中的 AB、AC 杆都只在两端受到约束的作用，也就是仅在杆两端受到约束力的作用，并处于平衡状态，不计杆自重时，每根杆仅受两个力的作用，那么这两个力存在什么样的关系？如何确定？杆 AB、AC 的受力与销钉 A 的受力之间存在什么样的关系？如何才能正确画出 AB、AC 杆及销钉 A 的受力图？需要掌握作用与反作用公理、二力平衡公理以及二力构件的知识。

【知识准备】

1. 二力平衡公理

作用于同一刚体上的两个力，使刚体处于平衡的必要和充分条件是：这两个力大小相等，方向相反，且作用在同一条直线上，简述为等值、反向、共线。如图 2-1-17 所示，力 F_1 和 F_2 等值、反向、共线。

这一公理揭示了作用在刚体上最简单的力系使刚体平衡所必须满足的条件。

需要指出的是，这一条件只是变形体平衡的必要条件，而不是充分条件。例如当绳索两端受到大小相等、方向相反的拉力时可以平衡，但受到大小相等、方向相反的压力时，则不能平衡。

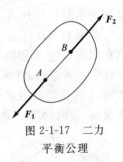

图 2-1-17 二力平衡公理

2. 二力构件和二力构件约束

如图 2-1-16 所示，支架中的 *AB*、*AC* 杆都只在两端受到约束的作用，也就是仅在杆两端受到约束力的作用，并处于平衡状态，不计杆自重时，每根杆仅受两个力的作用，这种**仅在两个力作用下就处于平衡的构件，称为二力构件，也称二力杆**。二力构件上的力必须满足二力平衡条件，在物体的受力分析中，据此可以确定二力构件中未知力作用线的位置。二力构件的受力特点是：构件只受两个力作用就处于平衡状态，且此二力必是**等值、反向、共线**的。

在进行物体受力分析和绘制物体受力图时，一般应首先判断是否存在二力构件，如果有二力构件要先画出二力构件的受力图，这就需要掌握二力构件的判断条件，即掌握二力构件约束。

满足以下三个条件就可以判断是二力构件约束：

（1）杆两端均用铰链与其他物体连接；

（2）不计杆自重；

（3）在杆的长度范围内不受任何外力。

二力构件约束的约束反力的画法：**沿杆两端铰链中心的连线，指向待定。**

二力杆有两种受力情况：拉杆和压杆。如图 2-1-18 所示，其中 2-1-18（a）所示为拉杆，杆两端力的指向均背离物体；而图 2-1-18（b）所示为压杆，杆两端力的指向均指向物体。如果是变形体，拉杆产生的变形是沿杆长方向伸长，压杆则为缩短，分别称为拉伸和压缩。

图 2-1-18 拉杆和压杆

3. 作用与反作用公理

在相互作用的两个物体之间，总是存在着作用力与反作用力。这两个物体间的作用力与反作用力总是大小相等，方向相反，沿着同一直线，并分别作用在两个物体上。此即为**作用与反作用公理**。

这一公理说明，力总是成对出现，有作用力，必定有反作用力。二者总是同时存在，同时消失。一般习惯上将作用力与反作用力用同一个字母表示，其中一个字母加上一撇表示区别。

值得注意的是，这一公理容易与二力平衡公理相混淆。作用与反作用公理与二力平衡公理最根本的区别是：作用与反作用公理中的两个力分别作用在两个物体上，而二力平衡公理中的两个力是作用在同一刚体上的。

【任务实施】

（1）找出二力构件并画其受力图。

由于支架中的 *AB*、*AC* 杆的两端都用铰链与其他物体连接，不计杆自重且在杆的长度范围内不受任何外力（重物 G 挂在销钉上），因此，AB、AC 杆均为二力杆。

分别取 AB 杆及 AC 杆为研究对象，画出分离体图，由经验判断，AC 杆受拉，分别受到作用在铰链 A 和铰链 C 处的约束反力 F_{AC} 和 F_{CA} 作用，这对力等值、反向、共线（沿两端铰链中心连线），背离物体，受力如图 2-1-19(a) 所示。同理 AB 杆受压，分别受到作用在铰链 A 和铰链 B 处的约束反力 F_{AB} 和 F_{BA} 作用，这对力等值、反向、共线（沿两端铰链中心连线），指向物体，受力如图 2-1-19(b) 所示。

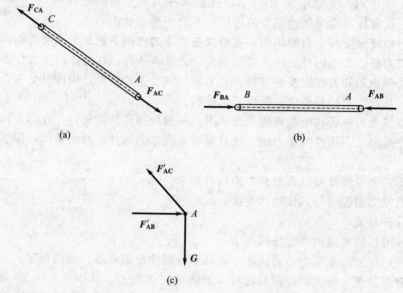

图 2-1-19 AB 杆、AC 杆及销钉 A 的受力图

（2）销钉 A 的受力分析及受力图。

取销钉 A 为研究对象，其受到主动力 G、AB 杆给它的约束反力 F'_{AB} 和 AC 杆给它的约束反力 F'_{AC} 作用，在三力作用下处于平衡，符合三力平衡汇交定理。

根据作用与反作用公理，$F_{AB} = -F'_{AB}$、$F_{AC} = -F'_{AC}$，销钉 A 的受力图如图 2-1-19(c) 所示。

任务 2.1.4 汽车单缸内燃机曲柄连杆机构的受力分析

【任务描述】

如图 2-1-20 所示，汽车单缸内燃机的曲柄连杆机构，由曲柄 OA、连杆 AB 及活塞 B 组成，在力 F 和力偶矩为 M 的力偶作用下处于平衡状态，机构中各物体的自重忽略不计，试分别画出机构中各物体的受力图以及整体的受力图。

【任务分析】

根据任务描述，首先确定所要研究的对象汽车单缸内燃机曲柄连杆机构处于平衡状态，同时，该机构是一个物体系统，在单缸内燃机曲柄连杆机构这个物系中，有三个构件通过一定的连接方式组成了这个机构，曲柄 OA 一端用固定铰链支座连接，另一端用铰链与连杆 AB 连接，活塞 B 也用铰链与连杆 AB 连接，并受到活塞缸体的限制只能沿上下移动。曲柄

OA、连杆 AB 和活塞 B 属于同一系统中相互关联的构件。那么，什么是物体系统？物体系统受力分析有哪些特点？这就需要掌握有关物系平衡的基本概念以及内力和外力的内容。

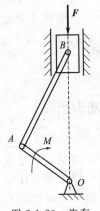

图 2-1-20　汽车单缸内燃机曲柄连杆机构

【知识准备】

1. 物体系统

若干个物体通过一定的连接方式组合在一起的系统称为**物体系统**，简称为**物系**。物系受力平衡的特点是：当物系平衡时，组成该系统的每一个物体都处于平衡状态，即物系的整体处于平衡状态，物系中的每个物体均处于平衡状态。因此，在对物系进行受力和平衡分析时，所取的研究对象可能是整个系统也可能是系统中的某一部分或某一物体。

物系的受力图与单个物体的受力图画法相同。若只画整体的受力图时，只需把整体作为单个物体一样对待。画系统的某一部分或某一物体的受力图时，要注意被拆开的相互联系处有相应的约束力，且约束力是相互作用的，要遵循作用与反作用公理。

2. 内力和外力

物系内各部分之间的相互作用力称为**内力**，系统以外的物体对系统的作用力称为**外力**。**在绘制受力图时只画出外力，不画内力。**

显然，内力与外力不是一成不变的，它随着研究对象选择的不同而改变，所以，是否能正确区分内力和外力并准确画出作用力与反作用力就成为正确绘制物系受力图的关键。

【任务实施】

（1）首先绘制各物体的受力图。

单缸内燃机曲柄连杆机构由曲柄 OA、连杆 AB 和活塞 B 三个构件组成，其中，连杆 AB 为二力构件，应首先画出它的受力图，如图 2-1-21（a）所示，为一压杆；在画曲柄 OA 受力图时需要注意的是 F_{AB}' 与图 2-1-21（a）中 F_{AB}' 是一对作用力与反作用力，要满足等值、反向、共线（画图时作用线要平行）的要求，如图 2-1-21（b）所示；最后绘制活塞 B 的受力图，如图 2-1-21（c）所示，图中的 F_{BA}' 与图 2-1-21（a）中 F_{BA} 也是一对作用力与反作用力。

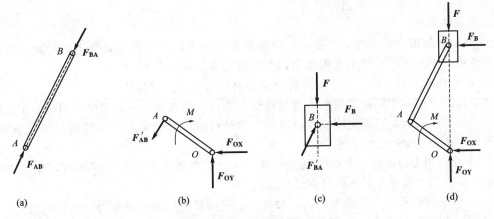

图 2-1-21　曲柄连杆机构受力分析

（2）绘制整体受力图。

以整体为研究对象［见图 2-1-21(d)］，其上有主动力 F 和主动力偶 M，约束反力分别是 F_B、F_{OX} 和 F_{OY}，而 A、B 两处的约束反力属于内力不能画出。因此，在研究每个物体的受力时，A、B 两处的约束属于外力，当以整个物体系统为研究对象时，A、B 两处的约束就属于内力了。

【知识拓展】

力学与工程力学。

力学是最早发展的学科之一。力学是研究宏观物体机械运动规律的科学，它揭示了物体的机械运动与作用于物体上的力之间的关系。力学的发展无时不与工业的发展密切相关，从蒸汽机、内燃机的发明，到火车、船舶、汽车、飞机的生产，直到今天的单机功率达百万千瓦的汽轮机、核反应堆、航天飞机、宇宙空间站的制造与建立，都是在应用了力学理论后而得以实现的。力学应用的广泛性使力学成为众多学科和工程技术的基础，也产生了许多分支学科，如理论力学、材料力学、结构力学、弹性力学、塑性力学、流体力学、空气动力学、生物力学、计算力学、运动力学等。力学发展到近代所显示出的一个重要特征就是与其他学科的相互渗透、交叉，这种各种学科之间的相互渗透、交叉对科学技术、工业和社会的发展产生了巨大的作用。其中最为突出的就是工程与力学相互融合而产生的工程力学，简单地说，工程力学是既与工程也与力学相关的学科。

工程力学是研究工程结构、工程机械的受力分析、承载能力的基本原理和方法的学科。工程给力学提出问题，力学的研究成果改进工程设计思想，它是工程技术人员从事结构设计和施工、机械设计和制造必须具备的理论基础。

工程力学的内容是在"理论力学"、"材料力学"的基础上，根据工程实际的需要整合构建而成的一门实用性较强的学科。本书主要包括理论力学中的静力学和材料力学两部分。

【学习小结】

（1）物体的受力分析和受力图绘制的步骤

① 明确研究对象绘制分离体图。进行物体的受力分析和绘制受力图时，首先要明确画的是哪一个物体或物体系统的受力图，即明确研究对象，然后将其所受的全部约束去掉，单独画出该研究对象或分离体的简图。

② 画出主动力。分析受力时先画出主动力，再画约束力。

③ 严格根据约束类型画出约束反力。

（2）注意事项

① 原则上每解除一个约束，就有与之相应的约束力作用在研究对象上，约束力的方向要依据约束的类型来画，切不可根据主动力的情况来臆测约束力。

② 正确判别二力构件。二力构件的受力必沿两力作用点的连线。

固定铰链支座和中间铰的约束力通过铰链中心，方向未知，一般情况下用两个正交的分力表示。但是，当固定铰链支座或铰链连接二力构件时，其约束力作用线的位置是确定的。所以不能用两个正交的分力表示。

③ 注意作用力与反作用力的关系及表达。在分析两物体之间相互作用时，作用力向一旦确定，反作用力就必与它平行且指向相反。

④ 正确区分物系受力分析中的内力和外力，只画研究对象所受外力，不画内力。

⑤ 同一位置处约束力，在各受力图中假设的指向必须一致。

【自我评估】

2-1-1　说明下列等式的意义和区别：

（a）$\boldsymbol{F_1}=\boldsymbol{F_2}$；（b）$F_1=F_2$。

2-1-2　什么是二力构件？分析二力构件受力时与构件的形状有无关系？凡是受两个力作用的构件都是二力构件吗？凡是受等值、反向、共线的二力作用的物体或物体系统都平衡吗？

2-1-3　试画出题图 2-1-1 所示 AB 杆的受力图，设备接触面均为光滑面，各杆自重不计。

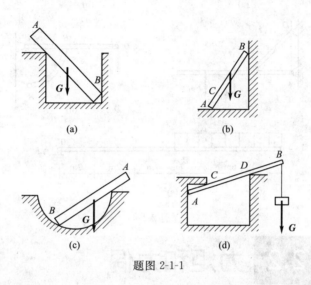

题图 2-1-1

2-1-4　试画出题图 2-1-2 所示小球的受力图，设各接触面均为光滑面。

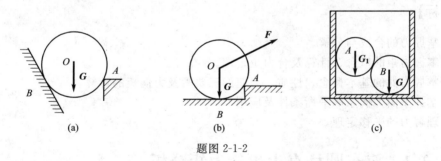

题图 2-1-2

2-1-5　试画出题图 2-1-3 中所示物体的受力图，各接触面均为光滑面，不计各物体

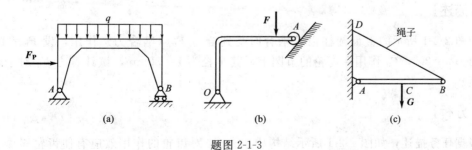

题图 2-1-3

自重。

2-1-6　试画出题图 2-1-4 所示物系中各物体及整体的受力图。

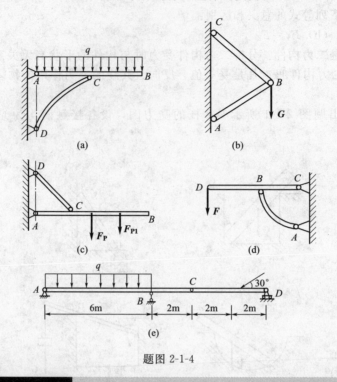

题图 2-1-4

学习情境 2.2　力矩和力偶

【学习目标】

（1）掌握力的合成与分解。

（2）掌握力矩的概念、计算及合力矩定理。

（3）掌握力偶的基本概念、性质、力偶的三要素及力偶矩的计算。

（4）掌握平面力偶系的平衡条件及应用。

（5）理解力的平移定理。

任务 2.2.1　汽车圆柱直齿齿轮力矩分析

【任务描述】

如图 2-2-1 所示的直齿圆柱齿轮啮合时受到合力 F_n（啮合力）作用，设 $F_n=1000N$，压力角为 $\alpha=20°$，F_n 作用在齿轮的节圆上，其半径为 $r=80mm$，试计算力 F_n 对于轴心 O 的力矩。

【任务分析】

根据任务描述，如图 2-2-1 所示结构中，力 F_n 对齿轮的作用效应有使齿轮移动的趋势

（使齿轮压紧），同时还有使齿轮绕轴心 O 逆时针转动的趋势。在其他条件都不变的情况下，力 F_n 与水平方向的夹角也就是压力角 α 越小转动趋势越明显，当 $\alpha=0°$ 时这种转动趋势最大。若使 $\alpha=90°$ 时，由于力 F_n 的作用线通过矩心 O，则齿轮只有移动趋势而没有转动趋势。另外，在其他条件都不变时，增大力 F_n 也会加大齿轮的转动趋势。

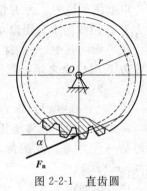

图 2-2-1　直齿圆柱齿轮啮合受力

这就说明，力 F_n 对齿轮的转动效应不仅与该力的大小方向有关，还与力的作用线到矩心的垂直距离有关。

为了度量力对物体的转动效应，力学中引入力对点之矩（简称力矩）的概念。

【知识准备】

1. 力的合成与分解

（1）力的平行四边形公理　**作用于物体上同一点的两个力，可以合成为一个合力，其大小和方向由这两个力为邻边构成的平行四边形的对角线确定，合力的作用点仍然位于该点。**

如图 2-2-2 所示，F_1 和 F_2 为作用于物体上同一点 O 的两个力，以这两个力为邻边作出平行四边形 $OABC$，则从 O 点作出的对角线 OB，就是 F_1 和 F_2 的合力 R。其矢量表达式为

$$R=F_1+F_2$$

即合力的矢量等于两个分力的矢量和。

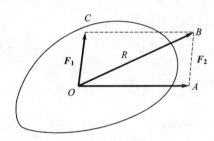

图 2-2-2　力的合成

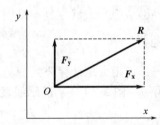

图 2-2-3　力的正交分解

（2）力的分解　运用平行四边形公理将作用于物体上同一点的两个力可以合成为一个合力的过程叫**力的合成**；反之，一个力也可以分解为同一平面内的两个分力，将一个已知力分解为两个分力的过程叫**力的分解**。通常要给定分解方向，否则两个分力不是唯一的。工程中常把一个力 R 沿直角坐标轴方向分解，从而得到两个相互垂直的分力 F_x 和 F_y，称为**力的正交分解**。如图 2-2-3 所示。

2. 力矩的概念、计算及合力矩定理

（1）力矩的概念及计算　如图 2-2-4 所示，用扳手拧紧螺母时，在扳手上作用一力 F，使扳手和螺母绕螺钉中心 O 转动。由经验可知，加在扳手上的力 F 离螺钉中心 O 越远，拧紧螺母就越省力；力 F 离螺钉中心 O 越近，就越费力。若施力方向与图示力 F 的方向相反，扳手将绕相反的方向转动，就会使螺母松动。

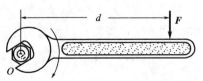

图 2-2-4　用扳手拧紧螺母

力对刚体的作用效应使刚体的运动状态发生改变，这种改变包括移动和转动，其中，力对刚体的移动效应取决于力的大小、方向和作用点。那么，力使刚体转动的效应与哪些因素有关呢？

以上例子说明，力 F 使物体绕任一点 O 转动的效应取决于：力 F 的大小和方向；点 O 到力 F 作用线的垂直距离 d。

在平面问题中，把乘积 Fd 加上适当的符号，作为力 F 使物体绕点 O 转动效应的度量，称为**力 F 对 O 点之矩**，简称力矩，并用 $M_O(F)$ 表示，其计算公式为

$$M_O(F) = \pm Fd \qquad (2\text{-}2\text{-}1)$$

式 (2-2-1) 中 O 点称为力矩中心（简称矩心）；O 点到力 F 作用线的垂直距离 d 称为**力臂**，并规定：**力使物体绕矩心作逆时针方向转动时为正，反之为负**。显然，在平面问题中，力矩是一代数量。在国际单位制中，力矩的单位为牛顿·米（N·m），或千牛顿·米（kN·m）。

由力矩的定义可知：力矩的大小和转向，不仅取决于力的大小和方向，还与矩心的位置有关。矩心位置不同，力矩随之不同。

当力的大小等于零（$F=0$）或力的作用线通过矩心（$d=0$）时，力矩为零，力对物体不产生转动效应只产生移动效应。

（2）合力矩定理　要想计算直齿圆柱齿轮啮合力 F_n 对轴心 O 的力矩，从图 2-2-1 中可以看出，力臂 d 的几何关系较复杂，求解比较困难，这时可将啮合力 F_n 正交分解为两个分力即圆周力 F_t 和径向力 F_r，利用分力分别取矩，再应用合力矩定理求 F_n 对轴心 O 的力矩。

合力矩定理：合力对平面上某点之矩等于力系中所有分力对同一点力矩的代数和。即：

$$M_O(R) = M_O(F_1) + M_O(F_2) + \cdots + M_O(F_n) = \sum M_O(F_i) \qquad (2\text{-}2\text{-}2)$$

式中，力 R 为力 F_1、F_2、$\cdots$、F_n 的合力。

合力矩定理阐述了合力对某点的力矩与其分力对同一点力矩之间的关系。

【任务实施】

解法一：运用力矩计算公式即公式（2-2-1）求力矩。

求力臂 d〔图 2-2-5(a) 所示线段 OA 长〕

$$d = r\cos\alpha = 80 \times \cos 20° = 75\text{mm}$$

$$M_O(F_n) = F_n \times d = 1000 \times 75 = 75(\text{N·m})$$

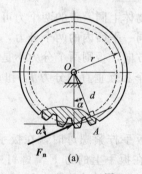 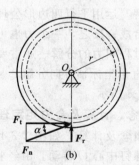

图 2-2-5　力 F_n 对 O 点之矩

解法二：根据合力矩定理求解。

将力 F_n 分解为两个分力：圆周力 F_t 和径向力 F_r，如图 2-2-5(b) 所示。根据合力矩定理得：

$$M_O(F_n) = M_O(F_t) + M_O(F_r)$$

由于径向力 F_r 的作用线通过矩心 O，故

$$M_O(F_r) = 0$$

所以有

$$M_O(F_n) = M_O(F_t) = F_n \cos\alpha \times r = 1000 \times \cos20° \times 80 = 75(\text{N} \cdot \text{m})$$

任务 2.2.2　解释用双手操纵汽车方向盘的原理

【任务描述】

在学习汽车驾驶时，教练员都会讲解正确的驾驶姿势，其中特别强调用双手操纵方向盘并严禁双手同时离开方向盘，这样才能对方向盘均匀用力从而保证驾驶的平稳性和安全性。如图2-2-6（a）所示。

试分析双手操纵汽车方向盘的受力与单手操纵汽车方向盘的受力有何不同？

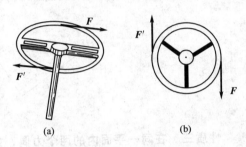

图 2-2-6　汽车方向盘的操纵

【任务分析】

根据任务描述，双手操纵汽车方向盘时，在方向盘上施加的是一对等值、反向、不共线的平行力组成的力系称为**力偶**，由于力偶对物体只有转动效应没有移动效应，因此，转向轴不会受到径向力的作用，不会使转向轴产生弯曲变形，使得操纵轻巧、灵活，从而保证了驾驶的平稳性和安全性。如果只用一只手握住方向盘的一侧用力，转向轴就会受到径向力的作用，会使转向轴产生弯曲变形。显然，一对力与一个力对物体的作用效应是不同的。要解释其中的原理，我们需要了解有关力偶的基本知识以及力的平移定理。

【知识准备】

1. 力偶

如图 2-2-6（b）所示，双手操纵汽车方向盘时，在方向盘上施加的是**一对等值、反向、不共线的平行力组成的力系称为力偶**，记作（F，F'）。两力作用线所决定的平面称为**力偶的作用面**，两力作用线之间的垂直距离称为**力偶臂，用 d 表示**。由上述实例可知，力偶对物体作用的外效应是使物体产生转动运动的变化。

2. 力偶矩

由实践经验可知，力偶对物体的作用效果，不仅取决于组成力偶的力的大小，而且取决于力偶臂的大小和力偶的转向。因此，力偶对物体的作用效应可用力与力偶臂的乘积 Fd 来度量。称为**力偶矩**，记作 $M(F, F')$。简写为 M。即

$$M(F, F') = M = \pm Fd \tag{2-2-3}$$

力偶矩是一个代数量，其大小的绝对值等于力的大小与力偶臂的乘积，力偶在作用面内的转向用正负号表示，一般规定：使物体作逆时针转动的力偶矩为正，反之则为负。力偶矩的单位与力矩相同，在国际单位制中是 N·m（牛顿·米），或 kN·m（千牛顿·米）。

力偶的三要素：力偶矩的大小、力偶的转向及作用面。三要素中的任何一个要素发生改变，力偶对物体的转动效应就会发生改变。

3. 力偶的基本性质

力偶具有以下基本性质：

性质一 由于力偶中的两个平行力在任意轴上投影之和为零,因此,**力偶无合力**。

力偶对物体只有转动效应而没有移动效应,所以力偶不能用一个力来代替,也不能用一个力来平衡。即力偶不能与一个力等效。只能和力偶相平衡。因此力和力偶并称为力学中的两大基本元素。

性质二 力偶对其作用面内任意一点的力矩恒等于力偶矩,而与矩心的位置无关。

设刚体上作用一力偶(F,F'),如图 2-2-7 所示,因 $F = F'$,故两力对其作用面内任一点 O 的矩为

$$M_O(F, F') = M_O(F) + M_O(F') = F(d+x) - F'x = Fd$$

这说明,力偶对物体的转动效应完全取决于力偶矩的大小和转向,而与力矩心的位置无关。

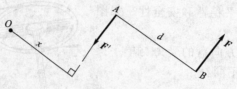

图 2-2-7 力偶

性质三 在同一平面内的两个力偶,如果转向相同、力偶矩相等,则两力偶彼此等效。这就是平面力偶的等效条件,这两个力偶称为**等效力偶**。

根据力偶的等效条件,可得出以下推论。

推论 1 力偶可以在它的作用面内任意移转,而不改变它对刚体的作用效应。即力偶对刚体的作用效应与力偶在其作用面内的位置无关。

推论 2 只要保持力偶矩的大小和力偶的转向不变,可以同时改变力偶中力的大小和力偶臂的长短,而不改变力偶对刚体的作用效果。

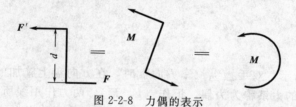

图 2-2-8 力偶的表示

由此可见,力偶中力偶臂和力的大小都不是力偶的特征量,只有力偶矩才是力偶作用效果的唯一度量。所以在研究与力偶有关的问题时,只需要考虑力偶矩的大小和转向。因此,常用带箭头的弧线表示力偶,箭头方向表示力偶的转向,弧线旁边的字母 M 或数字表示力偶矩的大小,如图 2-2-8 所示。

4. 力的平移定理

力的平移定理:作用在刚体上的力 F,可以平移到刚体内的任一点 O,但必须附加一个力偶,此附加力偶的力偶矩,等于原力对平移点 O 的力矩。

力的平移定理表明了力对绕力作用线外的转动中心的物体有两种作用,一是平移力产生的移动作用,二是附加力偶对物体产生的旋转作用。如图 2-2-9 所示,滑轮轮缘的圆周力 F 可以平移到轴心 O 点,则轴上有平移力 F' 作用,同时附加力偶 M_O 使滑轮绕轴转动。

【任务实施】

双手操纵汽车方向盘时,在方向盘上施加的是力偶,根据力偶对物体只有转动效应没有

移动效应的基本性质，转向轴不会受到径向力的作用，不会使转向轴产生弯曲变形，使得操纵轻巧、灵活，从而保证了驾驶的平稳性和安全性。如图 2-2-6(b) 所示。

如果只用一只手握住方向盘的一侧用力，根据力的平移定理，在得到一个力偶使物体发生转动的同时，转向轴也会受到径向力的作用，会使转向轴产生弯曲变形。如图 2-2-9 所示。

钳工用丝锥攻螺纹，要求用双手握住丝锥铰杠的两端，一推一拉，均匀用力。如果只在铰杠的一端用力，则丝锥、铰刀容易折断，如图 2-2-10 所示。其受力分析与方向盘的双手与单手操纵的受力分析原理相同。

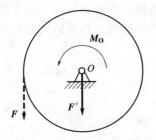

图 2-2-9　一只手握方向盘的受力情况

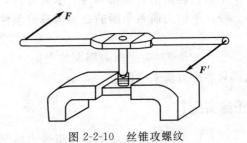

图 2-2-10　丝锥攻螺纹

任务 2.2.3　多轴钻床螺栓对工件作用力的计算

【任务描述】

用多轴钻床在水平工件上钻孔时，每个钻头作用于工件的切削力构成一个力偶。各力偶矩的大小分别为：$M_1 = M_2 = 30\text{N} \cdot \text{m}$，$M_3 = 40\text{N} \cdot \text{m}$，转向如图 2-2-11 所示。工件在 A、B 两处用两个固定螺栓卡在工作台上，两螺栓间的距离 $L = 200\text{mm}$。试求两个螺栓对工件的水平约束力。

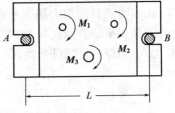

图 2-2-11　多轴钻床（1）

【任务分析】

根据任务描述，在多轴钻床上加工一水平工件的三个孔，工作时工件在水平面内受三个钻头的三个主动力偶作用，三个主动力偶都使工件产生顺时针转动的趋势。为确保加工安全，在工件的两端各用一螺栓卡住，以防止工件转动。而处在同一平面内的三个主动力偶可以合成为一个合力偶，由于力偶只能用力偶来平衡，所以两个螺栓对工件的水平约束力必然组成一个力偶与主动合力偶相平衡，因此螺栓对工件的水平约束力应为等值、反向且作用线相互平行的一对力。如图 2-2-12 所示。要计算这两个力的大小，需要用到有关平面力偶系的合成与平衡的知识。

【知识准备】

1. 平面力偶系的概念

如图 2-2-11 所示，在多轴钻床上加工一水平工件的三个孔，工作时每个钻头作用于工件的切削力构成一个力偶，这些作用在物体上同一平面内的若干个力偶，称为平面力偶系。

学习情境 2.2　力/矩/和/力/偶

2. 平面力偶系的合成

由力偶的性质可知，力偶对物体只产生转动效应，且转动效应的大小取决于力偶矩的大小和转向。物体受平面力偶系作用时，也只能使物体产生转动效应，可以证明，平面力偶系对物体的转动效应的大小等于力偶系中各力偶转动效应的总和，**即平面力偶系可以合成为一个合力偶，其合力偶矩等于各分力偶矩的代数和**。设 m_1、m_2、$\cdots$、m_n 为平面力偶系的各分力偶矩，M 为合力偶矩，则：

$$M = m_1 + m_2 + \cdots + m_n = \sum m \tag{2-2-4}$$

3. 平面力偶系的平衡

平面力偶系的合成结果为一个合力偶，所以平面力偶系的平衡条件是：合力偶的矩等于零。即：**平面力偶系平衡的必要与充分条件是：力系中的所有各力偶矩的代数和为零。**

$$\sum m = 0 \tag{2-2-5}$$

公式 (2-2-5) 为平面力偶系的平衡方程，它不仅表达了力偶系的平衡条件，并且说明了力偶只能用力偶来平衡。

【任务实施】

（1）以工件为研究对象，分析受力情况。

工件在水平面内受三个钻头的三个主动力偶作用和两个螺栓水平反力组成的反向力偶的作用而处于平衡状态。根据平面力偶系的合成结果，三个主动力偶可以合成为一个力偶 M，其力偶矩大小为：

$$M = \sum m = M_1 + M_2 + M_3 = (-30) + (-30) + (-40) = -100 (\text{N} \cdot \text{m})$$

负号表示合力偶矩的转向为顺时针，如图 2-2-12(a) 所示。

（2）绘制工件的受力图，如图 2-2-12(b) 所示。

（3）应用平衡方程求解两个螺栓对工件的水平约束力。

由于力偶只能用力偶来平衡，所以两个螺栓对工件的水平约束力必然组成一个力偶与主动合力偶相平衡，因此螺栓对工件的水平约束力应为等值、反向且作用线相互平行的一对力。方向如图 2-2-12(b) 所示，根据公式 (2-2-5) 得：

$$\sum m = 0 ; \quad F_A L + M = 0$$

可解得：$F_A = (-M)/L = -(-100)/0.2 = 500(\text{N})$（图示假设方向正确）

$F_B = F_A = 500\text{N}$ ［方向与 F_A 相反，如图 2-2-12(b) 所示］

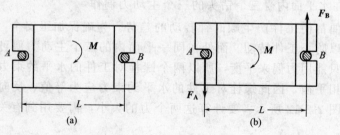

图 2-2-12 多轴钻床（2）

【学习小结】

（1）力矩及合力矩定理

$$M_O(\boldsymbol{F}) = \pm Fd$$

$$M_O(R) = M_O(F_1) + M_O(F_2) + \cdots + M_O(F_n) = \sum M_O(F_i)$$

注意正确确定力臂并灵活运用合力矩定理解决实际问题。

（2）力偶及其基本性质　力偶对物体只有转动效应而没有移动效应，力偶对物体的转动效应取决于力偶的三要素，即：力偶矩的大小、力偶的转向及作用面。三要素中的任何一个要素发生改变，力偶对物体的转动效应就会发生改变。

$$M(F, F') = M = \pm Fd$$

（3）平面力偶系的合成　平面力偶系可以合成为一个合力偶，其合力偶矩等于各分力偶矩的代数和。

$$M = m_1 + m_2 + \cdots + m_n = \sum m$$

（4）平面力偶系的平衡　平面力偶系平衡的必要与充分条件是：力系中的所有各力偶矩的代数和为零。

$$\sum m = 0$$

（5）力的平移定理　作用在刚体上的力 F，可以平移到刚体上任一点 O，但必须附加一力偶，此附加力偶的矩，等于原力对该作用点 O 的矩。

【自我评估】

2-2-1　试比较力矩与力偶矩二者的异同。

2-2-2　计算题图 2-2-1(a)～(d) 中力 F 对 O 点之矩。

2-2-3　水平梁 AB 的受力情况如题图 2-2-2 所示，$L = 5\text{m}$，其余条件如图所示，不计梁自重。试求图中支座 A、B 的反力。

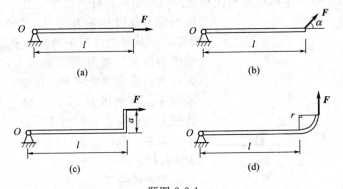

题图 2-2-1

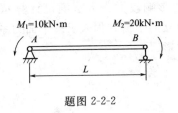

题图 2-2-2

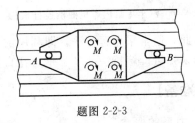

题图 2-2-3

2-2-4　用多轴钻床在水平放置的工件上同时钻四个直径相同的孔，如题图 2-2-3 所示。每个钻头的切削力在水平面内组成一力偶，各力偶矩的大小为 $M_1 = M_2 = M_3 = M_4 = M = 30\text{kN} \cdot \text{m}$，固定螺栓 A 和 B 的距离为 800mm，设螺栓与工件光滑接触。求两螺栓所受的水平力。

学习情境 2.3 平面力系

【学习目标】

（1）掌握力在平面直角坐标轴上的投影、合力投影定理。
（2）明确平面汇交力系、平面平行力系、平面任意力系的概念。
（3）掌握平面汇交力系、平面平行力系、平面任意力系的平衡条件。
（4）熟练运用平面力系的平衡方程求解约束反力。

任务 2.3.1　汽车单缸内燃机曲柄连杆机构的受力计算

【任务描述】

如图 2-3-1（a）所示，汽车单缸内燃机曲柄连杆机构由曲柄 OA、连杆 AB 及活塞 B 组成，在力 **F** 和力偶矩为 **M** 的力偶作用下在图示位置处于平衡状态，机构中各物体的自重忽略不计，$F=433N$，试求出连杆 AB 所受的力以及活塞所受的侧压力。

【任务分析】

根据任务描述，汽车单缸内燃机曲柄连杆机构中的连杆 AB 为二力杆，连杆 AB 和活塞

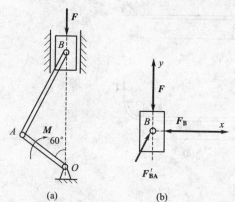

图 2-3-1　汽车单缸内燃机曲柄连杆机构

B 的受力分析和受力图可见学习情境 2.1 中的图 2-1-21，从受力分析中可知，要想求出连杆 AB 所受的力以及活塞所受的侧压力，必须取活塞为研究对象。活塞共受三个力作用，力 **F**、连杆 AB 的压力 F'_{BA} 和侧压力 F_B，根据三力平衡汇交定理，此三力的作用线必汇交于一点（B 点），构成平面汇交力系，如图 2-3-1（b）所示。如何求解约束反力 F'_{BA} 和 F_B？

求解约束反力的方法有几何法和解析法两种。几何法是运用力的平行四边形公理用画图丈量线段长度的方法求解未知力，虽然直观、简便，但受人为因素的影响较大，无法满足计算精度的要求。因此，通常采用解析法，即利用由力系平衡条件建立的平衡方程来求解平面力系平衡问题中的未知量。解析法的基础是力在直角坐标轴上的投影。

【知识准备】

1. 力系的概念

如图 2-3-1（b）所示，活塞 B 共受三个力作用，在工程实际中，往往有多个力同时作用在同一物体上。我们把作用在同一物体上的若干个力，称为**力系**。力系有各种不同的类型，按力系中各力作用线是否在同一平面，力系可分为**平面力系**和**空间力系**；按力系中各力作用线是否相交，力系可分为**汇交力系**、**平行力系**和**任意力系**。

2. 平面汇交力系的概念

如图 2-3-1(b) 所示，活塞 B 在三个力作用下处于平衡状态，三个力的作用线相交于一点，我们把这种各力的作用线都在同一平面内且汇交于一点的力系，称为平面汇交力系。

3. 力在直角坐标轴上的投影

如图 2-3-2 所示，在直角坐标系 oxy 平面内的 A 点作用有一力 F，从力矢 F 的两端 A 和 B 分别向 x 轴和 y 轴作垂线，得垂足 a、b、a' 和 b'，线段 ab 和 $a'b'$ 的长度冠以适当的正负号，就表示力在 x 轴和 y 轴上的投影，并记为 F_x、F_y。并规定力 F 投影的走向（从 a 到 b 或从 a' 到 b' 的指向）与投影轴 x、y 的正向一致时为正；反之为负。力在直角坐标轴上的**投影是代数量**，若力 F 与 x 轴所夹锐角为 α，其投影表达式如下：

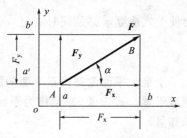

图 2-3-2　力在直角坐标轴上的投影

$$\left. \begin{array}{l} F_x = \pm F\cos\alpha \\ F_y = \pm F\sin\alpha \end{array} \right\} \tag{2-3-1}$$

如果已知 F_x、F_y 值，可以求出力 F 的大小和方向

$$\left. \begin{array}{l} F = \sqrt{F_x^2 + F_y^2} \\ \tan\alpha = \left| F_y / F_x \right| \end{array} \right\} \tag{2-3-2}$$

式中，α 为力 F 与 x 轴所夹锐角，力 F 的指向由 F_x、F_y 正负号、通过判断所在象限确定。

当力与坐标轴平行时，力在该轴上投影的绝对值等于力本身的大小；当力与坐标轴垂直时，力在该轴上的投影为零。

注意：力在坐标轴上的投影与力沿坐标轴的分解是两个不同的概念。分力是矢量，投影是代数量；在直角坐标系中，力在轴上的投影的绝对值与力沿该轴的分力的大小相等。

4. 合力投影定理

合力投影定理建立了合力的投影与分力的投影之间的关系。即**合力在任一坐标轴上的投影，等于分力在同一轴上投影的代数和**。此即为**合力投影定理**。若力系的合力用 R 表示，其表达式如下：

$$R_x = F_{1x} + F_{2x} + \cdots + F_{nx} = \sum_{i=1}^{n} F_{ix} = \sum F_x \tag{2-3-3}$$

$$R_y = F_{1y} + F_{2y} + \cdots + F_{ny} = \sum_{i=1}^{n} F_{iy} = \sum F_y$$

则合力 R 的大小、方向为：

$$\left. \begin{array}{l} R = \sqrt{R_x^2 + R_y^2} = \sqrt{\left(\sum F_x\right)^2 + \left(\sum F_y\right)^2} \\ \tan\alpha = \left| \dfrac{R_y}{R_x} \right| = \left| \dfrac{\sum F_y}{\sum F_x} \right| \end{array} \right\} \tag{2-3-4}$$

α 为合力 R 与 x 轴所夹锐角。

5. 平面汇交力系的合成

平面汇交力系可以合成为一个合力，可利用公式(2-3-4)进行计算。合力的作用线通过力系的汇交点。

6. 平面汇交力系平衡的解析条件——平衡方程

由于平面汇交力系合成的结果是一合力，显然平面汇交力系平衡的必要和充分条件是：

该力系的合力等于零。即

$$R=\sum F_i=0$$

根据公式(2-3-4) 则有

$$R=\sqrt{(\sum F_x)^2+(\sum F_y)^2}=0$$

要使上式成立，必须同时满足

$$\left.\begin{array}{l} \sum F_x=0 \\ \sum F_y=0 \end{array}\right\} \qquad (2\text{-}3\text{-}5)$$

于是，**平面汇交力系平衡的解析条件是：力系中的各力在两个坐标轴上投影的代数和分别等于零。**式(2-3-5) 又称为平面汇交力系的**平衡方程。**这是两个独立的方程，可求解两个未知量。

【任务实施】

解：

（1）以活塞 B 为研究对象。

（2）画受力图，如图 2-3-1(b) 所示。

（3）列平衡方程求解。

以三力汇交点 B 为坐标原点，建立如图 2-3-1(b) 所示的坐标系 Bxy。

列平面汇交力系的平衡方程：

由 $\sum F_x=0$，得 $F'_{BA}\sin30°-F_B=0$

由 $\sum F_y=0$，得 $-F+F'_{BA}\cos30°=0$

解得：$F'_{BA}=\dfrac{F}{\cos30°}=\dfrac{433}{0.866}=500(\text{N})$

$$F_B=F'_{BA}\times\sin30°=250(\text{N})$$

任务 2.3.2 梁的受力计算

【任务描述】

如图 2-3-3 所示，梁 AB 由斜杆 CD 支承于水平位置，A、C、D 均为光滑铰链连接。在梁的 B 端悬挂重物 E，其重量 $G=800\text{N}$，各杆自重不计，试求铰 A 和 C 的约束反力。

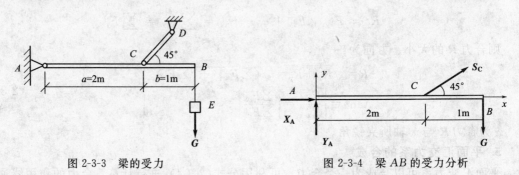

图 2-3-3 梁的受力   图 2-3-4 梁 AB 的受力分析

【任务分析】

根据任务描述，所要分析的结构由梁 AB 和杆 CD 组成，并处于平衡状态，由于不计各杆自重，根据约束情况和二力构件约束的判断条件可知 CD 杆为二力杆，梁 AB 的受力分析如图 2-3-4 所示，作用在该物体上的力系即为平面任意力系，那么，什么是平面任意力系？平面任意力系的平衡方程是什么？如何应用平面任意力系的平衡方程求解约束力？

【知识准备】

1. 平面任意力系的概念

如果作用在物体上的力系中各力作用线都在同一平面，并且任意分布，这种力系称为**平面任意力系或平面一般力系**。如图 2-3-4 所示梁 AB 的受力图。在工程实际中，大部分力学问题属于这种力系，前面讨论过的平面汇交力系和平面力偶系都可以看成是平面任意力系的特殊情况。

2. 平面任意力系的平衡方程

平面任意力系平衡的**必要与充分条件**是：力系中各力在直角坐标系中投影的代数和为零，力系中各力对任意点力矩的代数和为零。

$$\begin{cases} \sum F_x = 0 \\ \sum F_y = 0 \\ \sum m_o(F) = 0 \end{cases} \qquad\qquad (2\text{-}3\text{-}6)$$

平面任意力系有三个独立的平衡方程，因此一次最多只能求解三个未知量。

【任务实施】

解：

该题属于简单物体的平衡问题，CD 是二力杆，因此应以 AB 为研究对象。

（1）取 AB 梁为研究对象。

（2）画受力图。铰 C 受二力杆 CD 的约束力 S_C，指向假设；固定铰支座 A 的约束力因方向不确定，故分解为相互垂直的两个分力 X_A、Y_A，指向假设；力 G、X_A、Y_A、S_C 为一平面任意力系。建立直角坐标系 Axy，受力图如图 2-3-4(b) 所示。

（3）列平衡方程并求解。

$$\sum F_x = 0 \quad X_A + S_C \cos 45° = 0 \qquad\qquad （ⅰ）$$
$$\sum F_y = 0 \quad Y_A + S_C \sin 45° - G = 0 \qquad\qquad （ⅱ）$$
$$\sum M_A(F) = 0 \quad S_C \sin 45° \times 2 - G \times 3 = 0 \qquad\qquad （ⅲ）$$

由式（ⅲ）解得 $\qquad\qquad S_C = 1697\text{N}$

将 S_C 代入式（ⅰ）和式（ⅱ）得

$$X_A = -S_C \cos 45° = -1200\text{N}$$
$$Y_A = G - S_C \sin 45° = -400\text{N}$$

X_A、Y_A 为负值，表明实际指向与所假设的指向相反。

任务 2.3.3 悬臂梁的受力计算

【任务描述】

楼房阳台一端悬空，一端固定，如图 2-3-5(a) 所示，所受载荷可简化为均布载荷，其载荷集度为 $q = 20\text{kN/m}$，阳台的外伸端有一载荷 F，$F = 80\text{kN}$，梁长 $L = 2\text{m}$，如图 2-3-5(b) 所示。试求阳台固定端的约束反力。

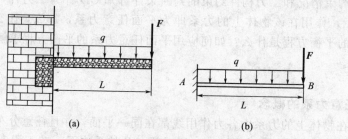

图 2-3-5 楼房阳台及计算简图

【任务分析】

根据任务描述，所要分析的结构是楼房阳台，其一端悬空，一端固定，在力学分析时通常将结构进行简化，简化计算图如图 2-3-5(b) 所示，该结构即为悬臂梁，A 端为固定端约束。这种约束与我们前面已经讨论过的柔索约束、光滑面约束、光滑铰链约束有所不同，那么，这种约束具有哪些特点？其约束力如何表示？如何应用平面任意力系的平衡方程求解固定端约束的约束力？

【知识准备】

1. 固定端约束及约束反力

将构件与支承物固定在一起，构件在固定端不能沿任何方向移动，也不能转动，这种支承称为固定端支承。如建筑物中的阳台，被水泥等固定在墙中不能作任何方向的移动和转动；装在车刀架上的车刀，当旋紧螺钉后，刀杆被牢固地固定在刀架上使车刀相对于刀架不能作任何方向的移动和转动。工程中，把物体受到这类性质的约束，称为固定端约束。其简图如图 2-3-6(a) 所示。

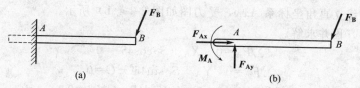

图 2-3-6 固定端约束及约束反力

2. 固定端约束的约束反力

根据力和力偶对物体的移动和转动效应，固定端限制了梁的移动，故在 A 端有约束反力 F_A，由于该力的方向不能预先确定，故可用一对正交分力 F_{Ax}、F_{Ay} 表示。固定端同时又限制了梁绕 A 点的转动，故在 A 端还有约束反力偶 M_A。归纳起来，固定端约束有约束反力 F_{Ax}、F_{Ay} 和约束反力偶 M_A，指向和转向待定。固定端的约束反力的表示方法如图 2-3-6(b) 所示。

工程实际中，将一端固定、另一端悬空的结构称为悬臂梁。

【任务实施】

解：

该结构为一悬臂梁，属于单个物体的平衡问题。计算简图如图 2-3-5(b)。

（1）取梁 AB 为研究对象。

(2) 画受力图。作用于梁上的主动力有 F 及载荷集度为 q 的均布载荷。固定端支座 A 的约束力有 X_A、Y_A 和矩为 M_A 的约束力偶，它们的指向和转向都是假设的，建立直角坐标系 Axy，梁 AB 的受力图如图 2-3-7 所示，为一平面任意力系。

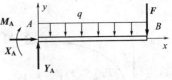

图 2-3-7 悬臂梁受力图

(3) 列平衡方程并求解

$$\sum F_x = 0 \qquad X_A = 0$$
$$\sum F_y = 0 \qquad Y_A - qL - F = 0$$
$$\sum M_A(F) = 0 \qquad m_A - qL \times L/2 - FL = 0$$

将已知数代入上面三个方程分别解得

$$X_A = 0 \qquad Y_A = 120 \text{kN} \qquad M_A = 200 \text{kN} \cdot \text{m}$$

任务 2.3.4 汽车塔式起重机受力计算

【任务描述】

汽车起重机如图 2-3-8 所示，已知车重 $G_1 = 20$kN，最大起吊重量 $G_2 = 40$kN，$DE = 4$m，其余各部分尺寸如图所示，欲使起重机在满载和空载时均不致倾倒，试确定平衡配重 Q 之值。

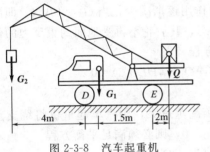

图 2-3-8 汽车起重机

【任务分析】

根据任务描述，汽车起重机所受的主动力有 G_1、G_2、和 Q，约束反力有 N_D、N_E，汽车起重机在力系的作用下处于平衡状态，力系中各力作用线均位于同一平面且互相平行，组成一平面平行力系。那么平面平行力系有什么特点？其平衡方程与平面任意力系的平衡方程有何区别？

【知识准备】

1. 平面平行力系的概念

各力的作用线在同一平面内且相互平行的力系称为**平面平行力系**。它是平面任意系的一种特殊情形。

2. 平面平行力系的平衡方程

平面平行力系的平衡方程可以从平面任意力系的平衡方程导出。设有一平面平行力系 F_1，F_2，…，F_n，如图 2-3-9 所示。由图可见，不论平面平行力系是否平衡，各力在 x 轴上的投影恒等于零，即 $\sum F_x = 0$ 成为恒等式，将这一方程从式 (2-3-6)（平面任意力系的平衡方程）中去除，即得平面平行力系的平衡方程

$$\sum F_y = 0 \tag{2-3-7}$$
$$\sum m_o(F) = 0$$

所以，**平面平行力系平衡的必要和充分条件是：力系中所有各力的代数和等于零，以及各力对力系所在平面内任一点之矩的代数和等于零。**

平面平行力系只有两个独立的平衡方程，因此一次最多只能求解两个未知量。

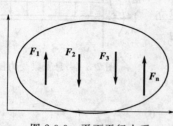

图 2-3-9　平面平行力系

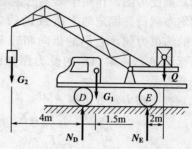

图 2-3-10　汽车起重机受力图

【任务实施】

解：

（1）取起重机整体为研究对象。

（2）画受力图。如图 2-3-10 所示。

（3）列平衡方程并求解。要保证汽车起重机不倾倒，必须选择平衡与不平衡之间的临界状态进行研究，包括以下两种状态。

① 满载时　当起重机工作时，随着起吊重量 G_2 的增加，汽车起重机绕支点 D 做逆时针倾倒的趋势逐渐增加，相应地后轮受地面约束反力的作用逐渐减少，当 $G_2=40$kN，即满载时，汽车起重机处于将要左翻又未左翻的临界平衡状态，其后轮不再受地面约束反力的作用即 $N_E=0$，设满载平衡配重为 Q_1，则必须满足平衡方程

$$\sum M_D(F)=0 \qquad G_2\times4-G_1\times1.5-Q_1\times(DE+2)=0$$

由此解得

$$Q_1=22\text{kN}$$

② 空载时　此时 $G_2=0$，设平衡配重为 Q_2，若平衡配重过大，则汽车起重机将绕支点 E 做顺时针倾倒，前轮不再受地面约束反力的作用即 $N_D=0$，则必须满足平衡方程

$$\sum M_E(F)=0 \qquad G_1\times(DE-1.5)-Q_2\times2=0$$

由此解得

$$Q_2=25\text{kN}$$

因此，为保证汽车起重机的平衡，平衡配重 Q 值应满足以下关系：

$$Q_1\leqslant Q\leqslant Q_2$$
$$22\text{kN}\leqslant Q\leqslant25\text{kN}$$

讨论：

上面求出的平衡配重 Q 值的范围，是在汽车起重机处于临界平衡情况下得到的，起重机实际工作时，不能处于这种危险状态。为保证起重机安全工作，不允许起重机在临界状态下工作。所以，其重量要小于 40kN，平衡配重也不能取极值 22kN 或 25kN。

【知识拓展】

考虑摩擦时的平衡问题。

前面我们研究物体的平衡问题时，一般都想象物体的接触面是完全光滑的，忽略了摩擦的作用。实际上完全光滑的接触面是不存在的，两物体的接触面之间一般都存在摩擦。

摩擦是一种普遍存在于机械运动中的自然现象，如人行走、车行驶、机器运转无不存在摩擦。在工程实际中有时摩擦对物体的平衡与运动起着决定性的作用。例如：机床的卡盘靠摩擦带动夹紧的工件，带传动依靠皮带与皮带轮的摩擦传递运动，制动器靠摩擦制动等。这

些例子都反映了摩擦有利的一面，但是，摩擦又会使机器消耗能量、磨损机件、降低精度和效率，从而影响机器的正常使用。

如果摩擦在所研究的问题中不起主导作用，仅属次要因素，则可忽略不计，从而使问题大为简化；如果摩擦在所研究的问题中是起决定性作用的重要因素时，就必须考虑摩擦的影响。

我们研究摩擦就是要充分利用其有利的一面，而减少其不利的一面。

摩擦按物体接触部分存在或可能存在的相对运动，分为**滑动摩擦**和**滚动摩擦**。

按两接触体之间是否发生相对运动，分为**静摩擦**和**动摩擦**。按接触处是否有润滑，分为**干摩擦和湿摩擦**。

我们将重点介绍静滑动摩擦的性质和考虑摩擦时物体平衡问题的分析和计算。

1. 滑动摩擦

两个物体相互接触，它们之间有相对滑动或相对滑动趋势时，接触面间产生相互阻碍运动的力，这种阻碍力称为**滑动摩擦力**，简称**摩擦力**。当两相互接触物体之间保持静止仅有相对滑动趋势时的摩擦，称为**静滑动摩擦**，简称**静摩擦**；而当两相互接触物体之间有相对滑动时的摩擦，称为**动滑动摩擦**，简称**动摩擦**。

（1）静滑动摩擦力和静滑动摩擦定律　设重量为 G 的物体放置于固定的水平面上，物体在重力 G 和支承面的法向反力 N 的作用下处于静止状态，如图 2-3-11(a) 所示。若在该物体上施加一大小可以改变的水平力 P，当力 P 的数值由零开始增加，如果力 P 不够大时，物体保持平衡，此时物体的受力情况如图 2-3-11(b)、(c) 所示，水平支承面的约束力除法向反力 N 外，还有沿切向的约束力 F，此力 F 是在物体上为滑动而产生的，称为**静滑动摩擦力**，简称**静摩擦力**。静摩擦力 F 沿接触面的切线，其方向总是与物体滑动趋势的方向相反，F 的大小可根据平衡条件（$\sum F_x = 0$）求得，即 $F = P$ 和 $F = P_K$，如图 2-3-11(b)、(c) 所示。当 $P = 0$ 时，则 $F = 0$，即物体没有滑动趋势时，也就没有摩擦力，可见，随着力 P 的逐渐增大，静摩擦力 F 也随之增大，当力 P 增大到一定数值时（如 P_k）时，物体处于将要滑动而尚未滑动的临界平衡状态，此时物体的静摩擦力达到一极限值，这个极限静摩擦力称为**最大静摩擦力 F_{max}**。所以，静摩擦力的大小是在一定范围内变化的，即

$$0 \leqslant F \leqslant F_{max}$$

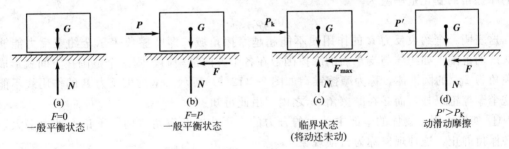

图 2-3-11　滑动摩擦

实验证明，最大静摩擦力 F_{max} 与接触面间的法向约束反力 N（正压力）成正比，而与两物体接触面积的大小无关，即

$$F_{max} = fN \qquad\qquad (2\text{-}3\text{-}8)$$

式(2-3-8)称为**静滑动摩擦定律**，又称**摩擦方程**，是工程中常用的近似理论。式中 f 为静摩擦因数，无量纲。f 的大小与接触物体的材料、表面粗糙度等因素有关，根据实验测定，也可以从有关设计手册中查到。

（2）**动滑动摩擦力和动滑动摩擦定律**　当图 2-3-11 中的力 *P* 略大于静摩擦力 *F*~max~时，物体开始产生相对滑动，此时的摩擦力称为动滑动摩擦力，简称动摩擦力 *F′*，如图 2-3-11（d）所示，方向与相对运动的方向相反。

根据试验得出和静滑动摩擦定律相似的**动滑动摩擦定律**：动摩擦力的大小与接触面间的法向约束反力 *N* 成正比，即

$$F' = f'N \tag{2-3-9}$$

f′ 为动摩擦因数，它略小于静摩擦因数 *f*，工程实践中可认为近似相等。

2. 摩擦角和自锁

当考虑摩擦时，摩擦力 ***F*** 与正压力 ***N*** 的合力为 ***R***，称为接触面上的**全约束反力**，***R*** = ***F*** + ***N***，设它与接触面法线的夹角为 *φ*，如图 2-3-12（a）所示。当物体处于临界平衡状态时，静摩擦力 ***F*** 达到最大值 ***F***~max~，而角 *φ* 也增大到最大值 *φ*~m~，这个 *φ*~m~ 角称为**静摩擦角**，简称**摩擦角**，如图 2-3-12（b）所示。摩擦角 *φ*~m~ 的大小与 ***F***~max~ 有关：

$$\tan\varphi_m = \frac{F_{max}}{N} = \frac{fN}{N} = f \tag{2-3-10}$$

即**摩擦角**的正切等于**静摩擦因数**。因此，摩擦角和静摩擦因数都是表示材料摩擦性质的物理量。

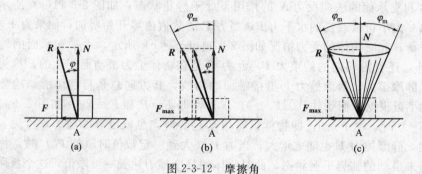

图 2-3-12　摩擦角

由上述分析可见，当物体处于平衡时，静摩擦力大小的变化范围是 $0 \leqslant F \leqslant F_{max}$，而相应的摩擦角的变化范围应为

$$0 \leqslant \varphi \leqslant \varphi_m$$

这表明：全约束反力 ***R*** 的作用线不能超越摩擦角域，即摩擦角表示全约束反力能够偏离法线的范围。如物体与支承面的摩擦因数在各个方向都相同，则这个范围在空间就形成一个顶角为 $2\varphi_m$ 的圆锥体，称为**摩擦锥**，如图 2-3-12（c）所示，全约束反力 ***R*** 的作用线不能超出这个摩擦锥以外，而必在摩擦角 *φ*~m~ 之内。由此可知：

① 如果作用于物体的全部主动力的合力的作用线在摩擦角之内，不论主动力多大，物体必保持静止，这种现象称为自锁现象。

② 如果作用于物体的全部主动力的合力的作用线在摩擦角之外，不论主动力多小，物体一定会滑动。

在工程中常利用自锁原理设计一些机构或夹具，如圆锥销、斜楔卡紧工件、螺旋千斤顶等都是利用摩擦中的自锁原理工作的。

3. 滑动摩擦时的平衡问题

考虑摩擦时平衡问题的分析方法与不考虑摩擦时的平衡问题基本相同。所不同的是：

① 在受力分析时必须考虑摩擦力，摩擦力的方向总是沿着接触面的切线且与物体相对

滑动的趋势方向相反。

② 摩擦力的数值必须满足物理条件：$0 \leqslant F \leqslant F_{max}$，只有当物体处于临界平衡状态时，摩擦力才达到最大值，因而考虑摩擦平衡问题的解答有时会是一个范围，称为**平衡范围**。为了避免求解不等式，通常是将物体置于临界平衡状态进行分析。

③ 由于考虑了摩擦力，所以增加了未知量，需要列出补充方程，即摩擦方程式 $F_{max} = fN$。

例： 如图 2-3-13(a) 所示，一物块重 $G = 1000N$，放置在倾角为 $30°$ 的斜面上，物块与斜面间的摩擦因数 $f = 0.2$，受一水平推力 $\boldsymbol{P}$ 的作用，求物块保持平衡时水平推力 $\boldsymbol{P}$ 的大小。

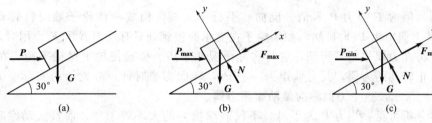

图 2-3-13　斜面问题

解：

该题属于考虑摩擦的平衡问题。由经验可知，力 $\boldsymbol{P}$ 太大，物块将上滑，力 $\boldsymbol{P}$ 太小，物块将下滑，因此，力 $\boldsymbol{P}$ 应在最大值 $\boldsymbol{P}_{max}$ 和最小值 $\boldsymbol{P}_{min}$ 之间。这是一个典型的确定平衡范围的问题。应该选择临界平衡状态进行分析。

① 选择物块处于将要上滑还未上滑的临界状态为研究对象，此时 $P = P_{max}$，最大静摩擦力 $\boldsymbol{F}_{max}$ 沿斜面向下，画受力图并取坐标系如图 2-3-13(b) 所示，列平衡方程和补充方程

$$\sum \boldsymbol{F}_x = 0 \qquad P_{max}\cos30° - G\sin30° - F_{max} = 0$$
$$\sum \boldsymbol{F}_y = 0 \qquad -P_{max}\sin30° - G\cos30° + N = 0$$
$$F_{max} = fN$$

联立求解得 $\qquad P_{max} = 878.85N$

② 选择物块处于将要下滑还未下滑的临界状态为研究对象，此时 $P = P_{min}$，最大静摩擦力 $\boldsymbol{F}_{max}$ 沿斜面向上，画受力图并取坐标系如图 2-3-13(c) 所示，列平衡方程和补充方程

$$\sum \boldsymbol{F}_x = 0 \qquad P_{min}\cos30° - G\sin30° + F_{max} = 0$$
$$\sum \boldsymbol{F}_y = 0 \qquad -P_{min}\sin30° - G\cos30° + N = 0$$
$$F_{max} = fN$$

联立求解得 $\qquad P_{min} = 338.33N$

由此可知，要维持物块平衡，力 $\boldsymbol{P}$ 的大小应满足的条件是

$$338.33N \leqslant P \leqslant 878.85N$$

4. 滚动摩擦

摩擦不仅在物体滑动时存在，当物体滚动或具有滚动趋势时也存在。从实践经验可知，滚动比滑动省力。例如，搬运机器等重物时，在重物底下垫几根滚杠（圆木、钢管等）比直接推省力，下面以车轮滚动为例说明特征。

放在水平面上的轮子半径为 r，在轮心 O 作用一水平力 $\boldsymbol{P}$ 且轮子的自重为 $\boldsymbol{W}$，如图 2-3-14(a) 所示，当力 $\boldsymbol{P}$ 不大时，轮子既不滑动也不滚动，保持静止，其受力如图 2-3-14(b) 所示，$\boldsymbol{N}$ 为正压力，$\boldsymbol{F}$ 为静摩擦力。由平衡条件可知，$N = W$；而 $F = P$，静摩擦力 $\boldsymbol{F}$ 阻止了

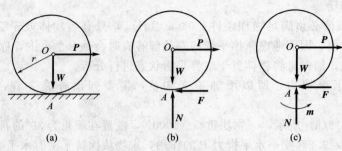

图 2-3-14　滚动摩擦

轮子的滑动，但力 **F** 与力 **P** 等值、反向、平行不共线，构成一使轮子顺时针转动的力偶（**F**，**P**），其力偶矩为 Pr，显然，如果轮子在支承面接触处只有反力 **N** 和 **F** 作用时，轮子必不能平衡，将在力偶作用下转动，这与实际情况相矛盾。要想使轮子保持平衡，在 A 处必然存在一阻止转动的力偶，其力偶矩为 $m = Pr$，转向为逆时针，故轮子的实际受力图应如图 2-3-14(c) 所示，这个力偶称为**滚动摩阻力偶**。

由上述分析可见，当力 **P** 为零时，不仅静摩擦力的大小等于零，而且滚动摩阻力偶的矩 m 也等于零；当转动力偶矩 Pr 增大时，滚动摩阻力偶的矩 m 也相应增大，直至达到某一极限值 m_{max}；若转动力偶矩再略微增大，轮子将开始沿水平面滚动。所以，滚动摩阻力偶的矩也有变化范围，即

$$0 \leqslant m \leqslant m_{max}$$

大量实验表明：极限滚动摩阻力偶的矩 m_{max} 的大小与支承面的正压力（或法向反力）成正比，即

$$m_{max} = \delta N \tag{2-3-11}$$

式(2-3-11) 就是**滚动摩擦定律**。式中的 δ 为**滚动摩擦因数**，通常以厘米（cm）为单位，具有力偶臂的意义。δ 与接触物体的材料及表面状况（硬度、粗糙程度等）有关，一般与轮子的半径无关。δ 值可从相关设计手册中查出，也可由实验测定。

【学习小结】

求解平面力系平衡问题的基本方法、步骤和注意事项如下。

（1）基本方法和步骤

① 根据题意选择合适的研究对象，它应与已知力和待求的未知力有关。

② 正确绘制研究对象的受力图，这是正确求解的关键。

③ 列平衡方程求解。解题时，若未知力或未知力偶指向或转向不确定时可先假设，计算结果若为正值，则表示与实际指向（转向）相同，若为负值，则表示与实际指向（转向）相反，受力图不必改正。

（2）注意事项　由于平衡方程中有两个投影式和一个取矩式，在应用平衡方程解题时，为简化计算，坐标轴的选取应尽可能与力系中的多数力垂直或平行；矩心应尽量选在未知力的汇交点处，从而避免求解联立方程。

【自我评估】

2-3-1　什么是平面任意力系？平面任意力系与平面汇交力系、平面平行力系、平面力偶系有何区别？平衡方程有何特点？

2-3-2　在列平衡方程式时，最好将力矩方程的矩心取在未知力的汇交点，而对投影方

程的投影轴应尽可能选取与较多的未知力的作用线相垂直，这是为什么？

2-3-3 什么是静摩擦力？什么是最大静摩擦力？什么是动摩擦力？它们的数值如何计算？

2-3-4 物体放在不光滑的地面上是否一定受到摩擦力的作用？

2-3-5 法向约束反力 N 是否一定等于物体的重力？

2-3-6 在题图 2-3-1 中，物体的重量为 100N，物体与水平面的静摩擦因数 $f=0.3$，试判断在图（a）、（b）、（c）、（d）各种情况中，物体各处于什么状态？摩擦力各是多少？

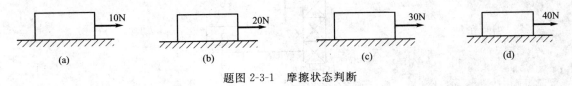

题图 2-3-1 摩擦状态判断

2-3-7 已知 $F=2$kN，$M=4$kN·m，$a=2$m，不计梁的自重。求题图 2-3-2 中各简支梁的支座反力。

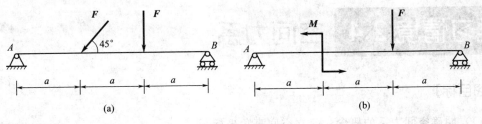

题图 2-3-2 简支梁

2-3-8 求题图 2-3-3 中各外伸梁的支座反力。已知 $F=4$kN，$M=5$kN·m，$a=1$m，不计梁的自重。

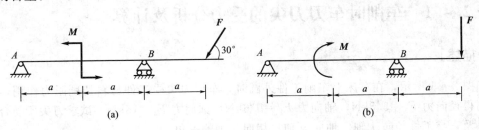

题图 2-3-3 外伸梁

2-3-9 求题图 2-3-4 中各悬臂梁的支座反力。已知 $F=2$kN，$q=1$kN/m，$a=2$m，不计梁的自重。

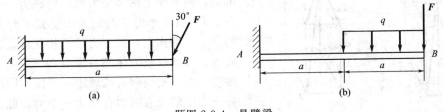

题图 2-3-4 悬臂梁

2-3-10 题图 2-3-5 所示为一可沿轨道移动的塔式起重机。机身重 $G=500$kN，重心在 O

点，其作用线至右轨的距离 $e=1.5\text{m}$，起重机的最大起重量 $P_{max}=250\text{kN}$，其作用线至右轨的距离 $l=10\text{m}$。欲使起重机满载和空载时均不致倾倒，试确定平衡重 W_Q 之值。已知 $a=3\text{m}$，$b=6\text{m}$。

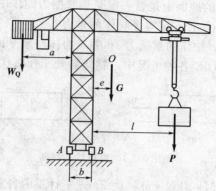

题图 2-3-5 塔式起重机

学习情境 2.4 空间力系

【学习目标】

(1) 明确空间力系的概念，建立空间直角坐标系。
(2) 了解力沿空间直角坐标轴的投影。
(3) 了解力沿空间直角坐标轴的合成与分解。

任务 2.4.1 车削时车刀刀尖的受力分析及计算

【任务描述】

如图 2-4-1 所示，在车床上车削工件外圆时，车刀刀尖受工件材料切削阻力作用，用测力计测得径向力 $F_x=3.8\text{kN}$，轴向力 $F_y=5.6\text{kN}$，圆周力 $F_z=16\text{kN}$，试求刀尖所受合力的大小以及它与工件径向 x 轴、轴向 y 轴、切向 z 轴的夹角。

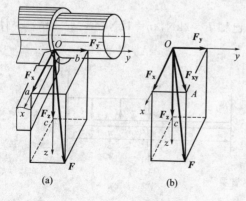

图 2-4-1 车削时的空间力

【任务分析】

根据任务描述，结合此前平面力系所学知识可知，同平面上的多个力可以合成为一个力。而图 2-4-1 所示车刀切削时刀尖受到了相交于一点的三个力的作用，此三力位于相互垂直的三个平面内，即通过长方体某一顶点 O（刀尖）的三条棱边。由于相交两直线确定一平面，因此可以先将三力中的任意两力合成为一个力，此合力也一定通过刀尖并与三力中的另外一个力共面，可以再次合成，如此两两合成最终就能得到三力的合

力 F。至于合力的方向，用与各轴的夹角表示，在计算出合力的大小后可通过几何关系计算得出。要想完成这三个力的合成就必须掌握空间力系以及空间力系合成的基本方法。

【知识准备】

1. 空间力系的概念及分类

在工程实际中，经常遇到汽车减速器中的输入、输出轴、机床主轴、起重设备和飞机的起落架等结构或构件，其受力情况不能简化为平面力系，而作用在这些结构或构件上的各力作用线不全在同一平面内，这种各力作用线不在同一平面内分布的力系称为**空间力系**。

在空间力系中，按各力作用线的分布位置可分为空间汇交力系、空间平行力系和空间任意力系。如图 2-4-1 所示，车床车削工件外圆时车刀刀尖的受力，径向力、轴向力、圆周力**不全在同一平面但汇交于一点**，这样的力系即为**空间汇交力系**；如图 2-4-2 所示，**各力作用线相互平行且不全在同一平面的力系称为空间平行力系**；既不汇交于同一点，又不全部相互平行的力系称为**空间任意力系**，如图 2-4-3 所示。

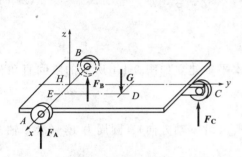

图 2-4-2　三轮平板车

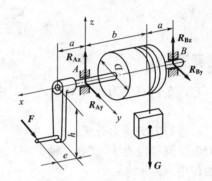

图 2-4-3　手摇起重绞车

2. 力沿空间直角坐标轴投影

（1）直接投影法

如图 2-4-4(a) 所示，若力 $\boldsymbol{F}=\overrightarrow{OA}$，并与 x、y、z 轴的夹角分别为 α、β 和 γ，线段 $\overline{Aa}$、$\overline{Ab}$、$\overline{Ac}$ 分别垂直于 x、y、z 轴。以 $F_x=\overline{Oa}$，$F_y=\overline{Ob}$，$F_z=\overline{Oc}$ 表示力 $\boldsymbol{F}$ 在 x、y 和 z 三轴上的投影，即

$$F_x=F\cos\alpha,\ F_y=F\cos\beta,\ F_z=F\cos\gamma \tag{2-4-1}$$

力在轴上投影是代数量，公式中的 α、β 和 γ 为锐角时，投影为正，反之为负。

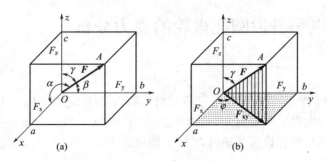

图 2-4-4　力沿空间直角坐标轴投影

以上这种直接将力在空间直角坐标轴上投影的方法，称作直接投影法或一次投影法。

（2）二次投影法

若已知力 F 与轴 z 的夹角 γ 及力 F 与轴 z 所形成的平面与 x 轴的夹角为 φ 时，可用二次投影法计算力 F 在三坐标轴上的投影。

如图 2-4-4(b) 所示，先将力向 z 轴以及 Oxy 平面投影，得

$$F_z = F\cos\gamma, \quad F_{xy} = F\sin\gamma \qquad (2\text{-}4\text{-}2)$$

注意：力 F 在 Oxy 平面上投影 F_{xy} 是矢量，在空间直角坐标轴上的投影 F_x，F_y，F_z 是代数量。而 F_{xy} 在 x 轴和 y 轴上的投影就是力 F 在 x 轴和 y 轴上的投影。于是 F_{xy} 在 x 轴和 y 轴上的投影为

$$\begin{cases} F_x = F_{xy}\cos\varphi = F\sin\gamma\cos\varphi \\ F_y = F_{xy}\sin\varphi = F\sin\gamma\sin\varphi \end{cases} \qquad (2\text{-}4\text{-}3)$$

这种先将力投影到一个平面内，然后再将力投影到坐标轴上的方法，称为二次投影法。

反之，当已知力在直角坐标轴上的投影时，就可以确定该力的大小和方向：

$$F = \sqrt{F_x^2 + F_y^2 + F_z^2} \qquad (2\text{-}4\text{-}4)$$

$$\cos\alpha = \frac{F_x}{F}, \quad \cos\beta = \frac{F_y}{F}, \quad \cos\gamma = \frac{F_z}{F} \qquad (2\text{-}4\text{-}5)$$

【任务实施】

（1）以车刀刀尖为研究对象，以工件主轴为水平轴建立如图 2-4-1 所示的空间直角坐标系。

（2）进行刀尖受力分析。

刀尖受到径向力 F_x（沿 x 轴方向）、轴向力 F_y（沿 y 轴方向）、圆周力 F_z（沿 z 轴方向）的作用。

（3）用公式（2-4-4）求合力 F 的大小。

$$F = \sqrt{F_x^2 + F_y^2 + F_z^2} = \sqrt{3.8^2 + 5.6^2 + 16^2} = 17.4(\text{kN})$$

（4）用公式（4-5）求力 F 与工件径向 x 轴、轴向 y 轴、切向 z 轴的夹角。

力 F 与 x 轴的夹角，$\quad \cos\alpha = \dfrac{F_x}{F} = \dfrac{3.8}{17.4} = 0.22$，即 $\alpha = 77.29°$

力 F 与 y 轴的夹角 $\quad \cos\beta = \dfrac{F_y}{F} = \dfrac{5.6}{17.4} = 0.32$，即 $\beta = 71.34°$

力 F 与 z 轴的夹角 $\quad \cos\gamma = \dfrac{F_z}{F} = \dfrac{16}{17.4} = 0.92$，即 $\gamma = 23.07°$

任务 2.4.2 汽车斜齿圆柱齿轮的受力分析

【任务描述】

如图 2-4-5 所示的汽车斜齿圆柱齿轮传动时，轮齿的啮合力为 F_n，力 F_n 在通过作用点 O 的法面内（法面与齿面切面垂直）。设力 $F_n = 900\text{N}$，其法向压力角 $\alpha = 20°$，斜齿轮的螺旋角 $\beta = 12°$，计算斜齿轮轮齿所受轴向力 F_a、圆周力 F_t、径向力 F_r 的大小。

【任务分析】

根据任务描述，啮合力 F_n 为轴向力 F_a、圆周力 F_t、径向力 F_r 的合力，而 F_a、F_t 和 F_r

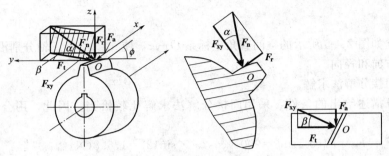

图 2-4-5　斜齿圆柱齿轮的受力分析

的方向两两垂直，因此，该任务需要将力在空间直角坐标轴进行分解。这就需要我们掌握力沿空间直角坐标轴合成和分解的计算方法。

【知识准备】

1. 力沿空间直角坐标轴的直接分解法

如图 2-4-6 所示，设有一力 $\boldsymbol{F}$ 作用在物体上的 A 点，当力 $\boldsymbol{F}$ 在空间的方位直接以 $\boldsymbol{F}$ 与 x、y、z 三坐标轴的夹角 α、β、γ 表示时，以力 $\boldsymbol{F}$ 为对角线，以 x 轴、y 轴、z 轴为棱边作出正六面体，则此正六面体的三棱边就是力 $\boldsymbol{F}$ 沿 x、y、z 三个方向的分力 $\boldsymbol{F}_x$、$\boldsymbol{F}_y$、$\boldsymbol{F}_z$。它们的大小分别为：

$$F_x = F\cos\alpha，\quad F_y = F\cos\beta，\quad F_z = F\cos\gamma \qquad (2\text{-}4\text{-}6)$$

方向如图 2-4-6 所示。

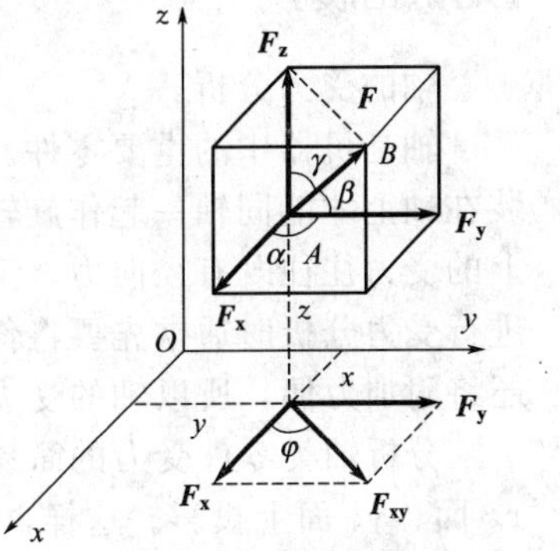

图 2-4-6　力沿空间直角坐标轴的合成与分解

2. 力沿空间直角坐标轴的间接分解法

先将力 $\boldsymbol{F}$ 分解到一个坐标平面（也称辅助平面）和一个坐标轴上，再将辅助平面上的分力向该平面上的两个坐标轴分解，这种方法称为间接分解法。

如图 2-4-6 所示，当已知力 $\boldsymbol{F}$ 与 z 轴的夹角为 γ 时，可先将力 $\boldsymbol{F}$ 向辅助平面 oxy 和 z 轴分解，分解成两个相互垂直的分力 $\boldsymbol{F}_{xy}$ 和 $\boldsymbol{F}_z$，然后再将 $\boldsymbol{F}_{xy}$ 沿该平面上两坐标轴 x 轴、y 轴分解得到分力 $\boldsymbol{F}_x$ 和 $\boldsymbol{F}_y$。由几何关系可知：

$$F_z = F\cos\gamma，\quad F_{xy} = F\sin\gamma \qquad (2\text{-}4\text{-}7)$$

$$\begin{cases} F_x = F_{xy}\cos\varphi = F\sin\gamma\cos\varphi \\ F_y = F_{xy}\sin\varphi = F\sin\gamma\sin\varphi \end{cases} \qquad (2\text{-}4\text{-}8)$$

3. 力沿空间直角坐标轴的合成

利用平行四边形定理，也可以将 $\boldsymbol{F}_x$、$\boldsymbol{F}_y$、$\boldsymbol{F}_z$ 合成为一个合力，此合力的大小和方向为：

$$F = \sqrt{F_x^2 + F_y^2 + F_z^2} \qquad (2\text{-}4\text{-}9)$$

$$\cos\alpha = \frac{F_x}{F}，\quad \cos\beta = \frac{F_y}{F}，\quad \cos\gamma = \frac{F_z}{F} \qquad (2\text{-}4\text{-}10)$$

注意：在讨论空间力系的平衡问题时，常需要求力在空间直角坐标轴的投影，一般有直接投影法和二次投影法两种方法，其计算公式与式（2-4-6）、式（2-4-7）、式（2-4-8）、式（2-4-9）、式（2-4-10）完全相同。

但力在相同直角坐标系中的分解和投影不同之处：力在各坐标轴的投影是代数量，而力沿各坐标轴分解的分力却是矢量。

【任务实施】

（1）建立如图 2-4-5 所示的空间直角坐标系 $Oxyz$，使 x、y、z 三轴分别沿齿轮的轴向、圆周的切线方向和径向。

（2）用间接分解法求解。

根据任务描述给出的条件，采用间接分解法求解比较恰当，因此，用公式（2-4-8）计算，可得：

轴向力 $F_a = F_x = F_n \cos\alpha \sin\beta = 900 \times \cos20° \times \sin12° = 175.8(\mathrm{N})$

圆周力 $F_t = F_y = F_n \cos\alpha \cos\beta = 900 \times \cos20° \times \cos12° = 827.2(\mathrm{N})$

径向力 $F_r = F_z = F_n \sin\alpha = 900 \times \sin20° = 307.8(\mathrm{N})$

【知识拓展】

轴的受力分析。

轴是机器中的重要零件。轴通常是用来支持转动零件的，如齿轮、带轮等回转零件都要装在轴上才能同轴一起作旋转运动；大多数的轴既可以传递运动也可以传递转矩，所以，轴上的受力往往既有径向力，又有圆周力和轴向力，各力的作用线并不在同一平面内。在对轴进行受力分析时通常先要将作用在齿轮、带轮上的力平移到轴心线上，根据力的平移定理，还将附加力偶，所以轴的受力情况比较复杂，属于空间任意力系。

分析轴类零件受力的简易方法是：取空间直角坐标系，将轴上所受的力分别向 xy 面、xz 面、yz 面上投影。这样，空间力系的平衡问题，可转化为三个互相垂直的平面力系的平衡问题。

下面以图 2-4-7 为例，讨论对轴进行受力分析的一般方法。

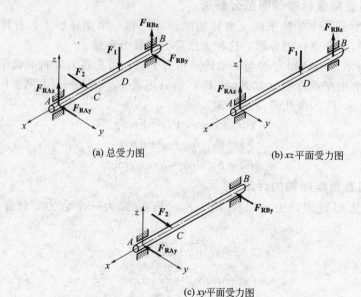

(a) 总受力图   (b) xz 平面受力图

(c) xy 平面受力图

图 2-4-7　通过轴线的力的受力分析

（1）力的作用线通过轴线的受力分析　如图 2-4-7 所示，轴 AB 受垂直径向力 F_1 和水平径向力 F_2 的作用，试分析轴的受力情况。解：

① 取轴 AB 为研究对象。

② 建立空间直角坐标系［见图 2-4-7(a)］。

③ 对轴进行受力分析。

轴受到两端支座（轴承）的约束保持平衡，垂直径向力 F_1 只引起垂直方向的轴承反力 F_{RAz} 和 F_{RBz}。水平径向力 F_2 只引起水平方向的轴承反力 F_{RAy} 和 F_{RBy}。因此求图示的轴承约束反力，就可以转化为分别求垂直平面 xz［见图 2-4-7(b)］和水平平面 xy［见图 2-4-7(c)］两个平面力系的约束力问题。在两平面内分别满足 $\sum F=0,\sum M_O(F)=0$。

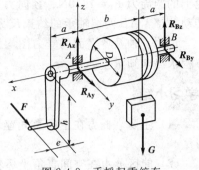

图 2-4-8　手摇起重绞车

（2）力的作用线不通过轴线的受力分析　如图2-4-8所示的手摇起重绞车，其起重力 G 和附加在手柄上的力 F 的作用线均不通过轴 AB 的轴心线，但均与轴线垂直，试分析绞车的受力情况。

解：

① 以绞车为研究对象。

② 建立图示空间直角坐标系（见图 2-4-8）。

③ 对绞车进行受力分析。

a. 平移各力：将绞车受到的力平移到轴线（图 2-4-8 中 x 轴）上，由于各力作用线不通过轴线，平移各力时均将引起一个附加力偶（沿轴的垂直面作用），这样的附加力偶实际上就是各力对轴的矩（使绞车作定轴转动）。

b. 绞车受力分析：绞车受到手柄作用力 F 及 F 所产生的附加力偶矩 M_F 的作用、重物所产生的力 G 及附加力偶 M_G 和 A、B 处轴承支座反力 R_{Az}、R_{Ay}、R_{Bz}、R_{By} 的作用，其中 $M_F=Fh$；$M_G=GD/2$。构成空间任意力系。

【综合练习】（在教师指导下学生完成）

如图 2-4-9 所示为汽车减速器中的轴 AB，轴上回转件为直齿圆柱齿轮。已知作用在齿

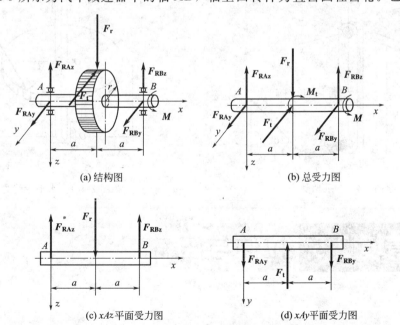

(a) 结构图　　　　　　　　　　　(b) 总受力图

(c) xAz 平面受力图　　　　　　(d) xAy 平面受力图

图 2-4-9　汽车减速器轴的受力分析

轮上的圆周力 $F_t=1600$N、径向力 $F_r=288$N，$a=300$mm，齿轮半径 $r=200$mm，轴作匀速转动。求：AB 两端轴承的约束反力和阻力偶矩 M。

说明：轴及各平面的受力图均已绘出，求解时需要对受力情况进行分析，从而运用平衡方程求出未知量。

【学习小结】

（1）主要掌握力在空间直角坐标轴上的投影的计算，能灵活应用直接投影法和二次投影法。

（2）能区分力在空间直角坐标轴上的投影和分解的相同与不同之处。

【自我评估】

2-4-1　力在空间直角坐标轴上的投影和此力沿该坐标轴的分力有何区别和联系？

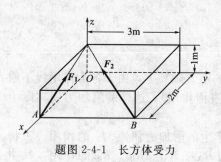

题图 2-4-1　长方体受力

2-4-2　如题图 2-4-1 所示，长方体的顶角 A、B 处分别受力 F_1 和 F_2 作用，$F_1=600$N，$F_2=800$N。分别求出二力在 x 轴、y 轴、z 轴上的投影。

2-4-3　如题图 2-4-2 所示，作用于手柄端部的力 $F=500$N，试计算力 F 在 x 轴、y 轴、z 轴上的投影及对 x 轴、y 轴、z 轴之矩。

2-4-4　如题图 2-4-3 所示，水平轮上 A 点作用一力 $F=2$kN，方向为与轮面呈 $\alpha=60°$ 的角，且在过 A 点与轮缘相切的铅垂面内，而点 A 与轮心 O' 的连线与通过 O' 点平行于 y 轴的直线成 $\beta=45°$ 的角，$h=r=1$m。试求力 F 在三坐标轴上的投影。

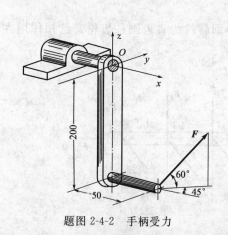

题图 2-4-2　手柄受力

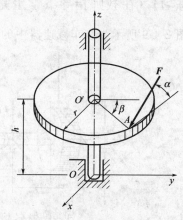

题图 2-4-3　水平轮受力

学习情境 2.5　拉伸与压缩

【学习目标】

（1）了解材料力学的基本任务。

(2) 掌握构件的承载能力和强度、刚度的概念。

(3) 了解杆件变形的基本形式。

(4) 掌握轴向拉伸和压缩的受力特点和变形特征。

(5) 掌握内力的概念，学会用截面法求内力。

(6) 掌握应力的概念及轴向拉伸和压缩时横截面上正应力的计算。

(7) 掌握材料在拉伸和压缩时的力学性能及许用应力的概念。

(8) 了解拉压变形的表达及与应力的关系（胡克定律）。

(9) 熟练掌握轴向拉伸和压缩的强度计算。

任务 2.5.1　三角支架内力计算

【任务描述】

如图 2-5-1 所示一三角支架由 AB 杆和 AC 杆用铰链 A 连接而成。杆的另一端 B 和 C 分别用固定铰链支座固定于墙上。在铰链 A 处的销钉上挂有一重为 $G = 20\text{kN}$ 的物体。不计各杆自重，当 $\alpha = 30°$ 时，试计算 AB、AC 杆横截面上的内力。

【任务分析】

工程实际中，各种机器设备和工程结构都是由若干个构件组成的。这些构件在工作中都要受到各种力的作用，应用我们前面所学的静力学知识，可以分析计算这些构件所受外力情况。为保证机器设备和工程结构都在外力作用下能安全可靠地工作，就必须要求组成它的每个构件均具有足够的承受载荷能力（简称承载能力）。而分析研究构件的承载能力是材料力学所研究的内容。

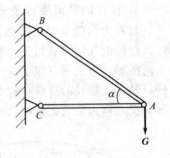

图 2-5-1　三角支架

在前面静力学中讨论构件的受力情况时，把构件看成是不变性的刚体，实际上刚体在自然界中是没有的。任何物体受力后，其几何形状和尺寸都会产生一定程度的改变，如图 2-5-1 所示受到轴向拉伸和轴向压缩的杆件 AB 和 AC，当杆 AB 受到外力（包括载荷和约束反力）拉伸作用而产生伸长变形时，其内部材料的分子之间，因相对位置改变而产生相互作用力来抵抗这种拉长变形，这种相互作用力将随外力增大而加大，但有一定限度，如果超过了这个限度时，杆件就会发生过大形变或者被拉断。也就是说，构件的承载能力与材料内部相互作用的力的大小及其在构件内部的分布方式密切相关。因此，为保证构件在外力作用下能安全工作，就必须首先研究构件的内力。

【知识准备】

1. 材料力学的基本任务

材料力学是研究工程结构及其各种构件承载能力的一门科学。

材料力学的基本任务是：研究各种构件在外力作用下的内力、变形和破坏规律，在保证满足强度、刚度和稳定性的前提下，提供必要的理论基础、计算方法和实验技术，为构件选择适宜的材料，确定合理的截面形状和尺寸，以达到既安全又经济的目的。

2. 构件的承载能力

所谓**构件的承载能力**是指构件能够承受具体载荷作用的能力。它包括三个方面的指标，即构件的强度、刚度和稳定性。结构正常工作必须满足强度、刚度和稳定性的要求，即对其进行承载能力的计算。

3. 强度

强度：构件在外力作用下抵抗破坏（断裂）的能力。

在工程实际中，各种机械和结构都是由若干构件组成的，要保证机械和结构能正常工作，每个构件都必须安全可靠，而要保证构件安全可靠，首先要求构件在载荷作用下不发生破坏。如：起吊重物用的钢丝绳不能被拉断；齿轮传动中的轮齿不允许被折断；传动轴不被扭断等，如图 2-5-2 所示。因此，构件必须具有足够的强度。

4. 刚度

刚度：构件在外力作用下抵抗过大弹性变形的能力。即要求构件在规定的适用条件下不

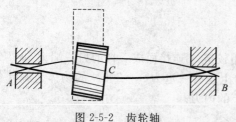

图 2-5-2　齿轮轴

产生过大的弹性变形。钢板轧机在轧制过程中，轧辊会因钢板坯的反作用力而产生弯曲变形，如图 2-5-3 所示，若轧辊的变形过大，将造成钢板沿宽度方向的厚度不均匀，影响产品的质量。又如图 2-5-2 所示的齿轮轴，在啮合力作用下所产生的弯曲变形如果过大，不但会造成轮齿间的啮合不良，而且会加剧轴承的磨损，降低其使用寿命。

所以，为了保证结构的正常工作，必须研究结构和构件的变形，将变形控制在一定的范围内，从而使结构和构件具有足够的刚度。

5. 杆件的几何要素及分类

材料力学的主要研究对象是**杆件**。凡长度尺寸远远大于其他两个方向尺寸的构件称为杆件。杆件的几何形状可用其**轴线**（杆件各横截面形心的连线）和**横截面**（垂直于杆件轴线的几何图形）来表示（图 2-5-4）。轴线是直线的杆件，称为**直杆**；轴线是曲线的杆件，称为**曲杆**；轴线是折线的杆件，称为**折杆**。各横截面形状和大小完全相同的直杆，称为**等截面直杆**，反之称为**变截面直杆**。本书主要研究**等截面直杆**。

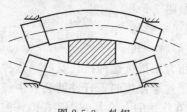

图 2-5-3　轧辊

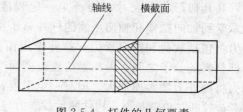

图 2-5-4　杆件的几何要素

6. 杆件变形的四种基本形式

（1）轴向拉伸和压缩　如图 2-5-5(a)、(b) 所示，在一对大小相等、方向相反、作用线与杆轴线重合的外力（称为轴向拉力或压力）作用下，杆件将发生长度的改变（伸长或缩短），相应地横截面则变细或变粗。

（2）剪切　如图 2-5-5(c) 所示，在一对作用线相距很近、方向相反的横向外力作用下，杆件的横截面将沿外力方向发生相对错动。

（3）扭转　如图 2-5-5(d) 所示，在一对大小相等、转向相反、位于垂直于杆轴线的两平面内的力偶作用下，杆的任意两横截面将发生绕轴线的相对转动。

（4）弯曲　如图 2-5-5(e) 所示，在一对大小相等、转向相反、位于纵向对称平面内的

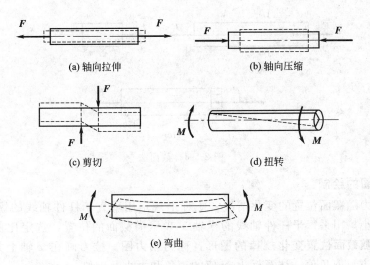

(a) 轴向拉伸　　　　　　　　　　(b) 轴向压缩

(c) 剪切　　　　　　　　　　　　(d) 扭转

(e) 弯曲

图 2-5-5　杆件变形基本形式

力偶作用下，杆件将在纵向对称平面内发生弯曲，其轴线由直线变为曲线。

工程实际中的杆件或构件，可能同时承受两种或两种以上不同形式的外力作用，同时产生两种或两种以上不同形式的基本变形，称之为**组合变形**。归根结底，组合变形是由以上四种基本变形组合而成的。

7. 轴向拉伸和压缩的受力特点和变形特征

受力特点：所有外力都沿着杆轴线或所有外力都与杆轴线重合。

变形特征：轴向拉杆的变形是纵向方向伸长而横截面缩小，简称"细长"；轴向压杆的变形是纵向方向缩短而横截面增大，简称"粗短"。

8. 内力的概念

当物体受到外力作用时，使组成物体的质点间相互位置发生变化，质点间的相互作用也随之改变。这种由于外力作用而引起的物体内部质点间相互作用力的改变量称为"**附加内力**"，简称**内力**。

内力是可以改变的，在一定限度内，外力增大，内力增大，变形也随之增大，内力与外力服从正比关系。当外力超过弹性限度，内力不再随外力而增加，材料就会丧失正常的工作能力。因此，内力的变化直接影响到杆件的失效。它是分析解决杆件强度、刚度的基础。

9. 截面法

研究材料力学首先要求杆件的内力，无论何种变形求内力的方法均采用截面法。截面法归纳起来有三个要点，也形成三个步骤：

(1) **截开**　在所求内力处用 $m—m$ 截面假想把杆件截为两部分，如图 2-5-6(a) 所示。

(2) **代替**　可以以任意一部分为研究对象，去掉一部分，留下另一部分，去掉部分对留下部分的作用，用内力来代替（表示）。如图 2-5-6(b) 所示留下左部分，去掉右部分，右部分对左部分的作用用内力代替，为分布内力。通常用分布内力的合力 **N** 来表示。由于轴向拉伸和压缩横截面上的分布内力的合力与杆轴线重合，称 **N** 为**轴力**（也可以以右部分为研究对象如图 2-5-6(c) 所示）。

轴力的单位是牛顿（N）或千牛顿（kN）。轴力的**正负规定**如下：**拉伸时**（背离截面）**的轴力为正，压缩时**（指向截面）**的轴力为负**。

(3) **平衡**　利用静力学平衡方程，求解内力 **N** 的大小。

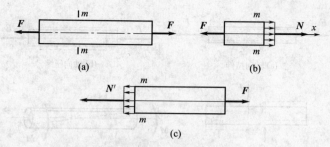

图 2-5-6　截面法

10. 轴力图的绘制

为反映轴力随截面位置的变化情况，工程上规定用垂直于杆件轴线的纵轴 **N** 表示对应截面上轴力大小，用平行于杆件轴线的横轴 x 表示横截面的位置，选定比例尺，绘制出**轴力沿轴线方向随截面位置变化规律的图形**，称为**轴力图**。拉力画在 x 轴上方，取正值，压力画在 x 轴下方，取负值。注意标出 **N** 值的正负和大小及单位。

【任务实施】

（1）外力分析计算　根据静力学知识分析：因为不计杆件自重，所以三角支架中的 AB、AC 杆均为二力杆，受力分析见图 2-5-7，其中 AB 杆为拉杆，AC 杆为压杆。要想求解 AB、AC 杆的受力，需要取铰接点 A 为研究对象。

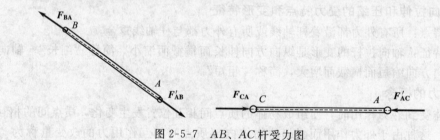

图 2-5-7　AB、AC 杆受力图

① 取铰接点 A 为研究对象。

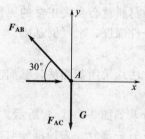

图 2-5-8　铰接点 A 受力图

② 画受力图并选择坐标系统（见图 2-5-8）。

图中 F'_{AB} 和 F_{AB}、F'_{AC} 和 F_{AC} 是作用力与反作用力，因此，求出的 F_{AB} 和 F_{AC} 就是 AB、AC 杆所受的力。

③ 列平衡方程求解。

由 $\sum F_x = 0$，得　$F_{AC} - F_{AB}\cos 30° = 0$

由 $\sum F_y = 0$，得　$F_{AB}\sin 30° - G = 0$

解得：$F_{AB} = \dfrac{G}{\sin 30°} = \dfrac{20}{0.5} = 40(\text{kN})$（拉力）

$F_{AC} = F_{AB} \times \cos 30° = 40 \times 0.866 = 34.64(\text{kN})$（压力）

（2）内力分析计算

① 求 AB 杆的内力。应用截面法求杆件横截面上的内力。如图 2-5-9（a）所示，AB 杆受到一对拉力的作用而处于平衡状态，在任意横截面上都存在内力，由于 AB 杆所受外力在杆长范围内没有变化，所以各截面上的内力是相等的，可选择任意截面，用假想的平面 m—m 将杆件切开分为两部分，我们可以选择任意一部分为研究对象，如左半部分，画出受力图〔见图 2-5-9（b）〕。由于杆件是假想切开的，原来整个杆件处于平衡状态，切开部分仍然

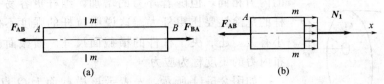

图 2-5-9 *AB* 杆的内力

处于平衡状态。因此，左半部分除作用有外力 F_{AB} 外，在横截面 m—m 上必然存在右半部分对它的作用力以保持平衡。很显然，作用在横截面 m—m 上的力即为轴向拉压杆的内力，我们用 N_1 表示并假设为拉力，取向右为 x 轴的正方向，列出左半部分的平衡方程：

$$\sum F_x = 0; \quad N_1 - F_{AB} = 0$$

解得：$N_1 = F_{AB} = 40(\text{kN})$（结果为正值表示 *AB* 杆的轴力为拉力）

同理，研究右半部分的平衡也可得到相应的结果。

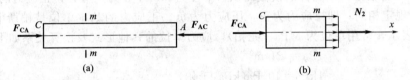

图 2-5-10 *AC* 杆的内力

② 求 *AC* 杆内力。与求 *AB* 杆内力同样，用截面法可求出 *AC* 杆横截面上的内力。

a. **截开**：用假想平面 m—m 将杆件切开分为两部分，如图 2-5-10(a) 所示。

b. **代替**：取左半部分为研究对象，画出受力图，设 *AC* 杆的轴力为 N_2，仍然假设为拉力，如图 2-5-10(b) 所示。

c. **平衡**：列平衡方程求解。

$$\sum F_x = 0; \quad N_2 + F_{CA} = 0$$

解得：$N_2 = -F_{CA} = -34.64(\text{kN})$（结果为负值表示 *AC* 杆的轴力为压力）

任务 2.5.2　三脚支架应力、变形计算

【任务描述】

如图 2-5-1 所示的三脚支架为一钢木结构，*AB* 为木杆，横截面积 $A_1 = 10 \times 10^3 \text{mm}^2$；*AC* 为钢杆，横截面积 $A_2 = 600 \text{mm}^2$，杆长为 100mm，弹性模量 $E = 200\text{GPa}$，试求各杆横截面上的应力以及 *AC* 杆的变形。

【任务分析】

根据任务描述，任务 2.5.2 中的结构的内力分析与计算已经在任务 2.5.1 中解决，即 *AB* 杆的轴力 $N_1 = F_{AB} = 40\text{kN}$ 为拉力；*AC* 杆的轴力 $N_2 = -F_{CA} = -34.64\text{kN}$ 为压力。但是，要想完成任务 2.5.2，必须掌握应力的概念与计算以及变形的表达和求解。

【知识准备】

1. 应力

(1) 应力的概念　材料相同、粗细不同的两根杆，在受到相同的拉力作用时，尽管两杆

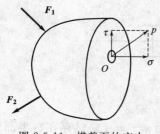

图 2-5-11　横截面的应力

的内力相同，但随着外力的增加，细杆更容易被拉断，即细杆的危险性要比粗杆大。这说明拉杆的强度不仅与轴力的大小有关，还取决于杆件的横截面尺寸。横截面内任一点上分布内力的集度称为**应力**。

如图 2-5-11 所示，p 表示该横截面上 O 点处的**全应力**。根据平行四边形定理可将其沿横截面的法线和切线方向分解，沿横截面法线方向的应力称为**正应力**，用 σ 表示。沿横截面切线方向的应力称为**剪应力**，用 τ 表示。

（2）轴向拉、压杆横截面上正应力的计算　实验表明：轴向拉（压）杆横截面上只有正应力没有剪应力且正应力是均匀分布的，因此，轴向拉（压）杆横截面上正应力的公式为：

$$\sigma = \pm \frac{N}{A} \qquad (2\text{-}5\text{-}1)$$

式中，N 为轴力；A 为杆的横截面积，单位为 mm^2；σ 为正应力，正应力的正负号与轴力的正负号规定相同，即拉应力为正，压应力为负。正应力的基本单位是帕斯卡，简称帕，用符号 Pa 表示，常用单位为 MPa（兆帕），应力单位的其他形式及换算关系如下：

$$1Pa = 1N/m^2$$
$$1kPa = 10^3 Pa(kPa：千帕)$$
$$1MPa = 10^3 kPa = 10^6 Pa$$
$$1GPa = 10^3 MPa = 10^6 kPa = 10^9 Pa(GPa：吉帕)$$

2. 胡克定律及应用

杆件受轴向拉伸或压缩时，其轴向尺寸和横向尺寸同时发生改变，如图 2-5-12 所示。那么，轴向和横向变形如何表示？它们之间有什么关系？

（1）纵向变形和纵向线应变　设杆件长为 L，直径为 d，受一对轴向拉力 F 作用后，纵向长度由 L 变为 L_1，横向直径由 d 变为 d_1，则纵向变形 $\Delta L = L_1 - L$；纵向

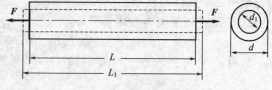

图 2-5-12　变形及表达

线应变 $\varepsilon = \dfrac{\Delta L}{L}$，纵向线应变没有量纲。对于拉杆，$\Delta L$、$\varepsilon$ 为正值；对于压杆，ΔL、ε 为负值。

（2）横向变形和横向线应变　横向变形 $\Delta d = d_1 - d$，横向线应变 $\varepsilon' = \dfrac{\Delta d}{d}$。

对于拉杆 Δd、ε' 为负值；对于压杆 Δd、ε' 为正值。

（3）泊松比 μ　当材料的变形在弹性变形范围内，横向线应变与纵向线应变之比为常量，即

$$\mu = \left| \frac{\varepsilon'}{\varepsilon} \right| \qquad (2\text{-}5\text{-}2a)$$

μ 称为**横向变形系数**，又称**泊松比**，材料不同则 μ 值不同。当应力不超过某一限度时，在拉压过程中横向相对变形 ε' 和纵向相对变形 ε 正负号相反，且比例关系为

$$\varepsilon' = -\mu\varepsilon \qquad (2\text{-}5\text{-}2b)$$

（4）胡克定律　实验表明，横截面上的应力不超过某一限度（比例极限 σ_p）时，杆件的变形量 ΔL 与轴力 N 及杆件原长 L 成正比，与杆的横截面积 A 成反比，即 $\Delta L \propto \dfrac{NL}{A}$。

引入比例常数 E，得

$$\Delta L = \frac{NL}{EA} \qquad (2\text{-}5\text{-}3)$$

式(2-5-3) 称为**胡克定律**，式中，E 称为**材料的弹性模量**，简称弹模，表示材料抵抗变形的能力，单位为 GPa。EA 称为**抗拉（抗压）刚度**，反映了杆件抵抗变形能力的大小。在其他条件不变的情况下，EA 值越大，杆件的变形越小；反之则相反。

公式(2-5-3) 为拉伸与压缩胡克定律的第一种表达式。若把 $\sigma = \dfrac{N}{A}$，$\varepsilon = \dfrac{\Delta L}{L}$ 代入式(2-5-3)，可得到胡克定律的第二种表达式，即

$$\sigma = E\varepsilon \qquad (2\text{-}5\text{-}4)$$

式(2-5-4) 表达了只要横截面上的应力不超过比例极限 σ_p 时，应力与应变成正比。弹性模量 E 和泊松比 μ 为材料的两个弹性常数，均可由实验测定，可查有关机械手册，根据材料选择。表 2-5-1 列出了几种常用材料的 E 和 μ 的值。

表 2-5-1　几种常用材料的 E、μ 值

材料名称		E/GPa	μ
碳　钢		190～210	0.25～0.33
灰铸铁		80～150	0.23～0.27
球墨铸铁		160	0.25～0.29
混凝土		14～35	0.16～0.18
橡　胶		0.0078	0.47
木材	顺纹	9～12	
	横纹		0.49

【任务实施】

解：

(1) 求 AB、AC 杆横截面上的正应力。

根据公式(2-5-1)

AB 杆横截面上的正应力：$\sigma_1 = \dfrac{N_1}{A_1} = \dfrac{40 \times 10^3}{10 \times 10^3} = 4\,(\text{N/mm}^2) = 4\text{MPa}$（拉应力）

AC 杆横截面上的正应力：$\sigma_2 = \dfrac{N_2}{A_2} = \dfrac{-34.64 \times 10^3}{600} = -57.7\,(\text{N/mm}^2) = -57.7\text{MPa}$（压应力）

(2) 求 AC 杆的变形。

根据公式(2-5-3)

$$\Delta L_{AC} = \frac{N_2 L}{EA_2} = \frac{-34.64 \times 10^3 \times 100}{200 \times 10^3 \times 600} = -0.03\,(\text{mm})\text{（缩短）}$$

任务 2.5.3　汽车材料在拉伸和压缩时的力学性能

【任务描述】

如图 2-5-13 所示，试分析图中五种材料的力学性能并进行比较。

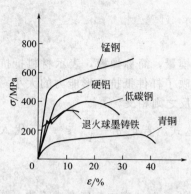

图 2-5-13　各种材料的应力-应变曲线

【任务分析】

根据任务描述，用绘图的方式表示出了五种材料的曲线，这样的曲线称为应力-应变曲线，它反映了这些材料固有的力学性能，那么什么是材料的力学性能？用何种指标和方式来表达不同材料的力学性能？通过这些指标可以对材料有哪些初步分析和认识？

【知识准备】

1. 材料的力学性能

材料的力学性能是指材料在外力作用下其强度和变形方面所表现出的性能。不同的材料其力学性能各不相同，如弹性模量 E、泊松比 μ 等。

研究材料的力学性能，不仅为强度计算提供依据，同时也为选择材料，合理制定工艺流程等提供参考数据。本部分只讨论汽车制造中具有代表性的两种典型、常用材料——低碳钢和铸铁在拉伸和压缩时的力学性能。

各种材料的力学性能一般由试验来测定，影响材料力学性能的因素很多，如载荷的作用方式、温度、冶炼方法、材料的化学成分、加工及热处理方法等。通常所说的力学性能是在常温（室温）静载（缓慢施加的载荷）条件下通过试验得到材料的力学性能，即常温静载试验，它是测定材料力学性能的基本试验。

在进行材料的力学试验时，国家标准规定试件应做成有一定形状尺寸和光洁度的标准试件。

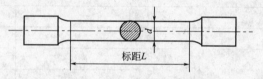

图 2-5-14　金属材料拉伸标准试件

金属材料拉伸标准试件如图 2-5-14 所示。在试件中间等直部分取一段长度为 L 的工作段，称标距。标距 L 和直径 d 的比例达到 $L=5d$ 时为短试件，达到 $L=10d$ 时为长试件。把试件装在试验机的卡头上，开动试验机，由零开始，逐渐加力 F，试件产生相应的变形 ΔL，在加力的过程中，试验机的自动绘图仪将绘出拉力 F 与对应变形 ΔL 的曲线，即 F-ΔL 曲线，称为**拉伸图**。低碳钢的拉伸曲线的拉伸图与试件的几何尺寸有关。为了消除几何尺寸的影响，将载荷 F 除以试件的初始横截面面积 A，得到正应力 σ，将变形 ΔL 除以试件的初始标距，得到线应变 ε，这样的曲线称为**应力-应变曲线**，即 σ-ε 曲线。工程中常以 σ-ε 曲线反映材料拉伸和压缩时的力学性能。

金属材料压缩的标准试件一般做成高度略大于直径的圆柱体，高度 h 是直径 d 的 1.5～3 倍。非金属材料如石料、水泥试件采用立方体形状。

2. 低碳钢拉伸时的力学性能

低碳钢拉伸时的拉伸图，如图 2-5-15(a) 所示。

低碳钢的应力-应变曲线如图 2-5-15(b) 所示，σ-ε 曲线图可明显分为四个阶段。

(1) 弹性阶段　图中 Oa 为一斜直线，弹性变形很小。该段满足应力与应变成正比的关系。胡克定律 $\sigma = E\varepsilon$ 适用。斜直线 Oa 的最高点 a 所对应力的应力值，称为**比例极限**，用 σ_p 表示。Q235A 钢在该点的应力大小约为 200MPa。Oa 斜线的倾角为 α，其斜率为 $\tan\alpha = \dfrac{\sigma}{\varepsilon} = E$，即为材料的弹性模量 E。

当应力超过比例极限 σ_p 以后，aa' 段不再是直线，胡克定律不再适用。当卸去外载荷

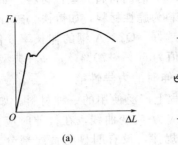
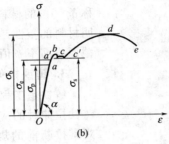

(a)   (b)

图 2-5-15   低碳钢的拉伸图和应力-应变曲线

后，变形也随之全部消失。若用仪器测量，可知试样只产生 0.002% 的塑性变形。这一阶段的最高点 a' 所对应的应力值称为**弹性极限**，用 σ_e 表示。虽然它是弹性阶段的最高点，但由于 a、a' 两点相距很近，通常两者不做严格区分。工程上使用的构件只允许在弹性限度内工作。

（2）屈服阶段   若应力超过 σ_e 后继续增加到一定值，试样变形加快，图线上出现小锯齿形的波动阶段 bc。此时应力变化不大，但应变却急剧增加。工程上把这种应力变化不大、而变形显著增加的现象称为材料的**屈服**或**流动**。屈服阶段 bc 的最低点所对应的应力称为**屈服点**或**屈服极限**，用 σ_s 表示，Q235A 钢的屈服极限约为 $\sigma_s = 235\text{MPa}$。若达到屈服阶段时在表面很光洁的抛光试件上会发现许多与轴线成 45° 的条纹线，这种现象是由于材料的抗剪切能力低于抗拉伸的能力，剪应力达到最大值，使晶格产生滑移而形成的。这些条纹线又称为 **45° 滑移线**。此时试件主要发生塑性变形。工程上不允许发生较大的塑性变形，常把屈服极限定为塑性材料的危险应力，因此屈服极限是材料的强度指标之一。

（3）强化阶段   经过屈服阶段后，要使材料继续变形，必须加大应力，于是图中 $c'd$ 段又出现上凸的趋势。这是因为经过屈服阶段后，晶格重新组建，材料又恢复了抵抗变形的能力，这种现象称为材料的**强化**，曲线 $c'd$ 段称为强化阶段，曲线 $c'd$ 段的最高点 d 点所对应的应力值称为材料的**强度极限**，用 σ_b 表示。这一段材料所产生的变形是塑性变形。强度极限只是一个名义指标，因为达到了强度极限时，试件的面积已经发生了变化。强度极限是材料断裂前产生的最大应力，它是衡量材料性能的另一个强度指标。Q235A 钢的强度极限约为 $\sigma_b = 400\text{MPa}$。

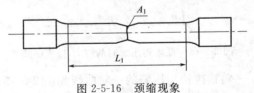

图 2-5-16   颈缩现象

（4）颈缩阶段   应力达到强度极限 σ_b 后，在试件比较薄弱处的横截面上产生急剧的局部收缩，即材料发生**颈缩现象**，如图 2-5-16 所示，最后导致试件在横截面上断裂。在断裂时弹性变形消失，试件表面呈现杯口形状。

塑性指标：根据试样在拉伸过程中产生的塑性变形程度，将材料分为塑性材料和脆性材料两大类，前者在断裂前有较大的塑性变形，后者在断裂时几乎没有塑性变形。常用的衡量材料塑性变形的指标有两个，其一是伸长率 δ，其二是截面收缩率 ψ。

把断裂试样对接在一起，量其标距长为 L_1，初始标距为 L，试样初始横截面积为 A，断裂后断口处的最小横截面面积为 A_1，则伸长率 δ 和截面收缩率 ψ 分别为

$$\left.\begin{array}{c} \delta = \dfrac{L_1 - L}{L} \times 100\% \\[3mm] \psi = \dfrac{A - A_1}{A} \times 100\% \end{array}\right\} \qquad (2\text{-}5\text{-}5)$$

107

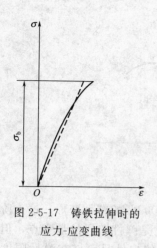

图 2-5-17 铸铁拉伸时的
应力-应变曲线

通常称 $\delta \geqslant 5\%$ 时的材料为**塑性材料**，如铜、铝、钢材等；称 $\delta < 5\%$ 的材料为**脆性材料**，如铸铁、砖石等。δ 和 ψ 越大说明材料的塑性越好。Q235A 钢的伸长率 δ 值为 20%～30%，截面收缩率 ψ 值为 60%～70%，是一种典型的塑性材料。

3. 铸铁拉伸时的力学性能

铸铁是工程上广泛使用的一种材料。如图 2-5-17 所示为铸铁拉伸时的应力-应变曲线，在拉伸时应力很小就被拉断。观察拉断前的规律，没有明显的直线部分，没有屈服阶段，也无颈缩现象，变形很小。实际计算时常近似地用直线代替曲线，近似认为铸铁拉伸时服从胡克定律。铸铁断裂后的伸长率<1%，是典型的脆性材料。强度极限 σ_b 是脆性材料唯一的强度指标。

4. 低碳钢和铸铁压缩时的力学性能

图 2-5-18 中的实线是低碳钢压缩时的图线，虚线为低碳钢拉伸时的图线。比较拉伸与压缩的两种情况，发现在屈服阶段前，两种曲线是重合的。由此说明低碳钢在压缩时的比例极限 σ_p、弹性极限 σ_e、弹性模量 E 和屈服极限 σ_s 与拉伸时完全相同。抗拉刚度 EA 与压缩时的抗压刚度完全相同，进入强化阶段后，拉、压两曲线逐渐分离，压缩曲线上升。试件愈压愈扁，可产生很大的塑性变形而不断裂，因而测不出材料的抗压强度极限。

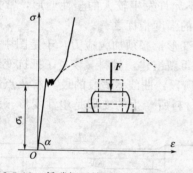

图 2-5-18　低碳钢压缩时的应力-应变曲线

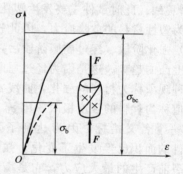

图 2-5-19　铸铁压缩时的应力-应变曲线

铸铁拉伸与压缩的一对曲线如图 2-5-19，实线为铸铁的压缩曲线，虚线为铸铁的拉伸曲线，两种曲线变形部分很相似，它们的变形都很小，近似地服从胡克定律。铸铁压缩时的强度极限约为 $\sigma_{by}=600\text{MPa}$，是拉伸时强度极限 σ_{bl} 的 4～5 倍。拉伸时在横截面有断口，而断裂时试样略成鼓形，裂纹发生在 45°～55° 的斜面上，说明铸铁的抗剪能力远远低于抗压能力。铸铁是典型的脆性材料，价格便宜，而且吸收噪声好，有良好的减振作用，适宜做中等负载下的压缩部件，如各种机器的本体，机床的底座等。常用材料的力学性能见表 2-5-2 所示。

表 2-5-2　几种常用材料的力学性能

材料名称	屈服极限 σ_s/MPa	抗拉强度 σ_b/MPa	伸长率 δ/%	断面收缩率 ψ/%
Q235A 钢	216～235	373～461	25～27	—
35 钢	216～314	432～530	15～20	28～45
45 钢	265～353	530～598	13～16	30～40

材料名称	屈服极限 σ_s/MPa	抗拉强度 σ_b/MPa	伸长率 δ/%	断面收缩率 ψ/%
QT600-2	412	538	2	—
HT150	—	拉 98-275	—	—
		压 637		
		弯 206-416		

【任务实施】

分析：对各种材料的力学性能进行比较分析时，主要从强度、变形、弹性模量三方面进行比较。

工程中常用的塑性材料，除了低碳钢外，还有中碳钢、合金钢、铝合金、铜合金、锰钢、退火球墨铸铁和 45 钢，除 16Mn 有明显的弹性阶段、屈服阶段和颈缩阶段外，大多数金属塑性材料，没有明显的屈服阶段。如图 2-5-13 所示，其中强度最高的材料是锰钢；塑性变形最大的材料是青铜；弹性模量最大的是锰钢。

任务 2.5.4　汽车单缸内燃机曲柄连杆的强度计算

【任务描述】

此项任务已分别在学习情境 2.1 和学习情境 2.3 中进行过研究。在学习情境 2.1 中对汽车单缸内燃机曲柄连杆机构进行了受力分析并绘制了受力图；在学习情境 2.3 中求出了连杆 AB 所受的力，而连杆为轴向压杆，学习情境 2.3 中求出的连杆所受的力 $F'_{BA}=500$N，就是连杆横截面上的轴力 N。在此基础上，若已知连杆横截面面积 $A=10$mm^2，材料的许用应力 $[\sigma]=60$MPa，试校核连杆的强度。连杆的结构及受力图如图 2-5-20 所示。

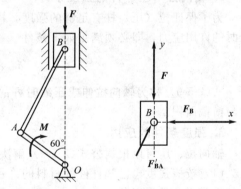

图 2-5-20　汽车单缸内燃机曲柄连杆机构

【任务分析】

根据任务描述，连杆横截面上的轴力 $N=500$N。要想完成该项任务，就必须具备许用应力、强度条件等强度计算的基本知识。

【知识准备】

1. 极限应力、安全系数和许用应力

任何工程结构所能承受的应力都是有一定限度的，为了保证构件安全、可靠地工作，工程上不允许构件产生较大的塑性变形或发生断裂。通常称使材料丧失正常工作能力的应力为**极限应力**，用符号 σ^0 表示。对于塑性材料，当应力达到屈服极限 σ_s 时，构件将产生较大的塑性变形，从而影响其正常工作。因此一般把屈服极限作为塑性材料的极限应力，即 $\sigma_s=\sigma^0$；对于脆性材料，断裂是脆性材料破坏的唯一标志，因而把断裂时抗拉和抗压强度极限 σ_b 称为脆性材料的极限应力，即 $\sigma_b=\sigma^0$。

在实际工程中，容易碰到材料质地不均匀、承受载荷不确定、近似计算和外界环境作用等情况，为了保证构件具有一定的强度储备，应计算出构件安全工作时，材料所允许承受的最大应力，通常称为**许用应力**，不论是塑性材料，还是脆性材料，其许用应力均应低于材料的极限应力。许用应力用 [σ] 表示。计算公式为

$$[\sigma] = \frac{\sigma^0}{n} \qquad (2\text{-}5\text{-}6)$$

式中，n 为大于 1 的**安全系数**，根据不同的材料其具体取值不同，对于塑性材料

$$[\sigma] = \frac{\sigma_s}{n_s} \qquad (2\text{-}5\text{-}7)$$

对于脆性材料

$$[\sigma] = \frac{\sigma_b}{n_b} \qquad (2\text{-}5\text{-}8)$$

式（2-5-6）、式（2-5-7）和式（2-5-8）中的 n、n_s 和 n_b 分别为大于 1 的屈服和断裂安全系数。

为了确定许用应力，必须研究如何选定安全系数 n。为此要了解选取安全系数的因素。安全系数的选择关系到安全与经济的矛盾。合理选用安全系数，既可以保证构件的安全性，又可以节约材料，减轻重量，达到物尽其用。

在选取安全系数时，主要应考虑以下两点，即①主观与客观的差异：对外载荷估计的准确程度；应力的计算方法，取值的精确性；材料的不均匀性；构件的重要性及工作条件等。②给构件必要的安全储备，防止意外事故的发生。在不同材料、不同工作条件下选取安全系数时，可从相关手册中查找。对塑性材料，取 $n=1.3\sim2$；对脆性材料，取 $n=2.0\sim5$。

2. 轴向拉（压）杆的强度条件

为了保证拉（压）杆有足够的强度，构件横截面上的最大工作应力不得超过材料在拉或压时的许用应力，即必须满足如下条件

$$\sigma_{max} = \frac{N}{A} \leqslant [\sigma] \qquad (2\text{-}5\text{-}9)$$

式（2-5-9）称为**轴向拉伸或压缩时杆的强度条件**，式中 N 和 A 分别为危险截面上的轴力与横截面积。

3. 强度条件的应用

轴向拉、压可以根据公式（2-5-9）解决三方面的强度计算问题。

（1）校核强度 已知杆件的材料的许用应力、所受载荷及几何尺寸，可用式（2-5-9）验算杆件是否满足强度条件。

（2）设计截面尺寸 已知杆件所受的载荷及材料的许用应力，设计合理的安全截面尺寸，可采用公式计算，即

$$A \geqslant \frac{N}{[\sigma]}$$

（3）确定许可载荷 已知构件的材料许用应力和截面尺寸，根据下式强度条件确定许可载荷，即

$$N_{max} \leqslant A[\sigma]$$

【任务实施】

根据任务描述，由于已知杆件材料的许用应力、杆件横截面上的轴力及几何尺寸，因此该任务属于强度计算中的校核强度。可用式（2-5-9）验算杆件是否满足强度要求。

解：

$$\sigma_{max} = \frac{N}{A} = \frac{500}{10} = 50MPa \leqslant [\sigma] = 60MPa$$

所以，连杆满足强度要求。

【综合练习】

阶梯杆受力如图 2-5-21(a) 所示，已知 AD 段横截面积为 $A_1 = 1000mm^2$，DB 段横截面积为 $A_2 = 500mm^2$，材料的弹性模量 $E = 200GPa$。求（1）各段轴力并画轴力图；（2）各段应力；（3）各段变形；（4）AB 杆的总变形。

解：

（1）求各段轴力，并画出轴力图。

① 分段。根据杆上外力作用情况，如图 2-5-21(a) 所示，在杆的 A、C、B 截面处分别作用有一个力，由于外力有变化的截面会引起内力的变化，因此，分两段求解轴力，即 AC 段和 CB 段。

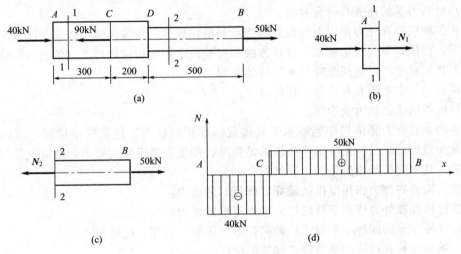

图 2-5-21　阶梯杆

② 用截面法求各段轴力。

求 AC 段轴力［见图 2-5-21(b)］：得 $N_1 = -40kN$（压力）；

求 CB 段轴力［见图 2-5-21(c)］：$N_2 = 50kN$（拉力）。

③ 画轴力图，如图 2-5-21(d) 所示。

从轴力图中可以看出，内力最大值发生在杆的 CB 段。

（2）求各段应力。

由于直杆各段轴力和横截面积不同，所以要分三段计算应力：

$$\sigma_{AC} = \frac{N_1}{A_1} = \frac{-40 \times 10^3}{1000} = -40(MPa)（压应力）$$

$$\sigma_{CD} = \frac{N_2}{A_1} = \frac{50 \times 10^3}{1000} = 50(MPa)（拉应力）$$

$$\sigma_{DB} = \frac{N_2}{A_2} = \frac{50 \times 10^3}{500} = 100(MPa)（拉应力）$$

阶梯杆最大应力发生在 DB 段。

（3）求各段变形及 AB 杆的总变形。

① 求各段变形。

与应力计算相同，要分三段计算变形，各段变形量分别为：

$$\Delta L_{AC} = \frac{N_1 L_{AC}}{EA_1} = \frac{-40 \times 10^3 \times 300}{200 \times 10^3 \times 1000} = -0.06 \text{(mm)}$$

$$\Delta L_{CD} = \frac{N_2 L_{CD}}{EA_1} = \frac{50 \times 10^3 \times 200}{200 \times 10^3 \times 1000} = 0.05 \text{(mm)}$$

$$\Delta L_{DB} = \frac{N_2 L_{DB}}{EA_2} = \frac{50 \times 10^3 \times 500}{200 \times 10^3 \times 500} = 0.25 \text{(mm)}$$

由变形量的正负可知，变形量为正时轴段受拉，变形量为负时轴段受压。

② 计算杆的总变形

$$\Delta L_{AB} = \Delta L_{AC} + \Delta L_{CD} + \Delta L_{DB} = -0.06 + 0.05 + 0.25 = 0.24 \text{mm}$$

结果为正，说明杆的总变形为伸长。

【学习小结】

（1）材料力学的任务与研究对象。

研究各种构件在外力作用下的内力、变形和破坏规律，在保证满足强度、刚度和稳定性的前提下，提供必要的理论基础、计算方法和实验技术，为构件选择适宜的材料，确定合理的截面形状和尺寸，以达到既安全又经济的目的。

材料力学的主要研究对象为：杆件。

（2）构件的承载能力及指标。

构件的承载能力是指构件能够承受具体载荷作用的能力。包括三个指标，即构件的强度、刚度和稳定性。结构正常工作必须满足强度、刚度和稳定性的要求，即对其进行承载能力的计算。其中强度和刚度是最主要的两个指标。

强度：构件在外力作用下抵抗破坏（断裂）的能力。

刚度：构件在外力作用下抵抗过大弹性变形的能力。

（3）杆件变形的四种基本形式：轴向拉伸与压缩、剪切、扭转和弯曲。

（4）轴向拉伸和压缩的受力特点和变形特征。

受力特点：所有外力都沿着杆轴线或所有外力都与杆轴线重合。

变形特征：轴向拉杆的变形是纵向方向伸长而横截面缩小，简称"细长"；轴向压杆的变形是纵向方向缩短而横截面增大，简称"粗短"。

（5）内力的概念及计算方法。

由于外力作用而引起的物体内部质点间相互作用力的改变量称为**"附加内力"**，简称**内力**。

内力的计算方法为截面法，其要点有三点：截开，代替和平衡。

（6）应力的概念及轴向拉、压杆横截面上正应力的计算。

横截面内任一点上分布内力的集度称为**应力**。

轴向拉（压）杆横截面上正应力的公式为：

$$\sigma = \pm \frac{N}{A}$$

（7）胡克定律及适用条件。

适用条件：横截面上的应力不超过比例极限 σ_p。

$$\Delta L = \frac{NL}{EA} \quad \text{或} \quad \sigma = E\varepsilon$$

(8) 轴向拉（压）杆的强度条件

$$\sigma_{max} = \frac{N}{A} \leqslant [\sigma]$$

应用强度条件可以解决三方面的强度计算问题：①校核强度；②设计截面尺寸；③确定许可载荷。

（9）低碳钢的 σ-ε 曲线图分为四个阶段：①弹性阶段；②屈服阶段；③强化阶段；④颈缩阶段。

常用衡量材料性能的两个强度指标为屈服极限 σ_s 和强度极限 σ_b，衡量材料塑性变形的指标有伸长率 δ 和截面收缩率 ψ。$\delta \geqslant 5\%$ 时的材料为**塑性材料**；$\delta < 5\%$ 时的材料为**脆性材料**。

【自我评估】

2-5-1　杆件在怎样的受力情况下才会产生轴向拉伸或压缩？其变形的特点是什么？

2-5-2　两根不同材料的等截面杆，承受相同的轴向拉力，它们的横截面积和长度都相等，试判断：（1）横截面上的应力是否相等；（2）强度是否相同；（3）绝对变形是否相同。为什么？

2-5-3　低碳钢拉伸时，分为几个阶段？符号 σ_p、σ_e、σ_s、σ_b 各代表什么？

2-5-4　胡克定律有哪两种表达方式？在什么条件下适用？何谓抗拉（抗压）刚度？

2-5-5　低碳钢的强度指标、刚度指标、塑性指标是什么？何谓塑性材料？何谓脆性材料？

2-5-6　试指出下列概念的区别：外力与内力，内力与应力，轴向变形与线应变，正应力与切应力。

2-5-7　题图 2-5-1 所示，重 $F = 50$kN 的物体，挂在支架 ABC 的 B 点，若 AB 和 BC 两杆材料都是铸铁，其许用拉应力 $[\sigma_l] = 30$MPa，许用压应力 $[\sigma_y] = 90$MPa，设计 AB 和 BC 两杆的横截面面积。

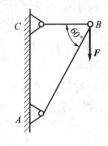

题图 2-5-1　支架

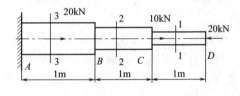

题图 2-5-2　阶梯形直杆

2-5-8　题图 2-5-2 所示，阶梯形直杆，$A_1 = 100$mm^2，$A_2 = 200$mm^2，$A_3 = 300$mm^2，$E = 200$GPa，试求：（1）各段的轴力并画轴力图；（2）各横截面上的应力；（3）计算杆的总变形。

学习情境 2.6　剪切与挤压

【学习目标】

（1）了解剪切和挤压变形的受力特点及变形特征。

(2) 掌握剪切和挤压变形的内力——剪力、挤压力的概念及计算。

(3) 掌握剪切和挤压应力的概念及计算，正确判断和计算剪切面及挤压面。

(4) 掌握连接件的强度计算。

任务 2.6.1　汽车中螺栓连接的强度计算

【任务描述】

如图 2-6-1 所示，汽车拖车挂钩中的螺栓连接，已知挂钩厚度 $t=16\text{mm}$，螺栓的直径 $d=10\text{mm}$，螺栓材料的许用剪应力 $[\tau]=100\text{MPa}$，许用挤压应力 $[\sigma_{jy}]=200\text{MPa}$，拖车的牵引力 $F=15\text{kN}$，试校核螺栓的强度。

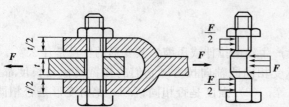

图 2-6-1　汽车拖车挂钩

【任务分析】

根据任务描述，汽车拖车挂钩中的连接属于螺栓连接。连接件螺栓受力作用时会发生剪切变形和挤压变形，那么，我们就必须掌握连接件的受力、变形及强度破坏的基本知识，从而对连接件进行强度计算。

【知识准备】

1. 剪切变形和挤压变形

工程机械中经常见到一些零件用连接件来传递动力，如图 2-6-1 所示拖车挂钩中的螺栓连接，它们均受到剪力的作用。作用在连接件上的外力使螺栓在两块钢板之间发生错动，连接螺栓会发生剪切变形，同时在外力的作用范围内会产生挤压变形，若外力超过一定限度，构件将会被剪断或由于挤压面严重变形而导致连接松动，使结构不能正常工作。

（1）剪切变形

受力特点：作用有一对大小相等、方向相反的力，这对力垂直于杆轴线且作用线相距很近。

变形特征：在这对力所在范围内，杆件的横截面将会发生相对错动，若外力超过一定限度，杆件将会沿某一截面 $m—m$ 被剪断。$m—m$ 截面称为剪切面（受剪面），剪切面与杆轴线垂直、与外力作用线平行，如图 2-6-2 所示。

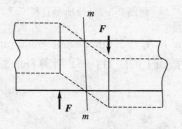

图 2-6-2　剪切变形

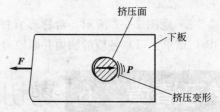

图 2-6-3　挤压变形

（2）挤压变形　如图 2-6-3 所示为螺栓与钢板孔壁的挤压情况。构件受到剪切的同时，也**伴随**着挤压现象。当两个物体接触而传递压力时，两物体的接触面就相互挤压。如果接触面只是表面上的一个不大的区域，而传递的压力又比较大，则接触面就很可能被压陷（产生显著的塑性变形），甚至压碎，这种现象称为**挤压变形**。构件局部受压的接触面称为**挤压面**，挤压面在两物体的接触处，与杆轴线平行、与外力作用线垂直。

2. 剪切和挤压的内力、应力计算

剪切面上分布内力的合力称为剪力，用 Q 表示，剪力在剪切面上的分布是不均匀的，工程上常采用假定实用计算，即假定剪力是均匀分布的，这样的假设既简化了计算同时也可以满足工程实际的需要。剪力在剪切面上的分布集度称为剪应力，用符号 τ 表示。

挤压面上的压力称为**挤压力**，用 F_{jy} 表示。挤压面上的压强称为**挤压应力**。必须指出，挤压应力不同于压缩应力，挤压应力是分布在构件接触表面上的压强，当挤压应力较大时，挤压面附近区域将发生显著的塑性变形而被压溃，压缩应力是分布在整个构件内部单位面积上的内力。挤压应力在接触处分布也是不均匀的，同剪应力一样，工程上也采用假定实用计算。

剪应力 τ 的大小用下式确定：

$$\tau = \frac{Q}{A} \qquad (2\text{-}6\text{-}1)$$

式中，τ 为剪应力，单位为 MPa；Q 为剪力，单位为 N 或 kN；A 为受剪面面积，单位为 mm^2。

挤压应力按下式确定

$$\sigma_{jy} = \frac{F_{jy}}{A_{jy}} \qquad (2\text{-}6\text{-}2)$$

式中，σ_{jy} 为挤压应力，单位为 MPa；F_{jy} 为挤压面上的挤压力，单位为 N 或 kN；A_{jy} 为挤压面的计算面积，单位为 mm^2。

需要注意的是：如果挤压的两接触面是平面，那么接触平面的面积就是挤压面的计算面积；如果挤压的两接触面是半圆柱面，则以半圆柱面的正投影面，作为挤压面的计算面积。

3. 连接件的强度计算

（1）剪切强度计算　要保证剪切变形构件工作时的安全可靠，工作时的剪应力不应该超过材料的许用剪应力 $[\tau]$。许用剪应力可从相关机械设计手册中查得。

剪切强度条件可用下式表示

$$\tau = \frac{Q}{A} \leqslant [\tau] \qquad (2\text{-}6\text{-}3)$$

运用剪切强度条件可以解决三类问题，即强度校核、设计截面尺寸和确定许可载荷。

（2）挤压强度计算　为使构件不发生挤压破坏，挤压面上的挤压应力 σ_{jy} 不能超过材料的许用挤压应力 $[\sigma_{jy}]$，许用挤压应力也可以从相关机械设计手册中查得。

挤压强度条件可表示为

$$\sigma_{jy} = \frac{F_{jy}}{A_{jy}} \leqslant [\sigma_{jy}] \qquad (2\text{-}6\text{-}4)$$

运用挤压强度条件同样可以解决三类问题，即强度校核、设计截面尺寸和确定许可载荷。

【任务实施】

解：

（1）螺栓剪切和挤压的分析。

如图 2-6-4 所示，螺栓有两个受剪面称为**双剪**，每个剪切面上的剪力为 $\frac{F}{2}$，每个剪切面

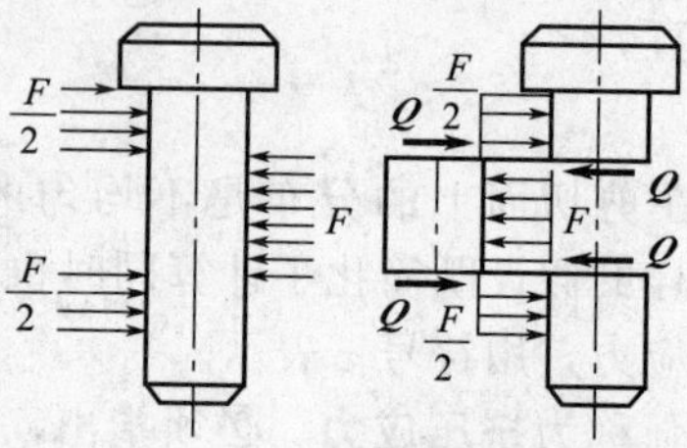

的面积为螺栓的横截面面积 $A = \dfrac{\pi d^2}{4}$。

螺栓有三个挤压面，挤压的两接触面是半圆柱面，其中：上下两挤压面上的挤压力为 $\dfrac{F}{2}$，挤压面面积为 $A_{jy} = \dfrac{t}{2}d$；中间挤压面上的挤压力为 F，挤压面面积 $A_{jy} = td$。

图 2-6-4　螺栓剪切和挤压的分析

（2）螺栓的剪切强度计算。

运用剪切强度条件式（2-6-3）

$$\tau = \frac{Q}{A} = \frac{F/2}{\pi d^2/4} = \frac{2F}{\pi d^2} = \frac{2 \times 15 \times 10^3}{3.14 \times 10^2} = 96(\text{MPa}) \leqslant [\tau] = 100\text{MPa}$$

所以满足剪切强度要求。

（3）螺栓的挤压强度计算。

运用挤压强度条件式（2-6-4）

$$\sigma_{jy} = \frac{F_{jy}}{A_{jy}} = \frac{F}{td} = \frac{15 \times 10^3}{16 \times 10} = 94(\text{MPa}) \leqslant [\sigma_{jy}] = 200\text{MPa}$$

所以满足挤压强度要求。

讨论：采用上下两挤压面和中间挤压面求挤压强度有区别吗？

任务 2.6.2　汽车中轴与齿轮平键连接的强度计算

【任务描述】

如图 2-6-5(a) 所示齿轮与轴用平键连接，已知轴的直径 $d = 50\text{mm}$，键的尺寸 $b \times h = 16\text{mm} \times 10\text{mm}$，传递的力矩为 $M = 600\text{N} \cdot \text{m}$，键的许用剪应力 $[\tau] = 60\text{MPa}$；许用挤压应力 $[\sigma_{jy}] = 100\text{MPa}$，试求键的长度 L。

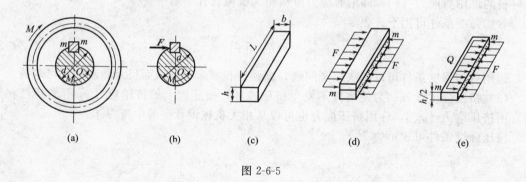

(a)　　　　(b)　　　　(c)　　　　(d)　　　　(e)

图 2-6-5

【任务分析】

根据任务描述，齿轮与轴之间需要用键连接固定，从而传递运动和力，这样的连接方式广泛应用于机械传动中。根据键连接的工作原理可知，键承受载荷后产生的变形是剪切和挤压。为使键连接可靠，需应用剪切和挤压的强度理论对键进行分析、计算。而连接件的强度计算在任务 2.6.1 中已经掌握，要想完成键连接强度计算只需要对键的结构及工作特点有所了解即可。

【知识准备】

1. 键连接

键连接主要用于轴和轮毂之间的周向固定，以传递运动和转矩。键连接按结构特点和工作原理分为松键连接和紧键连接两大类，平键属于松键连接的一种，平键连接结构简单、装拆方便、对中性好，因此应用广泛。

2. 平键连接的强度计算的特点

键连接的失效形式有压溃、磨损和剪断。而平键连接的主要失效形式是工作面的压溃，因此，在对平键连接进行强度计算时，一般先按挤压强度条件确定键的几何尺寸，再按剪切强度条件进行校核。

【任务实施】

解：

(1) 计算键所受外力 F。

取轴和键为研究对象，受力如图 2-6-5(b) 所示，对轴心取矩，列静力学平衡方程，有

$$\sum m_O(F) = 0$$

即

$$F \times \frac{d}{2} - M = 0$$

得

$$F = 2M/d = 2 \times 600 \times 10^3 / 50 = 24(\text{kN})$$

(2) 按挤压强度条件求键长 L。

键受力图如图 2-6-5(d) 所示，挤压力为 $F_{jy} = F = 24\text{kN}$，挤压面面积为 $A_{jy} = \frac{h}{2} \times L$，根据挤压强度公式(2-6-4)

$$\sigma_{jy} = \frac{F_{jy}}{A_{jy}} \leqslant [\sigma_{jy}]$$

可得：

$$L \geqslant \frac{2F_{jy}}{h[\sigma_{jy}]} = \frac{2 \times 24 \times 10^3}{10 \times 100} = 48(\text{mm})$$

取键长 $L = 50\text{mm}$。

(3) 校核键的抗剪强度。

键的下半部分受力如图 2-6-5(e) 所示，剪切面积为

$$A = bL = 16 \times 50 = 800(\text{mm}^2)$$

剪力

$$Q = F = 24\text{kN}$$

则

$$\tau = \frac{Q}{A} = \frac{24 \times 10^3}{16 \times 50} = 30\text{MPa} < [\tau] = 60\text{MPa}$$

所以键的强度足够。

【学习小结】

(1) 剪切变形：受剪件变形时截面间发生相对错动的变形。

剪切面：发生相对错动的截面。

受剪构件的受力特点：作用在构件两侧面上的分布力的合力，大小相等，方向相反，力的作用线垂直构件轴线，相距很近但不重合，并各自推着自己所作用的部分沿着力的作用线间的某一横截面发生相对错动。

剪力：在剪切面内有与外力 **F** 大小相等、方向相反的内力。

剪应力：剪切面上分布内力的集度，即 $\tau=\dfrac{Q}{A}$。

（2）挤压面：构件局部受压的接触面。

挤压力：挤压面上的压力。

挤压应力：挤压面上的压强，即 $\sigma_{jy}=\dfrac{F_{jy}}{A_{jy}}$

（3）剪切强度条件 $\tau=\dfrac{Q}{A}\leqslant[\tau]$

（4）挤压强度条件 $\sigma_{jy}=\dfrac{F_{jy}}{A_{jy}}\leqslant[\sigma_{jy}]$

【自我评估】

2-6-1 指出题图 2-6-1 所示连接中，连接件的受剪面和挤压面。钢拉杆和木板之间放置金属垫圈起何作用？

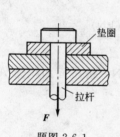

题图 2-6-1

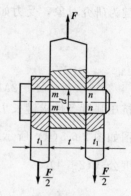

题图 2-6-2

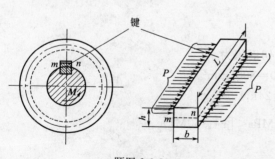

题图 2-6-3

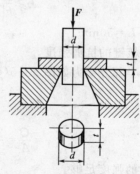

题图 2-6-4

2-6-2 销钉连接如题图 2-6-2 所示，已知钢板受拉力 $F=200$kN 作用，钢板厚度分别为 $t=20$mm，$t_1=15$mm，销钉材料的剪切许用应力为 $[\tau]=80$MPa，钢板和销钉材料的挤压许用应力均为 $[\sigma_{jy}]=240$MPa，试设计销钉直径 d。

2-6-3 轴径 $d=80$mm，键的尺寸 $b=24$mm，$h=14$mm，$L=125$mm。结构及受力如题图 2-6-3 所示，键的许用剪应力 $[\tau]=40$MPa，许用挤压应力 $[\sigma_{jy}]=90$MPa，轴传递的转矩 $M=3$kN·m，试校核键的强度。

2-6-4 如题图 2-6-4 所示，冲床的最大冲力为 $F=400\text{kN}$，冲头材料的许用应力 $[\sigma]=440\text{MPa}$，被冲剪钢板的剪切强度极限 $\tau_b=360\text{MPa}$，求在最大冲力作用下所能冲剪圆孔的最小直径 d 和钢板的最大厚度 t。

学习情境 2.7 圆轴扭转

【学习目标】

(1) 了解圆轴扭转变形的受力特点及变形特征。
(2) 掌握外力偶矩的计算。
(3) 熟练应用截面法计算圆轴扭转时横截面上的内力——扭矩及扭矩图的绘制。
(4) 掌握圆轴扭转横截面上切应力的计算及分布规律。
(5) 掌握圆轴扭转的强度条件并进行强度计算。

任务 2.7.1 汽车传动轴外力偶矩和内力计算

【任务描述】

如图 2-7-1 所示为一汽车传动轴，假设汽车发动机的转速 $n=500\text{r/min}$，传递的功率 $P=8\text{kW}$，试计算该轴的内力。

【任务分析】

根据任务描述，我们所要研究的对象是汽车传动轴。从图 2-7-1 中可以看出，汽车传动轴工作时其前端（左端）受到发动机的主动力偶作用（这也是动力的来源），后端（右端）受到传动齿轮的阻抗力偶的作用，两力偶大小相等、转向相反，汽车传动轴由于受到这两个力偶的作用，将产生扭转变形。那么，什么是扭转变形？扭转变形的受力特点及变形特征是什么？扭转变形横截面上的内力如何计算？

图 2-7-1 汽车传动轴

【知识准备】

1. 扭转变形的受力特点及变形特征

在工程实际中，经常会看到一些发生扭转变形的杆件，如各种机器的传动轴，钻机的钻杆等。和我们前面已经研究过的轴向拉压变形、剪切变形一样，需要分别研究内力、应力，从而建立扭转变形的强度条件，以便对结构进行分析、计算。

将汽车传动轴用图 2-7-2 所示的简图表示，从图中可以看出，扭转变形的受力特点是：**作用在杆件两端的一对外力偶，大小相等，转向相反，力偶的作用面垂直杆件轴线**。变形特征是：**杆件上各横截面绕轴线发生相对转动**。杆两端相对转过的 φ 角称**转角**。

工程中把以承受扭转变形为主的杆件称为**轴**，由于轴的横截面通常为圆形截面，也称**圆轴**。工程中大多数轴在传动中除了受到扭转变形之外，还伴随有其他形式的变形，如弯曲变

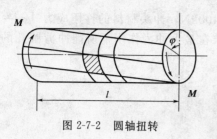

图 2-7-2 圆轴扭转

形。本部分只研究等直圆轴的纯扭转问题。

2. 圆轴扭转外力偶矩的计算

根据任务描述，作用在汽车传动轴上的外力偶矩不是直接给出的，只是给出了汽车发动机的转速 n、传递的功率 P，而功率、转速和转矩之间存在有一定的关系，利用它们之间的关系可以计算出作用在汽车传动轴上的外力偶矩。如用 M 表示外力偶矩，则三者关系可用下式表示：

$$M = 9550 \frac{P}{n} \tag{2-7-1}$$

式中，n 为转速，单位为 r/min；P 为功率，单位为 kW；M 为作用在轴上的外力偶矩，单位为 N·m。

3. 圆轴扭转时内力的计算

圆轴扭转时，横截面上的内力是一个在横截面平面内的力偶，其力偶矩称为该截面上的**扭矩**，用 M_n 来表示。扭矩的单位与外力偶矩的单位相同，常用单位为 N·m。

求解扭矩仍然采取截面法。

如图 2-7-3（a）所示的等直圆轴，求任意横截面 m—m 的内力。

（1）**截开**：沿 m—m 截面将轴截为两段，如图 2-7-3（b）所示，取左段为研究对象，去掉右段。

（2）**代替**：将去掉的右段对左段的作用，用**扭矩** M_n 来代替。

（3）**平衡**：由平衡方程式 $\sum M_x = 0$ 确定扭矩 M_n 的大小。

$$M_n = M$$

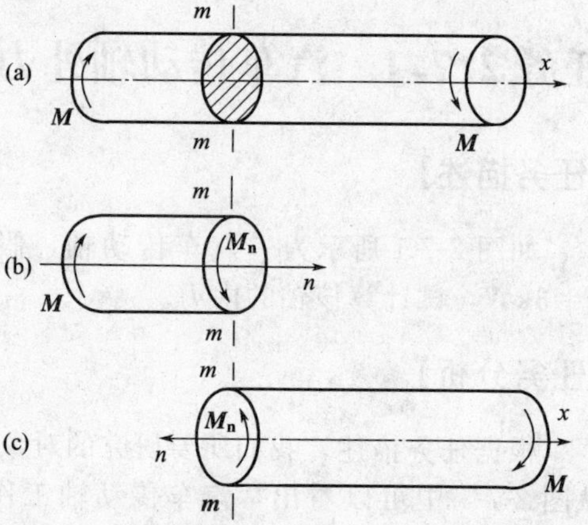

若取右段研究，可得到的扭矩大小不变，但扭矩转向相反，它们互为作用与反作用力偶，如图 2-7-3（c）。

图 2-7-3 等直圆轴内力求解

不论是取左段研究，还是取右段研究，为使所得同一截面上的扭矩正负号相同，通常用**右手螺旋法则**对扭矩符号做如下规定（见图 2-7-4）：

弯曲右手，四指表示扭矩转动的方向，大拇指的指向表示扭矩矢量方向，若大拇指与截面外法线方向相同，则扭矩为正，反之为负。

图 2-7-4 右手螺旋法则

注意：在求解扭矩的过程中，要求按照右手螺旋法则将截面上的扭矩假设成正方向，这样，无论取哪一段作为研究对象，同一截面上的扭矩大小与符号完全相同。

【任务实施】

（1）汽车传动轴所受外力偶矩的计算。

汽车传动轴所受外力偶矩用公式(2-7-1)计算。即：

$$M = 9550 \frac{P}{n} = 9550 \times \frac{8}{500}$$
$$= 152.8(\text{N} \cdot \text{m})$$

(2) 汽车传动轴内力——扭矩的计算。

汽车传动轴的计算简图可参看图 2-7-3(a)，假想将圆轴从 $m—m$ 截面截开，取左段为研究对象，如图 2-7-3(b) 所示，按照右手螺旋法则将该截面上的扭矩假设成正方向，由平衡方程式 $\sum M_x = 0$ 得：

$M_n - M = 0$，即 $M_n = M = 152.8\text{N} \cdot \text{m}$

任务 2.7.2　绘制汽车齿轮轴扭矩图

【任务描述】

图 2-7-5 所示为一齿轮轴。已知：主动轮 A 输入功率为 $P_1 = 68\text{kW}$，从动轮 B、C 的输出功率分别为 $P_2 = 46\text{kW}$，$P_3 = 22\text{kW}$，轴的转速 $n = 955\text{r/min}$，试求：1—1 截面和 2—2 截面上的扭矩并绘制扭矩图。

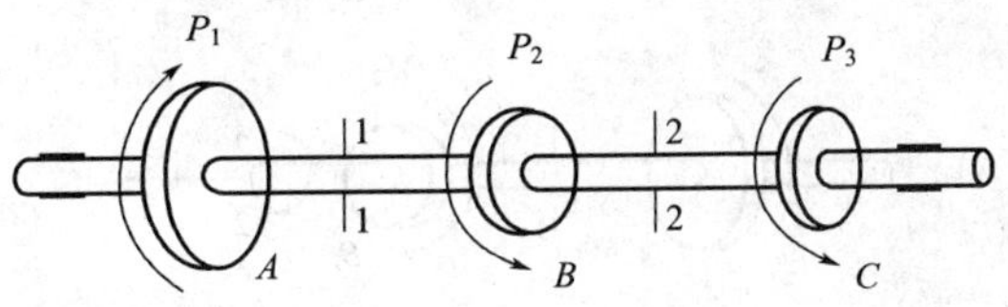

图 2-7-5　汽车齿轮轴

【任务分析】

根据任务描述，该齿轮轴上作用有多个外力偶，如图 2-7-5 所示，共有三个外力偶。当轴上作用有多个外力偶时，轴各段的扭矩是不相等的，因此，扭矩随截面位置的不同而变化，为了反映出各截面扭矩的变化情况，需要绘制扭矩图。

【知识准备】

1. 扭矩图

当轴上有多个外力偶作用时，为了清晰地反映出各截面扭矩的变化情况，以便确定**危险截面**，通常以平行于轴线的 x 轴表示圆轴各横截面的位置，以纵轴表示相应截面上的扭矩，把扭矩随截面位置的变化用图线来表示，这样的图形称为**扭矩图**。

危险截面：内力的绝对值最大的截面。

2. 扭矩图绘制的要点及注意事项

(1) 根据外力偶作用情况，正确分段。

(2) 绘制扭矩图时必须画在结构图的下方，将截面位置对齐。

(3) 正扭矩画在坐标轴的上方、负扭矩画在坐标轴的下方。

(4) 按照大致比例表示出各段扭矩大小的变化。

(5) 标出各截面变化处的控制值的大小及单位。

【任务实施】

解：

(1) 计算作用在轮 A、B 和 C 上的外力偶矩 M_1、M_2 和 M_3，根据式(2-7-1)计算各轮上的外力偶矩得

$$M_1 = 9550 \frac{P_1}{n} = 9550 \times \frac{68}{955} = 680(\text{N} \cdot \text{m})$$

$$M_2 = 9550 \frac{P_2}{n} = 9550 \times \frac{46}{955} = 460(\text{N} \cdot \text{m})$$

$$M_3 = 9550 \frac{P_3}{n} = 9550 \times \frac{22}{955} = 220(\text{N} \cdot \text{m})$$

（2）应用截面法分别求 1—1 段和 2—2 段扭矩。

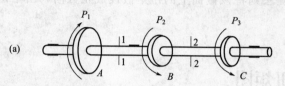

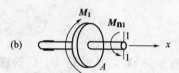

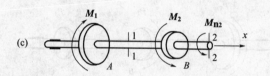

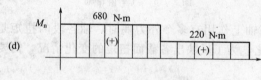

图 2-7-6　齿轮轴扭矩图

首先根据外力偶作用情况分段，其方法是：凡是轴上外力偶有变化的地方就要分一段。该齿轮轴上作用有三个外力偶，因此需要分两段，即 AB 段和 BC 段。

① 求 AB 段的扭矩。

沿 1—1 截面截开，取左部分为研究对象，如图 2-7-6(b) 所示，设 AB 段的扭矩为 M_{n1}，则

$$\sum M = 0, \quad M_1 - M_{n1} = 0$$

得　　$M_{n1} = M_1 = 680\text{N} \cdot \text{m}$

② 求 BC 段的扭矩。

沿 2—2 截面截开，取左部分为研究对象，如图 2-7-6(c) 所示，设 BC 段的扭矩为 M_{n2}，则

$$\sum M = 0 \quad M_1 - M_2 - M_{n2} = 0$$

得

$$M_{n2} = M_1 - M_2 = 680 - 460 = 220(\text{N} \cdot \text{m})$$

（3）绘制扭矩图。如图 2-7-6(d) 所示。

任务 2.7.3　汽车传动轴强度校核

【任务描述】

如图 2-7-7 所示的汽车传动轴由无缝钢管制成，外径 $D = 90\text{mm}$，壁厚 $t = 2.5\text{mm}$，材料为 45 钢，许用剪应力 $[\tau] = 60\text{MPa}$，工作时承受的最大外力偶矩 $M = 1.5\text{kN} \cdot \text{m}$。（1）试校核轴的强度。（2）若改用相同材料的实心轴，并和原传动轴的强度相同，试计算其直径 D_1。（3）比较空心轴与实心轴的质量。

【任务分析】

根据任务描述，我们的任务是对汽车传动轴进行强度计算，并且需要讨论选择何种截面形式更为合理，因此，本任务在计算扭矩的基础上，需要分析计算圆轴扭转横截面上的应力及其分布规律，并在应力分析的基础上建立扭转变形的强度条件，进行强度计算。

【知识准备】

1. 圆轴扭转任一横截面上剪应力的计算

分析圆轴扭矩时的应力需要结合扭转变形的变形特点，考虑三方面因素：几何变形，物

理关系和静力学关系。则横截面上任一点的剪应力 τ_ρ 与扭矩 M_n 及该点至轴心的距离 ρ 成正比；与截面的极惯性矩 I_p 成反比。如图 2-7-7 所示。圆轴扭转任一横截面上任一点的剪应力计算公式为：

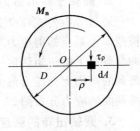

图 2-7-7　圆轴扭转

$$\tau_\rho = \frac{M_n}{I_p}\rho \qquad (2\text{-}7\text{-}2)$$

式中　M_n——横截面上的扭矩；

　　　　ρ——所求应力点到轴心的距离；

　　　　I_p——截面的极惯性矩，表示截面的几何性质，它的大小与截面形状、尺寸有关，其量纲为毫米或米的四次方，即 mm^4 或 m^4。

当 $\rho = \dfrac{D}{2}$ 时，有 $\tau_\rho = \tau_{max}$，即任一截面上的最大剪应力

$$\tau_{max} = \frac{M_n}{I_p} \times \frac{D}{2} \qquad (2\text{-}7\text{-}3)$$

令 $W_n = \dfrac{I_p}{D/2}$，称为**抗扭截面系数**，其量纲为毫米或米的三次方，即 mm^3 或 m^3。将其代入式(2-7-3) 中，得任一截面上的最大剪应力公式为：

$$\tau_{max} = \frac{M_n}{W_n} \qquad (2\text{-}7\text{-}4)$$

抗扭截面系数 W_n 也称抗扭截面模量，表示截面抵抗扭转变形能力的几何量。显然，在相同扭矩的作用下，W_n 越大产生的剪应力越小，表明截面抵抗扭转变形的能力越强。

W_n 的大小与截面的形状和尺寸有关，不同的截面形状有不同的计算公式。

实心圆截面如图 2-7-8(a) 所示，其 I_p、W_n 分别为：

$$I_p = \frac{\pi D^4}{32} \qquad (2\text{-}7\text{-}5)$$

$$W_n = \frac{\pi}{16} D^3 \qquad (2\text{-}7\text{-}6)$$

空心圆截面如图 2-7-8(b) 所示，其 I_p、W_n 分别为：

$$I_p = \frac{\pi D^4}{32}(1-\alpha^4) \qquad (2\text{-}7\text{-}7)$$

$$W_n = \frac{\pi D^3}{16}(1-\alpha^4) \qquad (2\text{-}7\text{-}8)$$

$\alpha = \dfrac{d}{D}$，为内、外径之比。

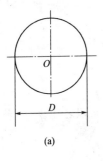
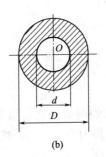

(a)　　　　　　　　(b)

图 2-7-8　实心圆与空心圆

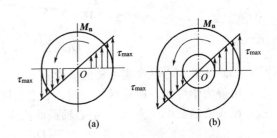

(a)　　　　　　　(b)

图 2-7-9　实心圆和空心圆截面的应力分布

2. 圆轴扭转剪应力的分布规律

通过分析公式(2-7-2)可以得到圆轴扭转时横截面上剪应力的分布规律（见图 2-7-9）：横截面上某点的剪应力与该点至轴心的距离成正比且为线性关系，与过该点的半径垂直，方向与截面上的扭矩转向一致，轴心处剪应力为零，离开轴心越远，剪应力越大，在距离轴心最远的圆周上剪应力最大。图 2-7-9 的（a）图为实心圆截面的应力分布图；（b）图为空心圆截面的应力分布图。

3. 圆轴扭转的强度条件

圆轴受到扭转变形后，产生最大剪应力的横截面是最危险的。为了保证圆轴有足够的强度而不会破坏，要求圆轴工作时，不允许轴内最大扭转剪应力超过材料的许用剪应力 $[\tau]$。因此圆轴扭转时的强度条件为

$$\tau_{max}=\frac{M_n}{W_n}\leqslant[\tau] \tag{2-7-9}$$

上式称为**圆轴扭转的强度条件**。

式中　　$[\tau]$——材料的许用剪应力；

　　　　M_n——危险截面的扭矩；

　　　　W_n——抗扭截面模量。

应用圆轴扭转的强度条件可以解决强度校核、设计截面尺寸和求许可传递的功率和力偶矩等三类问题。

值得说明的是，传动轴在工作时往往要承受交变载荷作用，其变形也并非单一变形，故在选取许用剪应力时，一般选$[\tau]$值较低，以保证构件有足够的安全性。

【任务实施】

解：

（1）校核轴的强度。

由已知条件可得

$$M_n=M=1.5kN \cdot m; \quad \alpha=\frac{d}{D}=\frac{90-2\times2.5}{90}=0.944$$

所以　　　　$$W_n=\frac{\pi D^3}{16}(1-\alpha^4)=\frac{3.14\times90^3}{16}(1-0.944^4)=29500mm^3$$

$$\tau_{max}=\frac{M_n}{W_n}=\frac{1.5\times10^6}{29500}=50.8MPa<[\tau]=60MPa$$

故此传动轴的强度满足要求。

（2）确定实心轴直径 D_1，由于空心轴和实心轴的材料相同，强度不变，则它们的抗扭截面系数相等。即 $W_{n空}=W_{n实}=29500mm^3$，那么

$$\frac{\pi D^3}{16}(1-\alpha^4)=\frac{\pi\times D_1^3}{16}=29500mm^3$$

所以　　　　　　　　　$$D_1=\sqrt[3]{\frac{16\times29500}{3.14}}=53.2mm$$

（3）比较空心轴和实心轴的质量。

由静力学可知，两轴材料相同、长度相同，它们的质量之比就等于面积之比。

设实心轴截面积为 A_1，空心轴截面积为 A_2，则有

$$A_1=\frac{\pi D_1^2}{4}; \quad A_2=\frac{\pi D^2}{4}(1-\alpha^2)$$

故：
$$\frac{A_2}{A_1}=\frac{\frac{\pi D^2}{4}(1-\alpha^2)}{\frac{\pi}{4}D_1{}^2}=\frac{90^2\times(1-0.944^2)}{53.2^2}=0.31$$

所以，在强度相等的条件下，空心轴质量仅为实心轴质量的 31%，采用空心轴可节约近 2/3 的材料。

讨论：采用空心轴比实心轴省料，且重量轻。空心轴能有效发挥其截面的优势，符合剪应力 τ 的分布规律，因此合理选择截面形状，可以提高轴的强度。但是一般条件下，加工长的空心轴时价格昂贵，一般不宜采用。

【知识拓展】

1. 圆轴扭转刚度

衡量扭转变形大小可用扭转角 φ 或单位长度扭转角 θ。

① **扭转角** 两个截面间绕轴线旋转时的相对转角称为**扭转角**，单位为 rad（弧度）。扭转角公式为：

$$\varphi=\frac{M_n L}{GI_P} \tag{2-7-10}$$

式(2-7-10) 中，GI_P 称为**抗扭刚度**，它反映材料抵抗扭转变形的能力。

② **单位长度扭转角** 为了便于设计，采用单位长度的扭转角 θ 来表示扭转变形。**单位长度扭转角 θ** 是相距一个单位长度的两个横截面间的相对转角，单位为 rad/m。

$$\theta=\frac{\varphi}{L}=\frac{M_n}{GI_P} \tag{2-7-11}$$

工程中若以 °/m 为单位，则上式写为

$$\theta=\frac{M_n}{GI_P}\times\frac{180°}{\pi} \tag{2-7-12}$$

③ **圆轴扭转时的刚度条件** 圆轴正常工作时，除了满足强度要求外，若轴的变形过大，会直接影响机器的加工、运行精度，甚至产生扭转振动。例如，车床丝杠扭转变形过大，将直接影响切削加工精度。因此在传动轴的设计中，除须考虑要求强度外，还需将其变形限制在一定范围内，从而保证轴工作时安全可靠。因此，工程上要求轴的最大单位长度扭转角 θ 不得超过规定的许用值 $[\theta]$。即

$$\theta=\frac{M_n}{GI_P}\leqslant[\theta] \tag{2-7-13}$$

或

$$\theta=\frac{M_n}{GI_P}\times\frac{180°}{\pi}\leqslant[\theta] \tag{2-7-14}$$

式(2-7-13) 和式(2-7-14) 称为**圆轴扭转时的刚度条件**。式中 $[\theta]$ 值，可查阅有关工程手册。一般按轴的精度要求规定各种轴应满足：

精密机器轴 $[\theta]=0.15\sim0.5°$/m；   一般传动轴 $[\theta]=0.5\sim1°$/m
精度要求不高的轴 $[\theta]=1\sim2.5°$/m ；精度较低的传动轴 $[\theta]=2.0\sim4.0°$/m

圆轴扭转时的刚度条件同样可以解决刚度校核、设计截面尺寸和求许可传递的功率和力偶矩等三类问题。为工作可靠，设计圆轴直径时，在满足强度和刚度的条件下，应该选取直径较大值，求许可外力偶矩时要选取较小值。

2. 提高圆轴抗扭能力的措施

轴是各种机器上的重要零件。汽车中的传动轴、减速器中的输入、输出轴、半轴等，车

床、钻床、铣床、涡轮机等的主轴，一般都是圆轴。轴用来支承机器中的转动零件（如齿轮、带轮等），使转动零件具有确定的工作位置，所有作回转运动的转动零件都必须安装在轴上才能进行运动及动力传递。所以，研究圆轴受扭转变形时的强度和刚度问题，对于保证轴类零件安全工作具有重要意义。

① 合理安排转动零件位置，降低最大扭矩。

为了保证圆轴扭转时能安全可靠地工作，就必须满足强度要求。即圆轴工作时横截面上的最大剪应力不超过材料的许用剪应力，在其他条件不变的情况下，可以通过合理调整转动零件位置的方法达到降低最大扭矩的目的，从而就减小了最大剪应力，使结构受力合理、工作安全。从任务 2.7.2 中的扭矩图 [见图 2-7-6(d)]，AB 轴段的扭矩为 680N·m；BC 轴段的扭矩为 220N·m；两者相差 3 倍多。这样，在等值轴的前提下，AB 轴段比 BC 轴段的剪应力也会相差 3 倍多，而实际轴径是按照最大剪应力设计的，那么 BC 段材料不能被同等利用，就会造成不必要的浪费。如果将齿轮 A 和 B 位置对调，如图 2-7-10(a) 所示，观察轴力图如图 2-7-10(b) 所示，最大扭矩减小为 460N·m，有效地降低了扭矩值，也可以减小轴径，使载荷分布合理。

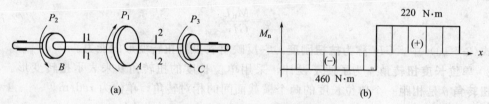

图 2-7-10　汽车齿轮轴扭矩图

② 采用阶梯轴，使各轴段达到等强度。

在工程实际中，常将轴做成阶梯轴，即轴各截面的直径不等。因为大部分轴各轴段上的扭矩是不相等的，如果做成等截面的轴，扭矩较小的轴段材料不能充分被利用，容易造成浪费，因此，将轴设计成阶梯形，使轴各截面接近等强度，既能满足强度的要求又节省材料，同时轴上零件容易定位，便于装拆。

③ 选用合理截面，提高轴的抗扭截面系数 W_n。

圆轴扭转时，横截面上的剪应力呈三角形分布，如图 2-7-9 所示，越靠近轴心应力越小，在轴的边缘处应力值最大。如果做成实心轴，当边缘处材料的剪应力已经达到了许用剪应力[τ]时，靠近轴心的那部分材料还远未达到[τ]。为了充分利用材料，可将实心轴的中心部分挖掉，使它变成空心轴。这样，横截面的强度并未削弱多少，但却大大减轻了机器的重量、节省了材料。所以，仅从力学分析的角度看，圆轴扭转时采用空心轴要比实心轴经济、合理，目前机械制造中已广泛采用了空心轴。例如：用无缝钢管制成的汽车传动轴、转向轴等。当然，是否采用空心轴还要考虑加工的经济性和机器总体布置的合理性。因为将长轴或轴径较小的轴加工成空心轴，会因工艺复杂增加加工成本，反而不经济；空心轴体积较大，在机器中占用空间也较大，如果仅考虑采用空心轴而影响了机器的整体布置，也是不可取的。

总之，提高圆轴抗扭能力的措施在具体工程实际中的运用并不是孤立的，需要综合考虑机械总体的使用和工作要求。

【学习小结】

圆轴扭转，是杆件的基本变形之一。扭转时圆轴受一对力偶作用，且力偶作用面垂直于轴线。扭转变形的特征是杆件上各横截面绕轴线发生相对转动。杆两端相对转过的 φ 角称转角。

（1）重点概念

① 判断扭矩正负所用的右手螺旋法则：四指表示扭矩转向，拇指表示扭矩矢量，拇指与截面外法线方向一致，扭矩为正；反之为负。

② 扭矩图：当轴上有多个外力偶作用时，为了清楚地看出各截面的扭矩变化情况，以便确定危险截面，通常以平行于轴线的 x 轴表示圆轴各横截面的位置，以纵轴表示相应截面上的扭矩，把扭矩随截面位置的变化用图线来表示。画扭矩图的目的是找出轴上的危险截面。

③ 扭转时剪应力分布规律：剪应力的方向是垂直半径的，大小与到轴心距离成正比。

（2）常用公式

① 力偶矩与功率，转速关系公式

$$M = 9550 \frac{P}{n} \quad \text{N·m}$$

② 剪应力计算公式

$$\tau_\rho = \frac{M_n}{I_P} \rho \; ; \; \tau_{max} = \frac{M_n}{W_n}$$

③ 强度条件

$$\tau_{max} = \frac{M_n}{W_n} \leqslant [\tau] \; ; \; M_n \text{ 应取截面上的最大扭矩的绝对值。}$$

（3）两种截面的极惯性矩和抗扭截面系数

圆截面
$$I_p = \frac{\pi D^4}{32}, \; W_n = \frac{\pi D^3}{16}$$

圆环截面
$$I_p = \frac{\pi D^4}{32}(1-\alpha^4) \; ; \; W_n = \frac{\pi D^3}{16}(1-\alpha^4) \; ; \; \alpha = \frac{d}{D}$$

（4）强度条件与刚度条件计算公式可解决的三方面问题

① 求许可力偶矩或功率。

② 设计截面尺寸。

③ 进行强度和刚度校核。

【自我评估】

2-7-1　两根轴的直径 d 和长度 L 相同，而材料不同，在相同的扭矩作用下，它们的最大剪应力是否相同？为什么？

2-7-2　判断题图 2-7-1(a)、(b)、(c) 所示剪应力分布图，是否正确？

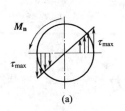 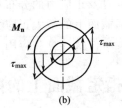 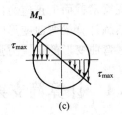

| (a) | (b) | (c) |

题图 2-7-1

2-7-3　题图 2-7-2 中传动轴转速 $n = 250 \text{r/min}$，主动轴输入功率 $P_B = 8\text{kW}$，从动轮 A、C、D 输出功率 $P_A = 5\text{kW}$、$P_C = 2\text{kW}$、$P_D = 1\text{kW}$，试画该轴扭矩图。

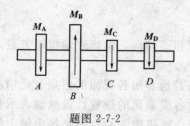

题图 2-7-2

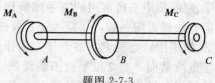

题图 2-7-3

2-7-4　圆轴直径 $d=50$mm，转速 $n=120$r/min，若该轴横截面上的最大剪应力 $\tau_{max}=60$MPa，问圆轴传递的功率为多大？

2-7-5　某轴直径 $d=100$mm，材料的许用剪应力 $[\tau]=50$MPa，当轴传递的功率 $P=250$kW 时，求轴的转速为多少？

2-7-6　题图 2-7-3 所示，圆轴 AB 受到输入外力偶矩 $M_B=1200$N·m，输出力偶矩 $M_A=800$N·m 与 $M_C=400$N·m，若许用切应力 $[\tau]=50$MPa，试设计轴径。

2-7-7　传动轴如题图 2-7-4 所示，轴的转速 $n=300$r/min，主动轮输出功率 $P_C=30$kW，从动轮输出功率 $P_A=5$kW，$P_B=10$kW，$P_D=15$kW，轴的直径 $d=44$mm，材料的许用剪应力 $[\tau]=40$MPa，试校核轴的强度。

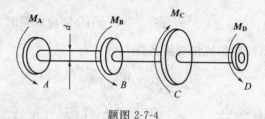

题图 2-7-4

学习情境 2.8　直梁弯曲

【学习目标】

（1）了解平面弯曲的概念；弯曲变形的受力特点及变形特征。
（2）熟练掌握用截面法求解梁横截面上的内力——剪力和弯矩。
（3）熟练掌握用简捷法绘制剪力图和弯矩图。
（4）掌握梁横截面上正应力的计算及正应力的分布规律。
（5）能熟练计算梁弯曲变形时横截面上的最大正应力。
（6）掌握弯曲变形的正应力强度条件及计算和应用。

任务 2.8.1　计算简支梁指定截面上的内力

【任务描述】

如图 2-8-1 所示简支梁，梁上 C 点作用一集中力 $F=60$kN，$a=2$m，$b=4$m，$x=1.5$m。试求 1-1 截面上的内力。

【任务分析】

根据任务描述，该任务需要分析发生弯曲变形的梁任一横截面上的内力，根据前面掌握的知识，不论结构发生的是何种变形，求内力的方法都采用截面法，但不同的变形其横截面上的内力是不相同的，这就需要我们掌握弯曲和平面弯曲的概念、弯曲变形的受力特点和变

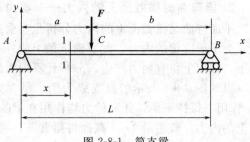

图 2-8-1　简支梁

形特征以及梁弯曲时横截面上的内力等基本知识，进而运用截面法求解内力。

【知识准备】

1. 弯曲和平面弯曲的概念

（1）弯曲变形　当直杆受到与其轴线垂直的外力或通过轴线平面内力偶作用时，杆的轴线由原来的直线变成曲线，这种变形称为**弯曲变形**。以承受弯曲变形为主的杆件称为**梁**。梁是机械设备和工程结构中最常见的构件，如图 2-8-2 所示行走式起重机大梁，如图 2-8-3 所示火车轮轴。为了研究方便，通常将梁进行简化，用梁的轴线表示原来的梁。行走式起重机大梁就简化成简支梁，火车轮轴简化成双侧外伸梁。

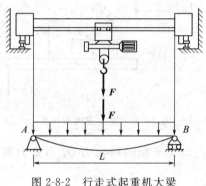

图 2-8-2　行走式起重机大梁

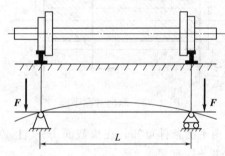

图 2-8-3　火车轮轴

（2）平面弯曲　在工程上最常见的直梁，其横截面上大多都有一个或几个对称轴，如图 2-8-4 所示，由横截面的对称轴与梁的轴线组成的平面称为**纵向对称平面**。

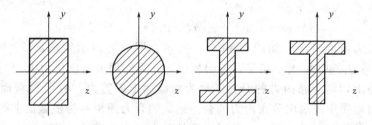

图 2-8-4　横截面的对称轴

当作用在梁上的所有外力（包括支座反力）都位于梁的纵向对称平面内时，梁的轴线在纵向对称平面内被弯成一条光滑的平面曲线，这种弯曲变形称为**平面弯曲**，如图 2-8-5 所示。

本部分主要讨论直梁的平面弯曲变形。

2. 梁弯曲时横截面上的内力——剪力和弯矩

平面弯曲梁横截面上的内力分析是对梁进行强度和刚度计算的基础。

为了研究梁的内力，先要确定梁上的外力，梁的外力包括载荷和约束反力。梁在外力作用下，截面上将有内力产生，分析计算内力的方法仍然采用截面法。

以如图 2-8-6 所示的简支梁为例，梁在集中力 F_1、F_2、均布载荷 q 以及支座反力 F_A、F_B 作用下保持平衡，此五种力均作用在梁的纵向对称平面内，为一平面力系，要求 1—1 截面上的内力，假想沿 1—1 截面将梁截开，将梁分解成左、右两部分。如果取左端为研究对象，如图 2-8-6（b）所示。

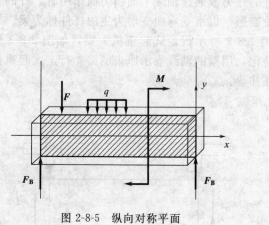

图 2-8-5 纵向对称平面   图 2-8-6 简支梁内力计算

由平衡条件可知，在横截面 1—1 上必定有维持左段梁平衡的横向力 Q_1 以及力偶 M_1。按平衡条件有：

$$\sum F_y = 0 \qquad 即 \qquad F_A - Q_1 - F_1 = 0$$

所以有

$$Q_1 = F_A - F_1$$

取截面形心 C_1 为矩心，则

$$\sum M_{c1} = 0，即 \quad -F_A x_1 + F_1(x_1 - a) + M_1 = 0$$

如果取右段为研究对象，如图 2-8-6（c）所示，同样可以求得截面 1—1 的内力 Q_1' 和 M_1'，它们分别与 Q_1 和 M_1 大小相等，方向相反，互为作用力与反作用力。

Q 是横截面上切向分布内力的合力，称为横截面上的**剪力**。M 是横截面上受拉区法向分布内力的合力与受压区法向分布内力的合力组成的合力偶矩称为横截面上的**弯矩**。

为使在取左段和取右段为研究对象时得到的剪力和弯矩符号一致，对剪力和弯矩的符号作如下规定：使微段梁产生左侧截面向上、右侧截面向下相对错动的剪力为正，如图 2-8-7（a）所示；反之为负，如图 2-8-7（b）所示。使微段梁产生上凹下凸弯曲变形的弯矩为正，如图 2-8-8（a）所示；反之为负，如图 2-8-8（b）所示。

剪力和弯矩的符号可以根据梁上的外力直接判定：截面左段梁向上作用的横向外力或右段梁向下作用的横向外力在该截面上产生的剪力为正，反之产生的剪力为负；截面左段梁上的横向外力（或外力偶）对截面形心的力矩为顺时针转向，或截面右段梁上的横向外力（或外力偶）对截面形心的力矩为逆时针转向，则在该截面上产生的弯矩为正，反之产生负弯矩。上述结论可归纳为一个简单的口诀："**左上右下，剪力为正；左顺右逆，弯矩为正。**"

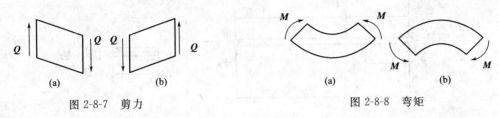

图 2-8-7　剪力　　　　　　　　　　图 2-8-8　弯矩

总结以上的例题中对剪力和弯矩的计算，可以得出：

（1）任一截面上的剪力在数值上等于所截开截面左段（或右段）梁上所有横向外力的代数和，即

$$Q = \sum F \qquad\qquad (2\text{-}8\text{-}1)$$

（2）任一截面上的弯矩在数值上等于所截开截面左段（或右段）梁上所有外力对该截面形心 C 的力矩的代数和，即

$$M = \sum M_C \qquad\qquad (2\text{-}8\text{-}2)$$

熟练掌握剪力和弯矩符号的直接判定法，就不需要再画分离体受力图、列平衡方程，而直接根据该截面左段或右段上的外力按式（2-8-1）和式（2-8-2）进行计算，可以极大地提高运算速度，也使内力计算得到简化。

3. 运用截面法求剪力和弯矩的要点及注意事项

（1）首先根据静力学的平衡方程求出作用在梁上的外力。

（2）对所求截面的剪力和弯矩按照"**左上右下，剪力为正；左顺右逆，弯矩为正**"的口诀均假设为正值。

（3）特别要注意的是：由于弯矩 M 是横截面上受拉区法向分布内力的合力与受压区法向分布内力的合力组成的合力偶矩，因此，在求解弯矩时取矩点不能随便选取，必须选在所截开截面的形心。

【任务实施】

解：

（1）求简支梁的支座反力。

以梁 AB 为研究对象，受力图如图 2-8-9(a) 所示。由于梁 A 处为固定铰链支座，B 处为活动铰链支座，结合平面弯曲的概念，在 A、B 两处分别作用有力 F_A 和 F_B，可由静力学的平衡方程计算出大小。

$$\sum M_A(F) = 0 \qquad 得 \quad F_B \times (a+b) - F \times a = 0$$

解得：

$$F_B = \frac{Fa}{a+b} = \frac{60 \times 2}{2+4} = 20(\text{kN})$$

$$\sum F_y = 0; 得 \quad F_A + F_B - F = 0$$

解得：

$$F_A = F - F_B = 60 - 20 = 40(\text{kN})$$

（2）计算 1—1 截面的剪力和弯矩值。

如图 2-8-9(b) 所示，用一假想平面沿 1—1 截面将梁截开，取左端为研究对象，由于所截开的截面位于整个研究对象的右侧，因此，正的剪力为"右下"；正的弯矩为"右逆"，所以，该截面上的剪力向下，弯矩为逆时针转动。根据式（2-8-1）和式（2-8-2）解得：

学习情境 2.8　直／梁／弯／曲

$$Q_1 = \sum F = F_A = 40 \, (\text{kN})$$
$$M_1 = \sum M_{C_1} = F_A x = 40 \times 1.5 = 60 \, (\text{kN} \cdot \text{m})$$

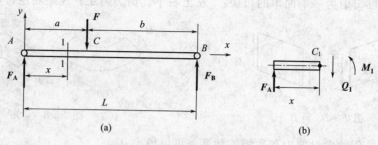

图 2-8-9　简支梁的内力计算

任务 2.8.2　绘制外伸梁的剪力图和弯矩图

【任务描述】

外伸梁受力及结构尺寸如图 2-8-10 所示，试绘制梁的内力图。

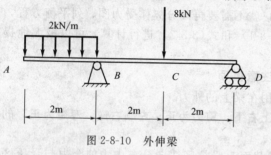

图 2-8-10　外伸梁

【任务分析】

根据任务描述，需要绘制外伸梁的内力图。而梁横截面上的内力是由剪力和弯矩组成的，因此，内力图就包括剪力图和弯矩图。与绘制轴力图、扭矩图一样，梁的内力图可以反映出梁的内力随截面位置的变化，通过对内力图的分析可以一目了然地表明梁的各横截面上剪力和弯矩沿轴线的分布情况，利用剪力图和弯矩图很容易确定梁的最大剪力和最大弯矩，找出梁危险截面的位置，所以，正确绘制剪力图和弯矩图是梁的强度和刚度计算的基础。

【知识准备】

1. 梁的内力图——剪力图和弯矩图

梁的内力随截面位置变化的图线，称为梁的**内力图**。内力图包含剪力图和弯矩图。剪力图和弯矩图的坐标系统如图 2-8-11 所示。

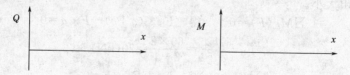

图 2-8-11　剪力图和弯矩图的坐标系统

其中的 x 轴必须与梁轴线平行，用以表示截面位置，因此要求剪力图和弯矩图必须画在梁的下方并反映出相应的截面位置。

2. 绘制剪力图和弯矩图的基本方法

绘制梁内力图的方法有很多，常用的基本方法有以下三种。

（1）方程法　从内力的求解中，可以看到一般情况下，梁横截面上的剪力、弯矩随截面位置而变化。若以梁的轴线为 x 轴，则坐标 x 表示梁上横截面的位置。那么剪力和弯矩可表示为 x 的函数。即

$$Q = Q(x)$$
$$M = M(x)$$

分别称为剪力方程和弯矩方程。

对所要分析的梁，通过列出剪力方程和弯矩方程并根据方程绘制出剪力图和弯矩图的方法称为**方程法**。

方程法是绘制剪力图和弯矩图最基本的方法，但此方法不适合于梁上载荷较复杂的情况，而且绘图过程也较繁琐。

（2）简捷法　利用梁上载荷与剪力、弯矩的微分关系绘制剪力图和弯矩图的方法称为**简捷法**。用简捷法绘制内力图简单、快捷，而且可以很容易地掌握。因此，在绘制梁的内力图时经常使用，本部分主要讲解并要求掌握简捷法。

（3）叠加法　在线弹性范围内和小变形条件下的平面弯曲梁，任一载荷产生的支座反力、弯矩和变形，不受其他载荷的影响。若梁上同时承受几个载荷作用而产生的支座反力、内力和变形，等于各个载荷单独作用时引起的支座反力、内力和变形的代数和，称为**叠加原理**。利用叠加原理求支座反力、内力和变形的方法称为**叠加法**。事实上，在求解梁的支座反力、内力和变形时都可以采用叠加法。

采用叠加法绘制内力图需要在掌握和记忆一定数量内力图的基础上进行，对于初学者来说难度较大。

3. 简捷法

（1）梁上载荷与剪力、弯矩的微分关系

$$\frac{\mathrm{d}Q(x)}{\mathrm{d}x} = q(x) \tag{2-8-3}$$

上式表明，梁上任一横截面上的剪力对 x 的一阶导数等于作用在该截面处的分布载荷集度。这一微分关系的几何意义是：剪力图上某一点切线的斜率等于相应截面处的分布载荷集度。

$$\frac{\mathrm{d}M(x)}{\mathrm{d}x} = Q(x) \tag{2-8-4}$$

上式表明，梁上任一横截面上的弯矩对 x 的一阶导数等于作用在该截面处的剪力。这一微分关系的几何意义是：弯矩图上某一点切线的斜率等于相应截面上的剪力值。

$$\frac{\mathrm{d}^2 M(x)}{\mathrm{d}x^2} = q(x) \tag{2-8-5}$$

上式表明，梁上任一横截面上的弯矩对 x 的二阶导数等于作用在该截面处的分布载荷集度。这一微分关系的几何意义是：由分布载荷集度的正负可以确定弯矩图的凹凸方向。

（2）用简捷法绘制梁的内力图　由梁上载荷与剪力、弯矩的微分关系及几何意义，可以总结出梁的剪力图、弯矩图的**图形变化规律**。利用这些规律，只要知道梁上外力情况，就可以知道梁各段剪力图、弯矩图的图形形状。因此，只要计算出控制截面（分界点、极值点所在的截面位置）的剪力值、弯矩值，就可以直接点绘出梁的剪力图和弯矩图。

（3）梁内力图的图形变化规律　下面我们将绘制梁的内力图中最常用的图形变化规律总结成五个要点。掌握这五个要点对于绘制常见梁的内力图是足够用了，更加全面的图形规律参看表 2-8-1。

表 2-8-1　梁的剪力、弯矩图的规律

载荷类型	无载荷段 $q(x)=0$	均布载荷 $q(x)=$ 常数		集中力		集中力偶	
		$q<0$	$q>0$	F C	C F	M C	M C
Q 图	水平线	倾 斜 线		产生突变		无影响	
				F	F		
M 图	$Q>0$ 倾斜线 ／ ｜ $Q=0$ 水平线 ｜ $Q<0$ 倾斜线 ＼	二次抛物线 $Q=0$ 有极值		在 C 处有折角		产生突变	
				C	C	M	M

① 如果某段梁上无分布载荷作用（$q=0$），剪力图是一条水平直线，弯矩图是一条斜直线。

② 如果某段梁上有分布载荷作用（$q\neq0$）且均布载荷向下（$q<0$），剪力图是一条下斜直线（＼）；弯矩图为上凸二次抛物线（⌢）。

③ 在集中力作用的截面位置处，剪力图将发生突变，其突变值等于该处集中力的大小，而弯矩图会出现"尖点"。

④ 在集中力偶作用的截面位置处，剪力图无变化，弯矩图发生突变，其突变值等于该处集中力偶矩的大小。

⑤ 剪力等于零的截面位置处，弯矩有极值。

（4）用简捷法绘图的步骤及注意事项

步骤如下。

① 求出梁的支座反力（悬臂梁可不求）。

② 根据梁上载荷作用情况分段（依据外力变化分段）。

③ 判断各段剪力图、弯矩图的大致图形形状。

④ 求控制截面的剪力值和弯矩值。

⑤ 逐段画出剪力图和弯矩图。

⑥ 在图上标注各控制截面的内力值。

注意事项如下。

① 剪力图、弯矩图必须画在梁的下方并与截面位置对齐。

② 若有剪力为零的截面，在剪力图上标注截面位置，在弯矩图上求出相应的弯矩值。

③ 绘制曲线至少需要有三个控制值。

【任务实施】

解：

（1）求出梁的支座反力。

取梁 AB 为研究对象，受力如图 2-8-12(a) 所示。列平衡方程

$$\sum M_B = 0$$
$$F_D \times 4 - F \times 2 + q \times 2 \times 1 = 0$$

所以

$$F_D = 3(\text{kN})$$
$$\sum F_y = 0$$
$$-q \times 2 + F_B - F + F_D = 0$$

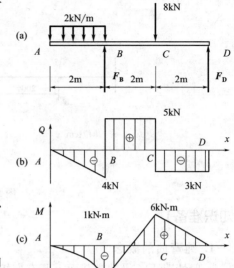

图 2-8-12　梁的内力图

所以有

$$F_B = F + q \times 2 - F_D = 8 + 4 - 3 = 9(\text{kN})$$

（2）根据梁上作用的外力情况，将梁分成 AB、BC 和 CD 三段。

（3）画剪力图。

① AB 段上有向下的均布载荷，其剪力图为向下的斜直线。由剪力计算可知 A 点剪力为：$Q_A = 0$；B 点左侧的剪力为：$Q_{B左} = -q \times 2 = -4(\text{kN})$。

② BC 段上无均布载荷，其剪力图为一水平线。而且 B 点右侧的剪力为

$$Q_{B右} = -q \times 2 + F_B = 9 - 4 = 5(\text{kN})$$

③ CD 段无均布载荷，其剪力图也是水平线，以右段计算剪力，$Q_{C右} = -F_D = -3\text{kN}$。

剪力图如图 2-8-12(b) 所示。

（4）画弯矩图。

① AB 段上有向下的均布载荷，其弯矩图为向上凸的二次曲线。由 $Q_A = 0$ 可知，A 点截面上的弯矩为零，即 $M_A = 0$；B 点截面左侧弯矩，$M_B = -q \times 2 \times 1 = -4\text{kN} \cdot \text{m}$，由于 AB 段弯矩图为曲线，还需求第三点的控制值即 $M_中 = -q \times 1 \times 0.5 = -1\text{kN} \cdot \text{m}$，可画出 AB 段的弯矩图。

② BC 和 CD 段无均布载荷，其弯矩图均为斜直线，且各点的弯矩分别为 $M_B = -4\text{kN} \cdot \text{m}$，$M_D = 0$。由此可以画出 BC 和 CD 段的弯矩图。$M_C = F_D \times 2 = 3 \times 2 = 6\text{kN} \cdot \text{m}$

梁的弯矩图如图 2-8-12(c) 所示。

任务 2.8.3　悬臂梁指定截面上正应力的计算

【任务描述】

一矩形截面的悬臂梁如图 2-8-13 所示。已知 $F = 1.5\text{kN}$，试求 C 截面上 a、b 点的正应力和该截面上最大的拉应力及最大压应力。

【任务分析】

根据任务描述，悬臂梁在集中力 F 的作用下发生的是平面弯曲变形，通过上一个任务我们已能求解任一截面的内力，要想求解指定截面、指定点的正应力和该截面上最大的拉应力及最大压应力，就必须掌握梁弯曲时横截面上正应力的计算、分布规律等相关知识。

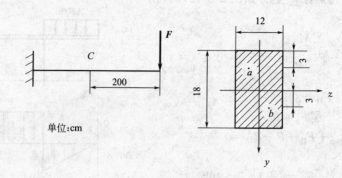

图 2-8-13 悬臂梁

【知识准备】

1. 纯弯曲的概念

一般情况下，梁的横截面上既有弯矩，又有剪力。这种弯曲称为**横力弯曲**；若梁上的横截面上只有弯矩而无剪力，称为**纯弯曲**。

如图 2-8-14(a) 所示的简支梁 AB，由剪力图和弯矩图可知 [如图 2-8-14(b)、(c) 所示]：CD 段梁上的剪力值为零，而弯矩值为 M，AC 和 DB 段的剪力值、弯矩值均不为零，因此 CD 段上发生的是纯弯曲，而 AC 和 DB 段为横力弯曲。

纯弯曲的梁横截面上仅有正应力。为研究梁横截面上的正应力及分布规律，需从研究纯弯曲入手，然后推广到横力弯曲。理论与试验均可证明，这样做对于横力弯曲的细长梁（横截面高度 h 和梁跨度 L 之比 $h/L \leqslant 0.2$ 的梁），只要材料在弹性范围之内，所得纯弯曲结论和公式仍然适用。

2. 中性层和中性轴的概念

梁弯曲变形后，靠近顶层的纵向纤维缩短，靠近底层的纵向纤维伸长。由变形的连续性可知，其间必有一层既不伸长也不缩短的纤维，这一长度不变的纵向纤维层称为**中性层**。中性层与横截面的交线称为**中性轴**。经推导可知：**中性轴必通过横截面的形心**。中性轴通常用 z 轴来表示。如图 2-8-15 所示。

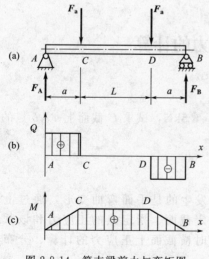

图 2-8-14 简支梁剪力与弯矩图

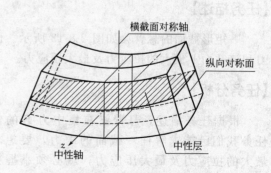

图 2-8-15 中性层和中性轴

3. 正应力的计算公式及分布规律

（1）梁任一截面任一点处的正应力计算公式

$$\sigma = \pm \frac{My}{I_z} \qquad (2\text{-}8\text{-}6)$$

式中　M——横截面的弯矩；

　　　y——横截面上所求应力点到中性轴的距离；

　　　I_z——截面对中性轴**惯性矩**，单位为 m^4 或 mm^4。

正负号规定：拉应力为正，压应力为负。

（2）梁任一截面上的最大正应力计算公式　从式（2-8-6）可知，在离中性轴最远的梁的上、下边缘处正应力最大。即

$$\sigma_{max} = \pm \frac{My_{max}}{I_z} \qquad (2\text{-}8\text{-}7)$$

令 $W_z = \dfrac{I_z}{y_{max}}$，称为**横截面对中性轴的弯曲截面模量**，单位是 m^3 或 mm^3。则

$$\sigma_{max} = \pm \frac{M}{W_z} \qquad (2\text{-}8\text{-}8)$$

正值表示最大拉应力，负值表示最大压应力。

（3）横截面上正应力的分布规律　由公式（2-8-6）可知，横截面上任一点的正应力与该点到中性轴的距离 y 成正比，离开中性轴越远正应力越大，中性轴上各点正应力为零。正应力沿截面高度线性分布，距离中性轴等远处即 y 值相同的点，正应力也相等。如图 2-8-16 所示。

（4）惯性矩和弯曲截面模量的计算　惯性矩和弯曲截面模量与截面的形状有关，反映了截面的几何性质，对于型钢可查型钢表得出，下面将给出常用的简单图形惯性矩和弯曲截面模量的计算公式。

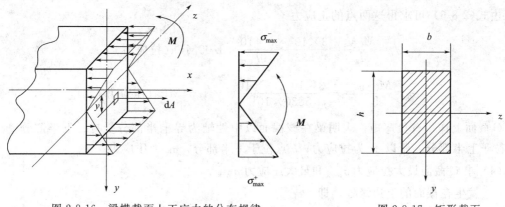

图 2-8-16　梁横截面上正应力的分布规律　　　　　图 2-8-17　矩形截面

① 矩形截面　如图 2-8-17 所示，$I_z = \dfrac{bh^3}{12}$；$I_y = \dfrac{hb^3}{12}$；$W_z = \dfrac{bh^2}{6}$；$W_y = \dfrac{hb^2}{6}$。

② 圆形截面　如图 2-8-18 所示，$I_z = I_y = \dfrac{\pi D^4}{64}$；$W_z = W_y = \dfrac{\pi D^3}{32}$。

③ 圆环形截面　如图 2-8-19 所示，$I_y = I_z = \dfrac{\pi D^4}{64}(1-\alpha^4)$；$W_y = W_z = \dfrac{\pi D^3}{32}(1-\alpha^4)$。

式中，D 为圆环外径，d 为圆环内径，α 为内外径之比，即 $\alpha = \dfrac{d}{D}$。

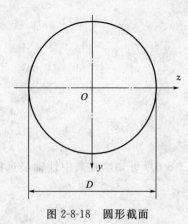

图 2-8-18　圆形截面

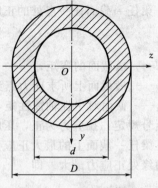

图 2-8-19　圆环形截面

【任务实施】

解：

（1）计算 C 截面的弯矩 M_C

$$M_C = -2F = -2 \times 1.5 = -3\text{kN} \cdot \text{m}$$

（2）计算惯性矩

$$I_z = \frac{bh^3}{12} = \frac{12 \times 18^3}{12} = 5830(\text{cm}^4)$$

（3）求 a、b 两点的正应力

a、b 两点到中性轴的距离分别为

$$y_a = \frac{18}{2} - 3 = 6(\text{cm}); \quad y_b = 3\text{cm}$$

由式（2-8-6）可求得这两点的正应力

$$\sigma_a = \frac{M_C y_a}{I_z} = \frac{3 \times 10^6 \times 6 \times 10}{5830 \times 10^4} = 3.09\text{MPa}（拉应力）$$

$$\sigma_b = \frac{M_C y_b}{I_z} = -\frac{3 \times 10^6 \times 3 \times 10}{5830 \times 10^4} = -1.54\text{MPa}（压应力）$$

C 截面上作用有负弯矩，表明梁在该截面以中性轴为界上半部分受拉、下半部分受压，a 点位于上半部分，所以 σ_a 为拉应力；b 点位于下半部分，σ_b 为压应力。

（4）求 C 截面最大拉应力 σ_{max}^+ 和最大压应力 σ_{max}^-

σ_{max}^+ 发生在截面的上边缘处，即

$$W_z = \frac{bh^2}{6} = \frac{12 \times 18^2}{6} = 648(\text{cm}^3)$$

由式（2-8-8）可得：

$$\sigma_{max}^+ = \frac{M_C}{W_z} = \frac{3 \times 10^6}{648 \times 10^3} = 4.63(\text{MPa})$$

σ_{max}^- 发生在截面的下边缘处，由于矩形截面上下对称，故最大拉、压应力的绝对值相等，则

$$\sigma_{max}^- = 4.63\text{MPa}$$

任务 2.8.4　梁的强度校核

【任务描述】

如图 2-8-20 所示矩形截面钢梁受力如下，已知梁所用材料 $[\sigma]=160\text{MPa}$，$q=20$ kN·m，$L=8$m。求出弯矩图并校核梁的正应力强度。

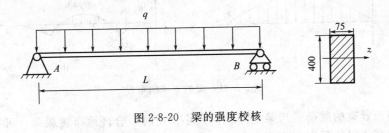

图 2-8-20　梁的强度校核

【任务分析】

根据任务描述，需要对矩形截面梁进行正应力强度计算，这就要求我们必须掌握梁弯曲正应力强度条件，并能应用强度条件对结构进行分析、计算。

【知识准备】

1. 梁的弯曲正应力强度条件

为了保证梁能安全地工作，必须使梁具备足够的强度。对梁来说，最大弯曲正应力所在截面为危险截面，最大正应力所在的点为危险点。由于梁的最大正应力发生在距中性轴最远的上、下边缘处。如果材料的许用应力为$[\sigma]$，则梁弯曲正应力强度条件为

$$\sigma_{\max}=\frac{M_{\max}}{W_z}\leqslant[\sigma] \tag{2-8-9}$$

公式(2-8-9)只适用于许用拉应力$[\sigma^+]$和许用压应力$[\sigma^-]$相等的塑性材料。对于脆性材料（如铸铁），许用拉应力$[\sigma^+]$和许用压应力$[\sigma^-]$是不相等的，应分别建立相应强度条件，即

$$\sigma_{\max}^+=\frac{M_{\max}y_{\max}^+}{I_z}\leqslant[\sigma^+] \tag{2-8-10}$$

$$\sigma_{\max}^-=\frac{M_{\max}y_{\max}^-}{I_z}\leqslant[\sigma^-] \tag{2-8-11}$$

应用梁的正应力强度条件同样可以解决强度校核、设计截面尺寸、确定许可载荷三类强度问题。

2. 提高梁承载能力的措施

设计工程构件时，既要保证杆件具有足够的承载能力，又要尽量节省材料，降低成本，为了解决这一矛盾需要研究提高杆件强度和刚度的具体措施。根据杆件强度和刚度的有关知识，可采用以下几种措施来提高杆件的强度和刚度。

(1) 合理布置梁的支承　在梁的尺寸和截面形状已定的条件下，合理布置梁的支承，可以起到降低梁上最大弯矩的作用；同时也缩小了梁的跨度，从而提高了梁的强度和刚度。如图 2-8-21(a) 所示受均布载荷的简支梁。若将两个支座适当向内侧移动。例如移动$L/5$，如

图 2-8-21(b)，则其最大弯矩和最大挠度都显著减小，从而提高梁的强度和刚度。

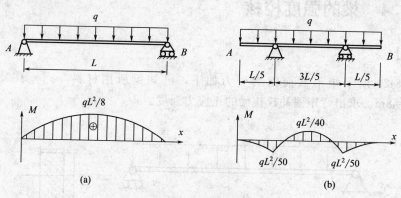

图 2-8-21　梁的支承的布置

（2）合理布置梁的载荷　当梁上的载荷大小一定时，合理地布置载荷，可以减少梁上的最大弯矩，提高了梁的强度和刚度。

如图 2-8-22(a) 所示，简支梁上承受集中力 F，集中力 F 的布置形式和位置不同，梁的最大弯矩也不同。因此，机械工程中的齿轮、胶带轮等都尽量靠近轴承处，以提高梁的弯曲强度：将梁上的集中载荷分散为两处靠近支座的集中力，如图 2-8-22(b) 所示，或用分散为均布载荷 $q=\dfrac{F}{L}$ 的方法，如图 2-8-22(c)，梁的最大弯矩也将显著减小，从而提高梁的强度和刚度。

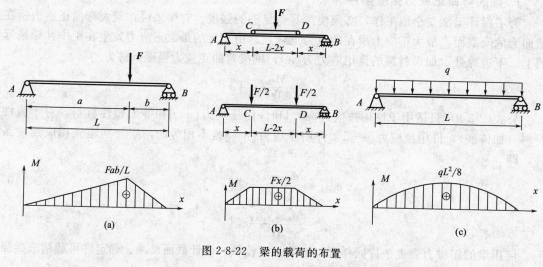

图 2-8-22　梁的载荷的布置

（3）选择梁的合理截面形状　对于平面弯曲梁，从弯曲正应力强度考虑，比较合理的截面形状是在截面面积 A 一定的前提下，使截面具有最大的弯曲截面模量 W_z，即比值 $\dfrac{W_z}{A}$ 越大，截面越经济合理。即使是同一矩形截面，立放要比平放具有较大的抗弯能力。工程中常见截面的 $\dfrac{W_z}{A}$ 如表 2-8-2 所示。

由表 2-8-2 可见，圆环形截面优于矩形截面，矩形截面优于圆形截面，而最为合理的截面形状为工字形、槽形截面。

表 2-8-2　常见截面的 $\dfrac{W_z}{A}$

	圆形	矩形	环形	槽形	工字形
截面形状	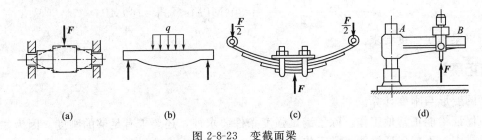				
W_z/A	$0.125h$	$0.167h$	$0.205h$	$(0.207 \sim 0.31)h$	$(0.207 \sim 0.31)h$

（4）采用变截面的梁　一般情况下，梁的截面位置不同，弯矩值就不同。等截面梁的截面尺寸由最大弯矩确定，因此除了危险截面的 σ_{max} 可以达到材料的许用应力 $[\sigma]$ 外，其他截面的正应力均小于许用应力，材料未被充分利用。从全梁受力分析，等截面梁并不合理，故机械中常采用变截面梁，如阶梯轴 [如图 2-8-23（a）]、鱼腹梁 [如图 2-8-23（b）]、汽车板簧 [如图 2-8-23（c）]、摇臂钻床的铸铁横臂 AB [如图 2-8-23（d）] 等，它们的截面尺寸随弯矩大小而定，称为**变截面梁**。变截面梁可使各截面的最大应力都达到许用值，即全梁达到等强度，因此称为**等强度梁**。

（a）　　　　　　（b）　　　　　　（c）　　　　　　（d）

图 2-8-23　变截面梁

（5）缩短跨度或增加支座　梁的跨度直接影响到梁的强度和刚度。例如悬臂梁自由端受集中力作用时，其最大弯矩与梁长度的一次方成正比，而最大转角和挠度分别与梁长度的二次方和三次方成正比。因此，减小梁的跨度不但能提高梁的强度，更有利于提高梁的刚度。如果梁的跨度不允许缩短，可以增加支座的方式达到减小梁的跨度的目的，提高梁的强度和刚度。

（6）合理选用材料　根据材料的力学性能可知，优质钢的强度指标较高，因此选用优质钢可提高构件的强度。但选用优质钢不能提高构件的刚度。因为弹性模量 E 反映的是材料抵抗弹性变形的能力，只有选用弹性模量较大的材料才可提高构件的刚度，通常各类钢材的弹性模量数值相差不大，所以选用高强度的优质钢对提高梁的刚度作用不大，还可能增加成本，造成浪费。

应当指出，上述措施仅从强度和刚度角度考虑，在实际工程中，还应结合工艺要求、结构功能等因素做出全面的分析，以确定最为合理的解决方案。

【任务实施】

解：

（1）画梁的弯矩图，求最大弯矩值，如图 2-8-24 所示。

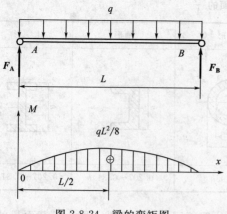

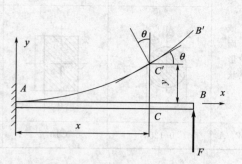

图 2-8-24　梁的弯矩图　　　　　　图 2-8-25　悬臂梁的平面弯曲

$$M_{\max}=\frac{qL^2}{8}=\frac{20\times 8^2}{8}=160(\text{kN}\cdot\text{m})$$

（2）计算抗弯截面模量

$$W_z=\frac{bh^2}{6}=\frac{75\times 400^2}{6}=2\times 10^6(\text{mm}^3)$$

（3）强度校核

$$\sigma_{\max}=\frac{M_{\max}}{W_z}=\frac{160\times 10^6}{2\times 10^6}=80(\text{MPa})<[\sigma]=160\text{MPa}$$

所以梁满足强度要求。

【知识拓展】

梁的变形与刚度计算。

为保证梁能正常地工作，除了满足强度条件要求外，还要求有足够的刚度。因为如果梁的变形过大，不能保证梁能正常工作。

（1）梁的变形——挠度和转角　梁变形的主要特征是轴线由直线变为曲线，梁的变形曲线称为**挠曲线**。梁轴线上任一点的竖向线位移称为**挠度**，用 y 表示，并规定挠度向上为正，反之，向下为负。横截面绕中性轴转过的角度称为**转角**，用 θ 表示，并规定转角以逆时针为正，反之为负。如图 2-8-25 所示悬臂梁发生平面弯曲时，挠曲线与外力作用的作用面相重合，是一条光滑平坦的平面曲线。在 xoy 坐标中，挠曲线上任一点的竖坐标即为相应截面的挠度，梁任意截面的挠度 y 随截面位置 x 变化。

即横截面的转角等于挠曲线在该截面处切线的斜率。可见只要求得梁的挠曲线方程 $y=f(x)$，梁上各截面的挠度 y 和转角 θ 均可求出。

（2）求梁变形的方法　求解梁变形的方法主要有积分法和叠加法两种。

① 积分法（参见图 2-8-25）　建立梁的挠曲线近似微分方程

$$\frac{\text{d}^2 y}{\text{d}x^2}=\frac{M(x)}{EI_z}\tag{2-8-12}$$

公式（2-8-12）称为**梁的挠曲线近似微分方程**。运用积分的方法即可求得各截面的挠度 y 和转角 θ。

② 叠加法　由于材料力学所研究的构件变形很小，因此，梁上同时承受几种载荷作用而产生的变形等于各载荷单独作用时引起变形的代数和。根据这一**叠加原理**求解变形的方法称为**叠加法**。

（3）梁的刚度条件　对于机械工程中的许多梁，除应满足强度条件外，还需具有足够的刚度。例如，机床主轴的变形如果过大，将影响加工精度；齿轮轴的变形过大，将影响齿轮的正常啮合；传动轴在支承处转角过大，将加速轴承的磨损等。计算梁变形的目的之一是对梁进行刚度计算，梁的**刚度条件**是最大挠度和转角不超过允许的范围，即

$$\left. \begin{array}{c} |y|_{max} \leqslant [y] \\ |\theta|_{max} \leqslant [\theta] \end{array} \right\}$$

(2-8-13)

式中，$[y]$和$[\theta]$分别为梁的许用挠度和转角。其值由梁的具体工作要求来确定，可以从有关机械设计手册中查得。

【学习小结】

（1）梁弯曲时横截面上有两个内力分量——剪力和弯矩。确定横截面上剪力和弯矩的基本方法是截面法。在掌握这一方法的基础上，也可以直接利用外力确定剪力和弯矩的数值和符号，即

① 横截面上的剪力等于该截面一侧梁上所有外力的代数和；

② 横截面上的弯矩等于该截面一侧梁上所有外力对该截面形心之矩的代数和；

③ 剪力、弯矩的正负规定："左上、右下，剪力为正；左顺、右逆，弯矩为正"。

（2）用简捷法绘制剪力图和弯矩图。

步骤：

① 求出梁的支座反力（悬臂梁可不求）；

② 根据梁上载荷作用情况分段（依据外力变化分段）；

③ 判断各段剪力图、弯矩图的大致图形形状；

④ 求控制截面的剪力值和弯矩值；

⑤ 逐段画出剪力图和弯矩图；

⑥ 在图上标注各控制截面的内力值。

注意事项：

① 剪力图、弯矩图必须画在梁的下方并与截面位置对齐；

② 若有剪力为零的截面，在剪力图上标注截面位置，在弯矩图上求出相应的弯矩值；

③ 绘制曲线至少需要有三个控制值。

（3）梁正应力计算公式

$$\sigma = \pm \frac{My}{I_z}$$

（4）梁正应力强度条件

$$\sigma_{max} = \frac{M_{max}}{W_z} \leqslant [\sigma]$$

使用以上公式需要注意如下。

① 横截面上正应力的分布规律是沿截面高度按直线变化，在中性轴上的正应力为零，在梁的上、下边缘处正应力最大；求解正应力要根据弯矩的正负判断受拉区和受压区，直接判断应力的正负。

② 横截面的惯性矩 I_z 及弯曲截面模量 W_z，是截面的两个重要的几何特性，截面的惯性矩越大，其正应力越小。为了尽量增大截面的惯性矩，可将某些构件的截面做成工字形、圆环形和空心等形状。

③ 中性轴通过截面形心。

④ 根据正应力强度条件，可以解决工程上的三类问题，即梁的强度校核、截面设计及确定许用载荷。

【自我评估】

2-8-1 什么是纵向对称平面、平面弯曲和纯弯曲？

2-8-2 如何计算剪力和弯矩？如何确定它们的正负号？这些正负号与静力平衡方程中的正负号有何区别？

2-8-3 什么是中性层、中性轴？如何计算截面对中性轴的惯性矩和抗弯截面模量？

2-8-4 试求题图2-8-1所示各梁指定截面上的剪力和弯矩。设 q、a、F 均为已知。

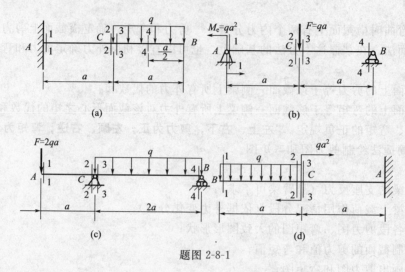

题图 2-8-1

2-8-5 指出题图2-8-2中 Q、M 图的错误并加以改正。

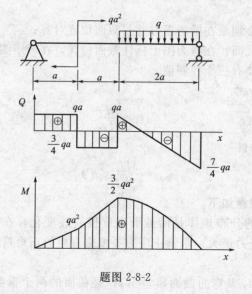

题图 2-8-2

2-8-6 简支梁结构尺寸与所受载荷如题图2-8-3所示，绘制梁的内力图。

2-8-7 简支梁受载荷如题图2-8-4所示，已知 $F=10\text{kN}$，$l=4\text{m}$，$a=1\text{m}$，$[\sigma]=160\text{MPa}$，试设计正方形截面和矩形截面（$h=2b$），并比较它们截面面积的大小。

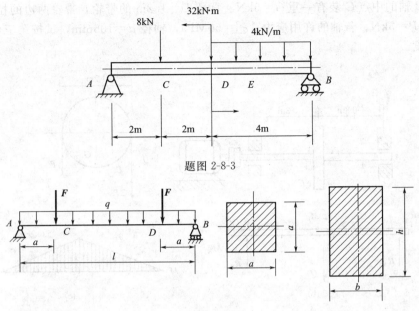

题图 2-8-3

题图 2-8-4

2-8-8　如题图 2-8-5 所示，支承阳台的悬臂梁为一根工字钢，其上受均布载荷 q 和集中力 F 作用。若 $F=2\text{kN}$，梁长 $l=2.5\text{m}$，工字钢的许用应力 $[\sigma]=100\text{MPa}$，试求 q 的许可值。（已知工字钢的弯曲截面模量为 628cm^3）

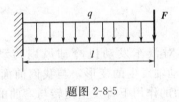

题图 2-8-5

学习情境 2.9　组合变形

【学习目标】

（1）了解组合变形的概念、主要种类。

（2）了解组合变形下强度计算的分析方法及与基本变形强度计算的联系。

（3）了解弯扭组合变形的概念。

（4）了解强度理论。

（5）了解构件在弯扭组合变形下的强度条件和强度计算的基本方法，会进行简单的强度计算。

任务 2.9　汽车发动机冷却风扇传动轴强度计算

【任务描述】

汽车发动机冷却风扇传动轴 AB 长 1.6m，用联轴器和电动机连接，如图 2-9-1（a）所示，在 AB 轴的中点 C 装有一重 $G=5$kN、直径 $D=1.2$m 的带轮，带轮两边的拉力分别为，P 和 $2P$，$P=3$kN。若轴的许用应力 $[\sigma]=50$MPa，轴径 $d=106$mm，试按第三强度理论校核轴的强度。

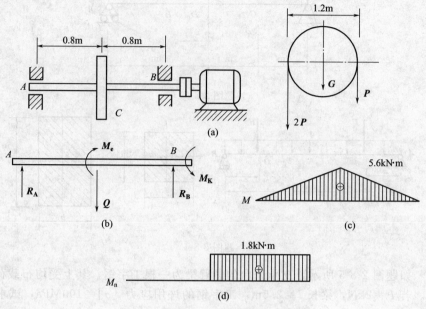

图 2-9-1　汽车发动机冷却风扇传动轴

【任务分析】

根据任务描述，本任务需对汽车发动机冷却风扇传动轴进行强度校核。通过观察图 2-9-1 发现，外力作用下的传动轴发生的变形，与我们前面有关部分中讨论过的四种基本变形情况不同，传动轴在带拉力的作用下将发生扭转与弯曲的组合变形，在情境 2.7 和情境 2.8 两个部分已经分别讨论了纯扭转和弯曲变形，那么，还需要掌握组合变形的内力、应力以及强度计算的基本理论，以便对结构进行强度分析。

【知识准备】

1. 组合变形的概念

工程实际中的许多构件，由于受力较复杂，往往存在着两种或两种以上的基本变形。如图 2-9-2(a) 所示悬臂吊车的横梁 AB，当起吊重物时，不仅产生弯曲变形，由于拉杆 BC 的作用，还会产生轴向压缩变形 [见图 2-9-2(b)]。又如图 2-9-3(a) 所示的齿轮轴，若将啮合力 P 向齿轮中心平移，则可简化成如图 2-9-3(b) 所示的受力情况，载荷 P 使轴产生弯曲变形；两个力偶 M_C 和 M_B 则使轴产生扭转变形。在外力作用下，构件若同时产生两种或两种以上的基本变形，这样的杆件变形称为**组合变形**。图 2-9-2 中的吊车横梁 AB 是压缩与弯曲的组合变形；图 2-9-3 中的齿轮轴则是弯曲与扭转的组合变形。

工程实践中的组合变形还有很多，如斜弯曲、偏心压缩（拉伸）等，本部分主要研究弯曲与扭转的组合变形。

2. 组合变形下强度计算的分析方法

由于我们所研究的都是小变形的构件，可以认为各载荷对物体的作用彼此独立，互不影

146

响，即任一载荷所引起的内力、应力和变形不受其他载荷的影响。因此，对组合变形构件的分析就可以采用**叠加原理**，采用先分解后综合的方法进行分析、求解，其基本思路和步骤如下。

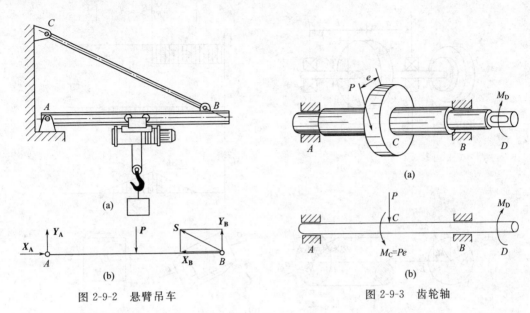

图 2-9-2　悬臂吊车　　　　　　　　　　　图 2-9-3　齿轮轴

（1）把作用在构件上的载荷进行简化，即将外力进行平移或分解，把构件上的外力转化为几个静力等效的载荷，使这几个静力等效的载荷各自对应着一种基本变形。

（2）分别计算构件在每种载荷单独作用下（每种基本变形）的内力、应力。

（3）将各个基本变形情况下所得结果叠加，得到构件在原载荷作用下的内力和应力，然后，按照危险点的应力状态及构件的破坏形式选择合适的强度条件进行强度计算。

3. 弯扭组合变形的概念

构件在载荷作用下，同时产生弯曲变形和扭转变形的情况，称为弯曲与扭转组合变形，简称弯扭组合变形。机械中的转轴，大多是在弯扭组合变形下工作。

4. 弯扭组合变形下的内力、应力及强度条件

（1）受力分析　如图 2-9-4(a) 所示，电动机通过联轴器带动齿轮轴，在轴左端的联轴器上作用外力偶矩 M 驱动轴转动。将作用于直齿圆柱齿轮上的啮合力 F 分解为圆周力 F_t 和径向力 F_r，根据力的平移定理，将圆周力 F_t 向轴线平移得作用于轴线上的横向力 F'_t 和附加力偶矩 M_F，圆轴的受力图如图 2-9-4(b) 所示。由平衡条件可以得出

$$M = M_F$$

力偶矩 M_F 和 M 使轴产生扭转变形，径向力 F_r 使轴在垂直平面（xz 平面）内产生弯曲变形，横向力 F'_t 则使轴在水平面（xy 平面）内产生弯曲变形。故传动轴属于弯扭组合变形。

（2）内力分析　传动轴的受力图如图 2-9-4(b)，分别作出轴的扭矩 T 图，垂直平面内的弯矩 M_z 图，水平平面内的弯矩 M_y 图，如图 2-9-4(c) 所示。传动轴在 AE 段各截面上的扭矩 T 均为

$$T = M = \frac{FD}{2} \tag{2-9-1}$$

在 AE 段的 E 截面上，xy 平面内的弯矩 M_y 和 xz 平面内的弯矩 M_z 都为最大值，由此

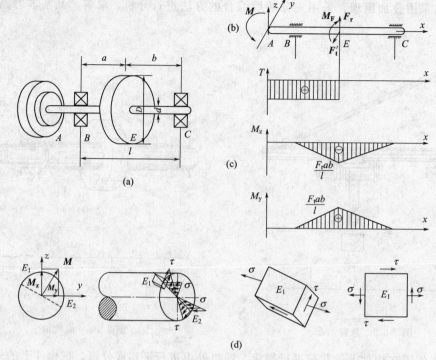

图 2-9-4

可见 E 截面是危险截面。M_y 和 M_z 分别为

$$M_{zmax} = \frac{F_r ab}{l} \tag{2-9-2}$$

$$M_{ymax} = \frac{F_t' ab}{l} \tag{2-9-3}$$

由于水平面的弯曲变形和垂直面的弯曲变形都发生在通过圆轴轴线的两个互相垂直的纵向对称平面内，因而可以把这两个相互垂直平面内的弯矩按矢量合成的方法进行合成，求出合成弯矩的大小为

$$M = \sqrt{M_{ymax}^2 + M_{zmax}^2} = \frac{ab}{l}\sqrt{F_t'^2 + F_r^2} \tag{2-9-4}$$

（3）应力分析　作出危险截面上的剪应力和正应力分布图，如图 2-9-4（d）所示。在危险截面上，剪应力在边缘上各点达到最大值，大小为

$$\tau = \frac{T}{W_p} \tag{2-9-5}$$

弯曲正应力在 E_1 点和 E_2 点上达到最大值，大小为

$$\sigma = \frac{M}{W_z} \tag{2-9-6}$$

边缘上各点扭转剪应力是相同的，而边缘上的 E_1 点和 E_2 点的弯曲正应力为最大值，因此 E_1 点和 E_2 点是危险点。

（4）强度条件　由塑性材料制成的传动轴，其抗拉和抗压强度相等，故可只取 E_1 点（或 E_2 点）进行强度校核。先围绕 E_1 点截取单元体，单元体为二向应力状态，根据第三强度理论，强度条件为

$$\sqrt{\sigma^2 + 4\tau^2} \leqslant [\sigma] \qquad (2\text{-}9\text{-}7)$$

将式（2-9-5）中的 τ 和式（2-9-6）中的 σ 代入上式，并注意到圆截面轴的 $W_p = 2W_z$，可得传动轴在扭转与弯曲组合变形下的强度条件为

$$\frac{\sqrt{M^2 + T^2}}{W_z} \leqslant [\sigma] \qquad (2\text{-}9\text{-}8)$$

若按第四强度理论，强度条件为

$$\sqrt{\sigma^2 + 3\tau^2} \leqslant [\sigma] \qquad (2\text{-}9\text{-}9)$$

将式（2-9-5）中的 τ 和式（2-9-6）中的 σ 及 $W_p = 2W_z$ 代入上式，可得传动轴在扭转与弯曲组合变形下按第四强度理论的强度条件

$$\frac{\sqrt{M^2 + 0.75T^2}}{W_z} \leqslant [\sigma] \qquad (2\text{-}9\text{-}10)$$

应指出的是，式（2-9-8）和式（2-9-10）适用于截面为圆形的、塑性材料制成的轴类杆件发生弯扭组合变形的情况。按第三强度理论计算偏于安全，按第四强度理论计算更接近于实际情况。

5. 强度理论简介

（1）强度理论概念　在工程实际中，很多构件的危险截面（点）都处于复杂应力状态，因此人们对材料的破坏现象进行了分析与研究，根据长期的实践和大量的试验结果，提出了材料失效规律的各种假说，这些假说称为**强度理论**。

（2）工程中常用的四种强度理论　实践和试验表明，材料破坏的形式可归结为两类：脆性断裂和塑性屈服。强度理论也相应地分为两大类：一类是以断裂为破坏标志，提出材料发生断裂破坏的条件；另一类是以屈服为破坏标志，提出材料发生屈服破坏的条件。在常温、静载条件下，常用四种强度理论如下。

① **最大拉应力理论（第一强度理论）**　这一理论认为最大拉应力是引起材料断裂破坏的主要原因。即无论材料处于何种应力状态，只要有一个主应力的数值达到了轴向拉伸或压缩时的强度极限 σ_b，就发生破坏。

② **最大线应变理论（第二强度理论）**　该理论认为最大线应变（相对伸长或缩短）是引起材料破坏的主要原因。也就是说不论材料是在何种应力状态下，只要最大线应变达到材料轴向拉伸或压缩时的最大线应变，材料就会发生破坏。

③ **最大剪应力理论（第三强度理论）**　这一强度理论认为，最大剪应力是引起材料屈服破坏的主要原因。也就是说不论材料处于单向应力状态还是复杂应力状态，只要危险点的最大剪应力 τ_{max} 达到了轴向拉伸材料发生破坏时的极限剪应力，材料就会发生破坏。

通过试验可知，第三强度理论能较为满意地解释塑性材料出现塑性变形的现象，且形式简单，概念明确，所以在机械工程中得到广泛应用。但该理论忽略了第二主应力对屈服破坏的影响，使得在二向应力状态下，按这一理论所得的结果与试验结果相比偏于安全。

④ **形状改变比能理论（第四强度理论）**　材料受力后由于弹性变形而储存的能量称为**弹性变形能**，单位体积内的弹性变形能称为**变形比能**。第四强度理论认为形状改变比能是引起材料破坏的主要原因。即不论材料在何种应力状态下，只要危险点的形状改变比能达到轴向拉伸时出现破坏时的形状改变比能，材料就会发生破坏。

通过塑性材料如钢、铜、铝等的试验资料表明，第四强度理论与试验结果较接近，它比第三强度理论更符合试验结果。用它可以得到更为经济的截面尺寸。

以上介绍的四种常用的强度理论，它们都有一定的局限性，还不能说已经圆满地解决了

149

所有强度问题，仍然有待于完善和发展。就上述强度理论而言，一般情况下，脆性材料如铸铁、玻璃、混凝土等，多数以断裂形式破坏，故宜采用第一、第二强度理论；塑性材料如钢、铜、铝等，多数以屈服形式破坏，宜采用第三、第四强度理论。

【任务实施】

解：

（1）外力分析。

画出轴的计算简图，如图 2-9-1（b）所示。轴中点 C 所受的力 Q 为轮重与皮带拉力之和，即

$$Q=G+P+2P=5+3+6=14(\text{kN})$$

轴中点 C 还受皮带拉力向轴平移后产生的附加力偶的作用，其力偶矩为

$$M_e=2P\times1.2/2-P\times1.2/2=6\times0.6-3\times0.6=1.8(\text{kN}\cdot\text{m})$$

Q 与 AB 处的反力 R_A、R_B 使轴产生弯曲变形，M_e 和由电动机输入的转矩 M_K 使轴产生扭转变形，故 AB 轴的变形为弯扭组合变形。

（2）内力分析。

绘出轴 AB 的内力图，如图 2-9-1（c）所示为弯矩图；2-9-1（d）所示为扭矩图。根据内力图，轴中点 C 截面的右侧为危险截面，最大弯矩和扭矩分别为

$$M_{max}=\frac{QL}{4}=\frac{14\times1.6}{4}=5.6(\text{kN}\cdot\text{m})$$

$$M_n=M_e=1.8(\text{kN}\cdot\text{m})$$

（3）强度计算。

按第三强度理论校核轴的强度，由式（2-9-8）得

$$\sigma_{max}=\frac{\sqrt{M^2+M_n^2}}{W_z}=\frac{\sqrt{(5.6\times10^6)^2+(1.8\times10^6)^2}}{\frac{3.14\times106^3}{32}}=16\text{MPa}\leqslant[\sigma]=50\text{MPa}$$

所以传动轴满足强度要求。

【学习小结】

（1）杆件在载荷作用下产生的变形是两种或两种以上基本变形的组合，称为组合变形。

（2）求解组合变形问题的基本方法是叠加法。其步骤如下。

① 外力分析 将外力进行平移或分解，使简化或分解后的每一种载荷对应着一种基本变形。

② 内力分析 确定危险截面及最大内力。

③ 应力分析 确定危险点及最大应力。

④ 根据危险点的应力状态及构件材料，选择强度理论，建立强度条件，进而进行强度计算。

（3）弯曲与扭转的组合。弯曲与扭转组合变形是机械工程中最常见的变形形式。以截面为圆形的传动轴为重点，杆件在弯曲和扭转组合变形下强度条件如下。

根据第三强度理论，强度条件为

$$\frac{\sqrt{M^2+T^2}}{W_z}\leqslant[\sigma]$$

若按第四强度理论，强度条件为

$$\frac{\sqrt{M^2+0.75T^2}}{W_z} \leqslant [\sigma]$$

【自我评估】

2-9-1 何谓组合变形？组合变形构件的应力计算是依据什么原理进行的？

2-9-2 试分析题图 2-9-1 所示杆件各段分别是哪几种基本变形的组合。

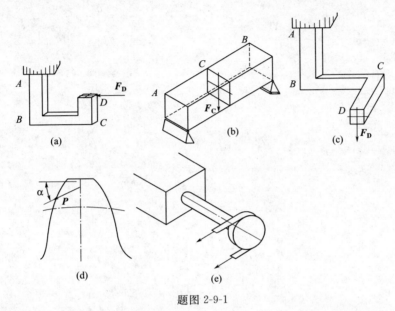

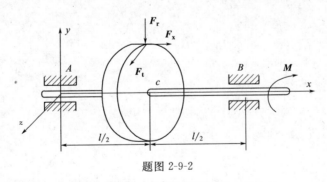

题图 2-9-1

2-9-3 如题图 2-9-2 所示，装有斜齿轮的轴 AB，直径 $d=40\text{mm}$，跨度 $l=120\text{mm}$，材料为 45 钢，$[\sigma]=100\text{MPa}$，斜齿轮的节圆直径 $D=100\text{mm}$，作用的圆周力 $F_t=5\text{kN}$，径向力 $F_r=1.8\text{kN}$，轴向力 $F_x=1.2\text{kN}$。试按第四强度理论校核该轴的强度。

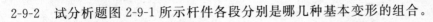

题图 2-9-2

学习领域3

公差配合与测量 ③

学习情境 3.1　合格零件的测量

【学习目标】

（1）明确互换性、测量的相关概念。

（2）掌握量块的研合性。

（3）熟悉测量方法及测量误差的基本概念。

任务 3.1.1　零件的互换性

【任务描述】

在汽车行业里，无论怎样品质的车，有一件本质上的事情是无法回避的：它们其实就是一堆有效组合并且有效运行的零配件。所以，零配件的合格性就显得尤为重要。如图 3-1-1 所示，汽车某部件的一个孔零件，表面几何参数存在误差。试分析该零件的互换性。

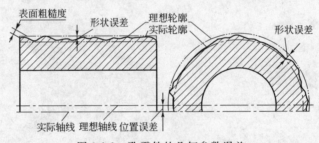

图 3-1-1　孔零件的几何参数误差

【任务分析】

根据任务描述，首先确定该零件的设计尺寸，然后用测量器具进行测量，最后确定该零件互换性的情况。那么，零件的互换性实现的条件是什么？属于哪类互换性？这就需要我们掌握下面有关的基础知识。

【知识准备】

1. 零件互换性

（1）互换性的概念　在汽车的零部件当中，经常看到这样一种情况，装配工人任意从一批相同规格的零件中取出一个零件装到机器上，装配后机器就能正常工作，就是因为这些零件具有互换性。

所谓**互换性**，就是指同一规格的一批零件中，不经选择、修配和调整即可装配在机器或部件上，且能满足其使用功能要求的一种特性。

（2）互换性的作用　互换性给产品的设计、制造和使用、维修带来了很大的方便，在机械制造业中具有重要意义。互换性原则是用来发展现代化机械工业、提高生产率、保证产品质量、降低成本的重要技术经济原则，是工业发展的必然趋势。

从设计方面看，按互换性进行设计，就可以最大限度地采用标准件、通用件，大大减少绘图、计算等工作量，缩短设计周期，并有利于产品多样化和计算机辅助设计。

从制造方面看，互换性有利于组织大规模专业化生产，有利于采用先进工艺和高效率的专用设备，有利于计算机辅助制造，实现加工和装配过程的机械化、自动化，从而减轻工人的劳动强度，提高生产率，保证产品质量，降低生产成本。

从使用方面看，零部件具有互换性，可以及时更换那些已经磨损或损坏了的零部件，减少了机器的维修时间和费用，保证机器能够连续而持久的运转。

综上所述，互换性对保证产品质量、提高生产率和增加经济效益具有重要意义。

（3）互换性的分类　按互换的范围，可分为功能互换和几何参数互换。

① 功能互换　功能互换是指零部件的几何参数、物理性能、化学性能及力学性能等方面都具有互换性，又称为广义互换。

② 几何参数互换　几何参数互换是指零部件的尺寸、形状、位置及表面粗糙度等参数具有互换性，又称为狭义互换。本课程只研究几何参数互换。

按互换的程度，可分为完全互换和不完全互换。

① 完全互换　完全互换是指一批零件或部件在装配时不需分组、挑选、调整和修配，装配后即能满足预定的使用要求的一种特性。

② 不完全互换　不完全互换是指零部件装配时允许有附加的调整或选择，装配后能满足预定使用要求的一种特性。这样的零部件具有不完全互换性（或称有限互换性）。

2. 公差与检测——实现互换性的条件

零件在加工过程中，不可避免地会产生各种误差。实际上，只要把几何参数的误差控制在一定范围内，就能满足互换性的要求。零件的尺寸、几何形状和相互位置误差所允许的变动范围称为**公差**。它包括尺寸公差、形状公差、位置公差等。加工好的零件是否满足公差要求，要通过检测加以判断。

总之，合理确定公差与正确进行检测，是保证产品质量、实现互换性生产的两个必不可少的手段和条件。

任务 3.1.2　合格零件的测量

【任务描述】

如图 3-1-1 所示，汽车上某部件的一个孔零件，表面几何参数存在误差。试分析该零件的几何参数存在的误差情况。

【任务分析】

根据任务描述，首先确定该零件的设计尺寸，然后用测量器具进行测量，最后确定其存在的测量误差。那么，测量时如何进行正确测量，如何确定该零件的误差？这就需要首先了解下面有关的基础知识。

【知识准备】

1. 测量技术的基础知识

在汽车的生产当中，零件加工后，其几何参数需要经过测量和检验，才可以判断它们是否符合技术要求。只有经检测合格的零件，才具有互换性。

测量是指为了确定被测几何量的量值与标准值是否一致而进行的实验测量过程。设被测几何量为 L，所采用的计量单位为 E，则有：

$$q = \frac{L}{E}$$

(3-1-1)

一个完整的测量过程包括被测对象、计量单位、测量方法、测量精度四个要素。为了保证被测对象的测量精度，应合理、经济地选用计量器具和测量方法。

2. 计量单位与长度基准

为了保证测量长度的尺寸精度，首先需要建立国际统一的、稳定可靠的长度基准。目前，我国法定的长度计量单位是米（m）。

在生产和科学实验中，为了保证计量单位的准确性，1983 年的第 17 届国际计量大会上通过了作为长度计量单位的**米的新定义**，即"米是光在真空中在 1/299792458s 的时间间隔内所行进的路程。"

3. 基准量值的传递

用光波波长作为长度基准进行测量不便于在实际生产中直接运用。为了保证长度量值的准确、统一，必须把复现的长度基准的量值逐级准确地传递到生产中所应用的各种计量器具和被测工件上去。如图 3-1-2 所示，量块和线纹尺是实现量值传递的媒介。

（1）量块　量块是无刻度、高精度的测量量具。它除了作为长度基准的传递媒介外，还可以用来调整校对量仪、量表、量具及高精度测量和划线等。

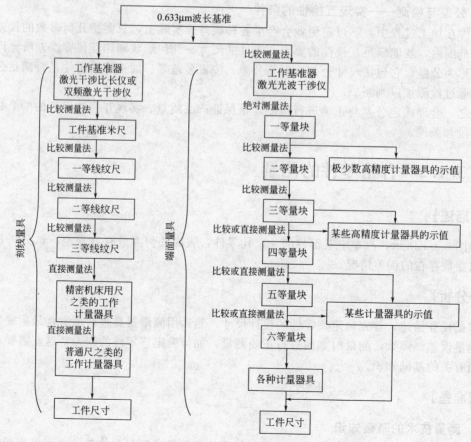

图 3-1-2　长度量值传递系统

量块是用特殊合金钢制成的六面体。如图 3-1-3 所示，量块的测量面非常光滑平整，两个测量面间具有精确的尺寸。量块具有线膨胀系数小，不易变形，硬度高，耐磨性好，工作面粗糙度值小以及研合性好等特点。

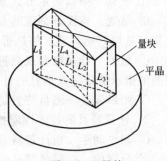

图 3-1-3　量块

① 量块的尺寸　量块的尺寸是指从量块一个测量面上任意一点（距边缘 0.5mm 区域除外）到与此量块另一个测量面相研合的面的垂直距离，用符号 L_i 表示。

② 量块的中心长度　量块的中心长度是指从量块的一个测量面的中心点到与其相对应的另一个测量面之间的垂直距离，用符号 L 表示。

（2）量块的精度等级　为了满足不同的应用场合，国家标准对量块的精度规定了若干级和若干等。量块的制造精度分为 6 级，即 00、0、1、2、3、K 级，其中 00 级精度最高，精度依次降低，3 级的精度最低。K 级一般用于校准级，主要用于校准 1、2、3 级量块。量块还可以分为 6 等，即 1、2、3、4、5、6 等，其中 1 等最高，精度依次降低，6 等最低。量块按"等"使用比按"级"使用测量精度高。

（3）量块的组合使用　利用量块的研合性，可以在一定的尺寸范围内，将不同尺寸的量块进行组合而形成所需的工作尺寸。根据 GB 6093—1985 的规定，我国生产的成套量块有：91 块、83 块、46 块、38 块等 17 种规格。表 3-1-1 列举了 83 块、46 块套别量块的标称尺寸。

表 3-1-1　83 块、46 块套别量块尺寸（摘自 GB 6093—1985）

总块数	级别	量块尺寸	间隔/mm	块数
83	00,0,1,2,(3)	0.5	—	1
		1	—	1
		1.005	—	1
		1.01~1.49	0.01	49
		1.5~1.9	0.1	5
		2.0~9.5	0.5	16
		10~100	10	10
46	0,1,2	1	—	1
		1.001~1.009	0.001	9
		1.01~1.09	0.01	9
		1.1~1.9	0.1	9
		2~9	1	8
		10~100	10	10

量块在组合时，为了减少量块的组合误差，应尽量减少量块组的量块数目。一般不超过 4～5 块。组合时，根据所需尺寸的最后一位数字选第一块量块的尺寸的尾数，逐一选取，每选一块量块至少应减去所需尺寸的一位尾数。根据需要将多个尺寸不同的量块研合成量块组，因而在一定范围内扩大了量块的应用。

4. 测量器具和测量方法

（1）常用测量器具

1）计量器具的分类

① 量具　指以固定形式复现量值的计量器具，如量块等。

② 量规　指没有刻度的专用计量器具，用来检验工件要素实际尺寸和形状误差的综合结果。量规只能判断工件是否合格，而不能获得被测几何量的具体数值。

③ 量仪　计量仪器或测量仪器简称为量仪，是指能将被测几何量的量值转换成可直接观测的指示值或等效信息的计量器具。

④ 测量装置　测量装置是指为确定被测几何量量值所必需的辅助装置。

2）计量器具的技术性能指标

① 刻度间距　指计量器具的标尺或分度盘上相邻两刻线之间的距离或圆弧长度。

② 分度值　指测量器具的标尺或分度盘上，最小单位每一小格所代表的量值。一般来说，分度值越小，计量器具的精度越高。

③ 测量范围　指在允许的误差范围内，计量器具所能测出的被测几何量量值的最大值与最小值的范围。

④ 示值范围　指计量器具所能显示的或指示的被测几何量量值起始值到终止值的范围。例如：机械比较仪的示值范围为±0.06mm。

⑤ 示值误差　指计量器具上的示值与被测几何量的真值之间的代数差。

⑥ 灵敏度　指计量器具对被测几何量变化的反应能力。通常分度值越小，其灵敏度就越高，测量精度就越高。

⑦ 测量力　指计量器具的测头与被测表面之间接触时产生的相互作用力。

（2）测量方法的分类

1）按实测几何量是否为被测几何量分类

① 直接测量　直接测量是指被测几何量的量值直接由计量器具读出的测量方法。

② 间接测量　间接测量是指被测几何量的量值由实测几何量的量值按一定的函数关系式运算后得到的测量方法。

2）按示值是否为被测量的量值分类

① 绝对测量　指计量器具的示值即是被测几何量的量值的测量方法。

② 相对测量　相对测量是指计量器具所显示或具有的示值为被测几何量相对于已知标准量的偏差的测量方法。被测几何量的量值为计量器具的示值与标准量的代数和。

3）按测量时计量器具的测头与被测表面之间是否接触分类

① 接触测量　接触测量是指计量器具的测头与被测零件表面直接接触的测量方法。

② 非接触测量　非接触测量是指计量器具的测头与被测表面不接触的测量方法。

4）按同时测量被测几何量的多少分类

① 单项测量　单项测量是指对同一工件上的不同几何量分别进行单独测量的方法。

② 综合测量　综合测量是指同时对同一工件上几个相关的不同参数进行综合测量，并以综合结果判断是否合格的测量方法。

5）按工件是否在加工过程中进行测量来分类

① 在线测量（又称主动测量）　在线测量是指在加工工件过程中对其进行测量的测量方法。测量结果直接反馈工件的加工情况，并随时可以控制加工过程，及时防止废品产生，主要应用在自动化生产线上。

② 离线测量（又称被动测量）　离线测量是指在工件加工完后对其几何量进行测量的测量方法。测量结果仅用于发现并剔除废品。

6）按被测几何量在测量过程中所处的状态分类

① 静态测量　静态测量是指在测量时计量器具的测头与被测表面处于相对静止状态的

测量方法。例如：用千分尺、游标卡尺测量零件的直径。

② 动态测量　动态测量是指测量时计量器具的测头与被测量表面之间处于相对运动状态的测量方法。例如：用电动轮廓仪测量表面粗糙度等。

随着汽车工业和科学技术的发展，测量技术也正在向动态测量和在线测量的方向发展。只有将检测技术和加工紧密结合起来的测量方式才能提高产品质量和生产效率，以便不断推进汽车业的发展。

5. 测量误差的基本知识

测量值与被测量的真值之间的差异在数值上表现为测量误差。

(1) 测量误差的表现形式　在任何测量过程中，由于计量器具和测量条件的限制，不可避免地会出现或大或小的误差。测量误差可以表现为绝对误差和相对误差两种形式。

① 绝对误差　**绝对误差**是指被测几何量的量值 x 与其真值 x_0 之差，即

$$\delta = x - x_0 \qquad\qquad (3\text{-}1\text{-}2)$$

式中　δ——绝对误差；

$\quad\quad x$——被测几何量的量值；

$\quad\quad x_0$——被测几何量的真值。

由于测得值 x 可能大于或小于其真值 x_0，故测量误差 δ 可能是正值也可能是负值。所以，被测几何量的真值可以用下式来表示：

$$x_0 = x \pm |\delta| \qquad\qquad (3\text{-}1\text{-}3)$$

当测量条件相同时，测量误差的绝对值越小，则被测几何量的量值越接近于真值，测量精度就越高；反之，测量精度就越低。当测量条件不相同时就不能用绝对误差来评定测量精度的高低，需要用相对误差来评定。

② 相对误差　**相对误差**是指绝对误差的绝对值 $|\delta|$ 与被测量真值 x_0 之比，即

$$\varepsilon = \frac{|x - x_0|}{x_0} \times 100\% = \frac{|\delta|}{x_0} \times 100\% \qquad\qquad (3\text{-}1\text{-}4)$$

式中　ε——相对误差。

显然，相对误差是一个无量纲的数值，通常用百分比的形式来表示。相对误差比绝对误差能更好地说明测量的精确程度。

(2) 测量误差的分类

① 系统误差　**系统误差**是指在一定的测量条件下，多次重复测量同一量值时，误差的大小和符号保持不变或按一定规律变化的误差。

根据系统误差的性质和变化规律，系统误差可以用计算或实验对比的方法确定，用修正值（校正值）从测量结果中予以消除。

② 随机误差　**随机误差**是指在相同的测量条件下，多次测量同一量值时，其误差的大小和符号以不可预见的方式变化的误差。

就具体某一次测量而言，随机误差是没有规律可循的。但对同一被测几何量进行连续多次重复测量，对其测得值加以分析后发现随机误差分布服从统计规律。因此，可以利用概率论和数理统计的一些方法来掌握随机误差的分布特性，并通过完善测量方法对它进行处理。

③ 粗大误差　**粗大误差**是指明显超出在规定条件下预计的测量误差。它对测量结果产生明显歪曲，且其数值较大。在处理测量数据时，应根据判别粗大误差的准则设法将其剔除。

【任务实施】

例 试从 83 块一套的量块中选取几块，使其组成的尺寸为 36.375mm。

解： 选取过程如下。

$$36.375\text{---------组合尺寸}$$
$$-1.005\text{---------第 1 块量块的尺寸}$$

$$35.37$$
$$-1.37\text{---------第 2 块量块的尺寸}$$

$$34$$
$$-4\text{---------第 3 块量块的尺寸}$$

$$30$$
$$-30\text{---------第 4 块量块的尺寸}$$

$$0$$

所以可选取 1.005mm、1.37mm、4mm 和 30mm 四个量块。

【学习小结】

（1）量块的研合原则：组合时，根据所需尺寸的最后一位数字选取第一块量块的尺寸的尾数，逐一选取，每选一块量块至少应减去所需尺寸的一位尾数，一般不超过 4~5 块。

（2）测量误差的种类：系统误差、随机误差与粗大误差。

【自我评估】

3-1-1 简述互换性的含义及其作用，并列举互换性应用实例。

3-1-2 公差、检测与互换性三者的关系是什么？

3-1-3 测量的实质是什么？一个完整的测量过程包括哪几个要素？

3-1-4 试从 83 块一套的量块分别组合下列尺寸（单位 mm）：

40.79mm   29.875mm   48.98mm   35.935mm

3-1-5 试说明什么是测量误差？测量误差有哪些种类？

学习情境 3.2 零件的极限与配合

【学习目标】

（1）明确极限与配合的基本术语及定义。

（2）掌握孔、轴的配合种类。

（3）掌握极限与配合标准的主要内容。

（4）明确配合制的概念。

（5）熟悉极限与配合的选择。

任务 3.2.1　零件极限与配合的基本术语及定义

【任务描述】

在汽车结构当中，多数零部件都含有孔、轴配合。如图 3-2-1 所示，一组相互配合的孔与轴，加工后各自的尺寸都有变动。根据孔、轴的基本尺寸分析孔和轴的极限尺寸、配合种类。

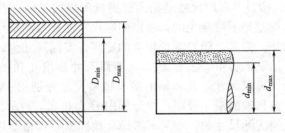

图 3-2-1　配合孔、轴的极限尺寸

【任务分析】

根据任务描述，首先确定所要研究的对象是汽车零部件当中的一组相配合的孔和轴。如图 3-2-1 所示，由于误差的存在，加工后的孔、轴尺寸均有变动。由于受到相互配合的限制，孔的尺寸变动不能太大，轴的尺寸变动也不能太大。那么，如何控制相配合的孔、轴尺寸的变动范围，才能使其配合合格呢？所形成的又是何种配合种类？这就需要掌握以下相关知识。

【知识准备】

1. 孔和轴的定义

（1）孔的概念　孔主要是指工件的圆柱形内表面，也包括非圆柱形内表面，即凹进去的包容面。

（2）轴的概念　轴主要是指工件的圆柱形外表面，也包括非圆柱形外表面，即凸出来的被包容面。

在极限与配合中，孔和轴都是由单一尺寸确定的。例如，圆柱体的直径、键与键槽的宽度等，如图 3-2-2 所示。

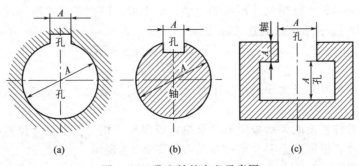

(a)　　　　　　　　(b)　　　　　　　　(c)

图 3-2-2　孔和轴的定义示意图

2. 尺寸的术语及定义

（1）尺寸　尺寸是指以特定单位表示长度值的数字。它由数字和特定单位两部分组成，例如 30mm、60cm 等。

长度值是较广泛的概念，它包括半径、直径、高度、宽度、深度和中心距等。国家标准规定，在机械制图中，图样上尺寸通常以毫米（mm）为单位，标注时可将单位省略，仅标注数字。

（2）基本尺寸（D、d）　**基本尺寸**是指设计时给定的尺寸。孔用 D 表示，轴用 d 表示。通过它可由上、下偏差计算出极限尺寸。

（3）实际尺寸（D_a、d_a）　**实际尺寸**是指通过测量所得的尺寸。孔用 D_a 表示，轴用 d_a 表示。由于测量中测量误差是不可避免的，所以实际尺寸并非被测量尺寸的真值，只是接近真实尺寸的一个随机尺寸。但是，随着测量精度的提高，实际尺寸会越来越接近其真值。

（4）极限尺寸（D_{max}、d_{max} 和 D_{min}、d_{min}）　**极限尺寸**是指孔和轴允许尺寸变化的两个界限值。较大的称为最大极限尺寸，孔和轴的最大极限尺寸分别用 D_{max} 和 d_{max} 表示；较小的称为最小极限尺寸，孔和轴的最小极限尺寸分别用 D_{min} 和 d_{min} 表示。如图 3-2-1 所示。

极限尺寸是用来控制实际尺寸的。如果不考虑其他因素，合格零件的实际尺寸应满足以下关系：

$$D_{min}(d_{min}) \leqslant D_a(d_a) \leqslant D_{max}(d_{max}) \tag{3-2-1}$$

3. 偏差、公差和公差带的术语及定义

（1）偏差　**偏差**是指某一尺寸减去其基本尺寸所得的代数差。某一尺寸指的是实际尺寸或极限尺寸。偏差可为正、可为负，还可为零。在书写时，偏差除零之外，必须在数值前加"＋"号或"－"号，例如 $\phi20 - \phi20.02 = -0.02(mm)$。

① 极限偏差　**极限偏差**是指极限尺寸减去其基本尺寸所得的代数差。极限偏差分为上偏差和下偏差。

上偏差是指最大极限尺寸减去其基本尺寸所得的代数差。孔的上偏差用 ES 表示，轴的上偏差用 es 表示。

下偏差是指最小极限尺寸减去其基本尺寸所得的代数差。孔的下偏差用 EI 表示，轴的下偏差用 ei 表示。

孔、轴的上偏差表达式为

$$ES = D_{max} - D \qquad es = d_{max} - d \tag{3-2-2}$$

孔、轴的下偏差表达式为

$$EI = D_{min} - D \qquad ei = d_{min} - d \tag{3-2-3}$$

② 实际偏差　实际偏差是指实际尺寸减去其基本尺寸所得的代数差。

（2）尺寸公差（简称公差）　**尺寸公差**是指允许尺寸变动的量或变动的范围。公差等于最大极限尺寸减去其最小极限尺寸所得的差值，或上偏差减去下偏差所得的差值。孔、轴的公差分别用 T_h 和 T_s 表示。其表达式如下：

孔的公差　　　　$$T_h = |D_{max} - D_{min}| = |ES - EI| \tag{3-2-4}$$

轴的公差　　　　$$T_s = |d_{max} - d_{min}| = |es - ei| \tag{3-2-5}$$

由于最大极限尺寸总是大于最小极限尺寸，上偏差总是大于下偏差，所以公差是一个没有符号的绝对值。

公差是决定零件精度的，而极限偏差是决定极限尺寸相对基本尺寸位置的。孔和轴的基本尺寸、极限尺寸、极限偏差和公差相互关系如图 3-2-3 所示。

（3）尺寸公差带　**尺寸公差带**是指由最大极限尺寸和最小极限尺寸或上偏差和下偏差限

定的一个区域。尺寸公差带大小由标准公差值确定，它在公差带图中的位置由基本偏差确定。

① 标准公差　**标准公差**是指国家标准规定的任一公差。

② 公差带图　**公差带图**是指表示公差带的图。孔、轴公差带图如图 3-2-4 所示。

公差带图中，基本尺寸的单位是毫米（mm），公差及偏差的单位可以为毫米（mm），也可以为微米（μm）。

③ 零线　零线是指在公差带图中，表示基本尺寸的一条线。它是确定偏差的基准线。

④ 基本偏差　基本偏差是指离零线较近的极限偏差。它可以是上偏差，也可以是下偏差。

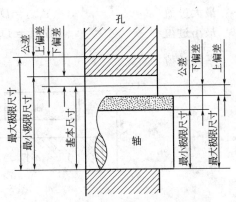

图 3-2-3　孔、轴基本尺寸、极限尺寸、极限偏差和公差相互关系示意图

4. 配合的术语及定义

（1）配合　**配合**是指基本尺寸相同的相互结合的孔和轴的公差带之间的关系。组成配合的孔和轴的公差带相对位置不同，便形成不同的配合性质。国家标准规定配合可以分为间隙配合、过渡配合和过盈配合三大种类。

（2）间隙或过盈

① 间隙　孔的尺寸减去相配合的轴的尺寸所得的代数差为正值时称为间隙，用 X 表示。国家标准规定在间隙值前面标注"＋"号。

② 过盈　孔的尺寸减去相配合的轴的尺寸所得的代数差为负值时称为过盈，用 Y 表示。国家标准规定在过盈值前面标注"－"号。

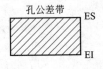

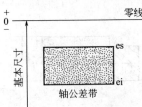

图 3-2-4　公差带图

（3）配合的种类

① 间隙配合　**间隙配合**是指具有间隙（包括最小间隙等于零）的配合。此时，孔的公差带在轴的公差带之上，而且间隙量越大配合越松。其特征值是最大间隙 X_{max} 和最小间隙 X_{min}，它们是间隙配合中允许间隙量变动的两个极限值。其公式如下（见图 3-2-5）：

最大间隙　　　　　　　$X_{max} = D_{max} - d_{min} = ES - ei$　　　　　　（3-2-6）

最小间隙　　　　　　　$X_{min} = D_{min} - d_{max} = EI - es$　　　　　　（3-2-7）

平均间隙　　　　　$$X_{av} = \frac{X_{max} + X_{min}}{2}$$　　　　　　（3-2-8）

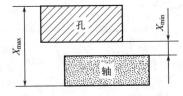 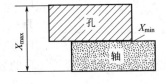

图 3-2-5　间隙配合图

② 过盈配合　**过盈配合**是指具有过盈（包括最小过盈等于零）的配合。此时，孔的公差带在轴的公差带之下，过盈量越大配合越紧。其特征值是最大过盈 Y_{max} 和最小过盈 Y_{min}，它们是过盈配合中允许过盈量变动的两个极限值。其公式如下（见图 3-2-6）：

最大过盈 $\qquad\qquad Y_{max}=D_{min}-d_{max}=EI-es$ （3-2-9）

最小过盈 $\qquad\qquad Y_{min}=D_{max}-d_{min}=ES-ei$ （3-2-10）

平均过盈 $\qquad\qquad Y_{av}=\dfrac{Y_{max}+Y_{min}}{2}$ （3-2-11）

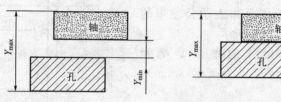

图 3-2-6　过盈配合图

③ 过渡配合　**过渡配合**是指具有间隙或过盈，且间隙或过盈都不大的配合。过渡配合是介于间隙配合和过盈配合之间的一种配合。此时，孔的公差带与轴的公差带相互交叠。其特征值是最大间隙 X_{max} 和最大过盈 Y_{max}（见图 3-2-7）。

$$\left.\begin{array}{l} X_{max}=D_{max}-d_{min}=ES-ei \\ Y_{max}=D_{min}-d_{max}=EI-es \\ X_{av}（或\ Y_{av}）=\dfrac{Y_{max}+X_{max}}{2} \end{array}\right\}$$ （3-2-12）

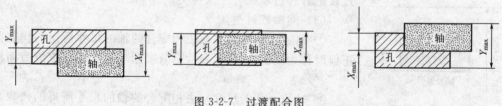

图 3-2-7　过渡配合图

实际生产中，平均松紧程度可能表示为平均间隙，也可能表示为平均过盈。若最大间隙 X_{max} 和最大过盈 Y_{max} 的平均值为正时具有平均间隙，用 X_{av} 表示平均值。此时为偏松的过渡配合；若最大间隙 X_{max} 和最大过盈 Y_{max} 的平均值为负时具有平均过盈，用 Y_{av} 表示平均值。此时为偏紧的过渡配合。

最大间隙 X_{max} 和最大过盈 Y_{max} 是过渡配合中允许间隙量和过盈量变动的两个极限值。

（4）配合公差（T_f）　**配合公差**是指允许间隙或过盈的变动量，用 T_f 表示。它是设计人员根据机器配合部位使用性能的要求对配合松紧变动的程度给定的允许值。它反映配合的松紧变化程度，表示配合精度，是评定配合质量的一个重要的综合指标。

在数值上，它是一个没有正、负号，也不能为零的绝对值。它的公式表示为：

间隙配合 $\qquad\qquad T_f=|X_{max}-X_{min}|$ （3-2-13）

过盈配合 $\qquad\qquad T_f=|Y_{min}-Y_{max}|$ （3-2-14）

过渡配合 $\qquad\qquad T_f=|X_{max}-Y_{max}|$ （3-2-15）

无论哪类配合，配合公差都等于孔的公差和轴的公差之和，即：

$$T_f=T_h+T_s$$ （3-2-16）

【任务实施】

例 3-2-1　某孔和轴，已知基本尺寸 $D=25mm$；孔的极限尺寸 $D_{max}=25.021$，$D_{min}=25mm$，轴的极限尺寸 $d_{max}=24.980mm$，$d_{min}=24.967mm$。求孔、轴的极限偏差及公差，

并画出公差带图。

解： 孔的极限偏差

$$ES = D_{\max} - D = 25.021 - 25 = +0.021(\text{mm})$$

$$EI = D_{\min} - D = 25 - 25 = 0(\text{mm})$$

轴的极限偏差

$$es = d_{\max} - d = 24.980 - 25 = -0.020(\text{mm})$$

$$ei = d_{\min} - d = 24.967 - 25 = -0.033(\text{mm})$$

孔的公差

$$T_h = D_{\max} - D_{\min} = 25.021 - 25 = 0.021(\text{mm})$$

轴的公差

$$T_s = d_{\max} - d_{\min} = 24.980 - 24.967 = 0.013(\text{mm})$$

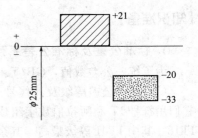

（偏差单位：μm）

【学习小结】

(1) 合格零件的判断条件：$D_{\min}(d_{\min}) \leqslant D_a(d_a) \leqslant D_{\max}(d_{\max})$。

(2) 公差与偏差的区别：

允许尺寸变动的范围大 —→ 公差值大 —→ 加工精度低 —→ 易加工。

允许尺寸变动的范围小 —→ 公差值小 —→ 加工精度高 —→ 难加工。

公差是决定零件精度的，其值永远为正，数值前无符号，如"0.02"；偏差是决定极限尺寸相对基本尺寸位置的，其值可为正、为负或为零，数值前必须加符号，如"+0.02"。

任务 3.2.2　极限与配合标准的主要内容

【任务描述】

如图 3-2-8 所示，一组相配合的孔与轴，试根据孔、轴的标注确定各自的极限偏差、极限尺寸及公差值。

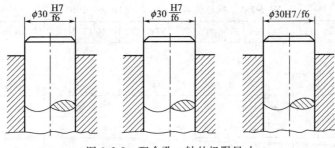

图 3-2-8　配合孔、轴的极限尺寸

【任务分析】

根据任务描述，首先确定所要研究的对象是一组相配合的孔和轴。从图 3-2-8 可以看出，题中已经给出了配合代号。在加工的时候，需要根据标注确定其各自的上、下偏差，从而得知各自的极限尺寸。那么，如何确定孔、轴的上、下偏差和极限尺寸呢？这就需要掌握下面相关的基础知识。

【知识准备】

1. 标准公差及标准公差系列

为了统一公差数值，GB/T 1800.3 规定了一系列标准化的公差数值。

（1）标准公差等级及其代号　在国标 GB/T 1800.3 中，标准公差分为 20 个公差等级。它们用符号 IT 和阿拉伯数字组成的代号表示，分别为 IT01、IT0、IT1、IT02、IT03、…、IT18。其中 IT01 等级最高，其余等级依次降低，IT18 等级最低。标准公差的数值不仅与标准公差等级的高低有关，而且与基本尺寸的大小也有关。

标准公差系列是由国家标准规定的用来确定公差带大小的一系列公差数值。

$$
标准公差
\begin{cases}
标准公差等级 \\
数值
\begin{cases}
标准公差因子 \\
公差等级系数 \\
基本尺寸分段
\end{cases}
\end{cases}
$$

（2）标准公差因子与标准公差的计算　标准公差因子是确定标准公差的基本单位，也是制定标准公差数值的基础，用 i 表示。

当 $D(d) \leqslant 500$mm 时，　　　$i = 0.45 \sqrt[3]{D(d)} + 0.001 D(d)$　　　　(3-2-17)

常用的公差等级为 IT5～IT8，标准公差计算公式为

$$IT = ai \quad (D \leqslant 500\text{mm 时}) \qquad (3\text{-}2\text{-}18)$$

其中　IT——标准公差；

$\quad i$——标准公差因子；

$\quad a$——公差等级系数。

公差等级 IT01～IT4，不同的公差等级有不同的标准公差计算公式。

（3）基本尺寸分段　由标准公差的计算公式可知，对应每一个基本尺寸和公差等级就可以算出一个相应的公差值，这样编制的公差表格将非常庞大，给生产、设计带来很大的麻烦，同时也不利于公差值的标准化、系列化。为了统一公差数值，简化公差表格，国家标准对基本尺寸进行了分段。对基本尺寸从 0～500mm 的尺寸分为 13 个尺寸段，这样的尺寸段称为主段落。详见表 3-2-1。

表 3-2-1　标准公差（GB/T 1800.3—1998）

公差等级 基本尺寸 /mm	IT01	IT0	IT1	IT2	IT3	IT4	IT5	IT6	IT7	IT8	IT9	IT10	IT11	IT12	IT13	IT14	IT15	IT16	IT17	IT18
						/μm										/mm				
≤3	0.3	0.5	0.8	1.2	2	3	4	6	10	14	25	40	60	0.10	0.14	0.25	0.40	0.60	1.0	1.4
>3～6	0.4	0.6	1	1.5	2.5	4	5	8	12	18	30	48	75	0.12	0.18	0.30	0.48	0.75	1.2	1.8
>6～10	0.4	0.6	1	1.5	2.5	4	6	9	15	22	36	58	90	0.15	0.22	0.36	0.58	0.90	1.5	2.2
>10～18	0.5	0.8	1.2	2	3	5	8	11	18	27	43	70	110	0.18	0.27	0.43	0.70	1.10	1.8	2.7
>18～30	0.6	1	1.5	2.5	4	6	9	13	21	33	52	84	130	0.21	0.33	0.52	0.84	1.30	2.1	3.3
>30～50	0.6	1	1.5	2.5	4	7	11	16	25	39	62	100	160	0.25	0.39	0.62	1.00	1.60	2.5	3.9
>50～80	0.8	1.2	2	3	5	8	13	19	30	46	74	120	190	0.30	0.46	0.74	1.20	1.90	3.0	4.6
>80～120	1	1.5	2.5	4	6	10	15	22	35	54	87	140	220	0.35	0.54	0.87	1.40	2.20	3.5	5.4
>120～180	1.2	2	3.5	5	8	12	18	25	40	63	100	160	250	0.40	0.63	1.00	1.60	2.50	4.0	6.3
>180～250	2	3	4.5	7	10	14	20	29	46	72	115	185	290	0.46	0.72	1.15	1.85	2.90	4.6	7.2

公差等级	IT01	IT0	IT1	IT2	IT3	IT4	IT5	IT6	IT7	IT8	IT9	IT10	IT11	IT12	IT13	IT14	IT15	IT16	IT17	IT18
基本尺寸 /mm	/μm													/mm						
>250~315	2.5	4	6	8	12	16	23	32	52	81	130	210	320	0.52	0.81	1.30	2.10	3.20	5.2	8.1
>315~400	3	5	7	9	13	18	25	36	57	89	140	230	360	0.57	0.89	1.40	2.30	3.60	5.7	8.9
>400~500	4	6	8	10	15	20	27	40	63	97	155	250	400	0.63	0.97	1.55	2.50	4.00	6.3	9.7

注：基本尺寸小于 1mm 时，无 IT14~IT18。

2. 基本偏差及基本偏差系列

为了统一基本偏差数值，国标 GB/T 1800.3—1998 规定了一系列标准化的基本偏差数值。不同的基本偏差就有不同位置的公差带，以组成各种不同性质、不同松紧程度的配合，满足机器各种功能的需要。

(1) 基本偏差代号　国标 GB/T 1800.3—1998 对孔、轴分别规定了 28 种基本偏差，这 28 种基本偏差构成了基本偏差系列。基本偏差代号用拉丁字母表示。孔用大写字母表示，轴用小写字母表示。

在 26 个英文字母中去掉 5 个易与其他符号含义混淆的字母 I、L、O、Q、W（i、l、o、q、w），同时增加了 CD、EF、FG、JS、ZA、ZB、ZC（cd、ef、fg、js、za、zb、zc）七个双写字母，如图 3-2-9 所示。

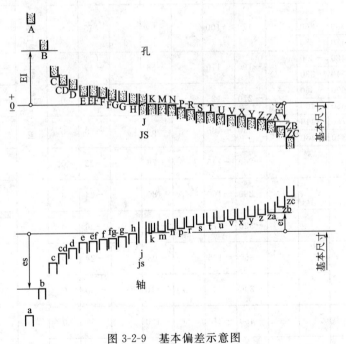

图 3-2-9　基本偏差示意图

(2) 基本偏差系列图及其特征　基本偏差系列图是反映 28 个基本偏差排列次序及相对零线位置的图。如图 3-2-9 所示，基本偏差系列各公差带只画出一端，另一端未画出，另一极限偏差取决于公差值的大小。

基本偏差系列图的特征如下。

① 对于轴　a~g 的基本偏差为上偏差，且为负值，公差带都在零线之下。h（基轴制）

表 3-2-2　轴的基本偏差数值

基本

上偏差 es

所有标准公差等级 ／ j 部分

js 列：偏差 $=\pm \dfrac{IT_n}{2}$，式中 IT_n 是 IT 数值。

大于	至	a	b	c	cd	d	e	ef	f	fg	g	h	js	j (IT5和IT6)	j (IT7)	j (IT8)	IT4~IT7
—	3	-270	-140	-60	-34	-20	-14	-10	-6	-4	-2	0		-2	-4	-6	0
3	6	-270	-140	-70	-46	-30	-20	-14	-10	-6	-4	0		-2	-4		+1
6	10	-280	-150	-80	-56	-40	-25	-18	-13	-8	-5	0		-2	-5		+1
10	14	-290	-150	-95		-50	-32		-16		-6	0		-3	-6		+1
14	18	-290	-150	-95		-50	-32		-16		-6	0		-3	-6		+1
18	24	-300	-160	-110		-65	-40		-20		-7	0		-4	-8		+2
24	30	-300	-160	-110		-65	-40		-20		-7	0		-4	-8		+2
30	40	-310	-170	-120		-80	-50		-25		-9	0		-5	-10		+2
40	50	-320	-180	-130		-80	-50		-25		-9	0		-5	-10		+2
50	65	-340	-190	-140		-100	-60		-30		-10	0		-7	-12		+2
65	80	-360	-200	-150		-100	-60		-30		-10	0		-7	-12		+2
80	100	-380	-220	-170		-120	-72		-36		-12	0		-9	-15		+3
100	120	-410	-240	-180		-120	-72		-36		-12	0		-9	-15		+3
120	140	-460	-260	-200		-145	-85		-43		-14	0		-11	-18		+3
140	160	-520	-280	-210		-145	-85		-43		-14	0		-11	-18		+3
160	180	-580	-310	-230		-145	-85		-43		-14	0		-11	-18		+3
180	200	-660	-340	-240		-170	-100		-50		-15	0		-13	-21		+4
200	225	-740	-380	-260		-170	-100		-50		-15	0		-13	-21		+4
225	250	-820	-420	-280		-170	-100		-50		-15	0		-13	-21		+4
250	280	-920	-480	-300		-190	-110		-56		-17	0		-16	-26		+4
280	315	-1050	-540	-330		-190	-110		-56		-17	0		-16	-26		+4
315	355	-1200	-600	-360		-210	-125		-62		-18	0		-18	-28		+4
355	400	-1350	-680	-400		-210	-125		-62		-18	0		-18	-28		+4
400	450	-1500	-760	-440		-230	-135		-68		-20	0		-20	-32		+5
450	500	-1650	-840	-480		-230	-135		-68		-20	0		-20	-32		+5
500	560					-260	-145		-76		-22	0					0
560	630					-260	-145		-76		-22	0					0
630	710					-290	-160		-80		-24	0					0
710	800					-290	-160		-80		-24	0					0
800	900					-320	-170		-86		-26	0					0
900	1000					-320	-170		-86		-26	0					0
1000	1120					-350	-195		-98		-28	0					0
1120	1250					-350	-195		-98		-28	0					0
1250	1400					-390	-220		-110		-30	0					0
1400	1600					-390	-220		-110		-30	0					0
1600	1800					-430	-240		-120		-32	0					0
1800	2000					-430	-240		-120		-32	0					0
2000	2240					-480	-260		-130		-34	0					0
2240	2500					-480	-260		-130		-34	0					0
2500	2800					-520	-290		-145		-38	0					0
2800	3150					-520	-290		-145		-38	0					0

注：1. 基本尺寸小于或等于1mm时，基本偏差 a 和 b 均不采用。

2. 公差带 js7~js11，若公差值 IT_n 数值是奇数，则取偏差 $=\pm \dfrac{IT_n-1}{2}$。

学习领域 3　公差配合与测量

偏差数值

下偏差 ei

≤IT3 / >IT7	所有标准公差等级													
k	m	n	p	r	s	t	u	v	x	y	z	za	zb	zc
0	+2	+4	+6	+10	+14		+18		+20		+26	+32	+40	+60
0	+4	+8	+12	+15	+19		+23		+28		+35	+42	+50	+80
0	+6	+10	+15	+19	+23		+28		+34		+42	+52	+67	+97
0	+7	+12	+18	+23	+28		+33		+40		+50	+64	+90	+130
							+39		+45		+60	+77	+108	+150
0	+8	+15	+22	+28	+35		+41	+47	+54	+63	+73	+98	+136	+188
						+41	+48	+55	+64	+75	+88	+118	+160	+218
0	+9	+17	+26	+34	+43	+48	+60	+68	+80	+94	+112	+148	+200	+274
						+54	+70	+81	+97	+114	+136	+180	+242	+325
0	+11	+20	+32	+41	+53	+66	+87	+102	+122	+144	+172	+226	+300	+405
				+43	+59	+75	+102	+120	+146	+174	+210	+274	+360	+480
0	+13	+23	+37	+51	+71	+91	+124	+146	+178	+214	+258	+335	+445	+585
				+54	+79	+104	+144	+172	+210	+254	+310	+400	+525	+690
0	+15	+27	+43	+63	+92	+122	+170	+202	+248	+300	+365	+470	+620	+800
				+65	+100	+134	+190	+228	+280	+340	+415	+535	+700	+900
				+68	+108	+146	+210	+252	+310	+380	+465	+600	+780	+1000
0	+17	+31	+50	+77	+122	+166	+236	+284	+350	+425	+520	+670	+880	+1150
				+80	+130	+180	+258	+310	+385	+470	+575	+740	+960	+1250
				+84	+140	+196	+284	+340	+425	+520	+640	+820	+1050	+1350
0	+20	+34	+56	+94	+158	+218	+315	+385	+475	+580	+710	+920	+1200	+1550
				+98	+170	+240	+350	+425	+525	+650	+790	+1000	+1300	+1700
0	+21	+37	+62	+108	+190	+268	+390	+475	+590	+730	+900	+1150	+1500	+1900
				+114	+208	+294	+435	+530	+660	+820	+1000	+1300	+1650	+2100
0	+23	+40	+68	+126	+232	+330	+490	+595	+740	+920	+1100	+1450	+1850	+2400
				+132	+252	+360	+540	+660	+820	+1000	+1250	+1600	+2100	+2600
0	+26	+44	+78	+150	+280	+400	+600							
				+155	+310	+450	+660							
0	+30	+50	+88	+175	+340	+500	+740							
				+185	+380	+560	+840							
0	+34	+56	+100	+210	+430	+620	+940							
				+220	+470	+680	+1050							
0	+40	+66	+120	+250	+520	+780	+1150							
				+260	+580	+840	+1300							
0	+48	+78	+140	+300	+640	+960	+1450							
				+330	+720	+1050	+1600							
0	+58	+92	+170	+370	+820	+1200	+1850							
				+400	+920	+1350	+2000							
0	+68	+110	+195	+440	+1000	+1500	+2300							
				+460	+1100	+1650	+2500							
0	+76	+135	+240	+550	+1250	+1900	+2900							
				+580	+1400	+2100	+3200							

学习情境 3.2　零/件/的/极/限/与/配/合

表 3-2-3 孔的基本偏差数值

基本偏差

基本尺寸/mm		下偏差 EI																				
		所有标准公差等级												IT6	IT7	IT8	≤IT8	>IT8	≤IT8	>IT8	≤IT8	>IT8
大于	至	A	B	C	CD	D	E	EF	F	FG	G	H	JS	J			K		M		N	
—	3	+270	+140	+60	+34	+20	+14	+10	+6	+4	+2	0	偏差 $=\pm\frac{IT_n}{2}$，式中 IT_n 是IT数值	+2	+4	+6	0	0	−2	−2	−4	−4
3	6	+270	+140	+70	+46	+30	+20	+14	+10	+6	+4	0		+5	+6	+10	−1+Δ		−4+Δ	−4	−8+Δ	0
6	10	+280	+150	+80	+56	+40	+25	+18	+13	+8	+5	0		+5	+8	+12	−1+Δ		−6+Δ	−6	−10+Δ	0
10	14	+290	+150	+95		+50	+32		+16		+6	0		+6	+10	+15	−1+Δ		−7+Δ	−7	−12+Δ	0
14	18																					
18	24	+300	+160	+110		+65	+40		+20		+7	0		+8	+12	+20	−2+Δ		−8+Δ	−8	−15+Δ	0
24	30																					
30	40	+310	+170	+120		+80	+50		+25		+9	0		+10	+14	+24	−2+Δ		−9+Δ	−9	−17+Δ	0
40	50	+320	+180	+130																		
50	65	+340	+190	+140		+100	+60		+30		+10	0		+13	+18	+28	−2+Δ		−11+Δ	−11	−20+Δ	0
65	80	+360	+200	+150																		
80	100	+380	+220	+170		+120	+72		+36		+12	0		+16	+22	+34	−3+Δ		−13+Δ	−13	−23+Δ	0
100	120	+410	+240	+180																		
120	140	+460	+260	+200		+145	+85		+43		+14	0		+18	+26	+41	−3+Δ		−15+Δ	−15	−27+Δ	0
140	160	+520	+280	+210																		
160	180	+580	+310	+230																		
180	200	+660	+340	+240		+170	+100		+50		+15	0		+22	+30	+47	−4+Δ		−17+Δ	−17	−31+Δ	0
200	225	+740	+380	+260																		
225	250	+820	+420	+280																		
250	280	+920	+480	+300		+190	+110		+56		+17	0		+25	+36	+55	−4+Δ		−20+Δ	−20	−34+Δ	0
280	315	+1050	+540	+330																		
315	355	+1200	+600	+360		+210	+125		+62		+18	0		+29	+39	+60	−4+Δ		−21+Δ	−21	−37+Δ	0
355	400	+1350	+680	+400																		
400	450	+1500	+760	+440		+230	+135		+68		+20	0		+33	+43	+66	−5+Δ		−23+Δ	−23	−40+Δ	0
450	500	+1650	+840	+480																		
500	560					+260	+145		+76		+22	0					0		−26		−44	
560	630																					
630	710					+290	+160		+80		+24	0					0		−30		−50	
710	800																					
800	900					+320	+170		+86		+26	0					0		−34		−56	
900	1000																					
1000	1120					+350	+195		+98		+28	0					0		−40		−66	
1120	1250																					
1250	1400					+390	+220		+110		+30	0					0		−48		−78	
1400	1600																					
1600	1800					+430	+240		+120		+32	0					0		−58		−92	
1800	2000																					
2000	2240					+480	+260		+130		+34	0					0		−68		−110	
2240	2500																					
2500	2800					+520	+290		+145		+38	0					0		−76		−135	
2800	3150																					

注：1. 基本尺寸小于或等于 1mm 时，基本偏差 A 和 B 及大于 IT8 的 N 均不采用。

2. 公差带 JS7～JS11，若公差值 IT_n 数值是奇数，则取偏差 $=\pm\frac{IT_n-1}{2}$。

3. 对小于或等于 IT8 的 K、M、N 和小于或等于 IT7 的 P～ZC，所需 Δ 值从表内右侧选取。例如：18～30mm 段的 K7，$\Delta=8\mu m$，所以 $ES=-2+8=6\mu m$；18～30mm 段的 S6，$\Delta=4\mu m$，所以 $ES=-35+4=31\mu m$。

4. 特殊情况 250～315mm 段的 M6，$ES=-9\mu m$（代替 $-11\mu m$）。

（摘自 GB/T 1800.3—1998）　　　　　　　　　　　　　　　　　　　　　　μm

数 值													Δ 值					
	上偏差 ES												标准公差等级					
	≤IT7	标准公差等级大于IT7																
P 至 ZC	P	R	S	T	U	V	X	Y	Z	ZA	ZB	ZC	IT3	IT4	IT5	IT6	IT7	IT8
在大于IT7的相应数值上增加一个Δ值	−6	−10	−14		−18		−20		−26	−32	−40	−60	0	0	0	0	0	0
	−12	−15	−19		−23		−28		−35	−42	−50	−80	1	1.5	1	3	4	6
	−15	−19	−23		−28		−34		−42	−52	−67	−97	1	1.5	2	3	6	7
	−18	−23	−28		−33		−40		−50	−64	−90	−130	1	2	3	3	7	9
						−39	−45		−60	−77	−108	−150						
	−22	−28	−35		−41	−47	−54	−63	−73	−98	−136	−188	1.5	2	3	4	8	12
				−41	−48	−55	−64	−75	−88	−118	−160	−218						
	−26	−34	−43	−48	−60	−68	−80	−94	−112	−148	−200	−274	1.5	3	4	5	9	14
				−54	−70	−81	−97	−114	−136	−180	−242	−325						
	−32	−41	−53	−66	−87	−102	−122	−144	−172	−226	−300	−405	2	3	5	6	11	16
		−43	−59	−75	−102	−120	−146	−174	−210	−274	−360	−480						
	−37	−51	−71	−91	−124	−146	−178	−214	−258	−335	−445	−585	2	4	5	7	13	19
		−54	−79	−104	−144	−172	−210	−254	−310	−400	−525	−690						
	−43	−63	−92	−122	−170	−202	−248	−300	−365	−470	−620	−800	3	4	6	7	15	23
		−65	−100	−134	−190	−228	−280	−340	−415	−535	−700	−900						
		−68	−108	−146	−210	−252	−310	−380	−465	−600	−780	−1000						
	−50	−77	−122	−166	−236	−284	−350	−425	−520	−670	−880	−1150	3	4	6	9	17	26
		−80	−130	−180	−258	−310	−385	−470	−575	−740	−960	−1250						
		−84	−140	−196	−284	−340	−425	−520	−640	−820	−1050	−1350						
	−56	−94	−158	−218	−315	−385	−475	−580	−710	−920	−1200	−1550	4	4	7	9	20	29
		−98	−170	−240	−350	−425	−525	−650	−790	−1000	−1300	−1700						
	−62	−108	−190	−268	−390	−475	−590	−730	−900	−1150	−1500	−1900	4	5	7	11	21	32
		−114	−208	−294	−435	−530	−660	−820	−1000	−1300	−1650	−2100						
	−68	−126	−232	−330	−490	−595	−740	−920	−1100	−1450	−1850	−2400	5	5	7	13	23	34
		−132	−252	−360	−540	−660	−820	−1000	−1250	−1600	−2100	−2600						
	−78	−150	−280	−400	−600													
		−155	−310	−450	−660													
	−88	−175	−340	−500	−740													
		−185	−380	−560	−840													
	−100	−210	−430	−620	−940													
		−220	−470	−680	−1050													
	−120	−250	−520	−780	−1150													
		−260	−580	−840	−1300													
	−140	−300	−640	−960	−1450													
		−330	−720	−1050	−1600													
	−170	−370	−820	−1200	−1850													
		−400	−920	−1350	−2000													
	−195	−440	−1000	−1500	−2300													
		−460	−1100	−1650	−2500													
	−240	−550	−1250	−1900	−2900													
		−580	−1400	−2100	−3200													

的基本偏差为上偏差，即 es＝0，公差带在零线之下。js 的基本偏差是上偏差或下偏差，即 $es=ei=\pm\dfrac{IT}{2}$，公差带相对于零线上下完全对称。j～zc 的基本偏差为下偏差，除 j、k 外，其余均为正值，且公差带都在零线之上。

② 对于孔 A～G 的基本偏差为下偏差，且为正值，公差带都在零线之上。H（基孔制）的基本偏差为下偏差，即 EI＝0，公差带在零线之上。JS 的基本偏差是上偏差或下偏差，即 $ES=EI=\pm\dfrac{IT}{2}$，公差带相对于零线上下完全对称。J～ZC 的基本偏差为上偏差，除 J、K、M、N 外，其余均为负值，且公差带在零线之下。无论孔还是轴在基本偏差系列图中，前面为间隙配合，后面为过盈配合，一般中间的 JS、J、K、M、N（js、j、k、m、n）为过渡配合。

（3）基本偏差数值

① 轴的基本偏差数值 轴的基本偏差数值是以基孔制配合为基础，并根据各种配合性质，经过理论计算和统计分析而得到的。表 3-2-2 为轴的基本偏差数值表。

当基本偏差确定后，轴的另一个极限偏差可由下式计算：

$$es=ei+T_s \tag{3-2-19}$$

$$ei=es-T_s \tag{3-2-20}$$

② 孔的基本偏差数值 根据轴的基本偏差与孔的基本偏差的关系（图 3-2-9），按照一定规则换算，可以得到孔的基本偏差数值，详见表 3-2-3。

孔、轴的基本偏差数值关系式如下：

$$EI=-es（适用于 A～H 所有公差等级）$$

$$ES=-ei[适用于 J～N(>IT8),P～ZC(>IT7)]$$

对于基本偏差为 K、M、N（≤IT8），P～ZC（≤IT7）时不完全成上述关系，即

$$ES=-ei+\Delta$$

当基本偏差确定后，另一个极限偏差可由下式计算：

$$ES=EI+T_h \tag{3-2-21}$$

$$EI=ES-T_h \tag{3-2-22}$$

在实际工作中，孔、轴的基本偏差都可以用查表法确定。孔的基本偏差见表 3-2-3，轴的基本偏差见表 3-2-2。任何孔和轴的公差带代号都是由基本偏差代号和公差等级数值组成的，例如 H8、f7。

3. 基准制

在机械产品中，为了设计和制造的经济性，国家标准规定了组成配合的一种制度——基准制，即基孔制配合、基轴制配合。

基孔制是指基本偏差为一定的孔的公差带与不同基本偏差的轴的公差带形成各种配合种类的一种制度，见图 3-2-10(a)。

基孔制中的孔为基准孔，用基本偏差 H 表示。基本偏差为下偏差，且为零，即 EI＝0。轴为非基准件。

基轴制是指基本偏差为一定的轴的公差带与不同基本偏差的孔的公差带形成各种配合种类的一种制度，如图 3-2-10(b)。

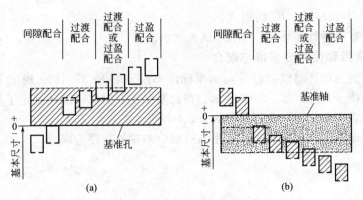

图 3-2-10 基孔制配合和基轴制配合公差带

基轴制中的轴为基准轴,用基本偏差 h 表示。基本偏差为上偏差,且为零,即 es =0。孔为非基准件。

非基准孔和非基准轴组成的配合为非基准制配合。例如:G8/m7、F7/n6 等。

4. 公差配合在图样上的标注

(1) 公差在图样上的标注 公差在零件图上有三种标注形式,如图 3-2-11 所示。

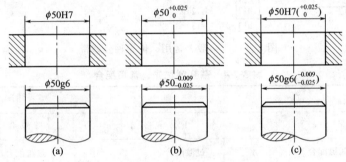

图 3-2-11 公差在图样上的标注

(2) 公差配合在图样上的标注 当孔和轴组成配合时,配合代号采用分数形式表示。即孔的公差带代号用分子表示,轴的公差带代号用分母表示。例如:$\phi 60\dfrac{H8}{f7}$、$\phi 40\dfrac{F8}{h7}$ 等,也

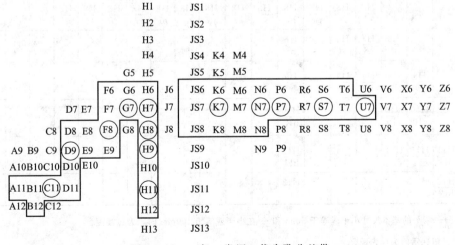

图 3-2-12 一般、常用、优先孔公差带

可以写成 $\phi 60H8/f7$、$\phi 40F8/h7$ 的形式。

在装配图上有三种标注形式，如图 3-2-8 所示。

5. 一般、常用和优先公差带与配合

考虑到使用的方便性与经济性等，国家标准 GB/T 1800.3—1998 规定了一般、常用和优先公差带，如图 3-2-12、图 3-2-13 所示。在此基础上，国家标准还规定了基孔制常用、优先配合，基轴制常用、优先配合，详见表 3-2-4 与表 3-2-5。

选用公差或配合时，应按优先、常用、一般公差带的顺序选取。

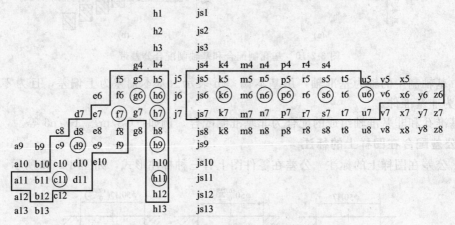

图 3-2-13　一般、常用、优先轴公差带

表 3-2-4　基孔制优先、常用配合

基准孔	轴																				
	a	b	c	d	e	f	g	h	js	k	m	n	p	r	s	t	u	v	x	y	z
	间隙配合								过渡配合				过盈配合								
H6					$\frac{H6}{e5}$...	$\frac{H6}{f5}$	$\frac{H6}{g5}$	$\frac{H6}{h5}$	$\frac{H6}{js5}$	$\frac{H6}{k5}$	$\frac{H6}{m5}$	$\frac{H6}{n5}$	$\frac{H6}{p5}$	$\frac{H6}{r5}$	$\frac{H6}{s5}$	$\frac{H6}{t5}$					
H7						$\frac{H7}{f6}$	$\frac{H7}{g6}$	$\frac{H7}{h6}$	$\frac{H7}{js6}$	$\frac{H7}{k6}$	$\frac{H7}{m6}$	$\frac{H7}{n6}$	$\frac{H7}{p6}$	$\frac{H7}{r6}$	$\frac{H7}{s6}$	$\frac{H7}{t6}$	$\frac{H7}{u6}$	$\frac{H7}{v6}$	$\frac{H7}{x6}$	$\frac{H7}{y6}$	$\frac{H7}{z6}$
H8					$\frac{H8}{e7}$	$\frac{H8}{f7}$	$\frac{H8}{g7}$	$\frac{H8}{h7}$	$\frac{H8}{js7}$	$\frac{H8}{k7}$	$\frac{H8}{m7}$	$\frac{H8}{n7}$	$\frac{H8}{p7}$	$\frac{H8}{r7}$	$\frac{H8}{s7}$	$\frac{H8}{t7}$	$\frac{H8}{u7}$				
H8				$\frac{H8}{d8}$	$\frac{H8}{e8}$	$\frac{H8}{f8}$		$\frac{H8}{h8}$													
H9			$\frac{H9}{c9}$	$\frac{H9}{d9}$	$\frac{H9}{e9}$	$\frac{H9}{f9}$		$\frac{H9}{h9}$													
H10			$\frac{H10}{c10}$	$\frac{H10}{d10}$				$\frac{H10}{h10}$													
H11	$\frac{H11}{a11}$	$\frac{H11}{b11}$	$\frac{H11}{c11}$	$\frac{H11}{d11}$				$\frac{H11}{h11}$													
H12		$\frac{H12}{b12}$						$\frac{H12}{h12}$													

注：1. $\dfrac{H6}{n5}$、$\dfrac{H7}{p6}$ 的基本尺寸小于或等于3mm 和 $\dfrac{H8}{r7}$ 在小于或等于100mm 时，为过渡配合。

2. 用黑三角标示的为优先配合。

表 3-2-5　基轴制优先、常用配合

基准轴	A	B	C	D	E	F	G	H	JS	K	M	N	P	R	S	T	U	V	X	Y	Z
			间隙配合						过渡配合				过盈配合								
h5						F6/h5	G6/h5	H6/h5	JS6/h5	K6/h5	M6/h5	N6/h5	P6/h5	R6/h5	S6/h5	T6/h5					
h6						F7/h6	G7/h6	H7/h6	JS7/h6	K7/h6	M7/h6	N7/h6	P7/h6	R7/h6	S7/h6	T7/h6	U7/h6				
h7					E8/h7	F8/h7		H8/h7	JS8/h7	K8/h7	M8/h7	N8/h7									
h8				D8/h8	E8/h8	F8/h8		H8/h8													
h9				D9/h9	E9/h9	F9/h9		H9/h9													
h10				D10/h10				H10/h10													
h11	A11/h11	B11/h11	C11/h11	D11/h11				H11/h11													
h12		B12/h12						H12/h12													

注：用黑三角标示的为优先配合。

【任务实施】

例 3-2-2　查表确定 $\phi30js8$ 与 $\phi30js9$ 的极限偏差。

解：查表 3-2-1 中 18～30 段落，得：IT8＝33μm＝0.033mm

IT9＝52μm＝0.052mm

根据查表 3-2-2 可得 js8 的基本偏差为：

$$es=+\frac{IT_n-1}{2}=+\frac{0.033-1}{2}=+0.016(mm)$$

$$ei=-\frac{IT_n-1}{2}=-\frac{0.033-1}{2}=-0.016(mm)$$

js9 的基本偏差为：　　　$$es=+\frac{IT_n}{2}=+\frac{0.052}{2}=+0.026(mm)$$

$$ei=-\frac{IT_n}{2}=-\frac{0.052}{2}=-0.026(mm)$$

$\phi30js8$ 可标注为 $\phi30js8\pm0.016$；$\phi30js9$ 可标注为 $\phi30js9\pm0.026$。

任务 3.2.3　极限与配合的选用

【任务描述】

在汽车零部件当中，很多部件均含有配合，如其中的活塞连杆机构。如图 3-2-14 所示，即为活塞连杆部分装配图。

从图 3-2-14 可以看出，活塞销与活塞销座孔的配合，要求准确定位并便于装配，试确定二者的公差等级与配合种类。

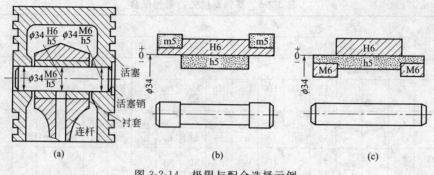

图 3-2-14　极限与配合选择示例

【任务分析】

根据任务描述，所确定的对象是活塞销与活塞销座孔。从图 3-2-14 可以看出，工作时连杆绕活塞销转动，要求二者配合合理；活塞销与活塞销座孔的配合，要求准确定位并便于装配，也要求二者配合合理。活塞销有以下两种设计方案：如图 3-2-14（b）所示的中间细两端粗的阶梯轴；如图 3-2-14（c）所示的光轴。那么，以上两种设计哪种较为合理呢？如何进行设计？这就需要学习以下的相关知识。

【知识准备】

1. 基准制的选择

在进行基准制选择时，应从零件的结构、工艺性和经济性等几方面综合分析，从而合理地确定基准制，即基孔制或基轴制。基准制选择的基本原则如下。

（1）优先选择基孔制　国家标准规定，一般情况下优先选用基孔制。这主要是从工艺性和经济性来考虑。加工中等精度的相同尺寸、相同公差等级的孔要比加工轴复杂或难加工，且成本高，所以选择基孔制较为合理。

（2）特殊情况下可选择基轴制

① 选用一定公差等级的冷拉钢材加工零件时选用基轴制。由于冷拉钢材的外径不经切削加工即能满足使用要求，所以选用基轴制会降低加工成本，增加经济效益。

② 同一根轴的不同部位上装配几个不同配合要求的孔零件时应采用基轴制。考虑其结构、工艺等宜选用基轴制。如图 3-2-14（a）是汽车零部件当中柴油机的活塞连杆部分装配图。工作时连杆绕活塞销转动，因此连杆衬套与活塞销配合应为间隙配合。活塞销与活塞销座孔的配合，要求准确定位并便于装配，故采用过渡配合。若选用基孔制，活塞销将设计成图 3-2-14（b）所示的中间细两端粗的阶梯轴，此结构的轴给加工增加了难度，而且也不便于装配。若选用基轴制，活塞销可设计成图 3-2-14（c）所示的光轴，此结构的轴既便于加工，又便于保证装配精度，故选用基轴制较为合理。

③ 根据标准件选择基准制。与标准件相配合的孔或轴，必须以标准件为基准件来选择基准制。例如：与滚动轴承内圈相配合的轴颈应以轴承内圈为基准，故选用基孔制配合。而与轴承外圈相配合的外壳孔应以轴承外圈为基准，故选用基轴制配合，如图 3-2-15 所示。

④ 配合精度要求不高时，可选用非基准制配合。图 3-2-16 所示为轴承盖外径与壳体孔的配合，此处配合应保证滚动轴承的轴向定位要求和便于装卸，且对径向精度要求不高。在满足上述要求的情况下，此处配合应选用精度较低的非基准制间隙配合。故选 $\phi52J7/f9$ 配合，有利于降低成本。

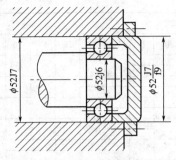

图 3-2-15　根据标准件选用基准制

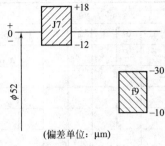

(偏差单位：μm)

图 3-2-16　非基准制选择示例

2. 公差等级的选择

选择标准公差等级的基本原则是：在满足使用要求的前提下，尽量选取低的标准公差等级。这样既可以降低成本，又能保证产品的加工质量。

标准公差等级可用类比法进行选择，即参考从生产实践中总结出来的技术资料，把所设计产品的技术要求与之进行对比选择。选择公差等级时应注意以下几点。

① 工艺等价性。**工艺等价性**是指同一配合中的孔和轴的加工难易程度基本相同。对于尺寸≤500mm 的常用尺寸段，当公差等级小于或等于 IT8 时，可选孔的精度等级比轴的低一级，例如 H7/f6 等；当公差等级等于 IT8 时，也可选用同级，例如 H8/g8；当公差等级大于 IT8 时，一般选用孔、轴同级，例如 H9/f9 等。

② 相配件或相关件的结构或精度。相配合的零部件的精度要匹配。例如：与滚动轴承相配合的轴颈和箱体孔，公差等级应取决于滚动轴承的公差等级。

③ 配合性质。对于间隙配合，间隙小的配合公差等级应较小，间隙大的配合公差等级可较大；对于过盈配合、过渡配合，公差等级不宜太大。

④ 选择公差等级时，应了解各种加工方法可达到的公差等级和公差等级的应用范围，详见表 3-2-6、表 3-2-7。

表 3-2-6　各种加工方法可达到的公差等级

加工方法	公　差　等　级																		
	01	0	1	2	3	4	5	6	7	8	9	10	11	12	13	14	15	16	17	18
研磨																				
珩磨																				
圆磨																				
平磨																				
金刚石车																				
金刚石镗																				
拉削																				
铰孔																				
精车精镗																				
粗车																				
粗镗																				
铣																				

续表

加工方法	公差等级																		
	01	0	1	2	3	4	5	6	7	8	9	10	11	12	13	14	15	16	17	18
刨插												▬	▬							
钻削												▬	▬	▬	▬					
冲压												▬	▬	▬	▬	▬				
滚压、挤压													▬	▬	▬					
锻造																	▬	▬		
砂型铸造																		▬	▬	▬
金属型铸造																▬	▬	▬		
气割																	▬	▬	▬	

表 3-2-7　公差等级的应用

应用	公差等级																		
	01	0	1	2	3	4	5	6	7	8	9	10	11	12	13	14	15	16	17	18
量块	▬	▬	▬																	
量规			▬	▬	▬	▬	▬	▬	▬											
配合尺寸							▬	▬	▬	▬	▬	▬	▬	▬						
特别精密零件			▬	▬	▬	▬														
非配合尺寸													▬	▬	▬	▬	▬	▬		
原材料									▬	▬	▬	▬	▬	▬	▬					

⑤ 对于大于 500mm 的基本尺寸，孔、轴的公差等级应采用同级。

⑥ 对于非基准制配合，孔、轴公差等级可相差 2～3 级。

⑦ 常用配合尺寸公差等级的应用详见表 3-2-8。

表 3-2-8　常用配合尺寸（5～12 级）公差等级的应用

公差等级	应　用
5 级	主要用在配合公差、形状公差要求甚小的地方，它的配合性质稳定，一般在机床、发动机等重要部位应用。如：与 5 级滚动轴承配合的箱体孔；与 6 级滚动轴承配合的机床主轴，机床尾部与套筒，精密机械及高速机械中轴颈，精密丝杠轴颈等
6 级	配合性能能达到较高的均匀性，如：与 6 级滚动轴承相配合的孔、轴颈；与齿轮、蜗轮、联轴器、带轮、凸轮等连接的轴颈，机床丝杠轴颈；摇臂钻床立柱；机床夹具中导向件外径尺寸；6 级精密齿轮的基准孔，7、8 级精度齿轮基准轴颈
7 级	7 级精度比 6 级稍低，应用条件与 6 级基本相似，在一般机械制造中应用较为普遍。如：联轴器、带轮、凸轮等孔径；机床夹盘座孔；夹具中固定钻套，可换钻套；7、8 级齿轮基准孔，9 级齿轮基准孔
8 级	在机器制造中属于中等精度。如：轴承座衬套沿宽度方向尺寸，9 至 12 级齿轮基准孔，10 至 12 级齿轮基准轴
9 级,10 级	主要用于机械制造中轴套外径与孔、操作件与轴、空轴带轮与轴、单键与花键
11 级,12 级	配合精度很低，装配后可能产生很大间隙，适用于基本上没有什么配合要求的场合。如：机床上法兰盘与正口，滑块与滑移齿轮，加工中工序间尺寸，冲压加工的配合件，机床制造中的扳手孔与扳手座的连接

总之，公差等级的选择应在遵循一般原则的前提下，结合具体情况，灵活地选择。

3. 配合的选择

配合的选择实质上就是确定非基准件的基本偏差代号。

（1）配合种类的选择　根据装配后的使用要求选择配合种类。当要求孔、轴装配后有相对运动时，应选择间隙配合；当要求孔、轴装配后无相对运动并靠过盈传递载荷时，应选择过盈配合；当要求孔、轴装配后定位精度高并需要拆卸时，应选择过渡配合。配合的选择有三种方法，即计算法、试验法、类比法。

① 计算法：根据零件的结构、材料、功能的要求等，按照一定的理论公式计算结果（极限间隙与过盈），进而选择或确定配合种类。此方法较为常用。

② 试验法：通过模拟试验和分析选择最佳配合，常用于对产品质量和性能有极大影响的重要配合。但由于成本较高，一般用得较少。

③ 类比法：是参照同类型机器或机构经实践验证合理的配合，结合实际确定配合的方法。此方法应用最广泛。选择时可参考表 3-2-9。

表 3-2-9　尺寸至 500mm 基孔制常用和优先配合的特征及应用

配合类别	配合特征	配合代号	应用
间隙配合	特大间隙	$\frac{H11}{a11}\ \frac{H11}{b11}\ \frac{H12}{b12}$	用于高温或工作时要求大间隙的配合
	很大间隙	$\left(\frac{H11}{c11}\right)\frac{H11}{d11}$	用于工作条件较差、受力变形或为了便于装配而需要大间隙的配合和高温工作的配合
	较大间隙	$\frac{H9}{c9}\ \frac{H10}{c10}\ \frac{H8}{d8}\ \left(\frac{H9}{d9}\right)\frac{H10}{d10}\ \frac{H8}{e7}\ \frac{H8}{e8}\ \frac{H9}{e9}$	用于高速重载的滑动轴承或大直径的滑动轴承,也可用于大跨距或多支点支承的配合
	一般间隙	$\frac{H6}{f5}\ \frac{H7}{f6}\ \left(\frac{H8}{f7}\right)\frac{H8}{f8}\ \frac{H9}{f9}$	用于一般转速的动配合。当温度影响不大时,广泛应用于普通润滑油润滑的支承处
	较小间隙	$\left(\frac{H7}{g6}\right)\frac{H8}{g7}$	用于精密滑动零件或缓慢间歇回转的零件的配合部位
	很小间隙和零间隙	$\frac{H6}{g5}\ \frac{H6}{h5}\ \left(\frac{H7}{h6}\right)\left(\frac{H8}{h7}\right)\frac{H8}{h8}\ \left(\frac{H9}{h9}\right)\frac{H10}{h10}$ $\left(\frac{H11}{h11}\right)\frac{H12}{h12}$	用于不同精度要求的一般定位件的配合和缓慢移动和摆动零件的配合
过渡配合	绝大部分有微小间隙	$\frac{H6}{js5}\ \frac{H7}{js6}\ \frac{H8}{js7}$	用于易于装拆的定位配合或加紧固件后可传递一定静载荷的配合
	大部分有微小间隙	$\frac{H6}{k5}\ \left(\frac{H7}{k6}\right)\frac{H8}{k7}$	用于稍有振动的定位配合,加紧固件可传递一定载荷,装拆方便,可用木锤敲入
	大部分有微小过盈	$\frac{H6}{m5}\ \frac{H7}{m6}\ \frac{H8}{m7}$	用于定位精度较高且能抗振的定位配合,加键可传递较大载荷,可用铜锤敲入或小压力压入
	绝大部分有微小过盈	$\left(\frac{H7}{n6}\right)\frac{H8}{n7}$	用于精确定位或紧密组合件的配合。加键能传递大力矩或冲击性载荷。只在大修时拆卸
	绝大部分有较小过盈	$\frac{H8}{p7}$	加键后能传递很大力矩,且承受振动和冲击的配合,装配后不再拆卸
过盈配合	轻型	$\frac{H6}{n5}\ \frac{H6}{p5}\ \left(\frac{H7}{p6}\right)\frac{H6}{r5}\ \frac{H7}{r6}\ \frac{H8}{r7}$	用于精确的定位配合。一般不能靠过盈传递力矩。要传递力矩尚需加紧固件
	中型	$\frac{H6}{s5}\ \left(\frac{H7}{s6}\right)\frac{H8}{s7}\ \frac{H6}{t5}\ \frac{H7}{t6}\ \frac{H8}{t7}$	不需加紧固件就可传递较小力矩和轴向力。加紧固件后可承受较大载荷或动载荷的配合
	重型	$\left(\frac{H7}{u6}\right)\frac{H8}{u7}\ \frac{H7}{v6}$	不需加紧固件就可传递和承受大的力矩和动载荷的配合,要求零件材料有高强度
	特重型	$\frac{H7}{x6}\ \frac{H7}{y6}\ \frac{H7}{z6}$	能传递和承受很大力矩和动载荷的配合,需经试验后方可应用

注：1. 括号内的配合为优先配合。
2. 国家标准规定的 44 种基轴制配合的应用与本表中的同名配合相同。

（2）各类配合的特性及应用　各类配合的特性及应用可参考表 3-2-10 和表 3-2-11。

表 3-2-10　优先配合、常用

基本偏差	a,A	b,B	c,C	d,D	e,E	f,F	g,G	h,H	js,JS	k,K	轴 或
配合特征				间隙配合					过渡配合		
配合种类 / 基准孔或基准轴	可得到特别大的间隙,用于高温工作,很少用	可得到特大的间隙,用于高温工作,一般少用	可得到很大的间隙,高温工作用	具有显著的间隙,适用于松动的配合	有相当的间隙,适用于高速运动,大跨距、多支承配合	配合间隙适中,用于一般转速的动配合	配合间隙很小,用于不回转的精密滑动配合	装配后多少有点间隙,但在最大实体状态下间隙为零,一般用于间隙定位配合	为完全对称偏差,平均起来稍有间隙的过渡配合(约有2%的过盈)	平均起来没有间隙的过渡配合(约有30%的过盈)	
H6 / h5						$\dfrac{H6 F6}{f5}\ h5$	$\dfrac{H6 G6}{g5}\ h5$	$\dfrac{H6}{h5}\ \dfrac{H6}{h5}$	$\dfrac{H6 JS6}{js5}\ h5$	$\dfrac{H6 K6}{k5}\ h5$	
H7 / h6						$\dfrac{H7 F7}{f6}\ h6$	$\dfrac{H7}{g6}\ \dfrac{G7}{h6}$	$\dfrac{H7}{h6}\ \dfrac{H7}{h6}$	$\dfrac{H7 JS7}{js6}\ h6$	$\dfrac{H7}{k6}\ \dfrac{K7}{h6}$	
H8 / h7					$\dfrac{H8 E8}{e7}\ h7$	$\dfrac{F8}{f7}\ \dfrac{F8}{h7}$	$\dfrac{H8}{g7}$	$\dfrac{H8}{h7}\ \dfrac{H8}{h7}$	$\dfrac{H8 JS8}{js7}\ h7$	$\dfrac{H8 K8}{k7}\ h7$	
H8 / h8				$\dfrac{H8 D8}{d8}\ h8$	$\dfrac{H8 E8}{e8}\ h8$	$\dfrac{H8 F8}{f8}\ h8$		$\dfrac{H8}{h8}\ \dfrac{H8}{h8}$			
H9 / h9			$\dfrac{H9}{c9}$	$\dfrac{H9}{d9}\ \dfrac{D9}{h9}$	$\dfrac{H9 E9}{e9}\ h9$	$\dfrac{H9 F9}{f9}\ h9$		$\dfrac{H9}{h9}\ \dfrac{H9}{h9}$			
H10 / h10			$\dfrac{H10}{c10}$	$\dfrac{H10 D10}{d10}\ h10$				$\dfrac{H10}{h10}\ \dfrac{H10}{h10}$			
H11 / h11	$\dfrac{H11 A11}{a11}\ h11$	$\dfrac{H11 B11}{b11}\ h11$	$\dfrac{H11}{h11}\ \dfrac{C11}{h11}$	$\dfrac{H11 D11}{d11}\ h11$				$\dfrac{H11}{h11}\ \dfrac{H11}{h11}$			
H12 / h12		$\dfrac{H12 B12}{b12}\ h12$						$\dfrac{H12}{h12}\ \dfrac{H12}{h12}$			
按配合特征、装配方法及其应用分类		液体摩擦情况较差,有紊流。间隙非常大,用于高温工作和很松的转动配合;要求大公差、大间隙的外露组件,要求装配很松的配合		液体摩擦情况尚好,用于精度为非主要要求,有大的温度变动、高转速或大的轴径压力时的自由转动配合		带层流,液体摩擦情况良好,配合间隙适中,能保证轴与孔相对旋转时最好的润滑条件		能较好地保持孔、轴的同轴度,但无法容纳足够的润滑油,不适于自由转动的配合	用手或木锤装配,是略有过盈的定位配合	用木锤装配,是稍有过盈的定位配合,消除振动时用	

孔										
m,M	n,N	p,P	r,R	s,S	t,T	u,U	v,V	x,X	y,Y	z,X
过盈配合										
平均起来具有不大过盈的过渡配合(约有40%~60%的过盈)	平均过盈稍大,很少得到间隙(约有60%~84%的过盈)	与H6、H7配合时是真正的过盈配合,但与H8配合时是过渡配合	与H6、H7配合是过盈配合,但当基本尺寸至100mm与H8配合时,为过渡配合(约80%的过盈)	相对平均过盈为大于0.0005~0.0018	相对平均过盈为大于0.00072~0.0018;相对最小过盈大于0.00026~0.00105	相对平均过盈为大于0.00095~0.0022;相对最小过盈为大于0.00038~0.00112	相对平均过盈为大于0.00125~0.00137;相对最小过盈为大于0.00125~0.00132	相对平均过盈为大于0.0017~0.0031;相对最小过盈为大于0.0016~0.0019	相对平均过盈为大于0.0021~0.0029;相对最小过盈为大于0.002左右	相对平均过盈为大于0.0026~0.004;相对最小过盈为大于0.00244~0.0027
$\dfrac{H6}{m5}\dfrac{M6}{h5}$	$\dfrac{H6}{n5}\dfrac{N6}{h5}$	$\dfrac{H6}{p5}\dfrac{P6}{h5}$	$\dfrac{H6}{r5}\dfrac{R6}{h5}$	$\dfrac{H6}{s5}\dfrac{S6}{h5}$	$\dfrac{H6}{t5}\dfrac{T6}{h5}$					
$\dfrac{H7}{m6}\dfrac{M7}{h6}$	$\dfrac{H7}{n6}\dfrac{N7}{h6}$	$\dfrac{H7}{p6}\dfrac{P7}{h6}$	$\dfrac{H7}{r6}\dfrac{R7}{h6}$	$\dfrac{H7}{s6}$	$\dfrac{S7}{n6}$ $\dfrac{H7}{t6}\dfrac{T7}{h6}$	$\dfrac{H7}{u6}\dfrac{U7}{h6}$	$\dfrac{H7}{v6}$	$\dfrac{H7}{x6}$	$\dfrac{H7}{y6}$	$\dfrac{H7}{z6}$
$\dfrac{H8}{m7}\dfrac{M8}{h7}$	$\dfrac{H8}{n7}\dfrac{N8}{h7}$	$\dfrac{H8}{p7}$	$\dfrac{H8}{r7}$	$\dfrac{H8}{s7}$	$\dfrac{H8}{t7}$	$\dfrac{H8}{u7}$				
用铜锤装配、在最大实体状态时要有相当的压入力	用铜锤或压力机装配,用于紧密的组合件配合	约有67%~94%的过盈,用压力机装配	属于轻型压入配合,用在传递较小转矩或轴向力时(较中型压入配合小一半左右),若承受冲击载荷,则应加辅助紧固件	属于中型压入配合,用在传递较小转矩或轴向力时,不需加辅助件(较重型压入配合小1/3~1/2),若承受变动载荷、振动冲击时需加辅助件		属于重型压入配合,用压力机或热胀(孔套)冷缩(轴)的方法装配,能传递大转矩、变动载荷,材料许用应力要大		属特重型压入配合,用热胀(孔套)或冷缩(轴)的方法装配,能传递很大转矩,承受变动载荷、振动和冲击(较重型压入配合大1倍),材料许用应力要相当大		

表 3-2-11　基孔制轴的基本偏差的特性及其应用

		间　隙　配　合		
基本偏差	a,b,c	d,e,f	g	h
特性及应用说明	可以得到很大的间隙。适用于高温下工作的间隙配合及工作条件较差,受力变形大,或为了便于装配的缓慢、松弛的大间隙配合	可以得到较大的间隙。适用于松的间隙配合和一般的转动配合	可以得到的间隙很小、制造成本高,除很轻负荷的精密装置外,不推荐用于转动的配合	广泛用于无相对转动与作为一般定位配合的零件。若没有温度变形的影响也用于精密的滑动配合
应用举例	柴油机气门与导管的配合 H7/h6　H7/c6　H6/t5	高精度齿轮衬套与轴承套配合 间隙　H6/h5　H7/f7	钻夹具中钻套和衬套的配合;钻头与钻套之间的配合 钻套　衬套　钻模板　G7　H7/g6　H7/n6	尾座套筒与尾座体之间的配合 φ60 H6/h5

		过　渡　配　合		
基本偏差	js	k	m	n
特性及应用说明	偏差完全对称,平均间隙较小,而且略有过盈的配合,一般用于易于装卸的精密零件的定位配合	平均间隙接近零的配合,用于稍有过盈的定位配合	平均过盈较小的配合,组成的配合定位好,用于不允许游动的精密定位	平均过盈比 m 稍大,很少得到间隙,用于定位要求较高且不宜拆卸的配合
应用举例	与滚动轴承内、外圈的配合 隔套　K7/js6 D10/js6　K7/J11	与滚动轴承内、外圈的配合 k6　J7	齿轮与轴的配合 H7/h6　H7/m6	爪形离合器的配合 固定爪　移动爪 H7/n6　H8/n7　N7/h6　N8/h7

		过　盈　配　合		
基本偏差	p	r	s	t、u、v、x、y、z
特性及应用说明	对钢、铁或钢、钢组件的装配,是标准压入配合。对非铁类零件,为轻的压入配合	对铁类零件是中等打入配合,对非铁类零件为轻打入配合。必要时可以拆卸	用于钢和铁制零件的永久性和半永久性装配,可产生相当大的结合力。尺寸较大时,为了避免损坏配合表面,需用热胀法或冷缩法装配	过盈配合依次增大,一般不采用
应用举例	对开轴瓦与轴承座孔的配合 H7/p6 H11/h11	蜗轮与轴的配合 H7/r6	曲柄销与曲拐的配合 H6/s5	联轴器与轴的配合 H7/t6

【学习小结】

公差与配合选用的主要步骤如下。

（1）基准制的选择

① 一般情况下，优先选择基孔制。

② 某些情况下，由于结构和原材料等原因，选择基轴制较为合理。

（2）公差等级的选择：主要根据工艺等价性确定其各自的公差等级。

（3）配合的选择。

【自我评估】

3-2-1　判断下列说法是否正确，并简单说明理由。

（1）公差可以说是允许零件尺寸的最大偏差。

（2）尺寸公差大的一定比尺寸公差小的公差等级低。

（3）数值为正的偏差称为上偏差，数值为负的偏差称为下偏差。

（4）相互配合的孔的公差带低于轴的公差带时为间隙配合。

（5）过渡配合可能有间隙或过盈，因此过渡配合可能是间隙配合或过盈配合。

3-2-2　按表格中给出的数值计算，并将计算结果填入空格内。

基本尺寸	最大极限尺寸	最小极限尺寸	上偏差	下偏差	公差
孔 $\phi12$	12.050	12.032			
轴 $\phi80$			−0.010	−0.056	
孔 $\phi30$		29.959			0.021
轴 $\phi70$	69.970			−0.074	

3-2-3　某一零件尺寸标注为 $\phi35^{+0.025}_{0}$，$T_h=0.025mm$，加工后经测量该零件尺寸误差值为 0.020mm，试判断该零件的尺寸是否合格，为什么？

3-2-4　根据下列孔、轴的公差代号，通过查表和计算，确定它们的基本偏差及另一偏差。

$\phi40h5$　　　$\phi32H7$　　　$\phi90t8$　　　$\phi16f6$　　　$\phi54js7$

$\phi70R8$　　　$\phi70T6$　　　$\phi55M7$　　　$\phi46K7$　　　$\phi50K9$

3-2-5　已知某配合中孔、轴的基本尺寸为 20mm，孔的最大极限尺寸为 20.021mm，孔的最小极限尺寸为 20mm，轴的最大极限尺寸为 19.98mm，最小极限尺寸为 19.967mm。试求孔、轴的极限偏差、基本偏差和公差及它们的配合公差，并画出孔、轴公差示意图。

3-2-6　已知某配合中，孔、轴配合的基本尺寸为 $\phi60mm$，要求配合间隙在 +0.025～ +0.110mm 之间，试确定孔和轴的精度等级和配合种类。

学习情境 3.3　零件的形状和位置公差及检测

【学习目标】

（1）掌握形位公差项目及符号。

（2）掌握图样上所规定的相应的形位公差的标注。

（3）掌握形状公差、位置公差及检测。

（4）了解形位公差的选择。

任务 3.3.1　零件几何要素和形位公差的特征项目

【任务描述】

汽车零件的形状与位置误差对汽车及总成的性能和使用寿命有着重要的影响。所以，我们应该合理地控制其形状和位置，以保证汽车的良好性能。如图 3-3-1 所示的一加工零件，试描述其各个部位的形状的合格情况。

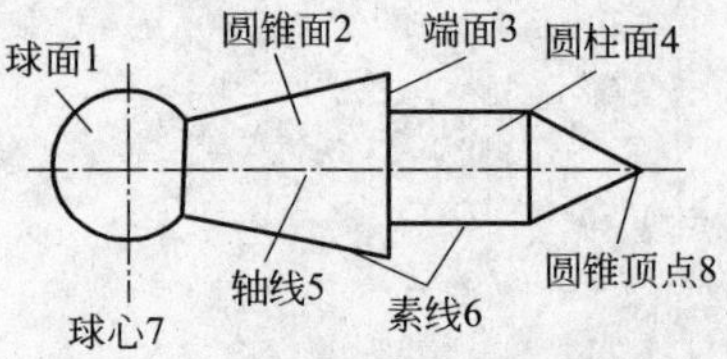

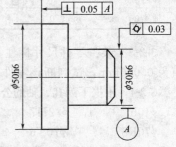

图 3-3-1　零件的几何要素（一）

【任务分析】

根据任务描述，首先确定所要研究的对象是零件各个部位的几何要素。从图 3-3-1 可以看出，要准确地描述零件各部位的形状的合格情况，就需要我们正确地掌握其各类几何要素。这需要掌握下面的相关内容。

【知识准备】

1. 零件几何要素及其分类

构成零件几何特征的点、线和面等是零件的几何要素，简称**要素**。如图 3-3-1 所示，零件几何要素由点、线、面组成。

零件几何要素从不同角度可以进行以下分类。

（1）按存在状态分类

① 实际要素　实际要素是指零件加工后实际存在的要素。对于具体零件而言，实际要素是通过测量得到的，因此通常用测得要素来代替实际要素。

② 理想要素　理想要素是指具有几何学意义的要素，即几何的点、线、面。它们不存在任何误差。在图样上给出的要素均为理想要素。理论要素是作为评定实际要素的依据的。

图 3-3-2　零件的几何要素（二）

（2）按结构特征分类

① 轮廓要素　轮廓要素是指构成零件外形的点、线、面各要素，是客观存在的要素。如图 3-3-1 所示，其中球面、圆锥面、圆柱面、端面以及素线、圆锥顶点，均为轮廓要素。

② 中心要素　中心要素是指轮廓要素对称中心所表示的点、线、面各要素。中心要素是不可见的，它依存于对应的轮廓要素，随着轮廓要素的存在而客观存在。如图 3-3-1 所示，零件上圆柱面的轴线、球面的球心均为中心要素。

（3）按检测地位分类

① 被测要素　被测要素是指图样上给出形位公差要求的要素，是零件检测的对象。如图 3-3-2 中，$\phi30$ 圆柱面和 $\phi50$ 的左端面等给出了形位公差，因此它们都属于被测要素。

② 基准要素　基准要素是指图样上用来确定被测要素方向或位置的要素。基准要素应具有理想状态，理想的基准要素简称基准。在图 3-3-2 中，$\phi30$ 的中心线即为基准要素。

（4）按功能关系分类

① 单一要素　单一要素是指仅对其本身给出形状公差要求的要素。如图 3-3-2 中，$\phi 30$ 圆柱面仅给出了圆柱度公差要求，故为单一要素。

② 关联要素　关联要素是指与基准要素有功能关系，并给出位置公差要求的要素。如图 3-3-2 中，$\phi 50$ 圆柱的左端面就是被测关联要素。

2. 形位公差的特征项目及符号

根据国家标准 GB/T 1182—1996 的规定，形位公差特征项目共有 14 项，各项目的名称及符号见表 3-3-1 所示。其中，形状公差是对单一要素提出的要求，所以没有基准要求；位置公差是对关联要素提出的要求，所以均有基准要求。对于线轮廓度和面轮廓度，若无基准要求则为形状公差，若有基准要求则为位置公差。

表 3-3-1　形位公差的特征项目及符号

分类	特征项目	符号
形状公差	直线度	—
	平面度	▱
	圆度	○
	圆柱度	⌭
形状或位置公差	线轮廓度	⌒
	面轮廓度	⌓

分类		特征项目	符号
位置公差	定向	平行度	//
		垂直度	⊥
		倾斜度	∠
	定位	同轴度	◎①
		对称度	⌯
		位置度	⌖
	跳动	圆跳动	↗
		全跳动	⌰

① 图形符号也适用于同轴线两圆的圆心的同心度。

任务 3.3.2　形位公差的标注

【任务描述】

如图 3-3-2 所示，根据图中各部位所给标注，试说明其标注含义。

【任务分析】

根据任务描述可知，要想解释其标注含义，首先要有正确的标注。那么，如何在图样中进行正确的标注呢？这就需要我们学习以下相关知识。

【知识准备】

1. 形位公差框格及填写规则

国家标准规定，形位公差应按规定的方法正确而完整地标注在图样上。形位公差采用框格代号标注。当无法采用框格代号标注时，也允许在图样的技术要求中，用文字说明。

（1）公差框格及填写的内容　形位公差的框格可分为两格或多格，其中形状公差框格只有两格，而位置公差框格则根据基准要素多少有三格、四格和五格等形式。公差框格在图样上一般水平绘制，当受到位置或被测要素的限制时，可以垂直绘制，其线型为细实线。具体绘制方法及填写顺序如图 3-3-3、图 3-3-4 所示。

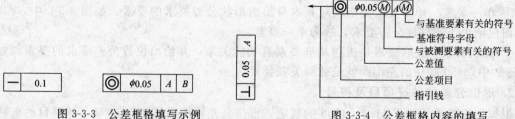

图 3-3-3 公差框格填写示例   图 3-3-4 公差框格内容的填写

（2）指引线 在图样上标注时，形位公差框格要用指引线与被测要素连接起来，指引线由细实线和箭头构成。指引线应从公差框格的一端垂直引出，并用箭头与被测要素相连，如图 3-3-5 所示。当指引线指向被测要素时，允许弯折，通常只允许弯折一次，如图 3-3-6 所示。

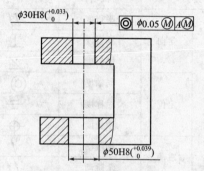

图 3-3-5 指引线指向被测要素

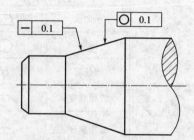

图 3-3-6 指引线指向被测要素允许弯折

（3）基准符号 基准符号由英文大写字母、圆圈、连线和粗的短横线组成，如图 3-3-7（a）所示。表示基准的字母要标注在相应被测要素的位置公差框格内。当基准符号引向基准要素时，无论基准符号在图样上的方向如何，其圆圈中的字母都应水平书写，如图 3-3-7（b）、（c）所示。

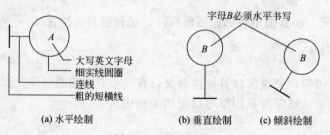

图 3-3-7 基准符号

2. 被测要素的标注方法

在图样上，被测要素一般按以下要求进行标注。

（1）标注时注意区分轮廓要素和中心要素

① 当被测要素为轮廓要素时，指引线箭头应垂直指向该要素的可见轮廓线或其延长线，指引线的箭头应与尺寸线明显错开，如图 3-3-8(a)、(b) 所示；对于圆度而言，指引线箭头应垂直指向该要素的中心要素，如图 3-3-6 所示。

② 当被测要素为中心要素时，指引线箭头应与该要素的尺寸线对齐，如图 3-3-9(a)、(b) 所示。

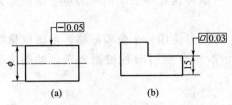

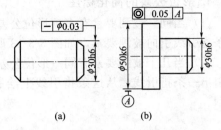

图 3-3-8　被测要素为轮廓要素的标注　　　　　图 3-3-9　被测要素为中心要素的标注

（2）标注时注意区分指引线箭头所指的方向　当指引线的箭头指向公差带的宽度方向时，公差框格中的形位公差值只填写数字，数值前不加任何字母，如图 3-3-8 所示公差值表示为 0.03；当指引线的箭头指向圆形或圆柱形公差带的直径方向时，形位公差值的数字前要加符号"ϕ"，如图 3-3-9(a) 所示，公差值表示为 $\phi0.03$；当指引线的箭头指向球形公差带的直径方向时，形位公差值前要加符号"$S\phi$"。

3. 基准要素的标注方法

（1）当基准要素为轮廓要素时，基准符号应置于轮廓线上或轮廓线的延长线上，并使基准符号中的连线与尺寸线明显错开，如图 3-3-10 所示。

（2）当基准要素为轴线或中心平面等中心要素时，基准符号的细实线应与体现基准轴线或基准中心平面的轮廓要素的尺寸线对齐，如图 3-3-11(a)、（b）所示；当基准轴线为圆锥轴线时，基准符号的细实线应与圆锥直径的尺寸线对齐，如图 3-3-11(c) 所示。

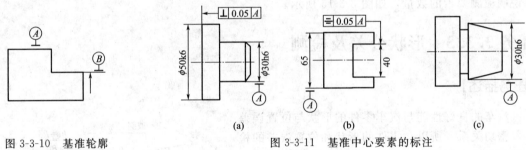

图 3-3-10　基准轮廓
　　　　　要素的标注

图 3-3-11　基准中心要素的标注

（3）当基准要素为公共基准要素时，即两个或两个以上同类要素构成的公共基准轴线、公共基准平面等公共基准，应对这些同类要素分别标注其基准符号，采用不同的字母，并且在被测要素位置公差框格第三格或其以后某格中，用短横线隔开基准字母符号，如图 3-3-12 所示，基准字母符号用 *A-B* 表示。

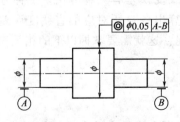

图 3-3-12　公共基准的标注

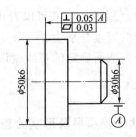

图 3-3-13　同一被测要素有
　　　　　多项要求时的标注

4. 形位公差的简化标注

（1）当同一被测要素有多项形位公差要求时，可以将这几项要求的框格重叠绘制，只用一条指引线引向被测要素，如图 3-3-13 所示。

（2）当几个被测要素有同一形位公差要求时，可以只使用一个公差框格，由该框格的一端引出一条指引线，从这条指引线上绘制多个指示箭头分别引向各被测要素，如图 3-3-14 所示。

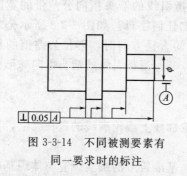

图 3-3-14　不同被测要素有
同一要求时的标注

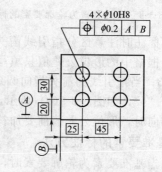

图 3-3-15　几个相同被测要素
有相同要求时的标注

（3）几个相同被测要素有相同公差要求的简化标注。结构和尺寸分别相同的几个被测要素，当有相同的形位公差要求时，可只对其中的一个要素进行标注，但应在公差方格上方加以说明被测要素的数量，如图 3-3-15 所示。

任务 3.3.3　形状公差及检测

【任务描述】

汽车的良好性能与汽车零件的形状与位置误差有着密切关系。所以，零件的形状和位置误差的检测就显得尤为重要。如图 3-3-16 所示，一零件的某一截面，试判断该截面的直线度误差，并判断其合格性。

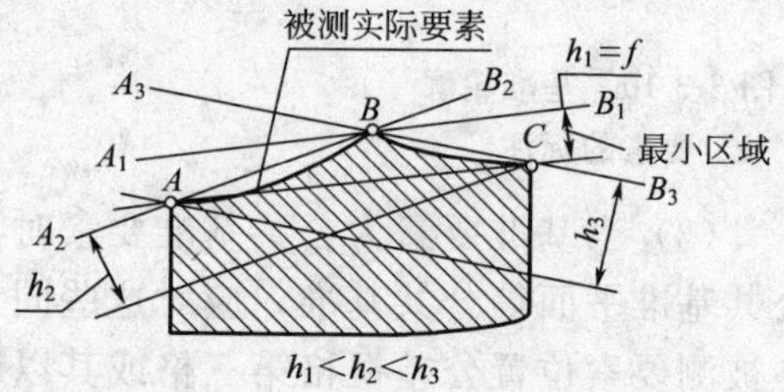

图 3-3-16　直线度误差的最小包容区

【任务分析】

根据任务描述，首先确定所要研究的是一零件的某一截面。从图 3-3-16 可以看出，确定该截面的直线度误差有三种方法，三种方法所得的包容区域的宽度分别为 h_1、h_2、h_3，由它们可以计算出各自所对应的直线度误差值。那么，这三种方法所确定的直线度误差哪种是最合理的呢？这就需要掌握以下的相关知识。

【知识准备】

1. 形状公差项目及形状公差带特征

（1）形状公差　**形状公差**是指单一实际要素的形状所允许的变动全量。它是用来限制形状误差的。形状公差项目的标注示例及公差带定义见表 3-3-2。

表 3-3-2　形状公差特征项目、公差带及图例

项目	序号	公差带形状和定义	公差带位置	图样标注和解释	说明
一	1	在给定平面内,公差带是距离为公差值 t 的两平行直线之间的区域	浮动	被测表面的素线必须位于平行于图样所示投影面且距离为公差值 0.1mm 的两平行直线内	给定平面内线度公差
	2	在给定方向上公差带是距离为公差值 t 的两平行平面之间的区域	浮动	被测圆柱面的任一素线必须位于距离为公差值 0.1mm 的两平行平面之内	给定方向直线度公差
	3	在给定方向上公差带是距离为公差值 0.04mm 的两平行平面之间的区域	浮动	圆柱面的任一素线,在长度方向上任意 100mm 长度内,必须位于距离为 0.04mm 的两平行平面内	给定方向直线度公差
	4	如在公差值前加注 ϕ,则公差带是直径为 t 的圆柱面内的区域	浮动	被测圆柱面的轴线必须位于直径为公差值 $\phi0.08$mm 的圆柱面内	任意方向的直线度公差
▱	5	公差带是距离为公差值 t 的两平行平面之间的区域	浮动	被测表面必须位于距离为公差值 0.08mm 的两平行平面内	平面度公差
○	6	公差带是在同一正截面上,半径差为公差值 t 的两同心圆之间的区域	浮动	被测圆柱面的任一正截面的圆周必须位于半径差为公差值 0.03mm 的两同心圆之间	圆度公差

学习情境 3.3　零/件/的/形/状/和/位/置/公/差/及/检/测

项目	序号	公差带形状和定义	公差带位置	图样标注和解释	说明
○	6			被测圆锥面的任一正截面的圆周必须位于半径差为公差值 0.1mm 的两同心圆之间	
	7	公差带是半径差为公差值 t 的两同轴圆柱面之间的区域	浮动	被测圆柱面必须位于半径差为公差值 0.1mm 的两同轴圆柱面之间	圆柱度公差
⌒	8	公差带是包络一系列直径为公差值 t 的圆两包络线之间的区域,诸圆的圆心位于具有理论正确几何形状的线上 无基准要求的线轮廓度公差见图(a);有基准要求的线轮廓度公差见图(b)	浮动	在平行于图样所示投影面的任一截面上,被测轮廓线必须位于包络一系列直径为公差值 0.04mm、且圆心位于具有理论正确几何形状的线上的圆的两包络线之间 (a)	线轮廓度公差无基准时,属于形状公差
			固定	(b)	线轮廓度公差有基准时,属于位置公差
⌓	9	公差带是包络一系列直径为公差值 t 的球的两包络面之间的区域,诸球的球心应位于具有理论正确几何形状的面上 无基准要求的面轮廓度公差见图(a);有基准要求的面轮廓度公差见图(b)	浮动	被测轮廓面必须位于包络一系列球的两包络面之间,诸球的直径为公差值 0.02mm,球心位于具有理论正确几何形状的面上 (a)	面轮廓度公差无基准时,属于形状公差
			固定	(b)	面轮廓度公差有基准时,属于位置公差

（2）形状公差带特征　形状公差带是指用来限制单一实际要素变动的区域。只要单一实际被测要素全部落在该公差带内，就表示该要素合格；反之，则为不合格。形状公差带与位置公差带的形状分类定义是一样的，统称为形位公差带。

2. 形状误差的评定及检测

形状误差是形状公差的控制对象。形状误差值不大于相应的形状公差值，则认为合格。

（1）形状误差的评定　**形状误差**是指实际单一要素对其理想要素的变动量，其理想要素应符合最小条件。即形状误差的评定准则为最小条件法。所谓**最小条件**是指实际单一要素对其理想要素的最大变动量为最小。如图 3-3-16 所示，评定给定平面内的直线度误差时，有许多条位于不同位置的理想直线 A_1B_1、A_2B_2、A_3B_3，相应的包容区域的宽度分别为 h_1、h_2、h_3。从图 3-3-16 中可以看出，$h_1 < h_2 < h_3$，因此理想直线 A_1B_1 的位置符合最小条件。

最小区域是根据实际要素与包容区域的接触状态来判断的，什么样的接触状态才符合最小条件呢？可根据实际情况得出各项形状误差符合最小条件的评定准则。

1）直线度误差的评定　用两条平行的直线包容实际被测要素，至少有三点接触，其方法如下。

① 最小条件评定法　在给定平面内用两平行直线包容实际被测要素时，必须形成高、低相介的三点分别与两条平行直线接触，这两条平行直线之间的距离，即为直线度误差，如图 3-3-17 所示。

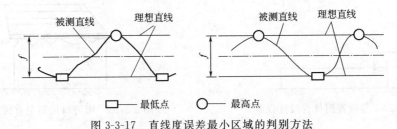

图 3-3-17　直线度误差最小区域的判别方法

② 两端点连线评定法　把实际被测要素的起点 A 和终点 B 连接起来，找其最大值和最小值之差，作为直线度误差值。测量点在连线的上方时，其偏差值取正；测量点在连线的下方时，其偏差值取负值，公式表达为：$f_{AB} = f_{max} - f_{min}$，如图 3-3-18 所示。

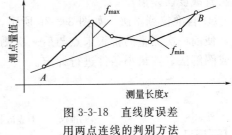

图 3-3-18　直线度误差
用两点连线的判别方法

2）平面度误差的评定　平面度误差值应该用最小条件法来评定。即用两个平行平面包容实际被测要素，至少有四点接触，其方法如下。

① 三角形判别法　被测要素表面上的三个高（或低）极点与一个理想平面接触，一个低（或高）极点的投影应落在上述三个极点连成的三角形内（三角形准则），则两平行平面就构成最小包容区域，如图 3-3-19 所示。

  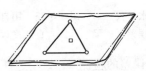

图 3-3-19　三角形判别法

② 交叉接触判别法　至少两个高极点与两个低极点分别与两个平行的理想平面相接触，由这两个高点和两个低点分别连成的直线在空间呈交叉状态，则两个平行平面就构成最小包容区域，其平面之间的距离就为平面度误差，如图 3-3-20 所示。

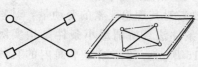
图 3-3-20　交叉接触判别法

图 3-3-21　圆度的最小区域判别法

3）圆度误差的评定　圆度误差是用最小条件法来进行评定的。如图 3-3-21 所示。两个同心圆构成最小区域，其中半径差就是圆度误差。

（2）形状误差的检测　以下主要介绍直线度和平面度常用的检测方法。

1）直线度误差的检测

① 指示器测量法　用带有指示器的表架，可以测量细长平面的直线度误差。如图 3-3-22 所示，按其评定方法，就可以得到直线度误差。

② 刀口尺测量法　将刀口尺与被测要素相互接触，使刀口尺与被测要素之间的最大间隙为最小，此最大间隙即为被测要素的直线度误差，如图 3-3-23 所示。

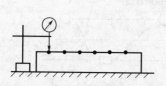
图 3-3-22　指示器测量直线度误差

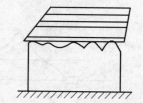
图 3-3-23　用刀口尺测量直线度误差

③ 水平仪测量法　如图 3-3-24 所示，把水平仪放在被测要素表面上，测量时将被测导轨等距离分段，依次沿被测要素逐段连续测量，读出水平仪的读数，然后用最小区域法可判别出直线度误差值。

④ 自准仪测量法　如图 3-3-25 所示，将自准仪放在被测要素上，按节距连续移动自准仪，使前一次测量的桥板末点与后一次测量的桥板始点重合，测得被测点的数据，利用计算法或图解法，按最小条件进行评定。

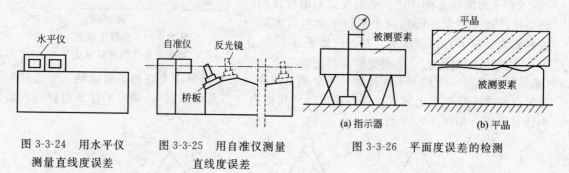

图 3-3-24　用水平仪
测量直线度误差

图 3-3-25　用自准仪测量
直线度误差

图 3-3-26　平面度误差的检测

(a) 指示器　　(b) 平晶

2）平面度误差的检测

① 指示器测量法　如图 3-3-26(a) 所示，将被测零件放在平板上，对实际被测平面沿

两个方向上等距离布点，按一定的布点测量被测要素，指示器上最大读数与最小读数之差即为该平面的平面度误差的近似值。

② 平晶测量法　如图 3-3-26（b）所示，用平晶测量被测要素的平面度误差。测量时，将平晶紧贴在被测要素的平面上，就会产生干涉条纹，再经过计算便可得到被测要素的平面度误差。

【任务实施】

例　用分度值为 0.02mm/m 的水平仪，测量汽车上某零部件的轴颈的直线度误差。该轴全长为 1500mm，水平仪规格为 200mm×200mm，测量长度为 250mm，其读数分别为：+4、+2、-2、-1、0（单位格数）。请在坐标中画出误差曲线，并求出该轴的直线度误差。

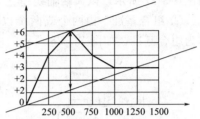

解：根据题意，画出误差曲线

从而得 $f=4.8$（格）

计算出轴的直线度误差值为

$$f \times i \times l = 4.8 \times \frac{0.02}{1000} \times 250 = 0.024 \text{(mm)}$$

该轴的直线度误差为 0.024mm。

【学习小结】

（1）形状误差的评定原则：评定形状误差时，需要在实际要素上找出理想要素的位置，其理想要素应符合最小条件，即形状误差的评定准则为最小条件法。所谓最小条件是指实际单一要素对理想要素的最大变动量为最小。

（2）形状的合格条件：形状误差≤形状公差。

任务 3.3.4　位置公差及检测

【任务描述】

汽车零配件当中的轴段之间的相互位置关系也会影响到其使用性能。如图 3-3-27 所示，试分析该工件直径为 ϕd_1 的轴段与直径为 ϕd_2 的轴段的轴心的相互位置关系。

【任务分析】

根据任务描述，首先确定所要研究的是直径不同的阶梯轴。从图 3-3-27 可以看出，

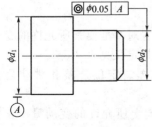

图 3-3-27　零件的位置公差

如果两轴段的轴心的相对位置的变动量太大，势必会影响该工件的使用性能与合格性；如果两轴段的轴心的相对位置的变动量太小或共线，则加工难度大大增大或无法达到，而且成本也相应提高。所以，应根据工件的实际应用场合来合理地规定该工件两轴段的轴心的相对位置的变动量。那么，如何来确定两轴段的各自的位置关系，进而判断它们位置的合格性呢？这就需要掌握以下的相关基础知识。

【知识准备】

1. 基准和基准体系

（1）基准的建立　基准是具有正确形状的理想要素，是决定被测要素的方向和位置的依据。所以，如何确定理想的基准要素，是评定位置误差的关键。

评定位置误差的基准应该是理想的基准要素，其理想要素的位置也应符合最小条件，即实际要素对其理想要素的最大变动量为最小。

① 单一基准　由一个要素，如一个平面或一条轴线建立起来的基准，称为单一基准。如图 3-3-27 所示，以大端轴线建立基准 A。

② 组合基准　由两个或两个以上的要素，如平面或轴线等共同建立起来的独立基准，称为组合基准。如图 3-3-28 所示，由两段轴线 A、B 建立的基准为 A-B。

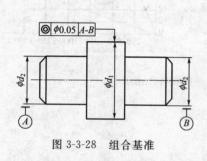

图 3-3-28　组合基准

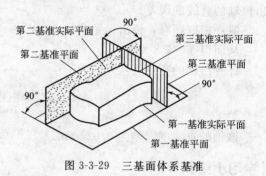

图 3-3-29　三基面体系基准

③ 三面体系基准　由三个相互垂直的平面构成的基准体系，称为三基面体系。如图 3-3-29所示。

（2）基准的体现　在实际检测中，基准理想要素可以用近似的方法来体现基准。常用的方法有模拟法、直接法、分析法和目标法，其中模拟法是应用最为广泛的一种方法。

模拟法是指用具有足够精确形状的表面来体现基准平面或基准轴线。如图 3-3-30 所示，用平板表面体现基准平面；如图 3-3-31 所示，用心轴模拟基准，以心轴表面体现基准孔的轴线等。

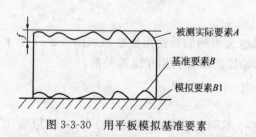

图 3-3-30　用平板模拟基准要素

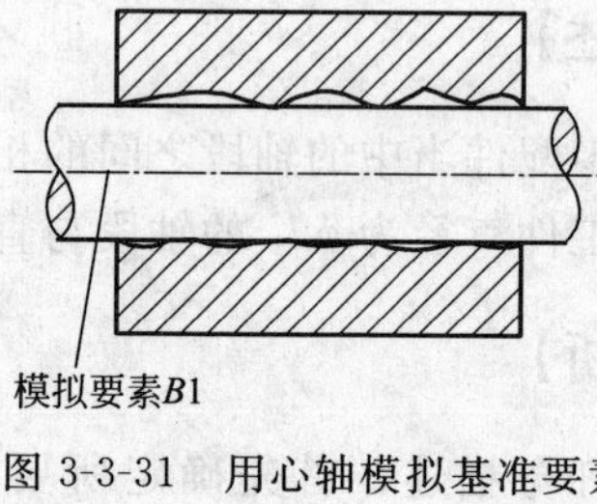

图 3-3-31　用心轴模拟基准要素

2. 位置公差项目及位置公差带特征

（1）位置公差项目　位置公差是指关联实际要素的方向、位置对基准要素所允许的变动量。它是用来限制位置误差的。位置公差项目的标注示例及公差带定义见表 3-3-3。

位置公差有基准要求，按照要求的几何关系可分为定向公差、定位公差和跳动公差三类。

1）定向公差　定向公差是指关联实际要素对基准在规定方向上所允许的变动量。它包括平行度、垂直度和倾斜度三项。

表 3-3-3　位置公差特征项目、公差带及图例

项目	公差带定义	标注示例和说明
平行度	**1. 面对面** 公差带是距离为公差值 t 且平行于基准面的两平行平面之间的区域 基准平面	被测表面必须位于距离为公差值 0.03mm,且平行于基准平面 A 的两平行平面之间 // 0.03 A
	2. 线对面 公差带是距离为公差值 t 且平行于基准面的两平行平面之间的区域 基准平面	被测轴线必须位于距离为公差值 0.05mm,且平行于基准平面 A 的两平行平面之间 // 0.05 A
	3. 面对线 公差带是距离为公差值 t 且平行于基准线的两平行平面之间的区域 基准线	被测平面必须位于距离为公差值 0.05mm,且平行于基准线 A 的两平行平面之间 // 0.05 A
	4. 线对线 (在给定方向上)公差带是距离为公差值 t 且平行于基准线,并位于给定方向上的两平行平面之间的区域 基准线	被测轴线必须位于距离为公差值 0.1mm,且平行于基准线 A 的两平行平面之间 // 0.1 A
	5. 线对线 (在任意方向上)公差带是直径为公差值 t 且平行于基准线的圆柱面内的区域 基准线	被测轴线必须位于距离为公差值 0.03mm,且平行于基准线 A 的圆柱面内 // ϕ0.03 A

项目		公差带定义	标注示例和说明
垂直度	1. 线对线	公差带是距离为公差值 t 且垂直于基准线的两平行平面之间的区域	被测轴线必须位于距离为公差值 0.06mm，且垂直于基准线 A 的两平行平面之间
	2. 线对面	公差带是直径为公差值 t 且垂直于基准面的圆柱面内的区域	被测轴线必须位于直径为公差值 0.01mm，且垂直于基准面 A 的圆柱面内
倾斜度	1. 线对线	公差带是距离为公差值 t 且与基准线成一给定角度的两平行平面之间的区域	被测轴线必须位于公差带是距离为公差值 0.08mm，且与公共基准轴线 A-B 成理论正确角度 60°的两平行平面之间
	2. 线对面	公差带是直径为公差值 t 且与基准平面成一给定角度的圆柱面内的区域	被测轴线必须位于公差带是直径为公差值 0.05mm 且与基准平面成理论正确角度 60°的圆柱面内
同轴度	1. 点对点	（此时称为同心度）公差带是直径为公差值 t 且与基准圆心同心的圆内的区域	外圆的圆心必须位于直径为公差值 0.01mm，且与基准圆心同心的圆内
	2. 线对线	公差带是直径为公差值 t 的圆柱面内的区域，该圆柱面的轴线与基准轴线同轴	大圆柱的轴线必须位于直径为公差值 0.01mm，且与公共基准轴线 A-B 同轴的圆柱面内

项目	公差带定义	标注示例和说明
对称度	**1. 线对面** 公差带是距离为公差值 t 且相对基准的中心平面对称配置的两平行平面之间的区域 基准平面	圆孔 ϕD 的轴线必须位于直径为公差值 $\phi 0.05$mm，且相对公共基准中心平面 A-B 对称配置的两平行平面之间 ┌─┬──────┬─────┐ │═│ 0.05 │ A-B │ ϕD A B
	2. 面对面 公差带是距离为公差值 t 且相对基准的中心平面对称配置的两平行平面之间的区域 基准平面	被测中心平面必须位于距离为公差值 0.08mm，且相对基准中心平面 A 对称配置的两平行平面之间 A ┌─┬──────┬───┐ │═│ 0.08 │ A │ ϕ
位置度	**1. 点的位置度** 公差带是直径为公差值 t 的圆球面内的区域，球公差带的中心点的位置由相对于基准 A 和基准 B 的理论正确尺寸确定 基准平面 基准轴线 $S\phi t$	被测圆球面的球心必须位于直径为公差值 0.1mm 的球内，该球的球心位于相对于基准 A 和基准 B 所确定的理想位置上 $S\phi D$ ┌───┬──────┬───┬───┐ │ ⊕ │ Sϕ0.1 │ A │ B │ ϕ B A
	2. 线的位置度 公差带是直径为公差值 t 的圆柱面内的区域，公差带的轴线位置由相对于三基准面体系的理论正确尺寸确定 ϕt A基准平面 90° 20 B基准平面 C基准平面	被测轴线必须位于直径为公差值 0.08mm，且相对于 A、B、C 基准平面所确定的理想位置为轴线的圆柱面内 C ┌───┬────────┬───┬───┬───┐ │ ⊕ │ ϕ0.08 │ A │ B │ C │ A B
	3. 面的位置度 公差带是距离为公差值 t，且以面的理想位置为中心配置的两平行平面之间的区域，面的理想位置由相对于基准 A 和基准 B 的理论正确尺寸确定 基准平面 基准轴线	被测倾斜面必须位于距离为公差值 0.05mm，且相对于 A、B 基准所确定的理想位置为中心配置的两平行平面之间 B ϕ A ┌───┬──────┬───┬───┐ │ ⊕ │ 0.05 │ A │ B │

项目	公差带定义	标注示例和说明
圆跳动	**1. 径向圆跳动** 公差带是垂直于基准轴线的任一测量面内半径差为公差值 t 且圆心在基准轴线上的两同心圆之间的区域	当零件绕基准轴线作无轴向移动回转时,被测圆柱面 ϕd 在任一测量平面内的径向跳动量均不得大于公差值 0.05mm
	2. 端面圆跳动 公差带是与基准轴线同轴的任一直径位置的测量圆柱面上沿母线方向宽度为公差值 t 的圆柱面区域	当零件绕基准轴线作无轴向移动回转时,被测端面在任一测量直径的轴向跳动量均不得大于公差值 0.05mm
	3. 斜向圆跳动 公差带是与基准轴线同轴的任一测量圆锥面上,沿母线方向宽度为公差值 t 的圆面区域,除特殊规定外,其测量方向是被测面的法线方向	当圆锥面绕基准轴线作无轴向移动回转时,在任一测量圆锥面上的跳动量均不得大于公差值 0.05mm
全跳动	**1. 径向全跳动** 公差带是半径差为公差值 t,且与基准轴线同轴的两圆柱面之间的区域	被测圆柱 ϕd 表面绕基准轴线作无轴向移动的连续回转,同时测量仪器作平行于基准轴线的直线移动。在 ϕd 整个表面上的跳动量均不得大于公差值 0.1mm
	2. 端面全跳动 公差带是距离为公差值 t 且与基准轴线垂直的两平行平面之间的区域	被测端面绕基准轴线作无轴向移动的连续回转,同时测量仪器作垂直于基准轴线的直线移动。此时,在整个表面上的跳动量均不得大于公差值 0.05mm

2) **定位公差** **定位公差**是指关联实际要素对基准位置允许的变动全量。它包括同轴度、对称度和位置度三项。

3）跳动公差　　**跳动公差**是指关联实际要素绕基准轴线回转一周或连续回转时所允许的最大跳动量。它包括圆跳动、全跳动两项。

①圆跳动公差　　跳动量是指测量指示器在绕着基准轴线回转的被测表面上、无轴向移动的条件下测得的。圆跳动可分为三种类型：径向圆跳动，端面圆跳动，斜向圆跳动。

②全跳动公差　　全跳动量是测量指示器绕基准轴线无轴向移动地多周回转，同时沿平行或垂直于基准轴线的方向连续移动测得的。全跳动可分为两种类型：径向全跳动，端面全跳动。

（2）位置公差带的特征　　位置公差带是指限制关联实际要素变动的区域。只要关联实际被测要素全部落在给定的位置公差带内，就表示该要素合格；反之，则为不合格。

3. 位置误差的评定及检测

位置误差是指关联实际要素对其理想要素的变动量。

位置误差的评定与形状误差的评定的区别在于它必须在与基准保持给定的几何关系的前提下，使包容区域的直径或宽度最小，其基准要素的位置也应符合最小条件。即有了基准才能确定被测表面的理想位置，进而将实际位置与理想位置比较，得到其变动量——位置误差。具体评定方法如下。

（1）定向误差的评定与检测　　**定向误差**是指关联实际要素对具有确定方向的理想要素的变动量，其误差值用对基准保持所要求方向的定向最小包容区域的宽度或直径表示。

如图 3-3-32 所示，在评定垂直度误差时，其误差值是与被测实际平面接触，并包容被测实际平面且与基准平面保持垂直的两平行平面之间的距离。

（2）定位误差的评定与检测　　**定位误差**是指关联实际要素对具有确定位置的理想要素的变动量，其误差值用定位最小包容区域的宽度或直径表示。

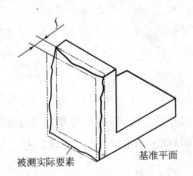

图 3-3-32　定向误差的评定与检测

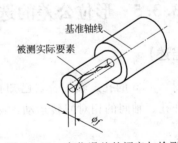

图 3-3-33　定位误差的评定与检测

如图 3-3-33，被测轴线的同轴度误差值是与实际轴线接触，并包容实际被测轴线且与基准轴线同轴的圆柱面的直径。

（3）跳动误差的评定与检测

①圆跳动误差的检测　　**圆跳动误差**是指被测实际要素绕基准轴线回转一周，在无轴向移动的条件下，由位置固定的测量指示器在给定方向上测得的最大读数与最小读数之差值。

如图 3-3-34 的跳动误差的测量，同轴顶尖的轴线体现基准轴线。在垂直于基准轴线的一个测量面内，被测要素回转一周，在整个过程中测量指示器最大读数与最小读数之差即为该工件的某一截面的径向圆跳动误差。

在轴线与基准轴线重合的测量圆柱体上，被测要素回转一周，在整个过程中测量指示器最大读数与最小读数之差即为该工件的某一圆柱面的端面圆跳动误差。

②全跳动误差的检测　　**全跳动误差**是指被测实际要素绕基准轴线无轴向移动地多周回

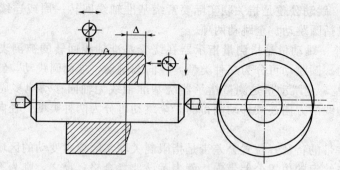

图 3-3-34　跳动误差的测量

转，同时测量指示器沿平行或垂直于基准轴线的方向连续移动（或被测实际要素每回转一周，测量指示器沿平行或垂直于基准轴线的方向间断地移动一个距离），测量指示器的最大读数与最小读数之差值。

如图 3-3-34 所示，被测要素回转的同时，若测量指示器沿平行于基准轴线方向缓慢地移动时，则在整个过程中测量指示器的最大读数与最小读数之差即为该工件的径向全跳动误差；若测量指示器沿垂直于基准轴线方向缓慢地移动时，则在整个过程中测量指示器的最大读数与最小读数之差即为该工件的端面全跳动误差。

【学习小结】

（1）位置误差的评定原则：评定位置误差时，需要在实际要素上找出其基准要素的位置，基准要素的位置是由理想要素来确定的，且基准要素也应符合最小条件。

（2）位置的合格条件：位置误差≤位置公差。

任务 3.3.5　形位公差的选择

【任务描述】

如图 3-3-35 的孔、轴配合，已知孔的尺寸精度为 $\phi20^{+0.021}_{0}$，轴的尺寸精度为 $\phi20^{-0.007}_{-0.020}$。为了保证孔、轴间的相对回转运动，必须具有不小于 0.002mm 的间隙，试确定孔、轴的形位公差。

【任务分析】

在汽车零部件当中，很多配合部件不仅对尺寸精度有要求，对配合零件的形状和位置也

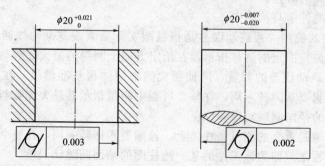

图 3-3-35　零件形位公差选择示例

有一定的要求。正如图 3-3-35 的相互配合的孔与轴。从图中可以看出，对于已经给出各自尺寸精度的孔与轴而言，它们的形位公差值的大小直接会影响到是否能保证孔、轴间的相对回转运动。那么，如何确定孔与轴的形位公差值是合理的呢？这就需要学习以下的相关内容。

【知识准备】

1. 形位公差特征项目的选择

（1）零件的几何特征。零件的几何特征不同，会产生不同的形位误差，所以应选择不同的形位公差项目。例如：对于平面类零件而言，可选择平面度或平行度公差。

（2）零件的功能要求。根据零件的不同功能要求，应给出不同的形状公差项目。例如：对于安装齿轮轴的箱体孔而言，为了保证传动的精度，需要提出孔心线的平行度要求等。

（3）确定形位公差项目时，还应考虑检测的方便性和经济性，工厂、车间现有的检测条件，同时还应参照有关专业标准的规定来选择。

总之，只有在明确零件的技术要求、配合性质，熟悉零件的加工工艺性和具有一定的检验经验的情况下，才能对零件进行全面、系统的分析，提出合理的形位公差项目。

2. 形位公差值的选择

（1）形位公差值的确定 形位公差值的选择方法一般有类比法、经验法、计算法，其中类比法应用较广泛。

国家标准 GB/T 1184—1996 对下列项目进行了规定，详见表 3-3-4～表 3-3-8。

对于位置度，国家标准只规定了公差值系数，而未规定公差等级，见表 3-3-8 所示。

（2）形位公差的应用场合 根据生产实际情况，主要考虑到零件的使用性能、加工的工艺性及经济性，选择形位公差常采用类比法，它是根据长期积累的实践经验及有关资料，参考同类产品、类似零件的技术要求选择形位公差值的一种方法。表 3-3-9～表 3-3-12 列出了不同公差等级的应用情况，选择时可供参考。

表 3-3-4 圆度、圆柱度公差值（摘自 GB/T 1184—1996）

主参数 $d(D)$/mm	公差等级												
	0	1	2	3	4	5	6	7	8	9	10	11	12
	公差值/μm												
≤3	0.1	0.2	0.3	0.5	0.8	1.2	2	3	4	6	10	14	25
>3～6	0.1	0.2	0.4	0.6	1	1.5	2.5	4	5	8	12	18	30
>6～10	0.12	0.25	0.4	0.6	1	1.5	2.5	4	6	9	15	22	36
>10～18	0.15	0.25	0.5	0.8	1.2	2	3	5	8	11	18	27	43
>18～30	0.2	0.3	0.6	1	1.5	2.5	4	6	9	13	21	33	52
>30～50	0.25	0.4	0.6	1	1.5	2.5	4	7	11	16	25	39	62
>50～80	0.3	0.5	0.8	1.2	2	3	5	8	13	19	30	46	74
>80～120	0.4	0.6	1	1.5	2.5	4	6	10	15	22	35	54	87
>120～180	0.6	1	1.2	2	3.5	5	8	12	18	25	40	63	100
>180～250	0.8	1.2	2	3	4.5	7	10	14	20	29	46	72	115
>250～315	1	1.6	2.5	4	6	8	12	16	23	32	52	81	130
>315～400	1.2	2	3	5	7	9	13	18	25	36	57	89	140
>400～500	1.5	2.5	4	6	8	10	15	20	27	40	63	97	155

表 3-3-5　直线度、平面度公差值（摘自 GB/T 1184—1996）

主参数 L /mm	公差等级											
	1	2	3	4	5	6	7	8	9	10	11	12
	公差值/μm											
≤10	0.2	0.4	0.8	1.2	2	3	5	8	12	20	30	60
>10~16	0.25	0.5	1	1.5	2.5	4	6	10	15	25	40	80
>16~25	0.3	0.6	1.2	2	3	5	8	12	20	30	50	100
>25~40	0.4	0.8	1.5	2.5	4	6	10	15	25	40	60	120
>40~63	0.5	1	2	3	5	8	12	20	30	50	80	150
>63~100	0.6	1.2	2.5	4	6	10	15	25	40	60	100	200
>100~160	0.8	1.5	3	5	8	12	20	30	50	80	120	250
>160~250	1	2	4	6	10	15	25	40	60	100	150	300
>250~400	1.2	2.5	5	8	12	20	30	50	80	120	200	400
>400~630	1.5	3	6	10	15	25	40	60	100	150	250	500
>630~1000	2	4	8	12	20	30	50	80	120	200	300	600
>1000~1600	2.5	5	10	15	25	40	60	100	150	250	400	800
>1600~2500	3	6	12	20	30	50	80	120	200	300	500	1000
>2500~4000	4	8	15	25	40	60	100	150	250	400	600	1200
>4000~6300	5	10	20	30	50	80	120	200	300	500	800	1500
>6300~10000	6	12	25	40	60	100	150	250	400	600	1000	2000

表 3-3-6　平行度、垂直度、倾斜度公差值（摘自 GB/T 1184—1996）

主参数 L, d(D)/mm	公差等级											
	1	2	3	4	5	6	7	8	9	10	11	12
	公差值/μm											
≤10	0.4	0.8	1.5	3	5	8	12	20	30	50	80	120
>10~16	0.5	1	2	4	6	10	15	25	40	60	100	150
>16~25	0.6	1.2	2.5	5	8	12	20	30	50	80	120	200
>25~40	0.8	1.5	3	6	10	15	25	40	60	100	150	250
>40~63	1	2	4	8	12	20	30	50	80	120	200	300
>63~100	1.2	2.5	5	10	15	25	40	60	100	150	250	400
>100~160	1.5	3	6	12	20	30	50	80	120	200	300	500
>160~250	2	4	8	15	25	40	60	100	150	250	400	600
>250~400	2.5	5	10	20	30	50	80	120	200	300	500	800
>400~630	3	6	12	25	40	60	100	150	250	400	600	1000
>630~1000	4	8	15	30	50	80	120	200	300	500	800	1200
>1000~1600	5	10	20	40	60	100	150	250	400	600	1000	1500
>1600~2500	6	12	25	50	80	120	200	300	500	800	1200	2000
>2500~4000	8	15	30	60	100	150	250	400	600	1000	1500	2500
>4000~6300	10	20	40	80	120	200	300	500	800	1200	2000	3000
>6300~10000	12	25	50	100	150	250	400	600	1000	1500	2500	4000

表 3-3-7　同轴度、对称度、圆跳动、全跳动公差值（摘自 GB/T 1184—1996）

主参数 $d(D)$ B,L/mm	公差等级											
	1	2	3	4	5	6	7	8	9	10	11	12
	公差值/μm											
≤1	0.4	0.6	1	1.5	2.5	4	6	10	15	25	40	60
>1~3	0.4	0.6	1	1.5	2.5	4	6	10	20	40	60	120
>3~6	0.5	0.8	1.2	2	3	5	8	12	25	50	80	150
>6~10	0.6	1	1.5	2.5	4	6	10	15	30	60	100	200
>10~18	0.8	1.2	2	3	5	8	12	20	40	80	120	250
>18~30	1	1.5	2.5	4	6	10	15	25	50	100	150	300
>30~50	1.2	2	3	5	8	12	20	30	60	120	200	400
>50~120	1.5	2.5	4	6	10	15	25	40	80	150	250	500
>120~250	2	3	5	8	12	20	30	50	100	200	300	600
>250~500	2	4	6	10	15	25	40	60	120	250	400	800
>500~800	3	5	8	12	20	30	50	80	150	300	500	1000
>800~1250	4	6	10	15	25	40	60	100	200	400	600	1200
>1250~2000	5	8	12	20	30	50	80	120	250	500	800	1500
>2000~3150	6	10	15	25	40	60	100	150	300	600	1000	2000
>3150~5000	8	12	20	30	50	80	120	200	400	800	1200	2500
>5000~8000	10	15	25	40	60	100	150	250	500	1000	1500	3000
>8000~10000	12	20	30	50	80	120	200	300	600	1200	2000	4000

表 3-3-8　位置度公差系数

优先数	1	1.2	1.5	2	2.5	3	4	5	6	8
	1×10^n	1.2×10^n	1.5×10^n	2×10^n	2.5×10^n	3×10^n	4×10^n	5×10^n	6×10^n	8×10^n

表 3-3-9　直线度、平面度公差等级应用

公差等级	应用举例
5	1级平板,2级宽平尺,平面磨床的纵向导轨、垂向导轨、立柱导轨及工作台,液压龙门刨床和转塔车床床身导轨,柴油机进气、排气阀门导杆
6	普通机床导轨面,如卧式车床、龙门刨床、滚齿机的床身导轨、立柱导轨、柴油机壳体
7	2级平板,机床主轴箱,摇臂钻床底座和工作台,镗床工作台,液压泵盖,减速器壳体结合面
8	机床传动箱体,交换齿轮箱体,车床溜板箱体,柴油机汽缸体,连杆分离面,缸盖结合面,汽车发动机缸盖,曲轴箱结合面,液压管件和端盖连接面
9	3级平板,自动车床床身底面,摩托车曲轴箱体,汽车变速箱壳体,手动机械的支承面

表 3-3-10　圆度、圆柱度公差等级应用

公差等级	应用举例
5	一般计量仪器主轴、测杆外圆柱面、陀螺仪轴颈,一般机床主轴轴颈及主轴轴承孔,柴油机、汽油机活塞、活塞销,与E级滚动轴承配合的轴颈
6	仪表端盖外圆柱面,一般机床主轴及前轴承孔,泵、压缩机的活塞、汽缸,汽油发动机凸轮轴,纺机锭子,减速器转轴轴颈,高速船用柴油机、拖拉机曲轴主轴颈,与E级滚动轴承配合的外壳孔,与G级滚动轴承配合的轴颈
7	大功率低速柴油机曲轴轴颈、活塞、活塞销、连杆、汽缸,高速柴油机箱体轴承孔,千斤顶或压力油缸活塞,机车传动轴,水泵及通用减速器转轴轴颈,与G级滚动轴承配合的外壳孔
8	大功率柴油机曲轴轴颈,压气机连杆盖、连杆体,拖拉机汽缸、活塞,内燃机曲轴轴颈,柴油机凸轮轴轴承孔、凸轮轴,拖拉机、小型船用柴油机汽缸套
9	空气压缩机缸体,液压传动筒,通用机械杠杆与拉杆用套筒销子,拖拉机活塞环、套筒孔

表 3-3-11　平行度、垂直度、倾斜度公差等级应用

公差等级	应用举例
4、5	普通车床导轨、重要支承面、机床主轴轴承孔对基准的平行度,精密机床重要零件,计量仪器、量具、模具的基准面和工作面,机床主轴箱箱体的重要孔,通用减速器壳体孔,齿轮泵的油孔端面,发动机轴和离合器的凸缘,汽缸支承端面,安装精密滚动轴承的壳体孔的凸肩
6、7、8	一般机床的基准面和工作面,压力机和锻锤的工作面,中等精度钻模的工作面,机床一般轴承孔对基准的平行度,变速器箱体孔,主轴花键对定心表面轴线的平行度,重型机械滚动轴承盖,卷扬机、手动传动装置中的传动轴,一般导轨,主轴箱体孔,刀架、砂轮架、汽缸配合面对基准轴线以及活塞销孔对活塞轴线的垂直度,滚动轴承内、外圆轴线的垂直度
9	低精度零件,重型机械滚动轴承端盖、柴油机、煤气发动机箱体曲轴孔,曲轴轴颈,花键轴和轴肩端面,带式运输机法兰盘等端面对轴线的垂直度,手动卷扬机及传动装置中轴孔端面,减速器壳体平面

表 3-3-12　同轴度、对称度、径向跳动公差等级应用

公差等级	应用举例
5、6、7	这是应用范围较广的公差等级,用于形位精度要求较高、尺寸的标准公差等级为 IT8 及高于 IT8 的零件,5级常用于机床主轴轴颈、计量仪器的测杆、涡轮机主轴、柱塞油泵的转子、高精度滚动轴承外圈、一般精度滚动轴承内圈。7级用于内燃机曲轴、凸轮轴、齿轮轴、水泵轴、汽车后轮输出轴、电动机转子等
8、9	常用于形位精度要求一般、尺寸的标准公差等级为 IT9 至 IT11 的零件。8级用于拖拉机发动机分配轴轴颈、与9级精度以下齿轮相配合的轴、水泵叶轮、离心泵体、棉花精梳机前后滚子、键槽等;9级用于内燃机汽缸套配合面、自行车中轴等

（3）类比法选择公差值　按类比法确定公差值时，还应考虑下面几个问题。

① 零件的结构特点　可根据具体情况选择较大的形位公差值，在满足使用功能要求的前提下，可以适当降低 1～2 级精度选用。

② 形位公差与尺寸公差之间的关系　同一被测要素上给出的形状公差值应小于相应的位置公差值，位置公差值应小于相应的尺寸公差值。即：

$$T_{形状} < T_{位置} < T_{尺寸}$$

【学习小结】

同一被测要素上同时给出形状公差值、位置公差值与尺寸公差值时，应满足以下条件：

$$T_{形状} < T_{位置} < T_{尺寸}$$

任务 3.3.6　零件的表面粗糙度的标注

【任务描述】

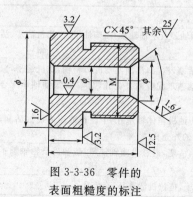

图 3-3-36　零件的表面粗糙度的标注

汽车零件的表面粗糙度对汽车的性能和使用寿命也有着重要的影响。汽车零件中有很多是具有断续外圆表面的零件（整个零件的外表面由几个不连续的外圆表面组成）。通常在加工这类零件时，要求外圆和内圆全部加工且外圆表面粗糙度要求达到 $R_a 1.6 \sim 3.2 \mu m$。如图 3-3-36 所示，已知一加工零件，试确定该零件各个面的表面粗糙度情况。

【任务分析】

根据任务描述得知，图 3-3-36 中零件各个表面的粗糙情况会直接影响到该零件的使用功能或使用寿命。所以，应该根据各个表面不同的使用要求来确定其表面粗糙度。那么，怎么确定表面粗糙度，确定后又怎么正确地在图样上标注呢？这些都需要学习以下相关内容。

【知识准备】

1. 表面粗糙度的基本概念

表面粗糙度是指较小的间距或峰谷的微观几何形状误差。如图 3-3-37 所示，完工零件的截面轮廓形状是复杂的，一般包括表面粗糙度、表面波纹度和形状误差，三者通常按波距来划分：波距小于 1mm 的属于表面粗糙度（微观几何形状误差）；波距在 1～10mm 之间的属于表面波纹度；波距大于 10mm 的属于形状误差。

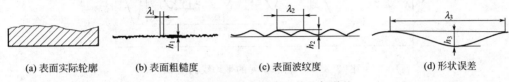

(a) 表面实际轮廓　　(b) 表面粗糙度　　　(c) 表面波纹度　　　　(d) 形状误差

图 3-3-37　零件实际表面的几何误差

2. 表面粗糙度的评定

（1）表面粗糙度取样长度 l　表面粗糙度取样长度 l 是用来判别具有表面粗糙度特征时所规定的一段基准线长度。

（2）表面粗糙度评定长度 l_n　表面粗糙度评定长度 l_n 是指充分合理地反映某一表面的粗糙度特征时所规定的必需的一段表面长度。它包括一个或数个取样长度。加工表面越均匀，取样长度的个数越少，一般情况下 $l_n = 5l$。

（3）表面粗糙度轮廓中线

① 轮廓的最小二乘中线　指具有几何轮廓形状并划分轮廓的基准线，在取样长度内使其测量方向上的轮廓线上的点与基准线之间的距离的平方和为最小。

② 轮廓的算术平均中线　指具有理想直线形状并在取样长度内与轮廓走向一致的基准线，该基准线将轮廓划分为上、下两部分，且使上部分的面积之和等于下部分的面积之和。

（4）评定参数　国家标准规定，表面粗糙度的评定参数由高度特征参数（幅度参数）、间距参数、形状特征参数（曲线参数）组成。在这里我们主要介绍高度特征参数的相关内容。

高度特征参数有三个，它们是沿评定基准线的垂直方向计量的。

① 轮廓算术平均偏差 R_a　指在取样长度 l 内，被测实际轮廓上各点至轮廓中线距离的绝对值的算术平均值。如图 3-3-38 所示，图中 x 轴是中线。公式表达为：

$$R_a = \frac{1}{l}\int_0^l |y| \, \mathrm{d}x \quad \text{或} \quad R_a = \frac{1}{n}\sum_{i=1}^{n} |y_i|$$

式中　i——轮廓上各点，$i = 1, 2, \cdots, n$

② 轮廓单元的平均线高度 R_c　轮廓单元为相邻的一个轮廓峰与一个轮廓谷的组合，如

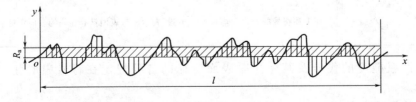

图 3-3-38　轮廓算术平均偏差

图 3-3-39 所示。在取样长度内，轮廓单元高度 y_t 的平均值称为轮廓单元的平均线高度 R_c，公式表达为：$R_c = \dfrac{1}{5}\left(\sum\limits_{i=1}^{5}|y_{pi}| + \sum\limits_{i=1}^{5}|y_{vi}|\right)$ 或 $R_c = \dfrac{1}{m}\sum\limits_{i=1}^{m}y_{ti}$

式中　y_{pi}——第 i 个最大轮廓峰高；

　　　y_{vi}——第 i 个最大轮廓谷深；

　　　y_{ti}——第 i 个轮廓单元高度。

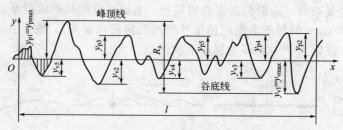

图 3-3-39　轮廓单元的平均线高度 R_c

③ 轮廓最大高度 R_z　指在一个取样长度内，轮廓的峰顶线和谷底线之间的距离，如图 3-3-39 所示。峰顶线和谷底线平行于中线且分别通过轮廓最高点和最低点，公式表达为：

$$R_z = y_{pmax} + y_{vmax}$$

式中　y_{pmax}——轮廓最大峰高；

　　　y_{vmax}——轮廓最大谷深。

3. 表面粗糙度在图样中的标注

（1）表面粗糙度的基本符号　图样上所标注的表面粗糙度的基本符号及其表示的意义见表 3-3-13。

表 3-3-13　表面粗糙度的基本符号及表示的意义

符　号	意　义
（左图：$d'=h/10$, $H=1.4h$, $2H$, H, 60°, 60°）	左图中 $d'=h/10$，$H=1.4h$，h 为字体高度；基本符号，表示表面可用任何方式获得。当不加注粗糙度参数值或是有关说明（如表面处理、局部热处理状况等）时，仅适用于简化代号标注
√	基本符号上加一短画，表示表面粗糙度是用去除材料的方法获得的，如车、铣、钻、磨、剪切、腐蚀、电火花加工等
◡√	基本符号上加一小圆，表示表面粗糙度是用不去除材料的方法获得的，如铸、锻、冲压变形、热轧、冷轧、粉末冶金等或者用于保持原供应状况的表面（包括保持上道工序的状况）
‾√　‾√　‾◡√	在上述符号的长边上均可加一横线，用于标注有关参数和说明
√°　√°　◡√°	在上述符号的长边上均可加一小圆，表示所有表面具有相同的表面粗糙度要求

（2）表面粗糙度的代号及其标注　表面特征的各项规定在符号中的注写位置如图 3-3-40 所示。

图中各符号的意义如下：a_1、a_2 为粗糙度高度参数代号及其数值（μm）；b 为加工方法，镀覆、涂覆、表面处理或其他说明等；c 为取样长度（mm）或波纹度（μm）；d 为加工纹理方向的符号；e 为加工余量（mm）；f 为粗糙度间距参数值（mm）或支承长度率 t_p。

国家标准规定的表面粗糙度参数值的标注及其意义见表 3-3-14。其中，表面粗糙度参数值 R_a 标注时只标数值，本身符号不标；R_c、R_z 标注时除了标数值外，还需在数值前标出相应的符号。具体的标注详见表 3-3-14。

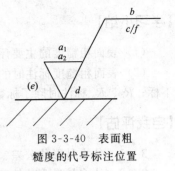

图 3-3-40　表面粗糙度的代号标注位置

表 3-3-14　表面粗糙度参数值的代号标注及其意义

代号	含　义	代号	含　义
3.2	用任何方法获得的表面粗糙度，R_a 的上限值为 3.2μm	3.2max	用任何方法获得的表面粗糙度，R_a 的最大值为 3.2μm
3.2	用去除材料的方法获得的表面粗糙度，R_a 的上限值为 3.2μm	3.2max	用去除材料的方法获得的表面粗糙度，R_a 的最大值为 3.2μm
3.2max 1.6min	用不去除材料的方法获得的表面粗糙度，R_a 的最大值为 3.2μm，R_a 的最小值为 1.6μm	3.2max	用不去除材料的方法获得的表面粗糙度，R_a 的最大值为 3.2μm
3.2 1.6	用去除材料的方法获得的表面粗糙度，R_a 的上限值为 3.2μm，R_a 的下限值为 1.6μm	3.2max 1.6min	用不去除材料的方法获得的表面粗糙度，R_a 的最大值为 3.2μm，R_a 的最小值为 1.6μm
R_z3.2	用任何方法获得的表面粗糙度，R_z 的上限值为 3.2μm	R_z3.2max	用任何方法获得的表面粗糙度，R_z 的最大值为 3.2μm
R_z3.2 R_z1.6	用去除材料的方法获得的表面粗糙度，R_z 的上限值为 3.2μm，R_z 的下限值为 1.6μm	R_z3.2max R_z1.6min	用去除材料的方法获得的表面粗糙度，R_z 的最大值为 3.2μm，R_z 的最小值为 1.6μm
3.2 R_z12.5	用去除材料的方法获得的表面粗糙度，R_a 的上限值为 3.2μm，R_z 的上限值为 12.5μm	3.2max R_z1.6min	用去除材料的方法获得的表面粗糙度，R_a 的最大值为 3.2μm，R_z 的最小值为 1.6μm

当允许在表面粗糙度参数的所有实测值中超过规定的个数少于总数的 16％ 时，则图样上表明其上、下限值；当要求在表面粗糙度参数的所有实测值中不超过图样上或技术文件中的规定值时，则在图样上表明最大、最小值。

（3）表面粗糙度在图样上的标注　在同一图样上，表面粗糙度代号应标注在可见轮廓线、尺寸界线、引出线或其延长线上。并且，符号的尖端必须从材料外指向被注表面，如图 3-3-41 所示。

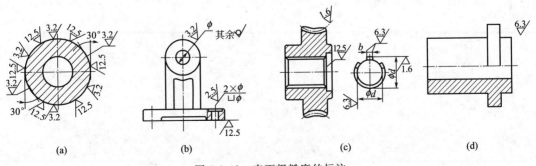

(a)　　　　　(b)　　　　　(c)　　　　　(d)

图 3-3-41　表面粗糙度的标注

【学习小结】

（1）表面粗糙度的主要评定参数：R_a、R_c、R_z。

（2）表面粗糙度标注时的注意事项：表面粗糙度参数值 R_a 标注时只标数值，本身符号不标；R_c、R_z 标注时除了标数值外，还需在数值前标出相应的符号。

【自我评估】

3-3-1　什么是形位公差？形位公差特征共有几项？说明其名称和符号？

3-3-2　什么是最小条件？为什么要规定最小条件？评定形状误差和位置误差的最小包容区域有什么不同？

3-3-3　题图 3-3-1 中为汽车某零配件中的一根曲轴，根据曲轴上形位公差代号，说明公差特征名称、被测要素、基准要素的内容及含义。

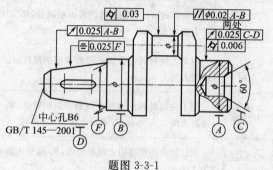

题图 3-3-1

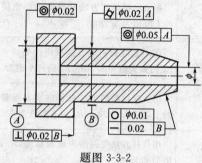

题图 3-3-2

3-3-4　试改正题图 3-3-2 所示的图样上形位误差的标注错误，不允许变动形位公差项目。

3-3-5　试说明表面粗糙度的含义，并解释它与形状误差和表面波纹度的区别。

学习领域4

机械设计基础 ④

学习情境 4.1 平面机构的自由度

【学习目标】

（1）明确运动副的概念。

（2）掌握机构自由度的计算及机构具有确定运动的条件。

任务 4.1.1 运动副

【任务描述】

如图 4-1-1 所示，图（a）中，滑块 2 在导轨 1 中移动；图（b）中，轴 2 在轴承孔 1 中转动；图（c）中，凸轮 1 与从动件 2 为点接触，齿轮 3 与齿轮 4 为线接触，它们的相对运动是绕 A 点的转动和沿切线 t—t 方向的移动。

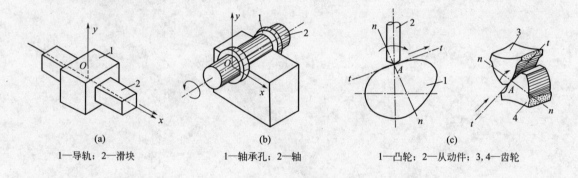

（a）　　　　　　　　（b）　　　　　　　　（c）

1—导轨；2—滑块　　　　1—轴承孔；2—轴　　　　1—凸轮；2—从动件；3，4—齿轮

图 4-1-1　运动副

【任务分析】

如图 4-1-1 所示，图（a）中，滑块 2 只能在导轨 1 中沿 x 轴移动，限制 y 方向的移动和绕 O 点的转动；图（b）中，轴 2 只能在轴承孔 1 中转动。不能沿 x 轴和 y 轴移动；图（c）中，凸轮 1 与从动件 2、齿轮轮 3 与齿轮 4，它们的相对运动都是绕 A 点的转动和沿切线 t—t 方向的移动，限制沿法线 n—n 方向的移动。

【知识准备】

运动副的有关知识

机构由若干个相互连接起来的构件组成。机构中两构件之间直接接触并能作相对运动的可动连接，称为运动副。例如轴与轴承之间的连接，活塞与汽缸之间的连接，凸轮与推杆之间的连接，两齿轮的齿和齿之间的连接等。在平面运动副中，两构件之间的直接接触有三种情况：点接触，线接触和面接触。按照接触特性，通常把运动副分为低副和高副两类。

（1）低副的概念　两构件通过面接触构成的运动副称为低副。根据两构件间的相对运动形式，低副又分为移动副和转动副。

① 移动副：两构件间的相对运动为直线运动的，称为移动副，如图 4-1-2 所示。

② 转动副：两构件间的相对运动为转动的，称为转动副或称为铰链副，如图 4-1-3 所示。

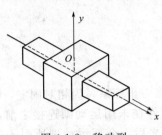

图 4-1-2 移动副

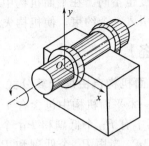

图 4-1-3 转动副

（2）高副的概念　两构件通过点或线接触构成的运动副称为高副。如图 4-1-4，凸轮 1 与尖顶推杆 2 构成高副，如图 4-1-5 所示，两齿轮轮齿啮合处也构成高副。

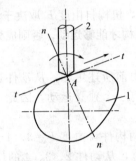

图 4-1-4 凸轮高副

1—凸轮；2—尖顶推杆（从动件）

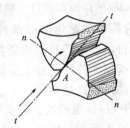

图 4-1-5 齿轮高副

低副因通过面接触而构成运动副，故其接触处的压强小，承载能力大，耐磨损，寿命长，且因其形状简单，所以容易制造。低副的两构件之间只能作相对滑动；而高副的两构件之间则可作相对滑动或滚动，或两者并存。

任务 4.1.2 平面机构的自由度

【任务描述】

自由度是构件可能出现的独立运动。任何一个构件在空间自由运动时皆有六个自由度。它可表示为在直角坐标系内沿着三个坐标轴的移动和绕三个坐标轴的转动。而对于一个作平面运动的构件，则只有三个自由度，如图 4-1-6 所示。即沿 x 轴和 y 轴移动，以及在 xOy 平面内的转动。为了使组合起来的构件能产生确定的相对运动，有必要探讨平面机构自由度和平面机构具有确定运动的条件。

【任务分析】

如前所述，一个作平面运动的自由构件具有三个自由度。因此，平面机构的每个活动构件，在未用运动副连接之前，都有三个自由度。当两个构件组成运动副之后，它

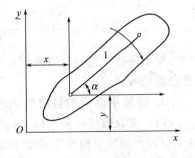

图 4-1-6 构件的自由度

们的相对运动就受到约束，使得某些独立的相对运动受到限制。对独立的相对运动的限制，称为约束。约束增多，自由度就相应减少。由于不同种类的运动副引入的约束不同，所以保留的自由度也不同。在平面机构中：①每个低副引入两个约束，使机构失去两个自由度；②每个高副引入一个约束，使机构失去一个自由度。

【知识准备】

1. 平面机构自由度计算公式

如果一个平面机构中包含有 n 个活动构件（机架为参考坐标系，因相对固定，所以不计在内），其中有 P_L 个低副和 P_H 个高副。则这些活动构件在未用运动副连接之前，其自由度总数为 $3n$。当用 P_L 个低副和 P_H 个高副连接成机构之后，全部运动副所引入的约束为 $2P_L+P_H$。因此活动构件的自由度总数减去运动副引入的约束总数，就是该机构的自由度数，用 F 表示，有：

$$F=3n-2P_L-P_H \tag{4-1-1}$$

式（4-1-1）就是平面机构自由度的计算公式。由公式可知，机构自由度 F 取决于活动构件的数目以及运动副的性质和数目。**机构的自由度必须大于零，机构才能够运动**，否则成为桁架。

2. 机构具有确定运动的条件

机构的自由度也即是机构所具有的独立运动的个数。由前所述可知，从动件是不能独立运动的，只有原动件才能独立运动。通常每个原动件只具有一个独立运动，因此，机构自由度必定与原动件的数目相等。

如图 4-1-7(a) 所示的五杆机构中，原动件数等于 1，两构件自由度 $F=3\times4-2\times5=2$。由于原动件数小于 F，显然，当只给定原动件 1 的位置角时，从动件 2、3、4 的位置既可为实线位置，也可为虚线所处的位置，因此其运动是不确定的。只有给出两个原动件，使构件 1、4 都处于给定位置，才能使从动件获得确定运动。

如图 4-1-7(b) 所示四杆机构中，由于原动件数（=2）大于机构自由度数（$F=3\times3-2\times4=1$），因此原动件 1 和原动件 3 不可能同时按图中给定方式运动。

如图 4-1-7(c) 所示的五杆机构中，机构自由度等于 0（$F=3\times4-2\times6=0$），它的各杆件之间不可能产生相对运动。

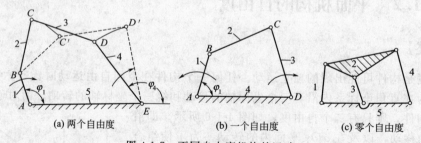

(a) 两个自由度   (b) 一个自由度   (c) 零个自由度

图 4-1-7 不同自由度机构的运动

综上所述，机构具有确定运动的条件是：**机构自由度必须大于零，且原动件数与其自由度必须相等**。

3. 计算平面机构自由度的注意事项

（1）复合铰链 两个以上构件组成两个或更多个共轴线的转动副，即为复合铰链，如图 4-1-8(a)，为三个构件在 A 处构成复合铰链。由其侧视图 4-1-8(b) 可知，此三构件共组成两个共轴线转动副。当由 K 个构件组成复合铰链时，则应当组成（$K-1$）个共轴线转动副。

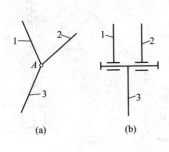

图 4-1-8 复合铰链

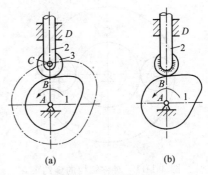

图 4-1-9 局部自由度

（2）局部自由度　机构中常出现一种与输出构件运动无关的自由度，称为局部自由度或多余自由度。在计算机构自由度时，可预先排除。如图 4-1-9（a）所示的平面凸轮机构中，为了减少高副接触处的磨损，在从动件上安装一个滚子 3，使其与凸轮轮廓线滚动接触。显然，滚子绕其自身轴线转动与否并不影响凸轮与从动件间的相对运动，因此，滚子绕其自身轴线的转动为机构的局部自由度，在计算机构的自由度时，应预先将转动副 C 除去不计，或如图 4-1-9（b）所示，设想将滚子 3 与从动件 2 固连在一起作为一个构件来考虑。这样在机构中，$n=2$，$P_L=2$，$P_H=1$，其自由度为 $F=3n-2P_L-P_H=3\times2-2\times2-1=1$。即，此凸轮机构中只有一个自由度。

（3）虚约束　在运动副引入的约束中，有些约束对机构自由度的影响是重复的。这些对机构运动不起限制作用的重复约束，称为消极约束或虚约束，在计算机构自由度时，应当除去不计。

平面机构中的虚约束常出现在下列场合。

① 两个构件之间组成多个导路平行的移动副时，只有一个移动副起作用，其余都是虚约束。如图 4-1-10 所示，缝纫机引线机构中，装针杆 3 在 A、B 处分别与机架组成导路重合的移动副。计算机构自由度时只能算一个移动副，另一个为虚约束。

② 两个构件之间组成多个轴线重合的回转副时，只有一个回转副起作用，其余都是虚约束。如两个轴承支承一根轴，只能看作一个回转副。

③ 机构中对传递运动不起独立作用的对称部分，也为虚约束。如图 4-1-11 所示的轮系中，中心轮经过两个对称布置的小齿轮 2 和 2′驱动内齿轮 3，其中有一个小齿轮

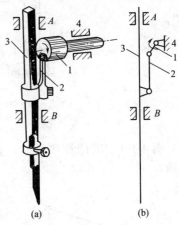

图 4-1-10 导路重合的虚约束

对传递运动不起独立作用。但由于第二个小齿轮的加入，使机构增加了一个虚约束。应当注意，对于虚约束，从机构的运动观点来看是多余的，但从增强构件刚度、改善机构受力状况等方面来看，都是必需的。

综上所述，在计算平面机构自由度时，必须考虑是否存在复合铰链，并应将局部自由度和虚约束除去不计，才能得到正确的结果。

【任务实施】

例 4-1-1　试计算图 4-1-12 中，发动机配气机构的自由度。

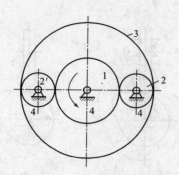

图 4-1-11 对称结构的虚约束

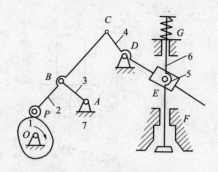

图 4-1-12 发动机配气机构

解：此机构中，G、F 为导路重合的两移动副，其中一个是虚约束；P 处的滚子为局部自由度。除去虚约束及局部自由度后，该机构则有 $n=6$；$P_L=8$；$P_H=1$。其自由度为：

$$F=3n-2P_L-P_H=3\times6-2\times8-1=1$$

例 4-1-2 计算图 4-1-13 所示的活塞泵的自由度。

解：除机架外，活塞泵有四个活动构件，$n=4$；4 个回转副和 1 个移动副共 5 个低副，$P_L=5$；一个高副，$P_H=1$。由式（4-1-1）得：

$$F=3n-2P_L-P_H=3\times4-2\times5-1=1$$

该机构的自由度为 1。

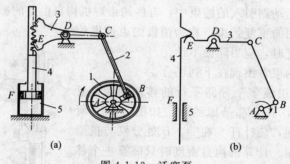

图 4-1-13 活塞泵

例 4-1-3 试计算图 4-1-14（a）所示的大筛机构的自由度，并判断它是否有确定的运动。

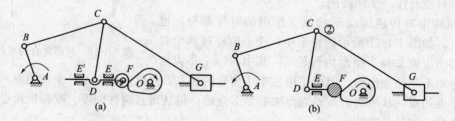

图 4-1-14 大筛机构

解：机构中的滚子有一个局部自由度。顶杆与机架在 E 和 E' 组成两个导路平行的移动副，其中之一为虚约束。C 处是复合铰链。今将滚子与顶杆焊成一体，去掉移动副 E'，并在 C 点注明回转副的个数，如图 4-1-14（b）所示，由此得，$n=7$，$P_L=9$，$P_H=1$。其自由度为：

$$F=3n-2P_{\text{L}}-P_{\text{H}}=3\times7-2\times9-1=2$$

因为机构有两个原动件，其自由度等于 2，所以具有确定的运动。

【学习小结】

（1）两构件之间直接接触并能作相对运动的可动连接为运动副。运动副划分如下：

$$运动副\begin{cases}低副（面接触）\begin{cases}转动副\\移动副\end{cases}约束数为2\\高副（点或线接触）\longrightarrow约束数为1\end{cases}$$

（2）计算平面机构自由度的公式：$F=3n-2P_{\text{L}}-P_{\text{H}}$。

（3）机构具有确定运动的条件是：机构自由度必须大于零，且原动件数与其自由度必须相等。

（4）在计算平面机构自由度时，必须考虑是否存在复合铰链，并应将局部自由度和虚约束除去不计，才能得到正确的结果。

【自我评估】

指出题图中运动机构的复合铰链、局部自由度和虚约束，并计算这些机构的自由度，判断它们是否具有确定的运动（其中箭头所示的为原动件）。

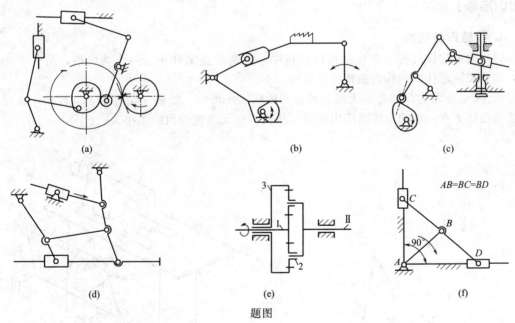

题图

学习情境 4.2 平面连杆机构

【学习目标】

（1）掌握平面连杆机构的概念、四杆机构的类型。

（2）掌握四杆机构的工作特性。

任务 4.2.1 四杆机构的类型

【任务描述】

平面连杆机构是将各构件用低副（转动副和移动副）连接而成的平面机构。最简单的平面连杆机构是由四个构件组成的，简称平面四杆机构。

【任务分析】

全部用转动副组成的平面四杆机构称为铰链四杆机构，如图 4-2-1 所示。机构的固定件 4 称为机架；与机架用转动副相连接的杆 1 和杆 3 称为连架杆；不与机架直接连接的杆 2 称为连杆。能作整周转动的连架杆，称为曲柄。仅能在小于 360°的某一角度摆动的连架杆，称为摇杆。对于铰链四杆机构来说，机架和连杆总是存在的，因此可按照连架杆是曲柄还是摇杆，将铰链四杆机构分为三种基本形式：曲柄摇杆机构，双曲柄机构和双摇杆机构。

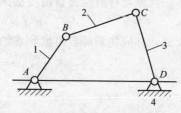

图 4-2-1 铰链四杆机构

【知识准备】

1. 铰链四杆机构

（1）曲柄摇杆机构 在铰链四杆机构中，若两个连架杆中，一个为曲柄，另一个为摇杆，则此铰链四杆机构称为曲柄摇杆机构。

图 4-2-2 所示为调整雷达天线俯仰角的曲柄摇杆机构。曲柄 1 缓慢地匀速转动，通过连杆 2 使摇杆 3 在一定的角度范围内摇动，从而调整天线俯仰角的大小。

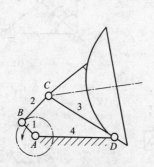

图 4-2-2 雷达天线俯仰角调整机构

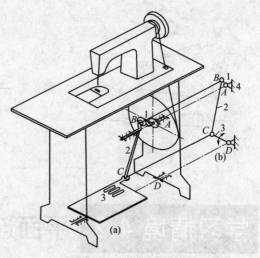

图 4-2-3 缝纫机的踏板机构

图 4-2-3(a) 所示为缝纫机的踏板机构，图（b）为其机构运动简图。摇杆 3（原动件）往复摆动，通过连杆 2 驱动曲柄 1（从动件）作整周转动，再经过带传动使机头主轴转动。

（2）双曲柄机构 两连架杆均为曲柄的铰链四杆机构称为双曲柄机构。在双曲柄机构中，通常主动曲柄作等速转动，从动曲柄作变速转动。如图 4-2-4 所示为插床中的机构及其运动简图。当小齿轮带动空套在固定轴 A 上的大齿轮（即构件 1）转动时，大齿轮上点 B 即绕轴 A 转动。通过连杆 2 驱使构件 3 绕固定铰链 D 转动。由于构件 1 和 3 均为曲柄，故该机构称为双曲柄机构。在图示机构中，当曲柄 1 等速转动时，曲柄 3 作不等速的转动，从而使曲柄 3 驱动的插刀既能近似均匀缓慢地完成切削工作，又可快速返回，以提高工作效率。

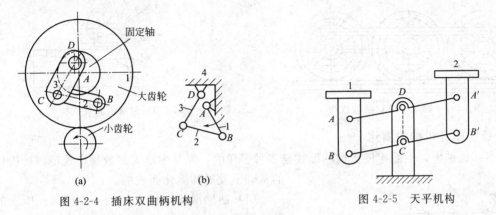

图 4-2-4　插床双曲柄机构　　　　　　　图 4-2-5　天平机构

双曲柄机构中，用得最多的是平行双曲柄机构，或称平行四边形机构，它的连杆与机架的长度相等，且两曲柄的转向相同、长度也相等。由于这种机构两曲柄的角速度始终保持相等，且连杆始终作平动，故应用较广。如图 4-2-5 所示的天平机构能保证天平盘 1、2 始终处于水平位置。必须指出，这种机构当四个铰链中心处于同一直线［如图 4-2-6(b) 所示］时，将出现运动不确定状态，例如在图 4-2-6(a) 中，当曲柄 1 由 AB_2 转到 AB_3 时，从动曲柄 3 可能转到 DC_3'，也可能转到 DC_3''。为了消除这种运动不确定现象，除可利用从动件本身或其上的飞轮惯性导向外，还可利用错列机构［图 4-2-6(b)］或辅助曲柄等措施来解决。如图 4-2-7 所示机车驱动轮联动机构，就是利用第三个平行曲柄（辅助曲柄）来消除平行四边形机构在这个位置运动时的不确定状态。

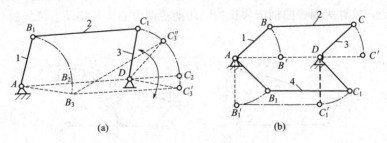

图 4-2-6　平行四边形机构

（3）双摇杆机构　两连架杆均为摇杆的铰链四杆机构称为双摇杆机构。

图 4-2-8 所示为起重机机构，当摇杆 CD 摇动时，连杆 BC 上悬挂重物的 M 点作近似的水平直线移动，从而避免了重物平移时因不必要的升降而发生事故和损耗能量。

两摇杆长度相等的双摇杆机构，称为等腰梯形机构。图 4-2-9 所示，轮式车辆的前轮转向机构就是等腰梯形机构的应用实例。车子转弯时，与前轮轴固连的两个摇杆的摆角 β 和 δ 不等。如果在任意位置都能使两前轮轴线的交点 P 落在后轮轴线的延长线上，则当整个车身绕 P 点转动时，四个车轮都能在地面上纯滚动，避免轮胎因滑动而损伤。等腰梯形机构就能近似地满足这一要求。

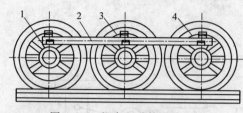

图 4-2-7　机车驱动轮联动机构

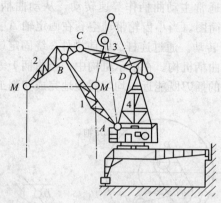

图 4-2-8　起重机起重机构

2. 铰链四杆机构的演化

在实际机械中，平面连杆机构的形式是多种多样的，但其中绝大多数是在铰链四杆机构的基础上发展和演化而成的。

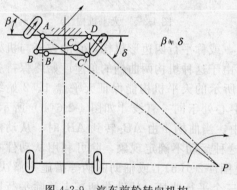

图 4-2-9　汽车前轮转向机构

（1）曲柄滑块机构　如图 4-2-10（a）所示的曲柄摇杆机构中，摇杆 3 上 C 点的轨迹是以 D 为圆心，杆 3 的长度 L_3 为半径的弧。如将转动副 D 扩大，使其半径等于 L'_3，并在机架上按 C 点的近似轨迹做成一弧形槽，摇杆 3 做成与弧形槽相配的弧形块，如图 4-2-10（b）所示。此时虽然转动副 D 的外形改变，但机构的运动特性并没有改变。若将弧形槽的半径增至无穷大，则转动副 D 的中心移至无穷远处，弧形槽变为直槽，转动副 D 则转化为移动副，构件 3 由摇杆变成了滑块，于是曲柄摇杆机构就演化为曲柄滑块机构，如图 4-2-10（c）所示。此时移动方位线不通过曲柄回转中心，故称为偏置曲柄滑块机构。曲柄转动中心至其移动方位线的垂直距离称为

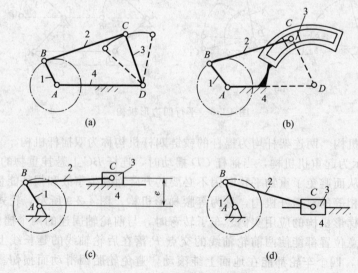

图 4-2-10　曲柄滑块机构的演化

偏距 e，当移动方位线通过曲柄转动中心 A 时（即 $e=0$），则称为对心曲柄滑块机构，如图 4-2-10(d) 所示。曲柄滑块机构广泛应用于内燃机、空压机及冲床设备中。

（2）导杆机构　导杆机构可以看作是在曲柄滑块机构中选取不同构件为机架演化而成的。

图 4-2-11(a) 所示为曲柄滑块机构，如将其中的曲柄 1 作为机架，连杆 2 作为主动件，则连杆 2 和构件 4 将分别绕铰链 B 和 A 作转动，如图 4-2-11(b) 所示。若 $AB < BC$，则杆 2 和杆 4 均可作整周回转，故称为转动导杆机构。若 $AB > BC$，则杆 4 只能作往复摆动，故称为摆动导杆机构。如图 4-2-12 为牛头刨床的摆动导杆机构。

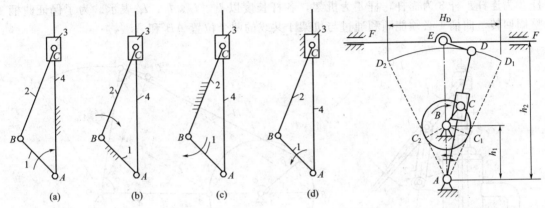

图 4-2-11　曲柄滑块机构向导杆机构的演化　　　图 4-2-12　牛头刨床的摆动导杆机构

（3）摇块机构　在图 4-2-11(a) 所示的曲柄滑块机构中，若取杆 2 为固定件，即可得图 4-2-11(c) 所示的摆动滑块机构，或称摇块机构。这种机构广泛应用于摆动式内燃机和液压驱动装置内。如图 4-2-13 所示自卸卡车翻斗机构及其运动简图。在该机构中，因为液压油缸 3 绕铰链 C 摆动，故称为摇块。

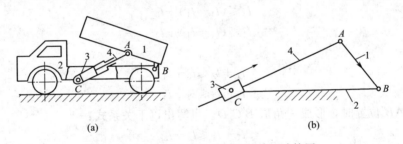

图 4-2-13　自卸卡车翻斗机构及其运动简图

（4）定块机构　在图 4-2-11(a) 所示曲柄滑块机构中，若取杆 3 为固定件，即可得图 4-2-11(d) 所示的固定滑块机构或称定块机构。这种机构常用于如图 4-2-14 所示抽水唧筒等机构中。

任务 4.2.2　四杆机构的工作特性

【任务描述】

四杆机构的工作特性包括存在曲柄条件，急回特性，死点位置，最小传动角的位置。

【任务分析】

在铰链四杆机构中分析以什么为主动件及共线情况来区分其不同的工作特性。

【知识准备】

1. 曲柄存在的条件

铰链四杆机构中是否存在曲柄，取决于机构各杆的相对长度和机架的选择。首先，分析存在一个曲柄的铰链四杆机构（曲柄摇杆机构）。如图 4-2-15 所示的机构中，杆 1 为曲柄，杆 2 为连杆，杆 3 为摇杆，杆 4 为机架，各杆长度以 l_1、l_2、l_3、l_4 表示。为了保证曲柄 1 整周回转，曲柄 1 必须能顺利通过与机架 4 共线的两个位置 AB' 和 AB''。

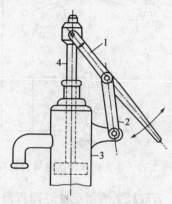

图 4-2-14 抽水唧筒机构

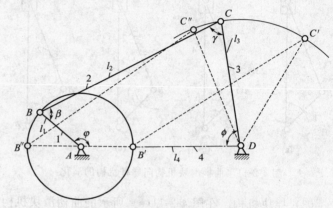

图 4-2-15 曲柄存在的条件分析

当曲柄处于 AB' 的位置时，形成三角形 $B'C'D$。根据三角形两边之和必大于（极限情况下等于）第三边的定律，可得

$$l_2 \leqslant (l_4 - l_1) + l_3$$
$$l_3 \leqslant (l_4 - l_1) + l_2$$

即：

$$l_1 + l_2 \leqslant l_3 + l_4 \tag{4-2-1}$$
$$l_1 + l_3 \leqslant l_2 + l_4 \tag{4-2-2}$$

当曲柄处于 AB'' 位置时，形成三角形 $B''C''D$。可写出以下关系式：

$$l_1 + l_4 \leqslant l_2 + l_3 \tag{4-2-3}$$

将以上三式两两相加可得：

$$l_1 \leqslant l_2，l_1 \leqslant l_3，l_1 \leqslant l_4$$

即 AB 杆为四个杆中的最短杆。由此可知，铰链四杆机构存在一个曲柄的条件如下。

（1）曲柄是最短杆。

（2）最短杆与最长杆长度之和小于或等于其余两杆长度之和。

以上两条件是曲柄存在的必要条件。

以上分析加以推广后就可以得到不同的铰链四杆机构。

（1）取最短杆相邻的构件（杆 2 或杆 4）为机架时，最短杆 1 为曲柄，而另一连架杆 3 为摇杆，故图 4-2-16(a) 所示的两个机构均为曲柄摇杆机构。

（2）取最短杆为机架，其连架杆 2 和 4 均为曲柄，故图 4-2-16(b) 所示为双曲柄机构。

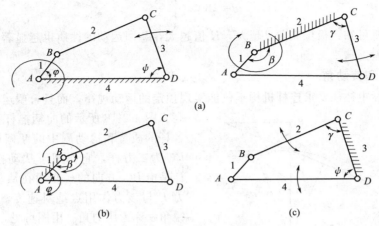

图 4-2-16　变更机架后机构的演化

（3）取最短杆的对边（杆 3）为机架，则两连架杆 2 和 4 都不能作整周转动，故图 4-2-16(c) 所示为双摇杆机构。

如果铰链四杆机构中的最短杆与最长杆长度之和大于其余两杆长度之和，则该机构中不可能存在曲柄，无论取哪个构件作为机架，都只能得到双摇杆机构。

由上述分析可知，最短杆和最长杆长度之和小于或等于其余两杆长度之和是铰链四杆机构存在曲柄的必要条件。满足这个条件的机构究竟有一个曲柄、两个曲柄或没有曲柄，还需根据取何杆为机架来判断。

2. 急回特性

如图 4-2-17 所示为一曲柄摇杆机构，其曲柄 AB 在转动一周的过程中，有两次与连杆 BC 共线。在这两个位置，铰链中心 A 与 C 之间的距离 AC_1 和 AC_2 分别为最短和最长，因而摇杆 CD 的位置 C_1D 和 C_2D 分别为两个极限位置。摇杆在两极限位置间的夹角 ψ 称为摇杆的摆角。

当曲柄由位置 AB_1 顺时针转到位置 AB_2 时，曲柄转角 $\varphi_1 = 180 + \theta$，这时摇杆由极限位置 C_1D 摆到极限位置 C_2D，摇杆摆角为 ψ；而当曲柄顺时针再转过角度 $\varphi_2 = 180 - \theta$ 时，摇杆由位置 C_2D 摆回到位置 C_1D，其摆角仍然是 ψ。虽然摇杆来回摆动的摆角相同，但对应的曲柄转角却不等 $(\varphi_1 > \varphi_2)$；当曲柄匀速转动时，对

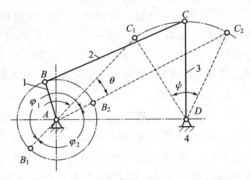

图 4-2-17　曲柄摇杆机构的急回特性

应的时间也不等 $(t_1 > t_2)$，这反映了摇杆往复摆动的快慢不同。令摇杆自 C_1D 摆至 C_2D 为工作行程，这时铰链 C 的平均速度是 $v_1 = C_1C_2/t_1$；摇杆自 C_2D 摆回至 C_1D 为空回行程，这时 C 点的平均速度是 $v_2 = C_1C_2/t_2$，$v_1 < v_2$，表明摇杆具有急回运动的特性。牛头刨床、往复式运输机等机械利用这种急回特性来缩短非生产时间，提高生产率。

急回运动特性可用行程速比系数 K 表示，即

$$K = \frac{v_2}{v_1} = \frac{C_1C_2/t_2}{C_1C_2/t_1} = \frac{t_1}{t_2} = \frac{\varphi_1}{\varphi_2} = \frac{180° + \theta}{180° - \theta} \tag{4-2-4}$$

式中，θ 为摇杆处于两极限位置时，对应的曲柄所夹的锐角，称为极位夹角。

将上式整理后，可得极位夹角的计算公式：

$$\theta=180°\times\frac{K-1}{K+1} \qquad\qquad (4\text{-}2\text{-}5)$$

由以上分析可知：极位夹角 θ 越大，K 值越大，急回运动的性质也越显著。但机构运动的平稳性也越差。

3. 压力角和传动角

在生产实际中往往要求连杆机构不仅能实现预定的运动规律，而且希望运转轻便、效率

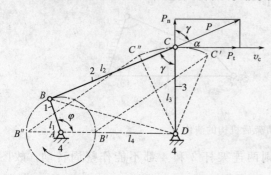

图 4-2-18　压力角与传动角

高。图 4-2-18 所示的曲柄摇杆机构，如忽略各杆的质量和运动副中的摩擦影响，则连杆 BC 为二力杆，它作用于从动摇杆 3 上的力 P 是沿 BC 方向的。作用在从动件上的驱动力 P 与该力作用点绝对速度 v_c 之间所夹的锐角 α 称为压力角。由图可见，力 P 在 v_c 方向的有效分力为

$$P_t=P\cos\alpha \qquad (4\text{-}2\text{-}6)$$
$$而 \qquad P_n=P\sin\alpha \qquad (4\text{-}2\text{-}7)$$

显然 P_t 是有用分力，它可使从动件产生有效的回转力矩，P_t 越大越好。而 P 在垂直于 v_c 方向的分力则为无效分力，它不仅无助于从动件的转动，反而增加了从动件转动时的摩擦阻力矩。因此，希望 P_n 越小越好。由此可知，压力角 α 越小，机构的传力性能越好，理想情况是 $\alpha=0$，所以压力角是反映机构传力效果好坏的一个重要参数。一般设计机构时都必须注意控制最大压力角不超过许用值。

在实际应用中，为度量方便起见，常用压力角的余角 γ 来衡量机构传力性能的好坏，γ 称为传动角。显然 γ 值越大越好，理想情况是 $\gamma=90°$。由于机构在运动中，压力角和传动角的大小随机构的不同位置而变化。γ 角越大，则 α 越小，机构的传动性能越好，反之，传动性能越差。

为了保证机构的正常传动，通常应使传动角的最小值 γ_{min} 大于或等于其许用值 $[\gamma]$。一般机械中，推荐 $[\gamma]=40°\sim50°$。对于传动功率大的机构，如冲床、颚式破碎机中的主要执行机构，为使工作时得到更大的功率，可取 $\gamma_{min}=[\gamma]\geqslant50°$。对于一些非传动机构，如控制、仪表等机构，也可取 $[\gamma]<40°$，但不能过小。

4. 死点位置

对于图 4-2-17 所示的曲柄摇杆机构，如以摇杆 3 为原动件，而曲柄 1 为从动件，则当摇杆摆到极限位置 C_1D 和 C_2D 时，连杆 2 与曲柄 1 共线，若不计各杆的质量，则这时连杆加给曲柄的力将通过铰链中心 A，即机构处于压力角 $\alpha=90°$（传动角 $\gamma=0$）的位置，此时驱动力的有效力为 0。此力对 A 点不产生力矩，因此不能使曲柄转动。机构的这种位置称为死点位置。死点位置会使机构的从动件出现卡死或运动不确定的现象。出现死点对传动机构来说是一种缺陷，这种缺陷可以利用回转机构的惯性或添加辅助机构来克服。如图 4-2-3（a）家用缝纫机的脚踏机构，就是利用皮带轮的惯性作用使机构能通过死点位置。

但在工程实践中，有时也常常利用机构的死点位置来实现一定的工作要求，如图 4-2-19 所示的工件夹紧装置，当工件 5 需要被夹紧时，就是利用连杆 BC 与摇杆 CD 形成的死点位置，这时工件经杆 1、杆 2 传给杆 3 的力，通过杆 3 的

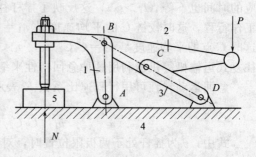

图 4-2-19　利用死点夹紧工件的夹具

传动中心 D。此力不能驱使杆 3 转动。故当撤去主动外力 P 后，在工作反力 N 的作用下，机构不会反转，工件依然被可靠地夹紧。

【学习小结】

（1）平面四杆机构的类型及结构特点。
（2）急回运动、压力角、传动角和死点。
（3）曲柄存在的条件以及铰链四杆机构的演变过程。
（4）铰链四杆机构的设计方法。

【自我评估】

4-2-1 试根据题图 4-2-1 中注明的尺寸判断下列铰链四杆机构是曲柄摇杆机构、双曲柄机构还是双摇杆机构？

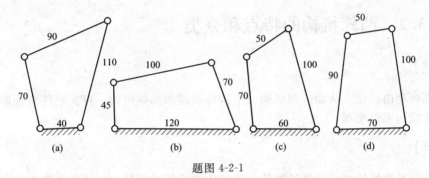

题图 4-2-1

4-2-2 试确定题图 4-2-2 中两机构从动件的摆角和机构的最小传动角。

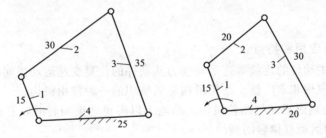

题图 4-2-2

4-2-3 题图 4-2-3 所示为一曲柄摇杆机构，已知曲柄长度 $L_{AB}=80\text{mm}$，连杆长度 $L_{BC}=$

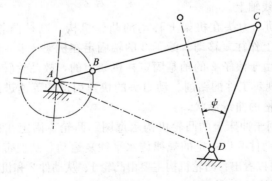

题图 4-2-3

390mm，摇杆长度 $L_{CD}=300mm$，机架长度 $L_{AD}=380mm$，试求：

(1) 摇杆的摆角 ψ；

(2) 机构的极位夹角 θ；

(3) 机构的行程速比系数 K。

学习情境 4.3 凸轮机构

【学习目标】

(1) 熟悉凸轮机构的特点、工作原理、应用与类型。

(2) 了解从动件常用运动规律。

任务 4.3.1 凸轮机构的特点和分类

【任务描述】

凸轮机构是由凸轮、从动件和机架三个构件组成的高副机构，可实现任意预期的运动规律，而四杆机构难以实现。

【任务分析】

凸轮是具有曲线轮廓或凹槽的构件，通常作等速转动或移动；从动件常为杆状构件，作直线移动或摆动。

【知识准备】

1. 凸轮机构的应用和特点

凸轮机构能将主动件的连续等速运动变为从动件的往复变速运动或间歇运动。在自动机械、半自动机械中应用非常广泛。凸轮机构是机械中的一种常用机构。

图 4-3-1 所示为内燃机配气凸轮机构。凸轮 1 以等角速度回转时，它的轮廓驱动从动件 2（阀杆）按预期的运动规律启闭阀门。

图 4-3-2 所示为绕线机中用于排线的凸轮机构。当绕线轴 3 快速转动时，绕线轴上的齿轮带动凸轮 1 缓慢地转动，通过凸轮轮廓与尖顶 A 之间的作用，驱使从动件 2 往复摆动，因而使线均匀地绕在绕线轴上。

图 4-3-3 所示为驱动动力头在机架上移动的凸轮机构。圆柱凸轮 1 与动力头连接在一起，它们可以在机架 3 上作往复移动。滚子 2 的轴固定在机架 3 上，滚子 2 放在圆柱凸轮的凹槽中。凸轮转动时，由于滚子 2 的轴是固定在机架上的，故凸轮转动时带动动力头在机架 3 上作往复移动，以实现对工件的钻削。动力头的快速引进—等速进给—快速退回—静止等动作均取决于凸轮上凹槽的曲线形状。

图 4-3-4 所示为应用于冲床上的凸轮机构示意图。凸轮 1 固定在冲头上，当冲头上下往复运动时，凸轮驱使从动件 2 以一定的规律作水平往复运动，从而带动机械手装卸工件。

从以上所举的例子可以看出：凸轮机构主要由凸轮 1、从动件 2 和机架 3 三个基本构件组成。从动件与凸轮轮廓为高副接触传动，因此理论上讲可以使从动件获得所需要的任意的预期运动。

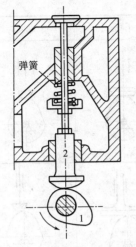

图 4-3-1 内燃机配气凸轮机构

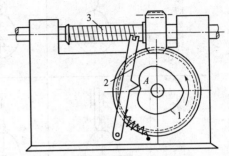

图 4-3-2 绕线机中排线凸轮机构

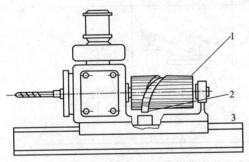

图 4-3-3 动力头用凸轮机构

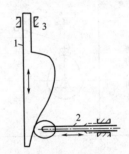

图 4-3-4 冲床上的凸轮机构

凸轮机构的优点为：只需设计适当的凸轮轮廓，便可使从动件得到所需的运动规律，并且结构简单、紧凑、设计方便。它的缺点是凸轮轮廓与从动件之间为点接触或线接触，易于磨损，所以，通常多用于传力不大的控制机构。

2. 凸轮机构的类型

（1）按凸轮的形状分类

① 盘形凸轮：它是凸轮的最基本形式。这种凸轮是一个绕固定轴转动并且具有变化半径的盘形零件。如图 4-3-1 和图 4-3-2 所示。

② 圆柱凸轮：将移动凸轮卷成圆柱体即成为圆柱凸轮。如图 4-3-3 所示。

③ 移动凸轮：当盘形凸轮的回转中心趋于无穷远时，凸轮相对机架作直线运动，这种凸轮称为移动凸轮，如图 4-3-4 所示。

（2）按从动件的形状分类（见图 4-3-5 纵排）

① 尖端从动件：这种从动件结构最简单，尖顶能与任意复杂的凸轮轮廓保持接触，以实现从动件的任意运动规律。但因尖顶易磨损，仅适用于作用力很小的低速凸轮机构。

② 滚子从动件：从动件的一端装有可自由转动的滚子，滚子与凸轮之间为滚动摩擦，磨损小，可以承受较大的载荷，因此，应用最普遍。

③ 平底从动件：从动件的一端为一平面，直接与凸轮轮廓相接触。若不考虑摩擦，凸轮对从动件的作用力始终垂直于端平面，传动效率高，且接触面间容易形成油膜，利于润

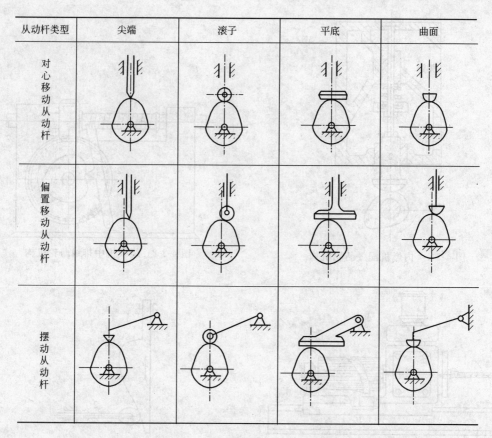

从动杆类型	尖端	滚子	平底	曲面
对心移动从动杆				
偏置移动从动杆				
摆动从动杆				

图 4-3-5　按从动件分类的凸轮机构

滑,故常用于高速凸轮机构。它的缺点是不能用于凸轮轮廓有凹曲线的凸轮机构中。

④ 曲面从动件:这是尖端从动件的改进形式,较尖端从动件不易磨损。

(3) 按从动件的运动形式分类(见图 4-3-5 横排)

① 移动从动件:从动件相对机架作往复直线运动。

② 偏移放置:即不对心放置的移动从动件,相对机架作往复直线运动。

③ 摆动从动件:从动件相对机架作往复摆动。

为了使凸轮与从动件始终保持接触,可以利用重力、弹簧力或依靠凸轮上的凹槽来实现。

任务 4.3.2　从动件常用运动规律

【任务描述】

从动件的运动规律即是从动件的位移 s、速度 v 和加速度 a 随时间 t 变化的规律。当凸轮作匀速转动时,其转角 δ 与时间 t 成正比($\delta = \omega t$),所以从动件运动规律也可以用从动件的运动参数随凸轮转角的变化规律来表示,即 $s = s(\delta)$,$v = v(\delta)$,$a = a(\delta)$。通常用从动件运动线图直观地表述这些关系。

【任务分析】

从动件的运动线图如下所示。

【知识准备】

1. 凸轮机构的有关名称

现以对心移动尖顶从动件盘形凸轮机构为例,说明凸轮与从动件的运动关系,如图 4-3-6(a)所示,以凸轮轮廓曲线的最小向径 r_{min} 为半径所作的圆称为凸轮的基圆,r_{min} 称为基圆半径。点 A 为凸轮轮廓曲线的起始点。当凸轮与从动件在 A 点接触时,从动件处于最低位置(即从动件处于距凸轮轴心 O 最近位置)。当凸轮以匀角速 ω_1 顺时针转动 δ_t 时,凸轮轮廓 AB 段的向径逐渐增加,推动从动件以一定的运动规律到达最高位置 B'(此时从动件处于距凸轮轴心 O 最远位置),这个过程称为推程。这时从动件移动的距离 h 称为升程,对应的凸轮转角 δ_t 称为推程运动角。当凸轮继续转动 δ_s 时,凸轮轮廓 BC 段向径不变,此时从动件处于最远位置停留不动,相应的凸轮转角 δ_s 称为远休止角。当凸轮继续转动 δ_h 时,凸轮轮廓 CD 段的向径逐渐减小,从动件在重力或弹簧力的作用下,以一定的运动规律回到起始位置,这个过程称为回程。对应的凸轮转角 δ_h 称为回程运动角。当凸轮继续转动 δ_s' 时,凸轮轮廓 DA 段的向径不变,此时从动件在最近位置停留不动,相应的凸轮转角 δ_s' 称为近休止角。当凸轮再继续转动时,从动件重复上述运动循环。如果以直角坐标系的纵坐标代表从动件的位移 s_2,横坐标代表凸轮的转角 δ,则可以画出从动件位移 s_2 与凸轮转角 δ 之间的关系线图,如图 4-3-6(b)所示,它简称为从动件位移曲线。

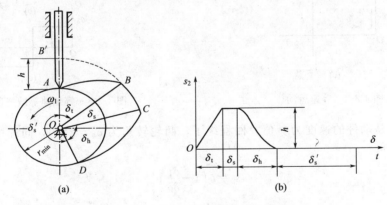

图 4-3-6 凸轮与从动件的运动关系

2. 从动件常用的运动规律

(1)等速运动规律 从动件速度为定值的运动规律称为等速运动规律。当凸轮以等角速度 ω_1 转动时,从动件在推程或回程中的速度为常数,如图 4-3-7(b)所示。

推程时,设凸轮推程运动角为 δ_t,从动件升程为 h,相应的推程时间为 T,则从动件的速度为:
$$v_2 = C_1 = 常数$$

初始条件为:$t = 0$ 时,$s_2 = 0$;$t = T$ 时,$s_2 = h$,利用位移方程得到 $C_2 = 0$ 和 $C_1 = h/T$。

因此有:

$$\left.\begin{array}{l} s_2 = h\,\dfrac{t}{T} \\[2mm] v_2 = \dfrac{h}{T} \\[2mm] a_2 = 0 \end{array}\right\}\tag{4-3-1}$$

由于凸轮转角 $\delta_1 = \omega_1 t$，$\delta_t = \omega_1 T$，代入式（4-3-1），则得推程时从动件用转角 δ 表示的运动方程：

$$\left.\begin{array}{l} s_2 = \dfrac{h}{\delta_t}\delta_1 \\[2mm] v_2 = \dfrac{h}{\delta_t}\omega_1 \\[2mm] a_2 = 0 \end{array}\right\}\tag{4-3-2a}$$

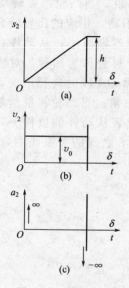

图 4-3-7　等速运动

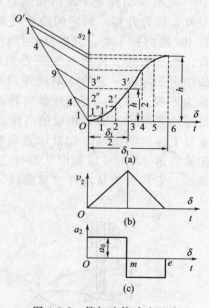

图 4-3-8　等加速等减速运动

回程时，从动件的速度为负值。回程终了，凸轮转角为 δ_h，$s = 0$，同理可推出从动件的运动方程为

$$\left.\begin{array}{l} s_2 = h\left(1 - \dfrac{\delta_1}{\delta_h}\right) \\[2mm] v_2 = -\dfrac{h}{\delta_h}\omega_1 \\[2mm] a_2 = 0 \end{array}\right\}\tag{4-3-2b}$$

由图 4-3-7(b)、(c) 可知，从动件在推程开始和终止的瞬时，速度有突变，其加速度在理论上为无穷大（实际上，由于材料的弹性变形，其加速度不可能达到无穷大），致使从动件在极短的时间内产生很大的惯性力，因而使凸轮机构受到极大的冲击。这种从动件在某瞬时速度突变，其加速度和惯性力在理论上趋于无穷大时所引起的冲击，称为刚性冲击。因此，等速运动规律只适用于低速轻载的凸轮机构。

（2）等加速等减速运动规律　从动件在行程的前半段为等加速，而后半段为等减速的运动规律，称为等加速等减速的运动规律，如图 4-3-8 所示。从动件在升程 h 中，先作等加速运动，后作等减速运动，直至停止。等加速度和等减速度的绝对值相等。这样，由于从动件等加速段的初速度和等减速段的末速度为零，故两段升程所需的时间必相等，即凸轮转角均为 $\delta_t/2$；两段升程也必相等，即均为 $h/2$。

（3）简谐运动规律　点在圆周上作匀速运动时，它在这个圆的直径上的投影所构成的运动称为简谐运动。这种运动规律的从动件在行程的始点和终点有柔性冲击；只有当加速度曲线保持连续时，这种运动规律才能避免冲击。

学习情境 4.4　齿轮传动

【学习目标】

（1）掌握齿轮传动的特点、分类与应用。
（2）理解齿廓啮合基本定律、渐开线形成与特性及渐开线齿廓的啮合特性。
（3）掌握标准直齿圆柱齿轮基本参数与几何尺寸计算公式。
（4）渐开线齿轮的啮合传动和渐开线齿轮的加工。
（5）了解变位齿轮、齿轮的失效形式与材料选择、齿轮的结构设计。
（6）掌握直齿圆柱齿轮的强度计算。
（7）掌握斜齿圆柱齿轮、直齿圆锥齿轮、蜗杆传动的受力分析。

任务 4.4.1　齿轮传动的特点和分类

【任务描述】

齿轮传动是利用一对带有轮齿的盘形零件相互啮合来实现两轴间的运动和动力传递的。

【任务分析】

按不同分类情况说明齿轮传动的类型。

【知识准备】

1. 齿轮传动的特点

齿轮传动是机械传动中最重要的、也是应用最为广泛的一种传动形式。齿轮传动的主要优点是：
（1）工作可靠、寿命较长；
（2）传动比稳定、传动效率高；
（3）可实现平行轴、任意角相交轴、任意角交错轴之间的传动；
（4）适用的功率和速度范围广。
缺点是：
（1）加工和安装精度要求较高，制造成本也较高；
（2）不适宜于远距离两轴之间的传动。

2. 齿轮传动的基本类型

齿轮传动的类型很多，按照一对齿轮轴线的相互位置、轮齿沿轴向的形状及啮合情况进行分类。分类情况如图 4-4-1 所示。

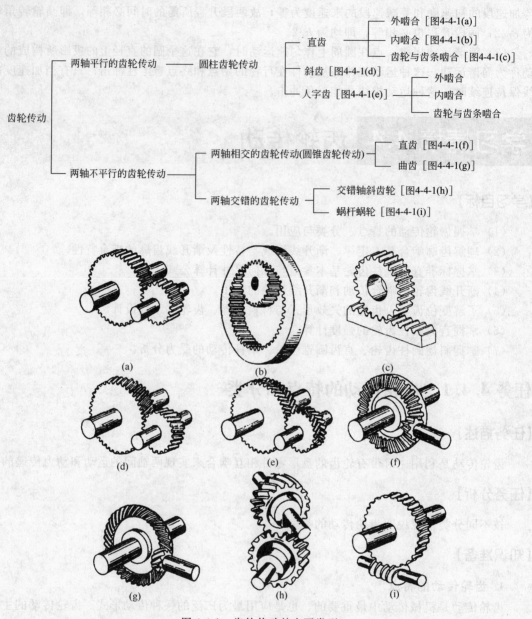

图 4-4-1 齿轮传动的主要类型

任务 4.4.2 渐开线齿轮的齿廓与啮合特性

【任务描述】

齿轮传动是依靠主动轮的轮齿依次推动从动轮的轮齿来进行工作的。对齿轮传动的基本要求之一是其瞬时传动比必须保持不变，否则，当主动轮以等角速度回转时，从动轮的角速度为变数，从而产生惯性力。这种惯性力将影响轮齿的强度、寿命和工作精度。齿廓啮合基本定律就是研究当齿廓形状符合何种条件时，才能满足这一基本要求。

【任务分析】

利用两齿廓啮合时，绝对速度在公法线上的分量相等推出齿廓啮合基本定律。

【知识准备】

1. 齿廓啮合基本定律

图 4-4-2 表示两相互啮合的齿廓 E_1 和 E_2 在 K 点接触，两轮的角速度分别为 ω_1 和 ω_2。过 K 点作两齿廓的公法线 N_1N_2，与连心线 O_1O_2 交于 C 点。现因两轮轴心连线 O_1O_2 为定长，故欲满足上述要求，C 点应为连心线上的定点，这个定点 C 称为节点。

因此，为使齿轮保持恒定的传动比，必须使 C 点为连心线上的固定点。或者说，欲使齿轮保持定角速比，不论齿廓在任何位置接触，过接触点所作的齿廓公法线都必须与两轮的连心线交于一定点。这就是齿廓啮合的基本定律。

凡满足齿廓啮合基本定律而互相啮合的一对齿廓，称为共轭齿廓。符合齿廓啮合基本定律的齿廓曲线有无穷多，传动齿轮的齿廓曲线除要求满足定角速比外，还必须考虑制造、安装和强度等要求。在机械中，常用的齿廓有渐开线齿廓、摆线齿廓和圆弧齿廓，其中以渐开线齿廓应用最广。

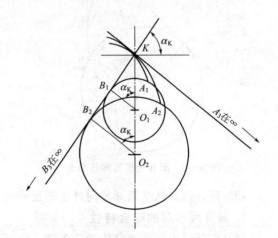

图 4-4-2　齿廓啮合基本定律

2. 渐开线的形成及其特性

如图 4-4-3 所示，一直线 L 与半径为 r_b 的圆相切，当直线沿该圆作纯滚动时，直线上任一点的轨迹即为该圆的渐开线。这个圆称为渐开线的基圆，而作纯滚动的直线 L 称为渐开线的发生线。

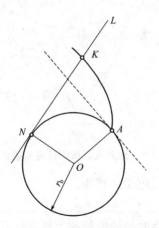

图 4-4-3　渐开线的形成图

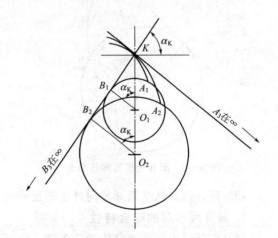

图 4-4-4　基圆大小与渐开线形状的关系

根据渐开线的形成过程，它有以下性质。

(1) 发生线在基圆上滚过的一段长度等于基圆上相应被滚过的一段弧长，即 $KN = \overset{\frown}{AN}$。

(2) 因 N 点是发生线沿基圆滚动时的速度瞬心，故发生线 KN 是渐开线上 K 点的法线。又因发生线始终与基圆相切，所以渐开线上任一点的法线必与基圆相切。发生线与基圆的切点 N 即为渐开线上 K 点的曲率中心，线段 KN 为 K 点的曲率半径。随着 K 点离基圆愈远，相应的曲率半径愈大；而 K 点离基圆愈近，相应的曲率半径愈小。

（3）渐开线的形状取决于基圆的大小。如图 4-4-4 所示，基圆半径愈小，渐开线愈弯曲；基圆半径愈大，渐开线愈趋平直。当基圆半径趋于无穷大时，渐开线便成为直线。所以渐开线齿条（直径为无穷大的齿轮）具有直线齿廓。

（4）渐开线上各点的压力角不等。

在一对齿廓的啮合过程中，齿廓接触点的法向压力和齿廓上该点的速度方向的夹角，称为齿廓在这一点的压力角。如图 4-4-5 所示，齿廓上 K 点的法向压力 F_n 与该点的速度 v_K 之间的夹角 α_K 称为齿廓上 K 点的压力角。由图可知

$$\cos\alpha_K = \frac{\overline{ON}}{\overline{OK}} = \frac{r_b}{r_K} \tag{4-4-1}$$

上式说明渐开线齿廓上各点压力角不等，向径 r_K 越大，其压力角越大。在基圆上压力角等于零。

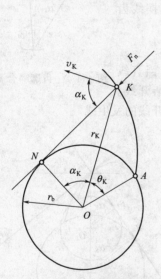

图 4-4-5　渐开线齿廓的压力角

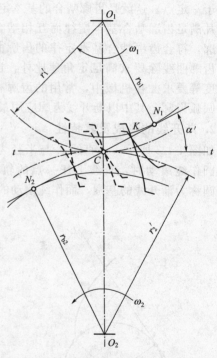

图 4-4-6　渐开线齿廓满足定角速比证明

（5）渐开线是从基圆开始向外逐渐展开的，故基圆以内无渐开线。

3. 渐开线齿廓的啮合特性

（1）渐开线齿廓满足定传动比条件　以渐开线为齿廓曲线的齿轮称为渐开线齿轮。如图 4-4-6 所示，两渐开线齿轮的基圆分别为 r_{b1}、r_{b2}，过两轮齿廓啮合点 K 作两齿廓的公法线 N_1N_2，根据渐开线的性质，该公法线必与两基圆相切，即为两基圆的内公切线。又因两轮的基圆为定圆，在其同一方向的内公切线只有一条。所以无论两齿廓在任何位置接触（如图中虚线位置接触），过接触点所作两齿廓的公法线（即两基圆的内公切线）为一固定直线，它与连心线 O_1O_2 的交点 C 必是一定点。因此渐开线齿廓满足定传动比要求。

由图 4-4-6 知，两轮的传动比为

$$i_{12}=\frac{\omega_1}{\omega_2}=\frac{\overline{O_2C}}{\overline{O_1C}}=\frac{r_{b2}}{r_{b1}} \qquad (4\text{-}4\text{-}2)$$

上式表明两轮的传动比为一定值，并与两轮的基圆半径成反比。公法线与连心线 O_1O_2 的交点 C 称为节点，以 O_1、O_2 为圆心，O_1C、O_2C 为半径作圆，这对圆称为齿轮的节圆，其半径分别以 r'_1 和 r'_2 表示。从图中可知，一对齿轮传动相当于一对节圆的纯滚动，而且两齿轮的传动比也等于其节圆半径的反比。故一对齿轮的传动比为

$$i=\frac{\omega_1}{\omega_2}=\frac{r'_2}{r'_1}=\frac{r_{b2}}{r_{b1}} \qquad (4\text{-}4\text{-}3)$$

（2）啮合线、啮合角、齿廓间的压力作用线　一对齿轮啮合传动时，齿廓啮合点（接触点）的轨迹称为啮合线。对于渐开线齿轮，无论在哪一点接触，接触齿廓的公法线总是两基圆的内公切线 N_1N_2（图 4-4-6）。齿轮啮合时，齿廓接触点又都在公法线上，因此，内公切线 N_1N_2 即为渐开线齿廓的啮合线。

过节点 C 作两节圆的公切线 tt，它与啮合线 N_1N_2 间的夹角称为啮合角。啮合角等于齿廓在节圆上的压力角 α'，由于渐开线齿廓的啮合线是一条定直线 N_1N_2，故啮合角的大小始终保持不变。啮合角不变表示齿廓间压力方向不变；若齿轮传递的力矩恒定，则轮齿之间、轴与轴承之间压力的大小和方向均不变，这也是渐开线齿轮传动的一大优点。

（3）渐开线齿轮的可分性　当一对渐开线齿轮制成之后，其基圆半径是不能改变的，因此从式(4-4-3) 可知，即使两轮的中心距稍有改变，其角速比仍保持原值不变，这种性质称为渐开线齿轮传动的可分性。这是渐开线齿轮传动的另一重要优点，这一优点给齿轮的制造、安装带来了很大方便。

任务 4.4.3　渐开线齿轮的主要参数与几何尺寸

【任务描述】

渐开线直齿圆柱齿轮有五个基本参数，分别是：模数 m，压力角 α，齿数 z，齿顶高系数 h_a^*，顶隙系数 c^*。

【任务分析】

齿轮上所有几何尺寸，均可由这五个参数确定。

【知识准备】

1. 渐开线齿轮的主要参数

图 4-4-7 所示为直齿圆柱齿轮的一部分。为了使齿轮在两个方向都能传动，轮齿两侧齿廓由形状相同、方向相反的渐开线曲面组成。

齿轮各参数名称如下。

（1）齿顶圆、齿根圆　齿顶端所确定的圆称为齿顶圆，其直径用 d_a 表示；齿槽底部所确定的圆称为齿根圆，其直径用 d_f 表示。

（2）齿槽、齿厚和齿距　相邻两齿之间的空间称为齿槽。齿槽两侧齿廓之间的弧长称为该圆上的齿槽

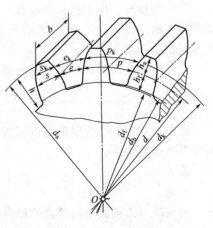

图 4-4-7　齿轮各部分名称

宽，用 e_k 表示。在任意直径 d_k 的圆周上，轮齿两侧齿廓之间的弧长称为该圆上的齿厚，用 s_k 表示。

相邻两齿同侧齿廓之间的弧长称为该圆上的齿距，用 p_k 表示。显然

$$p_k = s_k + e_k \tag{4-4-4}$$

以及

$$p_k = \pi d_k / z \tag{4-4-5}$$

式中，z 为齿轮的齿数；d_k 为任意圆的直径。

（3）模数 在式（4-4-5）中含有无理数"π"，这对齿轮的计算和测量都不方便。因此，规定比值 p/π（p 为分度圆上的齿距）等于整数或简单的有理数，并作为计算齿轮几何尺寸的一个基本参数。这个比值称为模数，以 m 表示，单位为 mm，即 $m = p/\pi$，齿轮的主要几何尺寸都与 m 成正比。

为了便于齿轮的互换使用和简化刀具，齿轮的模数已经标准化。我国规定的模数系列见表 4-4-1。

表 4-4-1 标准模数系列（GB 1357—1987）

第一系列	1	1.25	1.5	2	2.5	3	4	5	6	8	10
	12	16	20	2.5	32	40	50				
第二系列	1.75	2.25	2.75	(3.25)	3.5	(3.75)	4.5				
	5.5	(6.5)	7	9	(11)	14	18	22	28	36	45

注：1. 本表适用于渐开线圆柱齿轮，对斜齿轮是指法面模数。
2. 优先采用第一系列，括号内的模数尽可能不用。

（4）分度圆 标准齿轮上齿厚和齿槽宽相等的圆称为齿轮的分度圆，用 d 表示其直径。分度圆上的齿厚以 s 表示；齿槽宽用 e 表示；齿距用 p 表示。分度圆压力角通常称为齿轮的压力角，用 α 表示。分度圆压力角已经标准化，常用的为 20°、15° 等，我国规定标准齿轮 $\alpha = 20°$。

由于齿轮分度圆上的模数和压力角均规定为标准值，因此，齿轮的分度圆可定义为：齿轮上具有标准模数和标准压力角的圆。齿轮分度圆直径 d 则可表示为：

$$d = pz/\pi = mz \tag{4-4-6}$$

（5）顶隙 顶隙是指一对齿轮啮合时，一个齿轮的齿顶圆到另一个齿轮的齿根圆的径向距离。顶隙有利于润滑油的流动。顶隙按下式计算：

$$c = c^* m \tag{4-4-7}$$

（6）齿顶高、齿根高和全齿高 在轮齿上介于齿顶圆和分度圆之间的部分称为齿顶，其径向高度称为齿顶高，用 h_a 表示。介于齿根圆和分度圆之间的部分称为齿根，其径向高度称为齿根高，用 h_f 表示。

齿轮的齿顶高和齿根高可用模数表示为：

$$h_a = h_a^* m \tag{4-4-8}$$

$$h_f = (h_a^* + c^*)m \tag{4-4-9}$$

式中，h_a^* 和 c^* 分别称为齿顶高系数和顶隙系数，对于圆柱齿轮，其标准值按正常齿制和短齿制规定如下。

正常齿： $h_a^* = 1$，$c^* = 0.25$

短齿： $h_a^* = 0.8$，$c^* = 0.3$

齿顶圆与齿根圆之间轮齿的径向高度称为全齿高，用 h 表示，故

$$h = h_a + h_f = (2h_a^* + c^*)m \tag{4-4-10}$$

2. 标准直齿圆柱齿轮几何尺寸

若一齿轮的模数、分度圆压力角、齿顶高系数、齿根高系数均为标准值，且其分度圆上齿厚与齿槽宽相等，则称为标准齿轮。因此，对于标准齿轮

$$s=e=\pi m/2 \tag{4-4-11}$$

标准直齿圆柱齿轮传动的参数和几何尺寸计算公式列于表 4-4-2。

表 4-4-2　渐开线标准直齿圆柱齿轮尺寸计算公式

名称	代号	公式与说明
齿数	z	根据工作要求确定
模数	m	由轮齿的承载能力确定,并按表 4-4-1 取标准值
压力角	α	$\alpha=20°$
分度圆直径	d	$d_1=mz_1; d_2=mz_2$
齿顶高	h_a	$h_a=h_a^*\,m$
齿根高	h_f	$h_f=(h_a^*+c^*)m$
全齿高	h	$h=h_a+h_f$
齿顶圆直径	d_a	$d_{a1}=d_1+2h_a=m(z_1+2h_a^*)$
		$d_{a2}=m(z_2+2h_a^*)$
齿根圆直径	d_f	$d_{f1}=d_1-2h_f=m(z_1-2h_a^*-2c^*)$
		$d_{f2}=m(z_2-2h_a^*-2c^*)$
分度圆齿距	p	$p=\pi n$
分度圆齿厚	s	$s=\dfrac{1}{2}\pi n$
分度圆齿槽宽	e	$e=\dfrac{1}{2}\pi n$
基圆直径	d_b	$d_{b1}=d_1\cos\alpha=mz_1\cos\alpha$
		$d_{b2}=mz_2\cos\alpha$

【知识拓展】

齿条。

齿条相当于直径无穷大的齿轮，因此各圆变为相互平行的直线。与齿轮相比，齿条有以下两个重要特点。

（1）在任一平行线上的齿距（$p=\pi m$）均相等。

（2）各平行线上的压力角均相等（$\alpha=20°$），且与齿条的齿形角相等。

【任务实施】

例 4-4-1　已知一对内啮合标准直齿圆柱齿轮传动的参数为：$z_1=24$，$z_2=120$，$m=5\text{mm}$，试求两齿轮的分度圆直径 d_1 和 d_2、齿顶圆直径 d_{a1} 和 d_{a2}、全齿高 h、标准中心距 a 及分度圆上的齿厚 s 和齿槽宽 e。

解：
$$d_1=mz_1=5\times24=120(\text{mm})$$
$$d_2=mz_2=5\times120=600(\text{mm})$$
$$d_{a1}=m(z_1+2h_a^*)=5\times(24+2\times1)=130(\text{mm})$$
$$d_{a2}=m(z_2+2h_a^*)=5\times(120+2\times1)=610(\text{mm})$$
$$h=m(2h_a^*+c^*)=5\times(2+0.25)=11.25(\text{mm})$$
$$a=0.5m(z_2-z_1)=0.5\times5\times(120-24)=240(\text{mm})$$
$$s=e=p/2=\pi5/2=7.85(\text{mm})$$

任务 4.4.4　渐开线齿轮的啮合传动

【任务描述】

渐开线齿轮在满足齿廓啮合基本定律后，只是保证了一对齿廓啮合时传动比为常数，要想保证一对齿廓啮合过程中传动比始终为常数，还需满足正确啮合条件；如果相邻两对齿廓在交接啮合过程时不连续，同样不能保证传动比为常数，为此，渐开线齿轮啮合时还需满足连续传动的条件。

【任务分析】

根据渐开线性质 1 可知，法向齿距分别和两齿轮的基圆上的齿距相等，从而推出正确啮合条件和连续传动条件。

【知识准备】

1. 正确啮合条件

齿轮传动时，它的每一对齿仅啮合一段时间便要分离，而由后一对齿接替。由任务 4.4.2 可知，一对渐开线齿轮传动时，其齿廓啮合点都应在啮合线 N_1N_2 上，如图 4-4-8 所示，当前一对齿在啮合线上的 K 点接触时，其后一对齿应在啮合线上另一点 K' 接触。

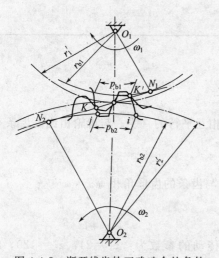

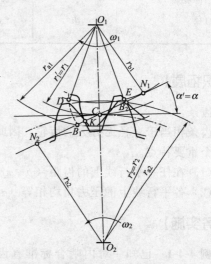

图 4-4-8　渐开线齿轮正确啮合的条件　　　　图 4-4-9　渐开线齿轮连续传动的条件

这样，当前一对齿分离时，后一对齿才能不中断地接替传动。令 K_1 和 K_1' 表示轮 1 齿廓上的啮合点，K_2 和 K_2' 表示轮 2 齿廓上的啮合点。为了保证前后两对齿有可能同时在啮合线上接触，轮 1 相邻两齿同侧齿廓沿法线的距离 K_1K_1' 应与轮 2 相邻两齿同侧齿廓沿法线的距离 K_2K_2' 相等（沿法线方向的齿距称为法线齿距）。即

$$K_1K_1'=K_2K_2'$$

根据渐开线的性质，对轮 2 有

$$K_2K_2'=N_2K'-N_2K=N_2i-N_2j=ij=p_{b2}=p_2\cos\alpha_2=\pi m_2\cos\alpha_2$$

同理，对轮 1 可得

$$K_1K_1' = p_1\cos\alpha_1 = \pi m_1\cos\alpha_1$$

由此可得

$$m_1\cos\alpha_1 = m_2\cos\alpha_2$$

由于模数和压力角已经标准化，为满足上式，应使

$$\begin{cases} m_1 = m_2 = m \\ \alpha_1 = \alpha_2 = \alpha \end{cases} \tag{4-4-12}$$

上式表明，渐开线齿轮的正确啮合条件是两轮的模数和压力角必须分别相等。齿轮的传动比可写成

$$i = \frac{\omega_1}{\omega_2} = \frac{d_2'}{d_1'} = \frac{d_{b2}}{d_{b1}} = \frac{d_2}{d_1} = \frac{z_2}{z_1} \tag{4-4-13}$$

2. 连续传动条件及重合度

图 4-4-9 所示为一对相互啮合的齿轮，设轮 1 为主动轮，轮 2 为从动轮。齿廓的啮合是由主动轮 1 的齿根部推动从动轮 2 的齿顶开始，因此，从动轮齿顶圆与啮合线的交点 B_2 即为一对齿廓进入啮合的开始。随着轮 1 推动轮 2 转动，两齿廓的啮合点沿着啮合线移动。当啮合点移动到齿轮 1 的齿顶圆与啮合线的交点 B_1 时（图中虚线位置），这对齿廓终止啮合，两齿廓即将分离。故啮合线 N_1N_2 上的线段 B_1B_2 为齿廓啮合点的实际轨迹，称为实际啮合线，而线段 N_1N_2 称为理论啮合线。

当一对轮齿在 B_2 点开始啮合时，前一对轮齿仍在 K 点啮合，则传动就能连续进行。由图可见，这时实际啮合线段 B_1B_2 的长度大于齿轮的法线齿距。如果前一对轮齿已于 B_1 点脱离啮合，而后一对轮齿仍未进入啮合，则这时传动发生中断，将引起冲击。所以，保证连续传动的条件是使实际啮合线长度大于或至少等于齿轮的法线齿距（即基圆齿距 p_b）。

通常将实际啮合线长度与基圆齿距之比称为齿轮的重合度，用 ε 表示，即：

$$\varepsilon = \frac{\overline{B_1B_2}}{p_b} \geqslant 1 \tag{4-4-14}$$

理论上当 $\varepsilon = 1$ 时，就能保证一对齿轮连续传动，但考虑齿轮的制造、安装误差和啮合传动中轮齿的变形，实际上应使 $\varepsilon > 1$。一般机械制造中，常使 $\varepsilon \geqslant 1.1 \sim 1.4$。重合度越大，表示同时啮合的齿的对数越多。对于标准齿轮传动，其重合度都大于 1，故通常不必进行验算。

3. 渐开线齿轮的正确安装条件

一对齿轮传动时，齿轮节圆上的齿槽宽与另一齿轮节圆上的齿厚之差称为齿侧间隙。在齿轮加工时，刀具轮齿与工件轮齿之间是没有齿侧间隙的；在齿轮传动中，为了消除反向传动空程和减少撞击，也要求齿侧间隙等于零。

由前述已知，标准齿轮分度圆的齿厚和齿槽宽相等，一对正确啮合的渐开线齿轮的模数相等，即 $s_1 = e_1 = s_2 = e_2 = \pi m/2$。

因此，当分度圆和节圆重合时，便可满足无侧隙啮合条件。安装时使分度圆与节圆重合的一对标准齿轮的中心距称为标准中心距，用 a 表示。

$$a = r_1' + r_2' = r_1 + r_2 = \frac{m}{2}(z_1 + z_2) \tag{4-4-15}$$

显然，此时的啮合角 α 就等于分度圆上的压力角。应当指出，分度圆和压力角是单个齿轮本身所具有的，而节圆和啮合角是两个齿轮相互啮合时才出现的。标准齿轮传动只有在分度圆与节圆重合时，压力角和啮合角才相等。

任务 4.4.5　渐开线齿轮的加工

【任务描述】

轮齿加工的基本要求是齿形准确和分齿均匀。渐开线齿轮的加工方法很多,用金属切削机床加工是目前最常用的一种方法,此外还有铸造法、热轧法等。

【任务分析】

轮齿的切削加工方法按其原理可分为仿形法和范成法两类。

【知识准备】

1. 渐开线齿轮的加工方法

(1) 仿形法　仿形法是用与齿轮齿槽形状相同的圆盘铣刀或指状铣刀在铣床上进行加工,如图 4-4-10 所示。加工时铣刀绕本身的轴线旋转,同时轮坯转过 $2\pi/z$,再铣第二个齿槽。其余依此类推。这种加工方法简单,不需要专用机床,但精度差,而且是逐个齿切削,切削不连续,故生产率低,仅适用于单件生产及精度要求不高的齿轮加工。

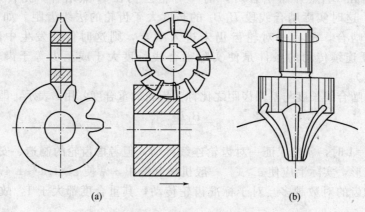

(a)　　　　　　　　　　　　(b)

图 4-4-10　仿形法加工齿轮

(2) 范成法　范成法是利用一对齿轮(或齿轮与齿条)互相啮合时其共轭齿廓互为包络线的原理来切齿的(图 4-4-11)。如果把其中一个齿轮(或齿条)做成刀具,就可以切出与它共轭的渐开线齿廓。

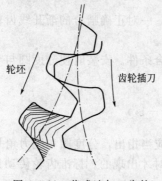

轮坯　　　齿轮插刀

图 4-4-11　范成法加工齿轮

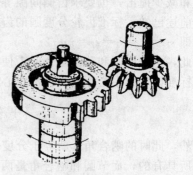

图 4-4-12　齿轮插刀切齿

范成法种类很多，有插齿、滚齿、剃齿、磨齿等，其中最常用的是插齿和滚齿，剃齿和磨齿用于精度和粗糙度要求较高的场合。

① 插齿　图 4-4-12 所示为用齿轮插刀加工齿轮时的情形。齿轮插刀的形状和齿轮相似，其模数和压力角与被加工齿轮相同。加工时，插齿刀沿轮坯轴线方向作上下往复的切削运动；同时，机床的传动系统严格地保证插齿刀与轮坯之间的范成运动。齿轮插刀刀具顶部比正常齿高出 $c^* m$，以便切出顶隙部分。

当齿轮插刀的齿数增加到无穷多时，其基圆半径变为无穷大，插刀的齿廓变成直线齿廓，齿轮插刀就变成齿条插刀，图 4-4-13 为齿条插刀加工轮齿的情形。

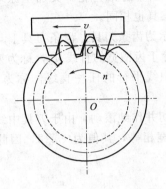

图 4-4-13　齿条插刀加工轮齿

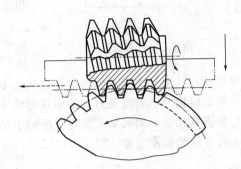

图 4-4-14　滚刀加工轮齿

② 滚齿　齿轮插刀和齿条插刀都只能间断地切削，生产率低。目前广泛采用齿轮滚刀在滚齿机上进行轮齿的加工。

滚齿加工方法基于齿轮与齿条相啮合的原理。图 4-4-14 为滚刀加工轮齿的情形。滚刀的外形类似沿纵向开了沟槽的螺旋，其轴向剖面齿形与齿条相同。当滚刀转动时，相当于这个假想的齿条连续地向一个方向移动，轮坯又相当于与齿条相啮合的齿轮，从而滚刀能按照范成原理在轮坯加工渐开线齿廓。滚刀除旋转外，还沿轮坯的轴向逐渐移动，以便切出整个齿宽。

2. 渐开线齿轮的根切与最少齿数

用范成法加工齿数较少的齿轮时，常会将轮齿根部的渐开线齿廓切去一部分，如图4-4-15所示，这种现象称为根切。根切将使轮齿的抗弯强度降低，重合度减小，故应设法避免。

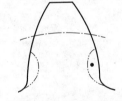

图 4-4-15　轮齿的根切现象

对于标准齿轮，是用限制最少齿数的方法来避免根切的。用滚刀加工压力角为 $20°$ 的正常齿制标准直齿圆柱齿轮时，根据计算，可得出不发生根切的最少齿数 $z_{min} = 17$。某些情况下，为了尽量减少齿数以获得比较紧凑的结构，在满足轮齿弯曲强度条件下，允许齿根部有轻微根切时，$z_{min} = 14$。

任务 4.4.6　渐开线变位齿轮

【任务描述】

标准齿轮存在下列主要缺点：①为了避免加工时发生根切，标准齿轮的齿数必须大于或等于最少齿数 z_{min}；②标准齿轮不适用于实际中心距 a' 不等于标准中心距 a 的场合；③一对互相啮合的标准齿轮，小齿轮的抗弯能力比大齿轮低。为了弥补这些缺点，在机械中出现了变位齿轮。

【任务分析】

利用改变刀具相对位置的方法切制的齿轮为变位齿轮。

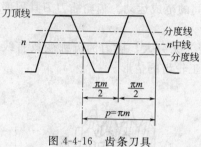

图 4-4-16　齿条刀具

【知识准备】

变位的概念如下。

变位齿轮是一种非标准齿轮，其加工原理与标准齿轮相同，切制工具也相同。

图 4-4-16 所示为齿条刀具。齿条刀具上与刀具顶线平行而其齿厚等于齿槽宽的直线 nn，称为刀具的中线。中线以及与中线平行的任一直线，称为分度线。除中线外，其他分度线上的齿厚与齿槽宽不相等。

加工齿轮时，若齿条刀具的中线与轮坯的分度圆相切并作纯滚动，由于刀具中线上的齿厚与齿槽宽相等，则被加工齿轮分度圆上的齿厚与齿槽宽相等，其值为 $\pi m/2$，因此被加工出来的齿轮为标准齿轮［图 4-4-17(a)］。

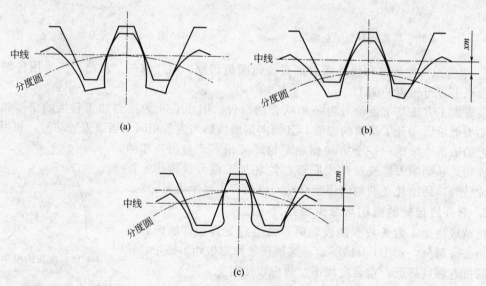

图 4-4-17　变位齿轮的切削原理

若刀具与轮坯的相对运动关系不变，但刀具相对轮坯中心离开或靠近一段距离 xm［图 4-4-17(b)、(c)］，则轮坯的分度圆不再与刀具中线相切，而是与中线以上或以下的某一分度线相切。这时与轮坯分度圆相切并作纯滚动的刀具分度线上的齿厚与齿槽宽不相等，因此被加工的齿轮在分度圆上的齿厚与齿槽宽也不相等。

当刀具远离轮坯中心移动时，被加工齿轮的分度圆齿厚增大。当刀具向轮坯中心靠近时，被加工齿轮的分度圆齿厚减小。这种由于刀具相对于轮坯位置发生变化而加工的齿轮，称为变位齿轮。齿条刀具中线相对于被加工齿轮分度圆所移动的距离，称为变位量，用 xm 表示，m 为模数，x 为变位系数。刀具中线远离轮坯中心称为正变位，这时的变位系数为正数，所切出的齿轮称为正变位齿轮。刀具靠近轮坯中心称为负变位，这时的变位系数为负数，所加工的齿轮称为负变位齿轮。

采用变位齿轮可以制成齿数少于 z_{min} 而不发生根切的齿轮，可以实现非标准中心距的无侧隙传动，可以使大小齿轮的抗弯能力接近相等。

任务 4.4.7　渐开线直齿圆柱齿轮的传动设计

【任务描述】

前面主要分析了如何保证齿轮传动的平稳性，从这个任务开始要分析如何使轮齿具有一定的承载能力。这要先从轮齿的受力和失效形式开始分析。

【任务分析】

齿轮的失效，主要是轮齿的失效。为了分析轮齿的失效形式、设计齿轮传动、计算轮齿的强度，要首先分析轮齿上的受力。

【知识准备】

1. 轮齿的受力分析

（1）受力分析

为了计算轮齿的强度以及设计轴和轴承装置等，需确定作用在轮齿上的力。

图 4-4-18 所示为一对直齿圆柱齿轮啮合传动时的受力情况。若忽略齿面间的摩擦力，则轮齿之间的总作用力 F_n 将沿着轮齿啮合点的公法线 N_1N_2 方向，故也称法向力。法向力 F_n 可分解为两个分力：圆周力 F_t 和径向力 F_r。

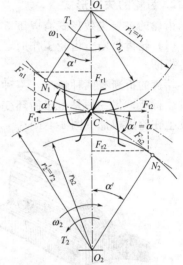

图 4-4-18　直齿圆柱齿轮传动的作用力

圆周力　　　　$F_t = \dfrac{2T_1}{d_1}$ （N）

径向力　　　　$F_r = F_t \tan\alpha$ （N）　　　　　　　　　　　（4-4-16）

法向力　　　　$F_n = \dfrac{F_t}{\cos\alpha}$ （N）

式中，T_1 为小齿轮上的转矩，$T_1 = 9.55 \times 10^6 P_1/n_1$，N·mm；$P_1$ 为小齿轮传递的功率，kW；d_1 为小齿轮的分度圆直径，mm；α 为分度圆压力角，度（°）。

圆周力 F_t 的方向，在主动轮上与圆周速度方向相反，在从动轮上与圆周速度方向相同。径向力 F_r 的方向对两轮都是由作用点指向轮心。

（2）计算载荷　上述受力分析是在载荷沿齿宽均匀分布的理想条件下进行的。但实际运转时，由于齿轮、轴、支承等存在制造、安装误差，以及受载时产生变形等，使载荷沿齿宽不是均匀分布，造成载荷局部集中。轴和轴承的刚度越小、齿宽 b 越宽，载荷集中越严重。此外，由于各种原动机和工作机的特性不同（例如机械的启动和制动、工作机构速度的突然变化和过载等），导致在齿轮传动中还将引起附加动载荷。因此在齿轮强度计算时，通常用计算载荷 F_nK 代替名义载荷 F_n。K 为载荷系数，其值由表4-4-3查取。

表 4-4-3 载荷系数 *K*

原动机	工作机特性		
	工作平稳	中等冲击	较大冲击
电动机、透平机	1～1.2	1.2～1.5	1.5～1.8
多缸内燃机	1.2～1.5	1.5～1.8	1.8～2.1
单缸内燃机	1.6～1.8	1.8～2.0	2.1～2.4

注：斜齿圆柱齿轮、圆周速度低、精度高、齿宽系数小时取小值；直齿圆柱齿轮、圆周速度高、精度低、齿宽系数大时取大值。齿轮在两轴承之间对称布置时取小值，不对称布置及悬臂布置时取较大值。

2. 齿轮的失效形式

齿轮的主要失效形式有以下 5 种。

（1）轮齿折断　齿轮工作时，若轮齿危险剖面的应力超过材料所允许的极限值，轮齿将发生折断。

轮齿的折断有两种情况，一种是因短时意外的严重过载或受到冲击载荷时突然折断，称为过载折断；另一种是由于循环变化的弯曲应力的反复作用而引起的疲劳折断。轮齿折断一般发生在轮齿根部（图 4-4-19）。

图 4-4-19　轮齿折断

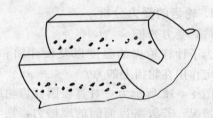

图 4-4-20　齿面点蚀

（2）齿面点蚀　在润滑良好的闭式齿轮传动中，当齿轮工作了一定时间后，在轮齿工作表面上会产生一些细小的凹坑，称为点蚀（图 4-4-20）。点蚀的产生主要是由于轮齿啮合时，齿面的接触应力按脉动循环变化，在这种脉动循环变化接触应力的多次重复作用下，由于疲劳，在轮齿表面层会产生疲劳裂纹，裂纹的扩展使金属微粒剥落下来而形成疲劳点蚀。通常疲劳点蚀首先发生在节线附近的齿根表面处。点蚀使齿面有效承载面积减小，点蚀的扩展将会严重损坏齿廓表面，引起冲击和噪声，造成传动的不平稳。齿面抗点蚀能力主要与齿面硬度有关，齿面硬度越高，抗点蚀能力越强。点蚀是闭式软齿面（≤350HBS）齿轮传动的主要失效形式。

而对于开式齿轮传动，由于齿面磨损速度较快，即使轮齿表层产生疲劳裂纹，但还未扩展到金属剥落时，表面层就已被磨掉，因而一般看不到点蚀现象。

（3）齿面胶合　在高速重载传动中，由于齿面啮合区的压力很大，润滑油膜因温度升高容易破裂，造成齿面金属直接接触，其接触区产生瞬时高温，致使两轮齿表面焊粘在一起，当两齿面相对运动时，较软的齿面金属被撕下，在轮齿工作表面形成与滑动方向一致的沟痕（图 4-4-21），这种现象称为齿面胶合。

（4）齿面磨损　互相啮合的两齿廓表面间有相对滑动，在载荷作用下会引起齿面的磨损。尤其在开式传动中，由于灰尘、沙粒等硬颗粒容易进入齿面间而发生磨损。齿面严重磨损后，轮齿将失去正确的齿形，会导致严重噪声和振动，影响轮齿正常工作，最终使传动失效。

采用闭式传动，减小齿面粗糙度值和保持良好的润滑可以减少齿面磨损。

（5）齿面塑性变形　在重载的条件下，较软的齿面上表层金属可能沿滑动方向滑移，出现局部金属流动现象，使齿面产生塑性变形，齿廓失去正确的齿形。在启动和过载频繁的传动中较易产生这种失效形式。

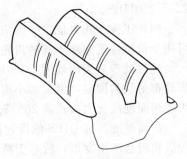

图 4-4-21　齿面胶合

3. 齿轮材料

对齿轮材料的要求：齿面有足够的硬度和耐磨性，轮齿心部有较强韧性，以承受冲击载荷和变载荷。常用的齿轮材料是各种牌号的优质碳素钢、合金结构钢、铸钢和铸铁等，一般多采用锻件或轧制钢材。当齿轮直径在 $400\sim600mm$ 范围内时，可采用铸钢；低速齿轮可采用灰铸铁。表 4-4-4 列出了常用齿轮材料及其热处理后的硬度。

表 4-4-4　常用的齿轮材料及其热处理后的硬度

材　料	力学性能/MPa		热处理方法	硬　度	
	σ_b	σ_s		HBS	HRC
45	580	290	正火	160～217	
	640	350	调质	217～255	
			表面淬火		40～50
40Cr	700	500	调质	240～286	
			表面淬火		48～55
35SiMn	750	450	调质	217～269	
42SiMn	785	510	调质	229～286	
20Cr	637	392	渗碳、淬火、回火		56～62
20CrMnTi	1100	850	渗碳、淬火、回火		56～62
40MnB	735	490	调质	241～286	
ZG45	569	314	正火	163～197	
ZG35SiMn	569	343	正火、回火	163～217	
	637	412	调质	197～248	
HT200	200			170～230	
HT300	300			187～255	
QT500-5	500			147～241	
QT600-2	600			229～302	

齿轮常用的热处理方法有以下几种。

（1）表面淬火　表面淬火一般用于中碳钢和中碳合金钢。表面淬火处理后齿面硬度可达 $52\sim56HRC$，耐磨性好，齿面接触强度高。表面淬火的方法有高频淬火和火焰淬火等。

（2）渗碳淬火　渗碳淬火用于处理低碳钢和低碳合金钢，渗碳淬火后齿面硬度可达 $56\sim62HRC$，齿面接触强度高，耐磨性好，而轮齿心部仍保持有较高的韧性，常用于受冲击载荷的重要齿轮传动。

（3）调质　调质处理一般用于处理中碳钢和中碳合金钢。调质处理后齿面硬度可达

220～260HBS。

（4）正火 正火能消除内应力、细化晶粒，改善力学性能和切削性能。中碳钢正火处理可用于机械强度要求不高的齿轮传动中。

经热处理后齿面硬度≤350HBS的齿轮称为软齿面齿轮，多用于中、低速机械。当大小齿轮都是软齿面时，考虑到小齿轮齿根较薄，弯曲强度较低，且受载次数较多，因此应使小齿轮齿面硬度比大齿轮高20～50HBS。

齿面硬度＞350HBS的齿轮称为硬齿面齿轮，其最终热处理在轮齿精切后进行。因热处理后轮齿会产生变形，故对于精度要求高的齿轮，需进行磨齿。当大小齿轮都是硬齿面时，小齿轮的硬度应略高，也可和大齿轮相等。

近年，由于齿轮材质和齿轮加工工艺技术的迅速发展，越来越广泛地选用硬齿面齿轮。

4. 齿轮的结构设计

齿轮强度计算和几何尺寸计算，主要是确定齿轮的模数、分度圆直径、齿顶圆直径、齿根圆直径、齿宽等；而轮缘、轮辐和轮毂等结构尺寸和结构形式，则需通过结构设计来确定。齿轮有锻造、铸造、装配式及焊接齿轮等结构形式，具体的结构应根据工艺要求及经验公式确定。当齿顶圆直径与轴径接近时，应将齿轮与轴做成一体，称为齿轮轴（图 4-4-22）。

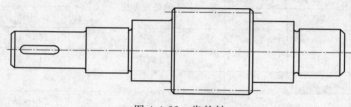

图 4-4-22　齿轮轴

当齿顶圆直径 d_a≤500mm 时，一般都用锻造齿轮（图 4-4-23）；当 d_a＞500mm 时，一般都用铸造齿轮（图 4-4-24）。

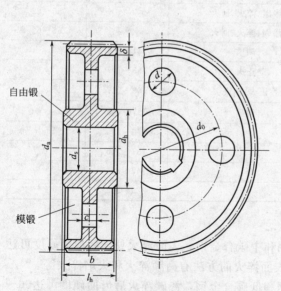

d_h=1.6d_s；l_h=(1.2～1.5)d_s，并使(l_h≥b)；模锻c=0.2b，自由锻c=0.3b；δ=(2.5～4)m_n，但不小于8mm；d_0和d按结构取定，当d较小时可不开孔

图 4-4-23　锻造齿轮（腹板式）结构

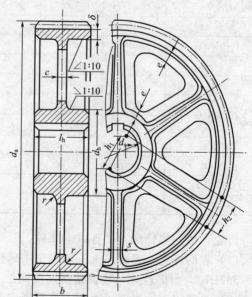

d_h=1.6d_s(铸钢)，d_h=1.8d_s(铸铁)；c=0.2b，但不小于10mm；h_1=0.8d_s，h_2=0.8h_1；e=0.8δ；l_h=(1.2～1.5)d_s，并使l_h≥b；δ=(2.5～4)m_n，但不小于8mm；s=0.15h_1，但不小于10mm

图 4-4-24　铸造齿轮（轮辐式）结构

对于大型齿轮（$d_a > 600\text{mm}$），为节省贵重材料，可用优质材料做的齿圈套装于铸钢或铸铁的轮心上（图 4-4-25）。

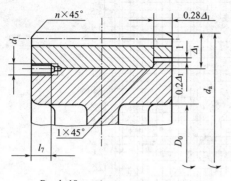
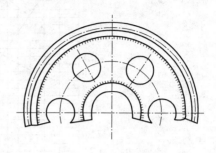

$D_0 = d_a - 18m_n$; $\Delta_1 = 5m_n$,
$d_1 = 0.05d_{sh}$; $l_7 = 0.15d_{sh}$;
骑缝螺钉数为 4～8 个，d_{sh}——齿轮孔径

图 4-4-25 装配式齿轮

对于单件或小批量生产的大型齿轮，可做成焊接结构的齿轮（图 4-4-26）。

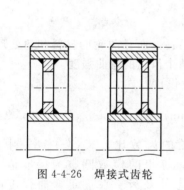
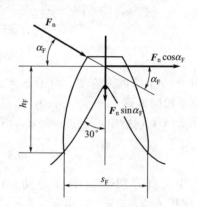

图 4-4-26 焊接式齿轮 　　　　图 4-4-27 轮齿受力分析

5. 轮齿的弯曲强度计算

为了防止齿轮在工作时发生轮齿折断，应限制在轮齿根部的弯曲应力。

进行轮齿弯曲应力计算时，假定全部载荷由一对轮齿承受且作用于齿顶处，这时齿根所受的弯曲力矩最大。计算轮齿弯曲应力时，将轮齿看作宽度为 b 的悬臂梁（图 4-4-27）。

危险截面可用 $30°$ 切线法确定，即作与轮齿对称中心线成 $30°$ 夹角并与齿根圆角相切的斜线，两切点的连线是危险截面位置。设法向力 F_n 移至轮齿中线并分解成相互垂直的两个分力，$F_1 = F_n \cos\alpha_F$，$F_2 = F_n \sin\alpha_F$，其中 F_1 使齿根产生弯曲应力，F_2 则产生压缩应力。因压应力数值较小，为简化计算，在计算轮齿弯曲强度时只考虑弯曲应力。危险截面的弯曲应力为

$$\sigma_F = \frac{2KT_1Y_F}{bm^2z_1} \leqslant [\sigma_F] \quad (\text{MPa}) \tag{4-4-17}$$

式中，b 为齿宽，mm；m 为模数；mm；T_1 为小轮传递转矩，N·mm；K 为载荷系数；z_1 为小齿轮齿数；Y_F 为齿形系数，对标准齿轮，Y_F 只与齿数有关；正常齿制标准齿轮的 Y_F 值，可参考图 4-4-28。

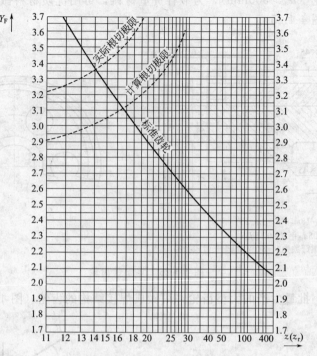

图 4-4-28　齿形系数 Y_F

对于 $i \neq 1$ 的齿轮传动，由于 $z_1 \neq z_2$，因此 $Y_{F1} \neq Y_{F2}$，而且两轮的材料和热处理方法、硬度也不相同，则 $[\sigma_{F1}] \neq [\sigma_{F2}]$，因此，应分别验算两个齿轮的弯曲强度。

在式（4-4-17）中，令 $\psi_a = b/d$，则得轮齿弯曲强度设计方式为

$$m \geqslant \sqrt[3]{\frac{2KT_1 Y_F}{\psi_a z_1^2 [\sigma_F]}} \quad (\mathrm{mm}) \tag{4-4-18}$$

式中，负号用于内啮合传动；u 为大轮与小轮的齿数比；式（4-4-18）中的 $Y_F/[\sigma_F]$ 应代入 $Y_{F1}/[\sigma_{F1}]$ 和 $Y_{F2}/[\sigma_{F2}]$ 中的较大者，算得的模数圆整为标准值。对于传递动力的齿轮，其模数应大于 1.5mm，以防止意外断齿。在满足弯曲强度的条件下，应尽量增加齿数使传动的重合度增大，以改善传动平稳性和载荷分配；在中心距 a 一定时，齿数增加则模数减小，齿顶高和齿根高都随之减小，能节约材料和减少金属切削量。

对于闭式传动，当齿面硬度不太高时，轮齿的弯曲强度通常是足够的，故齿数可取多些，例如常取 $z_1 = 24 \sim 40$。当齿面硬度很高时，轮齿的弯曲强度常感不足，故齿数不宜过多。许用弯曲应力 $[\sigma_F]$ 按下式计算

$$[\sigma_F] = \frac{\sigma_{Flim}}{S_F} \tag{4-4-19}$$

式中，σ_{Flim} 为试验齿轮的齿根弯曲疲劳极限，单位为 MPa，按图 4-4-29 查取；S_F 为轮齿弯曲疲劳安全系数，按表 4-4-5 查取。

表 4-4-5　安全系数 S_F 和 S_H

安全系数	软齿面	硬齿面	重要的传动、渗碳淬火齿轮或铸造齿造
S_F	1.3～1.4	1.4～1.6	1.6～2.2
S_H	1.0～1.1	1.1～1.2	1.3

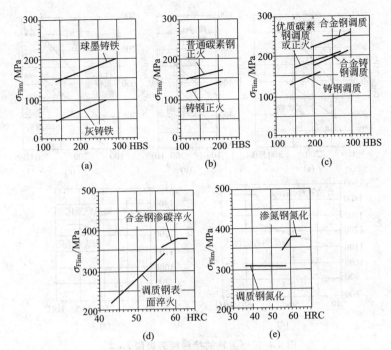

图 4-4-29　齿轮的弯曲疲劳极限 σ_{Flim}

注：对于长期双侧工作的齿轮传动，因齿根弯曲应力为对称
循环变应力，故应将图中数据乘以 0.7。

6. 齿面接触强度计算

为避免齿面发生点蚀，应限制齿面的接触应力。实践证明，点蚀通常首先发生在齿根部分靠近节线处，故取节点处的接触应力为计算依据。对于一对钢制齿轮，标准齿轮压力角 $\alpha = 20°$，可得钢制标准齿轮传动的齿面接触强度校核方式：

$$\sigma_{\mathrm{H}} = 671 \left[KT_1 / b d_1^2 \times (i+1)/i \right]^{1/2} \tag{4-4-20}$$

将 $b = \psi_{\mathrm{a}} d_1$ 代入上式，可得齿面接触强度设计方式：

$$d_1 \geqslant \left\{ (671/[\sigma_{\mathrm{H}}])^2 (KT_1/\psi_{\mathrm{a}})(i+1)/i \right\}^{1/3} \tag{4-4-21}$$

式中，σ_{H} 为齿面接触应力，MPa；$[\sigma_{\mathrm{H}}]$ 为齿轮材料的许用接触应力，MPa；其他参数意义同前面公式所述。

式(4-4-20) 和式(4-4-21) 仅适用于一对钢制齿轮，若配对齿轮材料为钢对铸铁或铸铁对铸铁，则应将公式中的系数 671 分别改为 585 和 506。

许用接触应力 $[\sigma_{\mathrm{H}}]$ 按下式计算

$$[\sigma_{\mathrm{H}}] = \sigma_{\mathrm{Hlim}} / S_{\mathrm{Hmin}} \tag{4-4-22}$$

式中，σ_{Hlim} 为试验齿轮的接触疲劳极限，MPa；其值可由图 4-4-30 查出。S_{H} 为齿面接触疲劳安全系数，其值由表 4-4-5 查出。

7. 齿轮参数的选择

（1）小齿轮齿数 z_1 和模数 m　当齿轮分度圆直径确定后，增加齿数、减小模数，可以增大重合度，提高齿轮传动的平稳性，减小切齿量，节省材料，并使结构紧凑。

对于闭式传动软齿面齿轮，可取 $z_1 = 20 \sim 40$，$m = (0.01 \sim 0.02)a$。为防止意外断齿，传力齿轮的 m 必须大于 2mm。对于开式传动和硬齿面齿轮，为保证足够的齿根弯曲强度，应适当增大模数，减少齿数，常取 $z_1 = 17 \sim 20$。

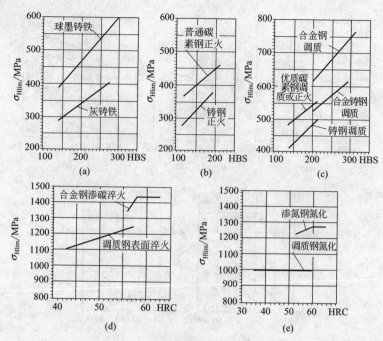

图 4-4-30　齿轮的接触疲劳极限 σ_{Hlim}

（2）齿宽系数 ψ_a　$\psi_a=b/d$，增大齿宽系数可减小齿轮的直径和中心距，降低圆周速度。ψ_a 过大时，齿轮过宽，载荷沿齿宽分布不均匀。当齿轮制造精度高、轴和支承的刚度大、齿轮对称布置时，ψ_a 可取较大值，反之取较小值。开式传动通常取 $\psi_a=0.1\sim0.3$；闭式传动软齿面取 $\psi_a=0.6\sim1.2$；闭式传动硬齿面 $\psi_a=0.3\sim0.8$；一般用途的减速器可取 $\psi_a=0.4$。

为了装配方便，保证一对齿轮的啮合强度，通常小齿轮比大齿轮宽 $5\sim10\text{mm}$，强度计算时仍按 b_2 进行。

8. 传动设计步骤

（1）选择齿轮材料和热处理方法。

（2）强度计算。闭式传动软齿面，通常主要失效形式为齿面点蚀，故先按齿面接触强度设计，求出小齿轮分度圆直径后，再校核齿根弯曲强度。

闭式传动硬齿面先按齿根弯曲强度设计，再校核齿面接触强度。

开式传动或铸铁齿轮则按弯曲强度设计出齿轮模数，考虑磨损的影响，将模数 m 增大 $10\%\sim20\%$。

（3）计算齿轮几何尺寸，选择齿轮精度。

（4）确定齿轮结构尺寸，绘制齿轮工作图。

【任务实施】

　　例 4-4-2　试设计一单级直齿圆柱齿轮减速器中的齿轮传动。此减速器由电动机驱动，工作时载荷有中等冲击，传递功率为 $P_1=12\text{kW}$，小齿轮转速 $n_1=1450\text{r/min}$，传动比 $i=3$，单向转动。

　　解：（1）选择齿轮材料、热处理方式。根据工作条件，一般用途的减速器采用闭式传动软齿面。由表 4-4-4 得：小齿轮选用 45 钢调质，齿面硬度为 220HBS。大齿轮选用 45 钢，正火，齿面硬度 180HBS。

（2）确定许用接触应力。由于属闭式传动软齿面，故按齿面接触强度设计，用齿根弯曲强度校核。查图 4-4-30，试验齿轮的接触疲劳极限为

$$\sigma_{Hlim1}=559MPa，\sigma_{Hlim2}=522MPa$$

由表 4-4-5，接触疲劳强度的最小安全系数 $S_{Hmin}=1.0$，则两齿轮的许用接触应力为

$$[\sigma_H]_1=559MPa \qquad [\sigma_H]_2=522MPa$$

（3）齿面接触疲劳强度设计。

$$d_1 \geqslant \{(671/[\sigma_H])^2(KT_1/\psi_a)(i+1)/i\}^{1/3}$$

小齿轮的转矩 $T_1=9.55\times10^6 P_1/n_1=9.55\times10^6\times12/1450=7.9\times10^4(N \cdot mm)$，载荷系数 K 查表 4-4-3，取 $K=1.4$；齿宽系数 ψ_a 取 1（闭式传动软齿面），$[\sigma_H]$ 代入较小值。

得 $d_1=62.5(mm)$

取 $d_1=65mm$

（4）几何尺寸计算。

中心距：$a=d_1(1+i)/2=65\times(1+3)/2=130(mm)$

模数：$m=(0.01\sim0.02)a=(0.01\sim0.02)\times130=1.3\sim2.6(mm)$

取标准模数 $m=2.5mm$（有中等冲击）

齿数 $\qquad\qquad z_1=d_1/m=65/2.5=26$

$$z_2=iz_1=3\times26=78$$

齿宽 $\qquad\qquad b_2=\psi_a d_1=1\times65=65(mm)$

$$b_1=b_2+(5\sim10)mm=72mm$$

（5）校核齿根弯曲疲劳强度。

校核公式 $\qquad\qquad \sigma_F=(2KT_1/bm^2z_1)Y_F \leqslant [\sigma_F]$

由图 4-4-28 查得齿形系数 $\quad Y_{F1}=2.61 \qquad Y_{F2}=2.24$

由图 4-4-29 查得弯曲疲劳极限为： $\qquad \sigma_{Flim1}=207MPa \qquad \sigma_{Flim2}=199MPa$

由表 4-4-5，弯曲疲劳强度的最小安全系数 $\qquad\qquad S_{Fmin}=1.3$

齿根许用弯曲应力为 $\qquad [\sigma_F]_1=\sigma_{Flim1}/S_{Fmin}=159.2MPa$

$$[\sigma_F]_2=\sigma_{Flim2}/S_{Fmin}=153.1MPa$$

比较 $Y_F/[\sigma_F]$ 值 $\qquad Y_{F1}/[\sigma_F]_1=2.61/159.2=0.0164$

$$Y_{F2}/[\sigma_F]_2=2.24/153.1=0.0146$$

将较大值 $Y_{F1}/[\sigma_F]_1$ 和其他参数代入公式。

$$\sigma_{F1}=(2KT_1/bm^2z_1)Y_F$$
$$=(2\times1.4\times7.9\times10^4/65\times2.5^2\times26)\times2.61$$
$$=54.66(MPa) \leqslant [\sigma_F]_1=159.2MPa$$

齿根弯曲疲劳强度足够。

（6）齿轮其他尺寸计算。

分度圆直径 $\qquad\qquad d_1=mz_1=2.5\times26=65(mm)$

$$d_2=mz_2=2.5\times78=195(mm)$$

传动中心距 $\qquad a=\dfrac{m}{2}(z_1+z_2)=\dfrac{2.5}{2}\times(26+78)=130(mm)$

验算齿轮圆周速度

$$v=\pi d_1 n_1/(60\times1000)=3.14\times65\times1450/(60\times1000)=4.93(m/s)$$

齿轮传动精度等级为 7 级合适。

任务 4.4.8　斜齿轮传动的参数及受力分析

【任务描述】

斜齿轮的几何参数有端面参数和法面参数两组；受力分析参考直齿圆柱齿轮。

【任务分析】

端面是与齿轮轴线垂直的平面，法面是与斜齿轮轮齿相垂直的平面。通常规定法面参数是标准值；受力分析时若不计摩擦，轮齿受到的法向力在法面内与轮齿垂直，可以分解为圆周力、径向力和轴向力三个力。

【知识准备】

1. 齿廓形成

由任务三可知，当发生线在基圆上作纯滚动时，发生线上任一点的轨迹为该圆的渐开线。而对于具有一定宽度的直齿圆柱齿轮，其齿廓侧面是发生面 S 在基圆柱上作纯滚动时，平面 S 上任一与基圆柱母线 NN 平行的直线 KK 所形成的渐开线曲面，如图 4-4-31 所示，直齿圆柱齿轮啮合时，其接触线是与轴线平行的直线，因而一对齿廓沿齿宽同时进入啮合或退出啮合，容易引起冲击和噪声，传动平稳性差，不适宜用于高速齿轮传动。

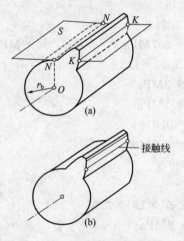

图 4-4-31　直齿轮齿廓曲面的形成

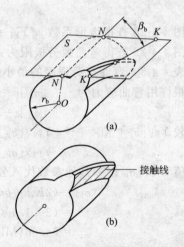

图 4-4-32　斜齿轮齿廓曲面的形成

斜齿圆柱齿轮是发生面在基圆柱上作纯滚动时，平面 S 上直线 KK 不与基圆柱母线 NN 平行，而是与 NN 成一角度 β_b，当 S 平面在基圆柱上作纯滚动时，斜直线 KK 的轨迹形成斜齿轮的齿廓曲面，KK 与基圆柱母线的夹角 β_b 称为基圆柱上的螺旋角。如图 4-4-32 所示，斜齿圆柱齿轮啮合时，其接触线都是平行于斜直线 KK 的直线，因齿高有一定限制，故在两齿廓啮合过程中，接触线长度由零逐渐增长，从某一位置以后又逐渐缩短，直至脱离啮合，即斜齿轮进入和脱离接触都是逐渐进行的，故传动平稳，噪声小，此外，由于斜齿轮的轮齿是倾斜的，同时啮合的轮齿对数比直齿轮多，故重合度比直齿轮大。

2. 斜齿圆柱齿轮的几何参数

垂直于斜齿轮轴线的平面称为端面，与分度圆柱螺旋线垂直的平面称为法面，在进行斜齿圆柱齿轮几何尺寸计算时，应当注意端面参数与法面参数之间的关系。

（1）螺旋角　一般用分度圆柱面上的螺旋角 β 表示斜齿圆柱齿轮轮齿的倾斜程度。通常所说斜齿轮的螺旋角是指分度圆柱上的螺旋角。斜齿轮的螺旋角一般为 $8°\sim20°$。

（2）模数和压力角　图 4-4-33 为斜齿圆柱齿轮分度圆柱面的展开图。从图上可知，端面齿距 p_t 与法面齿距 p_n 的关系为

$$p_t = \frac{p_n}{\cos\beta} \tag{4-4-23}$$

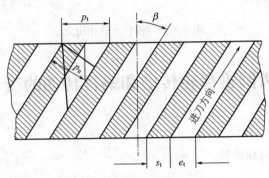

图 4-4-33　端面与法面齿距

因 $p = \pi m$，故法面模数 m_n 和端面模数 m_t 之间的关系为

$$m_n = m_t \cos\beta \tag{4-4-24}$$

$$\tan\alpha_n = \tan\alpha_t \cos\beta \tag{4-4-25}$$

用铣刀或滚刀加工斜齿轮时，刀具沿着螺旋齿槽方向进行切削，刀刃位于法面上，故一般规定斜齿圆柱齿轮的法面模数和法面压力角为标准值。

3. 斜齿圆柱齿轮正确啮合条件

一对斜齿圆柱齿轮的正确啮合条件是两轮的法面压力角相等，法面模数相等，两轮螺旋角大小相等而方向相反，即 $\beta_1 = -\beta_2$。

4. 斜齿圆柱齿轮的受力分析

如图 4-4-34 所示，作用在斜齿圆柱齿轮轮齿上的法向力 F_n 可以分解为三个互相垂直的分力，即圆周力 F_t、径向力 F_r 和轴向力 F_a。由图 4-4-34（b）可得三个分力的计算方式。

$$\left.\begin{array}{l} F_t = \dfrac{2T_1}{d_1} \quad (\text{N}) \\[2mm] F_r = \dfrac{F_t \tan\alpha_n}{\cos\beta} \quad (\text{N}) \\[2mm] F_a = F_t \tan\beta \quad (\text{N}) \end{array}\right\} \tag{4-4-26}$$

圆周力 F_t、径向力 F_r 的方向与直齿圆柱齿轮相同；轴向力 F_a 的方向取决于轮齿螺旋线的方向和齿轮的转动方向。**确定主动轮的轴向力方向可利用左、右手定则，例如对于主动右旋齿轮，以右手四指弯曲方向表示它的旋转方向，则大拇指的指向表示它所受轴向力的方向。** 从动轮上所受各力的方向与主动轮相反，但大小相等。

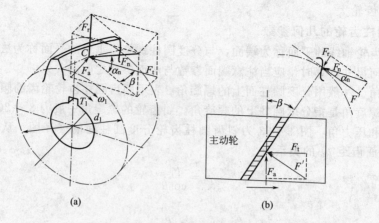

图 4-4-34 轮齿上的作用力

任务 4.4.9　直齿圆锥齿轮传动和蜗杆传动的受力分析

【任务描述】

受力分析参考直齿圆柱齿轮。

【任务分析】

法向力可以分解为圆周力、径向力和轴向力三个力，但是轴向力的方向判断略有不同。

【知识准备】

1. 直齿圆锥齿轮传动的受力分析

图 4-4-35 所示为直齿圆锥齿轮轮齿受力情况。由于圆锥齿轮的轮齿厚度和高度向锥顶方向逐渐减小，故轮齿各剖面上的弯曲强度都不相同，为简化起见，通常假定载荷集中作用在齿宽中部的节点上。法向力 F_n 可分解为三个分力：

$$圆周力 \qquad F_t = 2T_1/d_{m1} \tag{4-4-27}$$
$$径向力 \qquad F_r = F_t \tan\alpha \cos\delta \tag{4-4-28}$$
$$轴向力 \qquad F_a = F_t \tan\alpha \sin\delta \tag{4-4-29}$$

式中，d_{m1} 为小齿轮齿宽中点的分度圆直径。

圆周力 F_t 和径向力 F_r 的方向判断与直齿圆柱齿轮相同。轴向力 F_a 的方向对两个齿轮都是由小端指向大端。当两轴夹角 $\Sigma = 90°$ 时，因 $\sin\delta_1 = \cos\delta_2$，$\cos\delta_1 = \sin\delta_2$，故

$$F_{r1} = -F_{a2} \tag{4-4-30}$$
$$F_{a1} = -F_{r2} \tag{4-4-31}$$
$$F_{t1} = -F_{t2} \tag{4-4-32}$$

2. 蜗杆传动的受力分析

图 4-4-36 所示蜗杆传动的受力分析与斜齿圆柱齿轮相似。齿面上的法向力 F_n 可分解为三个相互垂直的分力：圆周力 F_t，径向力 F_r 和轴向力 F_a，由于蜗杆轴与蜗轮轴交错成 $90°$ 角，所以蜗杆圆周力 F_{t1} 等于蜗轮轴向力 F_{a2}，蜗杆轴向力 F_{a1} 等于蜗轮圆周力 F_{t2}，蜗杆径向力 F_{r1} 等于蜗轮径向力 F_{r2}，即

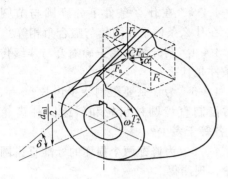

图 4-4-35　直齿圆锥齿轮受力分析

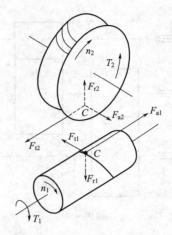

图 4-4-36　蜗杆与蜗轮的作用力

$$
\left.
\begin{aligned}
F_{t1} &= -F_{a2} = \frac{2T_1}{d_1} \\
F_{t2} &= -F_{a1} = \frac{2T_2}{d_2} \\
F_{r1} &= -F_{r2} = F_{t2}\tan\alpha
\end{aligned}
\right\}
\tag{4-4-33}
$$

式中，T_1、T_2 分别为作用于蜗杆和蜗轮上的转矩，N·m；d_1、d_2 分别为蜗杆和蜗轮的节圆直径，m。

蜗杆和蜗轮轮齿上的作用力（圆周力、径向力、轴向力）方向的决定方法，与斜齿圆柱齿轮相同。与齿轮传动相似，在进行蜗杆传动强度计算时也应考虑载荷系数 K，则计算载荷 F_{nc} 为

$$
F_{nc} = KF_n \tag{4-4-34}
$$

一般取 $K=1\sim1.4$，当载荷平稳，滑动速度 $v_s\leqslant3\mathrm{m/s}$ 时取小值，否则取大值。

【学习小结】

（1）渐开线齿轮的啮合原理和运动特性。

① 齿廓啮合基本定律，渐开线及其性质，渐开线齿轮的正确啮合条件、中心距可分性和啮合过程。

② 齿轮各部分名称及标准齿轮的几何尺寸计算。

③ 渐开线齿轮加工原理、根切和最少齿数。

④ 斜齿圆柱齿轮齿廓形成原理、啮合特点。

（2）齿轮的动力分析和强度设计。

① 齿轮传动的受力分析，特别是对斜齿轮轴向力或螺旋线方向的判断。

② 轮齿的失效形式。

③ 强度计算准则、强度公式的物理意义和参数选择。

④ 直齿圆锥齿轮传动的受力分析。

（3）蜗杆传动中，因两轴交错，所以蜗杆与蜗轮的旋向相同，而外啮合斜齿轮传动中两轮旋向相反。

【自我评估】

4-4-1　齿轮传动的基本要求是什么？渐开线有哪些特性？为什么渐开线齿轮能满足齿

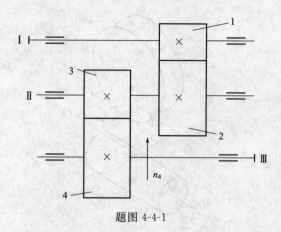

题图 4-4-1

廓啮合基本定律?

4-4-2 解释下列名词:分度圆,节圆,基圆,压力角,啮合角,啮合线,重合度。

4-4-3 在什么条件下分度圆与节圆重合?在什么条件下压力角与啮合角相等?

4-4-4 渐开线齿轮正确啮合与连续传动的条件是什么?

4-4-5 为什么要限制最少齿数?$\alpha = 20°$ 正常齿制直齿圆柱齿轮和斜齿圆柱齿轮的 $z_{\min}$ 各等于多少?

4-4-6 为修配两个损坏的标准直齿圆柱齿轮,现测得

齿轮 1 的参数为:$h = 4.5\text{mm}$,$d_a = 44\text{mm}$;

齿轮 2 的参数为:$p = 6.28\text{mm}$,$d_a = 162\text{mm}$。

试计算两齿轮的模数 m 和齿数 z。

4-4-7 若已知一对标准安装的直齿圆柱齿轮的中心距 $a = 188\text{mm}$,传动比 $i = 3.5$,小齿轮齿数 $z_1 = 21$,试求这对齿轮的 m、d_1、d_2、d_{a1}、d_{a2}、d_{f1}、d_{f2}、p。

4-4-8 试根据渐开线特性说明一对模数相等,压力角相等,但齿数不等的渐开线标准直齿圆柱齿轮,其分度圆齿厚、齿顶圆齿厚和齿根圆齿厚是否相等?哪一个较大?

4-4-9 某展开式二级斜齿圆柱齿轮传动中,齿轮 4 转动方向如题图 4-4-1 所示,已知 I 轴为输入轴,齿轮 4 为右旋齿。若使中间轴 II 所受的轴向力抵消一部分,试在图中标出:

(1) 各轮的轮齿旋向;(2) 各轮轴向力 F_{a1}、F_{a2}、F_{a3}、F_{a4} 的方向。

4-4-10 题图 4-4-2 中所示的直齿圆锥齿轮-斜齿圆柱齿轮组成的双级传动装置,动力由 I 轴输入,小圆锥齿轮 1 的转向 n_1 如图示,试分析:

(1) 为使中间轴 II 所受的轴向力可抵消一部分,确定斜齿轮 3 和斜齿轮 4 的轮齿旋向(可画在图上);

(2) 在图中分别画出圆锥齿轮 2 和斜齿轮 3 所受的圆周力 F_t、径向力 F_r、轴向力 F_a 的方向(垂直纸面向外的力用 ⊙ 表示,向内的力用 ⊗ 表示)。

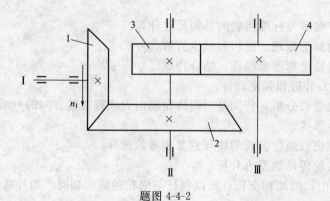

题图 4-4-2

4-4-11 如题图 4-4-3 所示,蜗杆主动,$T_1 = 20\text{N}\cdot\text{m}$,$m = 4\text{mm}$,$z_1 = 2$,$d_1 = 50\text{mm}$,蜗轮齿数 $z_2 = 50$,传动的啮合效率 $\eta = 0.75$,试确定:(1) 蜗轮的转向;(2) 蜗杆与蜗轮上作用力的方向。

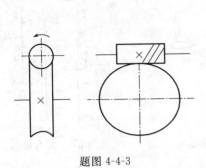
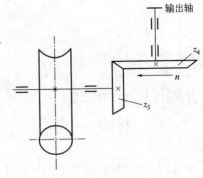

题图 4-4-3   题图 4-4-4

4-4-12 如题图 4-4-4 所示为蜗杆传动和圆锥齿轮传动的组合。已知输出轴上的锥齿轮 z_4 的转向 n。(1) 欲使中间轴上的轴向力能部分抵消,试确定蜗杆传动的螺旋线方向和蜗杆的转向。(2) 在图中标出各轮轴向力的方向。

学习情境 4.5 轮系

【学习目标】

(1) 掌握轮系的类型。
(2) 掌握定轴轮系传动比、行星轮系传动比的计算方法。

任务 4.5.1 轮系的类型

【任务描述】

齿轮机构是应用最广的传动机构之一。如果用普通的一对齿轮传动实现大传动比传动,不仅机构外廓尺寸庞大,而且大小齿轮直径相差悬殊,使小齿轮易磨损,大齿轮的工作能力不能充分发挥。为了在一台机器上获得很大的传动比,或是获得不同转速,常常采用一系列的齿轮组成传动机构,这种由齿轮组成的传动系称为轮系。采用轮系,可避免上述缺点,而且使结构较为紧凑。

【任务分析】

一般轮系可分为定轴轮系 (图 4-5-1)、行星轮系 (图 4-5-2) 和混合轮系 (图 4-5-3)。

【知识准备】

1. 定轴轮系
轮系中所有齿轮的几何轴线都是固定的,如图 4-5-1 所示。

2. 行星轮系
轮系中,至少有一个齿轮的几何轴线是绕另一个齿轮几何轴线转动的。如图 4-5-2 中,齿轮 2-2' 的轴线 O_2 是绕齿轮 1 的固定轴线 O_1 转动的。轴线不动的齿轮称为中心轮,如图中

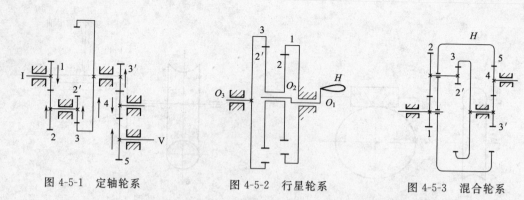

图 4-5-1　定轴轮系　　　　　图 4-5-2　行星轮系　　　　　图 4-5-3　混合轮系

齿轮 1 和 3；轴线转动的齿轮称为行星轮，如图中齿轮 2 和 2′；作为行星轮轴线的构件称为系杆，如图中的转柄 H。通过在整个轮系上加上一个与系杆旋转方向相反的大小相同的角速度，可以把行星轮系转化成定轴轮系。

3. 混合轮系

由几个基本行星轮系或由定轴轮系和行星轮系组成。如图 4-5-3 所示的混合轮系包括行星轮系（由齿轮 1、2、2′、3 转臂 H 组成）和定轴轮系（由齿轮 3′、4、5 组成）。当轮系无法简化成一个定轴轮系时，称它为混合轮系。如图 4-5-3 中，由于齿轮 1 和齿轮 4 的几何轴线不共线，且齿轮 2-2′ 的轴线绕齿轮 1 的几何轴线转动，因此该轮系为混合轮系。

任务 4.5.2　定轴轮系传动比计算

【任务描述】

通常将首轮 1 与末轮 k 的转速之比称为轮系的传动比，以 i_{1k} 表示，即 $i_{1k} = n_1/n_k$，轮系的传动比确定包括传动比大小和末轮转向的确定。

【任务分析】

由于轮系由若干对齿轮构成，故先求出轮系中各对齿轮的传动比。

因为转速 $n = 2\pi\omega$，因此传动比又可以被表示为两轴的角速度之比。通常，传动比用 i 表示，对轴 a 和轴 b 的传动比可表示为：

$$i_{ab} = n_a/n_b = \omega_a/\omega_b \tag{4-5-1}$$

对一对相啮合的齿轮，在同一时间内转过的齿数是相同的，因此有：

$$n_a z_a = n_b z_b \tag{4-5-2}$$

式中，n_a、n_b 为两齿轮的转速；z_a、z_b 为两齿轮的齿数。

因此，一对相互啮合的齿轮的传动比又可以写成：

$$i_{ab} = n_a/n_b = z_b/z_a \tag{4-5-3}$$

【知识准备】

1. 定轴轮系的传动比

已知定轴轮系各齿轮的齿数，利用式 (4-5-3) 可以一步步地通过计算每对啮合齿轮的传动比，得到所求的两轴间的传动比。以图 4-5-1 所示的定轴轮系为例，传动比为：

$$i_{1N} = \frac{n_1}{n_N} = (-1)^m \frac{两轴间所有从动轮齿数的乘积}{两轴间所有主动轮齿数的乘积} \qquad (4-5-4)$$

证明：因为

$$i_{1N} = \frac{n_1}{n_N}$$

又从式（4-5-3）可知：

$$\frac{n_1}{n_2} = \frac{轴\ 2\ 的从动轮齿数}{轴\ 1\ 的主动轮齿数}$$

$$\frac{n_2}{n_3} = \frac{轴\ 3\ 的从动轮齿数}{轴\ 2\ 的主动轮齿数}$$

......

$$\frac{n_{N-1}}{n_N} = \frac{轴\ N\ 的从动轮齿数}{轴\ N-1\ 的主动轮齿数}$$

将上面得到的各转速比代入，并考虑外啮合次数得式（4-5-4）。

证毕。

2. 定轴轮系传动比符号的确定方法

（1）箭头表示　轴或齿轮的转向一般用箭头表示。如图 4-5-4 所示，当轴线垂直于纸面时，图（a）表示背离纸面，图（b）表示指向纸面。当轴线在纸面内，则用箭头表示轴或齿轮的转动方向，如图 4-5-5 所示。

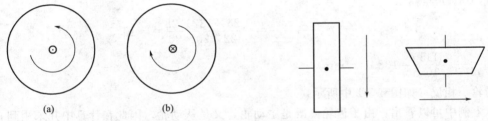

图 4-5-4　轴线与纸面垂直时的转向表示方法　　　　图 4-5-5　轴线在纸面内时的转向表示方法

（2）符号表示　当两轴或齿轮的轴线平行时，可以用正号"＋"或负号"－"表示两轴或齿轮的转向相同或相反，并直接标注在传动比的公式中。例如，$i_{ab}=10$，表明：轴 a 和 b 的转向相同，转速比为 10。又如，$i_{ab}=-5$，表明：轴 a 和 b 的转向相反，转速比为 5。

符号表示法在平行轴的轮系中经常用到。由于一对内啮合齿轮的转向相同，因此它们的传动比取"＋"。而一对外啮合齿轮的转向相反，因此它们的传动比取"－"。因此，两轴或齿轮的转向相同与否，由它们的外啮合次数而定。外啮合为奇数时，主、从动轮转向相反；外啮合为偶数时，主、从动轮转向相同。

注意：符号表示法不能用于判断轴线不平行的从动轮的转向传动比计算中。

3. 判断从动轮转向的几个要点

（1）内啮合的圆柱齿轮的转向相同。

（2）外啮合的圆柱齿轮或圆锥齿轮的转动方向要么同时指向啮合点，要么同时指离啮合点。如图 4-5-6 所示为圆柱或圆锥齿轮的几种情况。

（3）蜗杆蜗轮的转向的速度矢量之和必定与螺旋线垂直（见图 4-5-7）。

【任务实施】

例 4-5-1　已知图 4-5-1 所示的轮系中各齿轮齿数为 $z_1=22$、$z_2=25$、$z_2'=20$、$z_3=132$、

学习情境 4.5　轮／系

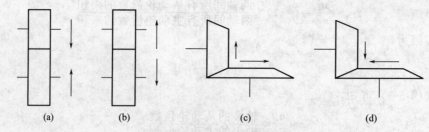

图 4-5-6　齿轮转动方向间的关系

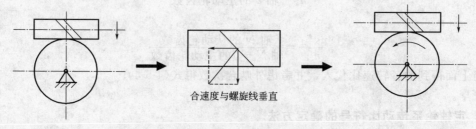

合速度与螺旋线垂直

图 4-5-7　蜗杆蜗轮转向的判断

$z_3' = 20$，$z_1 = 28$，$n_1 = 1450 \text{r/min}$，试计算 n_5，并判断其转动方向。

解： 因为齿轮 1、2'、3'、4 为主动轮，齿轮 2、3、4、5 为从动轮，共有 3 次外啮合。代入式(4-5-4)，得：

$$i_{15} = (-1)^3 \frac{z_2 z_3 z_4 z_5}{z_1 z_2' z_3' z_4} = -\frac{25 \times 132 \times 28}{22 \times 20 \times 20} = -10.5$$

所以 $n_5 = \dfrac{n_1}{i} = \dfrac{1450}{10.5} = 138.1(\text{r/min})$

转向与轮 1 相反（如图 4-5-1 中所示）。

从上例中可以看出：由于齿轮 4 既是主动轮，又是从动轮，因此在计算中并未用到它的具体齿数值。在轮系中，这种齿轮称为惰轮。惰轮虽然不影响传动比的大小，但若啮合的方式不同，则可以改变齿轮的转向，并会改变齿轮的排列位置和距离。

任务 4.5.3　行星轮系传动比计算

【任务描述】

从定义上与定轴轮系区分，找出异同点。

【任务分析】

定轴轮系传动比计算公式已经得到证明，若把行星轮系转化为定轴轮系，就可以用定轴轮系传动比计算公式来计算行星轮系传动比，但要注意其中的不同点。

【知识准备】

1. 行星轮系的传动比

当行星轮系的两个中心轮都能转动，自由度为 2 时称为差动轮系，如图 4-5-8(a) 所示。若固定住其中一个中心轮，轮系的自由度为 1 时，称为简单行星轮系，如图 4-5-8(b) 所示。

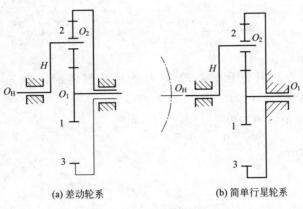

(a) 差动轮系　　　　　(b) 简单行星轮系

图 4-5-8　行星轮系的类型

由于行星轮系的运动是兼有自转和公转的复杂运动，因此需要通过在整个轮系上加上一个与系杆 H 旋转方向相反的相同大小的角速度 n_H，把行星轮系转化成定轴轮系。对这一转化后的轮系，可以使用定轴轮系的传动比计算公式（4-5-4）。因此，行星轮系的转化轮系的传动比可以写成：

$$i_{1N}^H = \frac{n_1 - n_H}{n_N - n_H} = (-1)^m \frac{\text{两轴间所有从动轮齿数的乘积}}{\text{两轴间所有主动轮齿数的乘积}} \qquad (4\text{-}5\text{-}5)$$

式中，$(-1)^m$ 用来判断两轴的转向是否相同，但只适用于平行轮系。

2. 行星轮系传动比符号的确定方法

（1）n_1、n_k、n_H 是平行矢量，计算时要连同大小、转向一起代入。

（2）齿数比前必须有正负号，确定方法用定轴轮系两种判断方法之一 $[(-1)^m$ 或画箭头]。

（3）$i_{1k}^H \neq i_{1k}$，$i_{1k}^H = n_1^H / n_k^H$，它是转化轮系的传动比；$i_{1k} = n_1 / n_k$ 是行星轮系的传动比，行星轮系中的 n_1、n_k 必须由计算求得其大小和转向，不能用画箭头方法直接画出。

【任务实施】

例 4-5-2　如图 4-5-8（a）所示，已知 $n_3 = 200\text{r/min}$，$n_H = 12\text{r/min}$，$z_1 = 80$，$z_2 = 25$，$z_2' = 35$，$z_3 = 20$ 和 n_1 的转向，试计算图示的行星轮系中轴 1 与轴 3 的传动比。

解：将各已知量代入式（4-5-5）有

$$i_{13}^H = \frac{n_1 - 12}{n_3 - 12} = (-1)^1 \times \frac{25 \times 20}{80 \times 35}$$

得：

$$n_1 = -\frac{15}{28}(-200 - 12) + 12 = 49.85(\text{r/min})$$

从而有

$$i_{13} = \frac{n_1}{n_3} = -\frac{49.85}{200} \approx -0.25$$

上式中，负号表明 n_1 与 n_3 的转向相反。

需要指出：行星轮系的传动比计算一般只适用于平行轮系，在一些特殊情况下（如下例）才能用于空间轮系。

例 4-5-3　图 4-5-9 所示为组合机床动力滑台中使用的差动轮系，已知：$z_1 = 20$、$z_2 = 24$、$z_2' = 20$、$z_3 = 24$，转臂 H 沿顺时针方向的转速为 16.5r/min。欲使轮 1 的转速为 940r/min，并分别沿顺时针或逆时针方向回转，求轮 3 的转速和转向。

解：（1）当转臂 H 与轮 1 均为顺时针回转时：将 $n_H = 16.5\text{r/min}$，$n_1 = 940\text{r/min}$，代入式（4-5-

5) 有

$$i_{13}^{H}=\frac{n_1-n_H}{n_3-n_H}=\frac{940-16.5}{n_3-16.5}=(-1)^2\frac{z_2\times z_3}{z_1\times z_2'}=\frac{36}{25}$$

解得 $n_3=657.82\text{r/min}$。

（2）当转臂 H 为顺时针回转，轮 1 为逆时针回转时：将 $n_H=16.5\text{r/min}$，$n_1=-940\text{r/min}$ 代入式（4-5-5）有

$$i_{13}^{H}=\frac{n_1-n_H}{n_3-n_H}=\frac{-940-16.5}{n_3-16.5}=(-1)^2\frac{z_2\times z_3}{z_1\times z_2'}=\frac{36}{25}$$

解得 $n_3=-647.74\text{r/min}$。

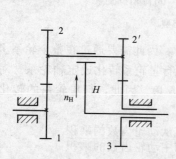
图 4-5-9　机床动力滑台差动轮系

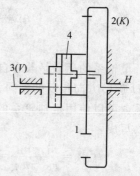
图 4-5-10　一齿差行星减速器

　　例 4-5-4　图 4-5-10 所示为一搅拌器中使用的一齿差行星减速器，其中内齿轮 2 固定不动，动力从偏心轴 H 输入，而行星轮的转动则通过十字滑块联轴器 4 从轴 3 输出。已知 $z_1=99$，$z_2=100$。试求 i_{H3}。

　　解： 因 $n_2=0$，由式（4-5-5）写出

$$i_{12}^{H}=\frac{n_1-n_H}{0-n_H}=\frac{z_2}{z_1}=\frac{100}{99}$$

故

$$n_1=\left(1-\frac{100}{99}\right)n_H=-\frac{1}{99}n_H$$

又因为 $n_1=n_3$，从而有

$$i_{H3}=\frac{n_H}{n_3}=\frac{n_H}{n_1}=-99$$

　　式中，负号表示 n_1 与 n_H 的转向相反。

【学习小结】

（1）定轴轮系传动比计算。

掌握传动比的计算、利用符号得到平行轴系的从动轮转向和利用箭头判断轮系各齿轮、蜗杆和蜗轮的转向。

（2）行星轮系传动比计算。

掌握将行星轮系转化为定轴轮系的方法是传动比计算的关键。另外，行星轮系中的各轮转向关系要由计算结果判定，不能和转化轮系的转向关系相混淆。

【自我评估】

4-5-1　指出定轴轮系与行星轮系的区别。

4-5-2 传动比的符号表示什么意义?

4-5-3 如何确定轮系的转向关系?

4-5-4 何谓惰轮?它在轮系中有何作用?

4-5-5 为什么要引入转化轮系?

4-5-6 在题图 4-5-1 所示的滚齿机工作台传动装置中,已知各轮的齿数如图中括弧内所示。若被切齿轮为 64 齿,求传动比 i_{75}。

4-5-7 在题图 4-5-2 所示的行星轮系中,已知:$z_1=63$、$z_2=56$、$z_2'=55$、$z_3=62$,求传动比 i_{H3}。

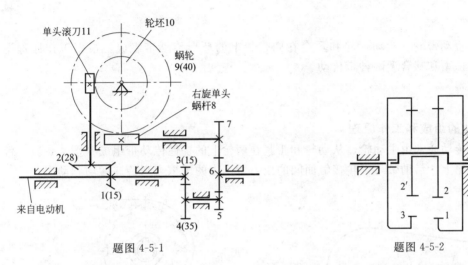

题图 4-5-1   题图 4-5-2

4-5-8 如题图 4-5-3 所示为某生产自动线中使用的行星减速器。已知各轮的齿数为 $z_1=16$、$z_2=44$,$z_2'=46$,$z_3=104$,$z_4=106$。求 i_{14}。

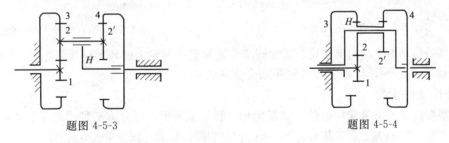

题图 4-5-3   题图 4-5-4

4-5-9 在题图 4-5-4 所示的行星减速器中,已知各轮齿数 $z_1=15$,$z_2=33$,$z_3=81$,$z_2'=30$,$z_4=78$,求传动比 i_{14}。

学习情境 4.6 带传动

【学习目标】

(1) 理解带传动概述、工作能力。

(2) 掌握带传动设计计算方法。

(3) 了解带传动的安装与维护。

任务 4.6.1　带传动的工作原理和结构

【任务描述】

带传动是在主动带轮、从动带轮之间通过皮带来传递运动和动力的，属于挠性传动。与其他机械传动（如齿轮传动）相比，其结构简单，成本低廉，在工程上得到了广泛应用。通常带传动用于减速装置，一般安置在传动系统的高速级。

【任务分析】

带传动由主动带轮、从动带轮和紧套在两带轮上的环形传动带组成。根据工作原理不同，可分为摩擦型和啮合型两种带传动。

【知识准备】

1. 带传动的组成和工作原理

摩擦型带传动通常由主动轮、从动轮和张紧在两轮上的挠性传动带组成（图 4-6-1）。带紧套在两个带轮上，借助带与带轮接触面间的压力所产生的摩擦力来传递运动和动力。

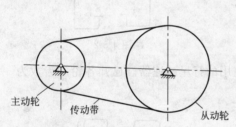

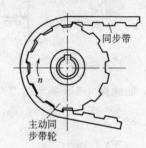

图 4-6-1　摩擦型带传动　　　　　　　图 4-6-2　啮合型带传动

啮合型带传动由主动同步带轮、从动同步带轮和套在两轮上的环形同步带组成（图 4-6-2），带的工作面制成齿形，与有齿的带轮相啮合实现传动。

2. 带传动的类型

摩擦型带传动，按带横剖面的形状是矩形、梯形或圆形，可分为平带传动 ［图 4-6-3(a)］)、V 带传动 ［图 4-6-3(b)］、楔带传动 ［图 4-6-3(c)］ 和圆带传动 ［图 4-6-3(d)］。

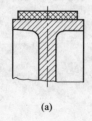
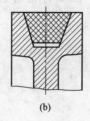
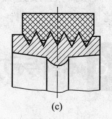

(a)　　　　　　(b)　　　　　　(c)　　　　　　(d)

图 4-6-3　带传动的类型

平带的横截面为扁平矩形，其工作面是与轮面相接触的内表面 ［图 4-6-4(a)］，而 V 带的横截面为等腰梯形，V 带靠两侧面工作 ［图 4-6-4(b)］。

当平带和 V 带受到同样的压紧力 F_N 时，它们的法向力 F'_N 却不相同。平带与带轮接触

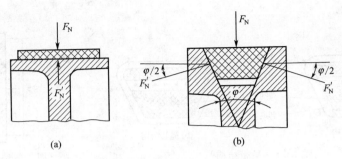

图 4-6-4 平带与 V 带传动的比较

面上的摩擦力为 $F_N f = F_N' f$，而 V 带与带轮接触面上的摩擦力为

$$F_N' f = \frac{F_N f}{\sin \dfrac{\varphi}{2}} = F_N f' \qquad (4\text{-}6\text{-}1)$$

式中，φ 为 V 带轮轮槽角，$f' = f / \sin(\varphi/2)$ 为当量摩擦因数。显然 $f' > f$，因此在相同条件下，V 带能传递较大的功率。V 带传动平稳，因此在一般机械中，多采用 V 带。

3. 带传动的特点和应用

（1）与齿轮传动比较，带传动的优点：①适用于中心距较大的传动；②带具有弹性，可缓冲和吸振；③传动平稳，噪声小；④过载时带与带轮间会出现打滑，可防止其他零件损坏，起安全保护作用；⑤结构简单，制造容易，维护方便，成本低。

（2）带传动的主要缺点为：①传动的外廓尺寸较大；②由于带的滑动，因此瞬时传动比不准确，不能用于要求传动比精确的场合；③传动效率较低；④带的寿命较短。

带传动多用于原动机与工作机之间的传动，一般传递的功率 $P \leqslant 100\text{kW}$；带速 $v = 5 \sim 25\text{m/s}$；传动效率 $\eta = 0.90 \sim 0.95$；传动比 $i \leqslant 7$。需要指出，带传动中由于摩擦会产生电火花，故不能用于有爆炸危险的场合。

4. V 带的结构和规格

V 带已标准化，按其截面大小分为 7 种型号（表 4-6-1）。

表 4-6-1　普通 V 带截面尺寸（GB 11544—1989）

型号	Y	Z	A	B	C	D	E
顶宽 b	6.0	10.0	13.0	17.0	22.0	32.0	38.0
节宽 b_p	5.3	8.5	11.0	14.0	19.0	27.0	32.0
高度 h	4.0	6.0	8.0	11.0	14.0	19.0	25.0
楔角 θ	40°						
每米质量 q	0.03	0.06	0.11	0.19	0.33	0.66	1.02

V 带的横剖面结构如图 4-6-5 所示，其中图（a）是帘布结构，图（b）是绳芯结构，均由下面几部分组成。

（1）包布层：由胶帆布制成，起保护作用。

（2）顶胶：由橡胶制成，当带弯曲时承受拉伸。

（3）底胶：由橡胶制成，当带弯曲时承受压缩。

（4）抗拉层：由几层挂胶的帘布或浸胶的棉线（或尼龙）绳构成，承受基本拉伸载荷。

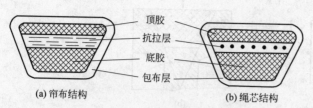

(a) 帘布结构　　　　　(b) 绳芯结构

图 4-6-5　V 带结构

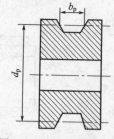

图 4-6-6　带轮基准直径

当带受纵向弯曲时，在带中保持原长度不变的任一条周线称为节线，由全部节线构成的面称为节面，带的节面宽度称为节宽（b_p），当带受纵向弯曲时，该宽度保持不变。在 V 带轮上，与所配用的节宽 b_p 相对应的带轮直径称为节径 d_p，通常它又是基准直径 d_d（图 4-6-6）。V 带在规定的张紧力下，位于带轮基准直径上的周线长度称为基准长度 L_d。普通 V 带的长度系列见表 4-6-2。

表 4-6-2　普通 V 带的长度系列和带长修正系数 K_L（GB/T 13575.1—1992）

基准长度 L_d/mm	K_L					基准长度 L_d/mm	K_L			
	Y	Z	A	B	C		Z	A	B	C
200	0.81					1600	1.04	0.99	0.92	0.83
224	0.82					1800	1.06	1.01	0.95	0.86
250	0.84					2000	1.08	1.03	0.98	0.88
280	0.87					2240	1.10	1.06	1.00	0.91
315	0.89					2500	1.30	1.09	1.03	0.93
355	0.92					2800		1.11	1.05	0.95
400	0.96	0.79				3150		1.13	1.07	0.97
450	1.00	0.80				3550		1.17	1.09	0.99
500	1.02	0.81				4000		1.19	1.13	1.02
560		0.82				4500			1.15	1.04
630		0.84	0.81			5000			1.18	1.07
710		0.86	0.83			5600				1.09
800		0.90	0.85			6300				1.12
900		0.92	0.87	0.82		7100				1.15
1000		0.94	0.89	0.84		8000				1.18
1120		0.95	0.91	0.86		9000				1.21
1250		0.98	0.93	0.88		10000				1.23
1400		1.01	0.96	0.90						

5. V 带轮的结构

V 带轮是普通 V 带传动的重要零件，它必须具有足够的强度，但又要重量轻，质量分布均匀；轮槽的工作面对带必须有足够的摩擦，又要减少对带的磨损。

V 带轮的结构与齿轮类似，直径较小时可采用实心式［图 4-6-7(a)］；中等直径的带轮可采用腹板式［图 4-6-7(b)］；直径大于 350mm 时可采用轮辐式（图 4-6-8）。

普通 V 带轮轮缘的截面图及轮槽尺寸见表 4-6-3，普通 V 带两侧面的夹角均为 40°，由于 V 带绕在带轮上弯曲时，其截面变形使两侧面的夹角减小，为使 V 带能紧贴轮槽两侧，轮槽的楔角规定为 32°、34°、36°和 38°。

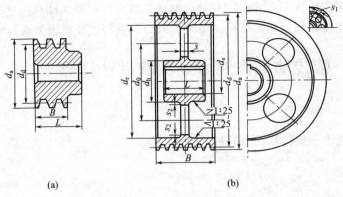

$d_h=(1.8\sim2)d_s$, $d_0=(d_h+d_r)/2$, $d_r=d_a-2(H+\delta)$, H、δ见表4-6-3,
$s=(0.2\sim0.3)B$, $s_1\geqslant1.5s$, $s_2\geqslant0.5s$, $L=(1.5\sim2)d_s$

图 4-6-7 实心式和腹板式带轮

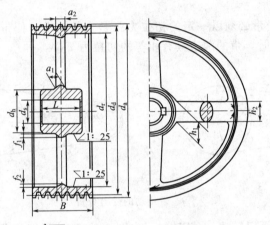

$h_1=290\sqrt[3]{\dfrac{P}{nz}}$, P为传递功率(kW); n为带轮转速(r/min); z为轮辐数
$h_2=0.8h_1$, $a_1=0.4h_1$, $a_2=0.8a_1$, $f_1=0.2h_1$, $f_2=0.2h_2$

图 4-6-8 轮辐式带轮

表 4-6-3 普通 V 带轮的轮槽尺寸   mm

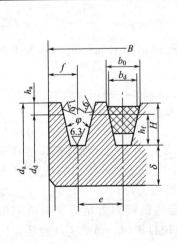

槽型		Y	Z	A	B	C
b_d		5.3	8.5	11	14	19
b_0		≈6.3	≈10.1	≈13.2	≈17.2	≈23.0
h_{amin}		1.6	2.0	2.75	3.5	4.8
e		8±0.3	12±0.3	15±0.3	19±0.4	25.5±0.5
f_{min}		7±1	8±1	10^{+2}_{-1}	12.5^{+2}_{-1}	17^{+2}_{-1}
h_{fmin}		4.7	7.0	8.7	10.8	14.3
δ_{min}		5	5.5	6	7.5	10
槽角 φ	32°	对应的 d_d	≤60	—	—	—	—
	34°		—	≤80	≤118	≤190	≤315
	36°		>60	—	—	—	—
	38°		—	>80	>118	>190	>315

V带轮一般采用铸铁 HT150 或 HT200 制造，其允许的最大圆周速度为 25m/s。速度更高时，可采用铸钢或钢板冲压后焊接。塑料带轮的重量轻、摩擦因数大，常用于机床中。

任务 4.6.2 带传动工作能力分析及设计计算

【任务描述】

带传动工作能力分析包括受力分析、应力分析。

【任务分析】

对带传动的工作能力进行分析，并给出带传动的设计准则和计算方法。

【知识准备】

1. 带传动的受力分析

如图 4-6-9(a) 所示，带必须以一定的初拉力张紧在带轮上，使带与带轮的接触面上产生正压力。带传动未工作时，带的两边具有相等的初拉力 F_0。

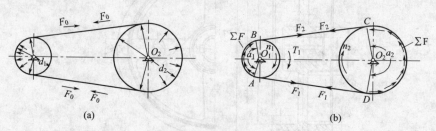

图 4-6-9 带传动的受力分析

当主动轮在转矩作用下以转速 n_1 转动时，由图 4-6-9(b) 可知，由于摩擦力的作用，主动轮拖动带，带又驱动从动轮以转速 n_2 转动，从而把主动轮上的运动和动力传到从动轮上。在传动中，两轮与带的摩擦力方向如图所示，这就使进入主动轮一边的带拉得更紧，拉力由 F_0 加到 F_1，称为紧边。设环形带的总长不变，则在紧边拉力的增加量 F_1-F_0 应等于在松边拉力的减少量 F_0-F_2，则

$$F_0 = \frac{1}{2}(F_1 + F_2) \tag{4-6-2}$$

带紧边和松边的拉力差应等于带与带轮接触面上产生的摩擦力的总和 $\sum F_f$，称为带传动的有效拉力，也就是带所传递的圆周力 F，即

$$F = \sum F_f = f_1 - f_2 \tag{4-6-3}$$

圆周力 $F(\text{N})$，带速 $v(\text{m/s})$ 和传递功率 $P(\text{kW})$ 之间的关系为

$$P = Fv/1000 \tag{4-6-4}$$

由式(4-6-4) 可知，当功率 P 一定时，带速 v 小，则圆周力 F 大，因此通常把带传动布置在机械设备的高速级传动上，以减小带传递的圆周力；当带速一定时，传递的功率 P 愈大，则圆周力 F 愈大，需要带与带轮之间的摩擦力也愈大。实际上，在一定的条件下，摩擦力的大小有一个极限值，即最大摩擦力 $\sum F_{max}$，若带所需传递的圆周力超过这个极限值时，带与带轮将发生显著的相对滑动，这种现象称为打滑。出现打滑时，虽然主动轮还在转动，但带和从动轮都不能正常运动，甚至完全不动，这就使传动失效。经常出现打滑将使带

的磨损加剧，传动效率降低，故在带传动中应防止出现打滑。

在一定条件下，当摩擦力达到极限值时，带的紧边拉力 F_1 与松边拉力 F_2 之间的关系可用柔韧体摩擦的欧拉方式来表示

$$\frac{F_1}{F_2} = e^{f\alpha}$$

式中，F_1、F_2 为紧边和松边拉力，N；f 为带与轮之间的摩擦因数；α 为带在带轮上的包角，rad。

可见，增大包角和增大摩擦因数，都可提高带传动所能传递的圆周力。对于带传动，在一定的条件下 f 为一定值，而且 $\alpha_2 > \alpha_1$，所以摩擦力的最大值取决于 α_1。

2. 带传动的应力分析

带传动时，带中产生的应力由以下三部分组成。

（1）由拉力产生的拉应力 σ　拉应力由紧边拉应力和松边拉应力组成，其中

$$紧边拉应力 \qquad \sigma_1 = F_1/A \qquad (MPa) \qquad (4\text{-}6\text{-}5)$$
$$松边拉应力 \qquad \sigma_2 = F_2/A \qquad (MPa) \qquad (4\text{-}6\text{-}6)$$

式中，A 为带的横截面积，mm^2。

（2）弯曲应力 σ_b　带绕过带轮时，带会发生弯曲变形，由此而产生弯曲应力 σ_b。主、从带轮的基准直径不同，其弯曲应力也不同。

$$\sigma_b = 2Eh_a/d_d \qquad (MPa) \qquad (4\text{-}6\text{-}7)$$

式中，E 为带的弹性模量，MPa；d_d 为 V 带轮的基准直径，mm；h_a 为从 V 带的节线到最外层的垂直距离，mm。

从式(4-6-7)可知，带在两轮上产生的弯曲应力的大小与带轮基准直径成反比，故小轮上的弯曲应力较大。为避免过大的弯曲应力，设计时一般要求小带轮的基准直径 $d_{d1} \geqslant d_{dmin}$。$d_{dmin}$ 为相应型号带所规定的带轮最小基准直径。

（3）由离心力产生的离心拉应力 σ_c　当带沿带轮轮缘作圆周运动时，带上每一质点都受离心力作用。离心拉力为 $F_c = qv^2$，它在带的所有横剖面上所产生的离心拉应力 σ_c 是相等的。

$$\sigma_c = F_c/A = qv^2/A \qquad (MPa) \qquad (4\text{-}6\text{-}8)$$

式中，q 为每米带长的质量，kg/m；v 为带速，m/s。

带速越高，离心拉应力越大，带的使用寿命降低；相反，若带的传动功率不变，带速越低，所需要的带的有效拉力就越大，使 V 带根数增多，带轮宽度也会相应增大。因此，设计中一般将带速控制在 5～25m/s 范围内。

图 4-6-10 所示为带的应力分布情况，从图中可见，带上的应力是变化的。最大应力发生在紧边与小轮的接触处。带中的最大应力为

$$\sigma_{max} = \sigma_1 + \sigma_{b1} + \sigma_c \qquad (4\text{-}6\text{-}9)$$

3. 带传动的失效形式和设计准则

（1）主要失效形式

① 打滑——在一定的初拉力作用下，带与带轮面间的摩擦力之和有一极限值，当外载过大，所传递的有效拉力 F 超过了摩擦力总和的极限时，带将沿带轮表面全面滑动，这种现象称为打滑。打滑会加剧

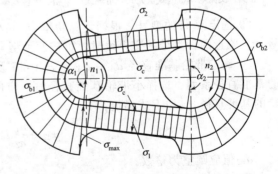

图 4-6-10　带的应力分布

带的磨损，并使从动轮转速急剧降低，甚至停止运动而无法正常工作，在带传动中应避免打滑现象的发生。

② 疲劳破坏——传动带受到变应力的反复作用，当这种应力的循环次数超过一定数值后，会发生裂纹、脱层、松散直至断裂等疲劳破坏，导致传动失效。

③ 过度磨损——因带传动存在弹性滑动及打滑现象，所以不可避免地会使带产生磨损。当磨损程度过大时就会使带传动失效。

(2) 设计准则　保证带传动不发生打滑的前提下，具有一定的疲劳强度和寿命。

4. V 带传动设计计算和参数选择

(1) 已知条件：传动的用途和工作情况；传递的功率 P；主动轮、从动轮的转速 n_1、n_2（或传动比 i）；传动位置要求和外廓尺寸要求；原动机类型等。

(2) 设计的主要内容是：确定带的型号、长度和根数，带轮的尺寸、结构和材料，传动的中心距，带的初拉力和压轴力，张紧和防护等。

(3) 设计步骤如下。

① 确定计算功率。设 P 为传动的额定功率（kW），K_A 为工作情况系数（表 4-6-4），计算功率 P_c 为：

$$P_c = K_A P \qquad (4\text{-}6\text{-}10)$$

表 4-6-4　工作情况系数 K_A

载荷性质	工作机	原动机					
		I 类			II 类		
		每天工作时间/h					
		<10	10~16	>16	<10	10~16	>16
载荷平稳	离心式水泵、通风机（≤7.5kW）、轻型输送机、离心式压缩机	1.0	1.1	1.2	1.1	1.2	1.3
载荷变动小	带式运输机、通风机（>7.5kW）、发电机、旋转式水泵、机床、剪床、压力机、印刷机、振动筛	1.1	1.2	1.3	1.2	1.3	1.4
载荷变动较大	螺旋式输送机、斗式提升机、往复式水泵和压缩机、锻锤、磨粉机、锯木机、纺织机械	1.2	1.3	1.4	1.4	1.5	1.6
载荷变动很大	破碎机(旋转式、鄂式等)、球磨机、起重机、挖掘机、辊压机	1.3	1.4	1.5	1.5	1.6	1.8

注：I 类—普通鼠笼式交流电动机，同步电动机，直流电动机（并激），$n \geqslant 600$r/min 内燃机。
II 类—交流电动机（双鼠笼式，滑环式、单相、大转差率），直流电动机，$n \leqslant 600$r/min 内燃机。

② 选定 V 带的型号。根据计算功率 P_c 和小轮转速 n_1，按图 4-6-11 选择普通 V 带的型号。若临近两种型号的交界线时，可按两种型号同时计算，通过分析比较决定取舍。

③ 确定带轮基准直径 d_{d1}、d_{d2}。表 4-6-5 及表注列出了 V 带轮的最小基准直径和带轮的基准直径系列，选择小带轮基准直径时，应使 $d_{d1} > d_{min}$，以减小带内的弯曲应力。大带轮的基准直径 d_{d2} 由下式确定：

$$d_{d2} = \frac{n_1}{n_2} d_{d1} = i d_{d1} \qquad (4\text{-}6\text{-}11)$$

d_{d2} 值应圆整为整数。

④ 验算带速 v

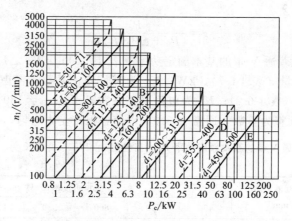

图 4-6-11　普通 V 带型号选择线图

$$v = \frac{\pi d_{d1} n_1}{60 \times 1000} \text{(m/s)} \tag{4-6-12}$$

带速 v 应在 $5\sim25\text{m/s}$ 的范围内，其中以 $10\sim20\text{m/s}$ 为宜，若 $v>25\text{m/s}$，则因带绕过带轮时离心力过大，使带与带轮之间的压紧力减小，摩擦力降低而使传动能力下降，而且离心力过大，降低了带的疲劳强度和寿命。而当 $v<5\text{m/s}$ 时，在传递相同功率时带所传递的圆周力增大，使带的根数增加。

表 4-6-5　普通 V 带轮最小基准直径　　　　　　　　　　　　　　　　　　　mm

型　　号	Y	Z	A	B	C
最小基准直径 d_{dmin}	20	50	75	125	200

注：带轮基准直径系列为 20、22.4、25、28、31.5、35.5、40、45、50、56、63、71、75、80、85、90、95、100、106、112、118、125、132、140、150、160、170、180、200、212、224、236、250、265、280、300、315、335、355、375、400、425、450、475、500、530、560、600、630、670、710、750、800、900、1000、1060、1120、1250、1400、1500、1600、1800、2000、2240、2500（摘自 GB/T 13575.1—1992）。

⑤ 确定中心距 a 和基准长度 L_d。由于带是中间挠性件，故中心距可取大些或小些。中心距增大，将有利于增大包角，但太大则使结构外廓尺寸大，还会因载荷变化引起带的颤动，从而降低其工作能力。若已知条件未对中心距提出具体的要求，一般可按下式初选中心距 a_0，即

$$0.7(d_{d1}+d_{d2}) \leqslant a_0 \leqslant 2(d_{d1}+d_{d2}) \tag{4-6-13}$$

初定的 V 带基准长度

$$L_0 = 2a_0 + \frac{\pi}{2}(d_{d1}+d_{d2}) + \frac{(d_{d2}-d_{d1})^2}{4a_0} \tag{4-6-14}$$

根据初定的 L_0，由表 4-6-2 选取相近的基准长度 L_d。最后按下式近似计算实际所需的中心距

$$a \approx a_0 + \frac{L_d - L_0}{2} \tag{4-6-15}$$

考虑安装和张紧的需要，应使中心距大约有 $\pm0.03L_d$ 的调整量。

⑥ 验算小轮包角 α_1

$$\alpha_1 = 180° - \frac{d_{d2}-d_{d1}}{a} \times 57.3° \tag{4-6-16}$$

一般要求 $\alpha \geqslant 90°\sim120°$，否则可加大中心距或增设张紧轮。

⑦ 确定带的根数 z

$$z=\frac{P_c}{(P_0+\Delta P_0)K_\alpha K_L}\qquad(4\text{-}6\text{-}17)$$

式中，P_0 为单根普通 V 带的基本额定功率（表 4-6-6），kW；ΔP_0 为 $i\neq1$ 时的单根普通 V 带额定功率的增量（表 4-6-7），kW；K_L 为带长修正系数，考虑带长不等于特定长度时对传动能力的影响（表 4-6-2）；K_α 为包角修正系数，考虑 $\alpha_1\neq180°$ 时，传动能力有所下降（表 4-6-8）；z 应圆整为整数，通常 $z<10$，以使各根带受力均匀。

表 4-6-6　单根普通 V 带的基本额定功率 P_0（在包角 $\alpha=180°$、特定长度、平稳工作条件下）

kW

带型	小带轮基准直径 d_1/mm	小带轮转速 n_1/(r/min)						
		400	730	800	980	1200	1460	2800
Z	50	0.06	0.09	0.10	0.12	0.14	0.16	0.26
	63	0.08	0.13	0.15	0.18	0.22	0.25	0.41
	71	0.09	0.17	0.20	0.23	0.27	0.31	0.50
	80	0.14	0.20	0.22	0.26	0.30	0.36	0.56
A	75	0.27	0.42	0.45	0.52	0.60	0.68	1.00
	90	0.39	0.63	0.68	0.79	0.93	1.07	1.64
	100	0.47	0.77	0.83	0.97	1.14	1.32	2.05
	112	0.56	0.93	1.00	1.18	1.39	1.62	2.51
	125	0.67	1.11	1.19	1.40	1.66	1.93	2.98
B	125	0.84	1.34	1.44	1.67	1.93	2.20	2.96
	140	1.05	1.69	1.82	2.13	2.47	2.83	3.85
	160	1.32	2.16	2.32	2.72	3.17	3.64	4.89
	180	1.59	2.61	2.81	3.30	3.85	4.41	5.76
	200	1.85	3.05	3.30	3.86	4.50	5.15	6.43
C	200	2.41	3.80	4.07	4.66	5.29	5.86	5.01
	224	2.99	4.78	5.12	5.89	6.71	7.47	6.08
	250	3.62	5.82	6.23	7.18	8.21	9.06	6.56
	280	4.32	6.99	7.52	8.65	9.81	10.74	6.13
	315	5.14	8.34	8.92	10.23	11.53	12.48	4.16
	400	7.06	11.52	12.10	13.67	15.04	15.51	—

表 4-6-7　单根普通 V 带额定功率的增量 ΔP_0

（在包角 $\alpha=180°$、特定长度、平稳工作条件下）

kW

带型	小带轮转速 n_1/(r/min)	传动比 i									
		1.00~1.01	1.02~1.04	1.05~1.08	1.09~1.12	1.13~1.18	1.19~1.24	1.25~1.34	1.35~1.51	1.52~1.99	≥2.0
Z	400	0.00	0.00	0.00	0.00	0.00	0.00	0.00	0.00	0.01	0.01
	730	0.00	0.00	0.00	0.00	0.00	0.00	0.01	0.01	0.01	0.02
	800	0.00	0.00	0.00	0.00	0.01	0.01	0.01	0.01	0.02	0.02
	980	0.00	0.00	0.00	0.00	0.01	0.01	0.01	0.02	0.02	0.02
	1200	0.00	0.00	0.01	0.01	0.01	0.01	0.02	0.02	0.02	0.03
	1460	0.00	0.00	0.01	0.01	0.01	0.02	0.02	0.02	0.02	0.03
	2800	0.00	0.01	0.02	0.02	0.03	0.03	0.03	0.04	0.04	0.04
A	400	0.00	0.01	0.01	0.02	0.02	0.03	0.03	0.04	0.04	0.05
	730	0.00	0.01	0.02	0.03	0.04	0.05	0.06	0.07	0.08	0.09
	800	0.00	0.01	0.02	0.03	0.04	0.05	0.06	0.08	0.09	0.10
	980	0.00	0.01	0.03	0.04	0.05	0.06	0.07	0.08	0.10	0.11
	1200	0.00	0.02	0.03	0.05	0.07	0.08	0.10	0.11	0.13	0.15
	1460	0.00	0.02	0.04	0.06	0.08	0.09	0.11	0.13	0.15	0.17
	2800	0.00	0.04	0.08	0.11	0.15	0.19	0.23	0.26	0.30	0.34

带型	小带轮转速 $n_1/(\text{r/min})$	传动比 i									
		1.00~1.01	1.02~1.04	1.05~1.08	1.09~1.12	1.13~1.18	1.19~1.24	1.25~1.34	1.35~1.51	1.52~1.99	≥2.0
B	400	0.00	0.01	0.03	0.04	0.06	0.07	0.08	0.10	0.11	0.13
	730	0.00	0.02	0.05	0.07	0.10	0.12	0.15	0.17	0.20	0.22
	800	0.00	0.03	0.06	0.08	0.11	0.14	0.17	0.20	0.23	0.25
	980	0.00	0.03	0.07	0.10	0.13	0.17	0.20	0.23	0.26	0.30
	1200	0.00	0.04	0.08	0.13	0.17	0.21	0.25	0.30	0.34	0.38
	1460	0.00	0.05	0.10	0.15	0.20	0.25	0.31	0.36	0.40	0.46
	2800	0.00	0.10	0.20	0.29	0.39	0.49	0.59	0.69	0.79	0.89
C	400	0.00	0.04	0.08	0.12	0.16	0.20	0.23	0.27	0.31	0.35
	730	0.00	0.07	0.14	0.21	0.27	0.34	0.41	0.48	0.55	0.62
	800	0.00	0.08	0.16	0.23	0.31	0.39	0.47	0.55	0.63	0.71
	980	0.00	0.09	0.19	0.27	0.37	0.47	0.56	0.65	0.74	0.83
	1200	0.00	0.12	0.24	0.35	0.47	0.59	0.70	0.82	0.94	1.06
	1460	0.00	0.14	0.28	0.42	0.58	0.71	0.85	0.99	1.14	1.27
	2800	0.00	0.27	0.55	0.82	1.10	1.37	1.64	1.92	2.19	2.47

表 4-6-8　包角修正系数 K_α

包角 α	180°	170°	160°	150°	140°	130°	120°	110°	100°	90°
K_α	1.00	0.98	0.95	0.92	0.89	0.86	0.82	0.78	0.74	0.69

⑧ 确定初拉力 F_0 并计算作用在轴上的载荷 F_Q。保持适当的初拉力是带传动工作的首要条件。初拉力不足，极限摩擦力小，传动能力下降；初拉力过大，将增大作用在轴上的载荷并降低带的寿命。单根普通 V 带合适的初拉力 F_0 可按下式计算

$$F_0 = \frac{500P_c}{zv}\left(\frac{2.5}{K_\alpha}-1\right)+qv^2 \quad (\text{N}) \tag{4-6-18}$$

式中各符号的意义同前。

F_Q 可近似地按带两边的预拉力 F_0 的合力来计算。由图 4-6-12 可得，作用在轴上的载荷 F_Q 为

$$F_Q = 2zF_0\sin\frac{\alpha_1}{2} \tag{4-6-19}$$

式中各符号的意义同前。

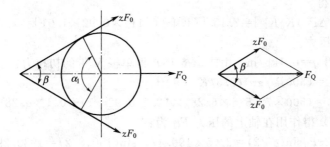

图 4-6-12　带传动的轴上载荷

【任务实施】

例　设计一链式输送机上的 V 带传动。已知传递功率 $P=5.5\text{kW}$，普通异步电动机驱

动，载荷平稳，满载转速 $n_1=960\text{r/min}$，从动轮转速 $n_2=320\text{r/min}$，三班制工作，要求中心距 a 为 500mm 左右。

解：（1）选择普通 V 带型号。

由表 4-6-4 得：$K_A=1.3$，由式（4-6-10）得：$P_c=K_A P=1.3\times5.5=7.15(\text{kW})$

由图 4-6-11 得：选用 A 型 V 带。

（2）确定带轮基准直径，并验算带速。

由图 4-6-11 可知，推荐的小带轮直径为 112～140mm。由表 4-6-5，取 $d_{d1}=125\text{mm}>d_{d\min}=75\text{mm}$

由式（4-6-11）得 $d_{d2}=(n_1/n_2)d_{d1}=(960/320)\times125=375(\text{mm})$

取标准直径 $d_{d2}=375\text{mm}$。

由式（4-6-12）得带速 $v=\pi d_{d1}n_1/(60\times1000)=3.14\times125\times960/(60\times1000)=6.28(\text{m/s})$。在 5～25(m/s) 范围内，带速合适。

（3）确定带长和中心距。

由式（4-6-13） $0.7(d_{d1}+d_{d2})\leqslant a_0\leqslant2(d_{d1}+d_{d2})$

即： $0.7\times(125+375)\leqslant a_0\leqslant2\times(125+375)$

所以有：350mm$\leqslant a_0\leqslant$1000mm，按题意取 $a_0=450\text{mm}$

由式（4-6-14）得：

$$L_0=2a_0+\pi(d_{d1}+d_{d2})/2+(d_{d2}-d_{d1})^2/4a_0$$
$$=2\times450+1.57\times(125+375)+(375-125)^2/(4\times450)=1719.7(\text{mm})$$

根据表 4-6-2 取 $L_d=1800$ （mm）

由式（4-6-15）得：

$a\approx a_0+(L_d-L_0)/2=450+(1800-1719.7)/2=490(\text{mm})$，符合题意。

（4）验算小带轮包角。

由式（4-6-16）得： $\alpha_1=180°-(d_{d2}-d_{d1})\times57.3°/a$
$$=180°-(375-125)\times57.3°/490=150.8°>120°(\text{适用})$$

（5）确定带的根数。

由表 4-6-6 查得 $P_0=1.40\text{kW}$

由表 4-6-7 查得 $\Delta P_0=0.11\text{kW}$

由表 4-6-8 查得 $K_\alpha=0.92$

由表 4-6-2 查得 $K_L=1.01$

由式（4-6-17）得

$z=P_c/[(P_0+\Delta P_0)K_\alpha K_L]=7.15/[(1.4+0.11)\times0.92\times1.01]=5.09$ 取 $z=5$。

（6）计算轴上压力。

由表 4-6-1 查得 $q=0.1\text{kg/m}$，由式（4-6-18）得单根 V 带的初拉力：

$$F_0=(500P_c/zv)(2.5/K_\alpha-1)+qv^2$$
$$=(500\times7.15/5\times6.28)\times(2.5/0.92-1)+0.1\times6.28^2=199.47(\text{N})$$

则由式（4-6-19）得作用在轴上的压力 F_Q 为：

$$F_Q=2zF_0\sin(\alpha_1/2)=2\times5\times199.47\times\sin(150.8/2)=1930.29(\text{N})$$

【知识拓展】

安装与维护。

普通 V 带不是完全的弹性体，长期在张紧状态下工作，会因出现塑性变形而松弛，使

初拉力 F_0 减小，传动能力下降。因此，必须将带重新张紧，以保证带传动正常工作。

带传动常用的张紧方法是调节中心距。常见的张紧装置有以下两类。

（1）定期张紧装置　图 4-6-13(a)、(b) 是采用滑轨和调节螺钉或采用摆动架和调节螺栓改变中心距的张紧方法。前者适用于水平或倾斜不大的布置，后者适用于垂直或接近垂直的布置。若中心距不能调节时，可采用具有张紧轮的装置［图 4-6-13(c)］，它靠平衡锤将张紧轮压在带上，以保持带的张紧。

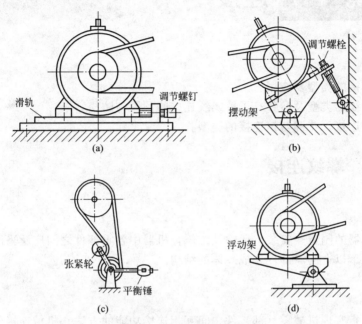

图 4-6-13　带传动的张紧装置

（2）自动张紧装置　图 4-6-13(d) 是采用重力和带轮上的制动力矩，使带轮随浮动架绕固定轴摆动而改变中心距的自动张紧方法。

为了延长带的寿命，保证带传动的正常运转，必须重视正确地使用和维护保养。使用时注意如下。

（1）安装带时，最好缩小中心距后套上 V 带，再予以调整，不应硬撬，以免损坏胶带，降低其使用寿命。

（2）严防 V 带与油、酸、碱等介质接触，以免变质，也不宜在阳光下暴晒。

（3）带根数较多的传动，若坏了少数几根需进行更换时，应全部更换，不要只更换坏带而使新旧带一起使用；这样会造成载荷分配不匀，反而加速新带的损坏。

（4）为了保证安全生产，带传动须安装防护罩。

【学习小结】

（1）带传动的工作原理、类型及特点。

（2）注意打滑与弹性滑动现象的区别。

（3）在 V 带设计时，应注意设计步骤的先后顺序，不能随意颠倒。

【自我评估】

4-6-1　摩擦型带传动的工作原理及主要特点是什么？

4-6-2 V 带传动的设计步骤有哪些？

4-6-3 试设计一车床中的 V 带传动。已知传递功率 $P=4\text{kW}$，普通异步电动机驱动，载荷平稳，满载转速 $n_1=1440\text{r/min}$，从动轮转速 $n_2=700\text{r/min}$，两班制工作，要求中心距 a 为 500mm 左右。

学习情境 4.7 连接

【学习目标】

（1）熟悉连接的类型及应用。

（2）掌握螺纹的类型及参数；了解螺纹连接的预紧与防松。

（3）了解键连接、花键与销连接的类型。

任务 4.7.1 螺纹连接

【任务描述】

为了便于机器的制造、安装、运输及维修，机器中各零部件之间广泛采用各种连接。连接是将两个或两个以上的零部件连成一体的结构。

【任务分析】

机械连接是指实现机械零（部）件之间互相连接功能的方法。机械连接分为两大类：①机械动连接，即被连接的零（部）件之间可以有相对运动的连接，如各种运动副；②机械静连接，即被连接零（部）件之间不允许有相对运动的连接。除有特殊说明之外，一般的机械连接是指机械静连接，本章主要介绍机械静连接的内容。

机械静连接又可分为两类：①可拆连接，即允许多次装拆而不失效的连接，包括螺纹连接、键连接（包括花键连接和无键连接）和销连接；②不可拆连接，即必须破坏连接某一部分才能拆开的连接，包括铆钉连接、焊接和粘接等。另外，过盈连接既可做成可拆连接，也可做成不可拆连接。

【知识准备】

1. 螺纹的类型与参数

如图 4-7-1 所示，将一与水平面倾斜角为 λ 的直线绕在圆柱体上，即可形成一条螺旋线。如果用一个平面图形（梯形、三角形或矩形）沿着螺旋线运动，并保持此平面图形始终在通过圆柱轴线的平面内，则此平面图形的轮廓在空间的轨迹便形成螺纹。

根据平面图形的形状，螺纹牙形有矩形 [图 4-7-2(a)]、三角形 [图 4-7-2(b)]、梯形 [图 4-7-2(c)] 和锯齿形 [图 4-7-2(d)] 等。

根据螺旋线的绕行方向，螺纹分为右旋螺纹 [图 4-7-3(a)] 和左旋螺纹 [图 4-7-3(b)]；根据螺旋线的数目，螺纹又可以分为单线螺纹 [图 4-7-3(a)] 和双线或以上的多线螺纹 [图 4-7-3(b)、(c)]。

在圆柱体外表面上形成的螺纹称为外螺纹，在圆柱体孔壁上形成的螺纹称为内螺纹（图 4-7-4）。

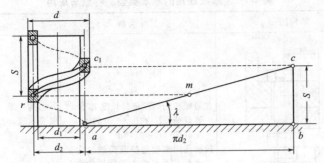

图 4-7-1　螺纹的形成

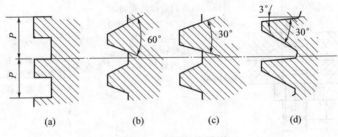

图 4-7-2　螺纹的牙形

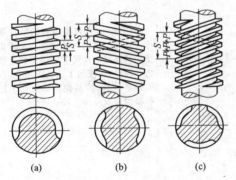

图 4-7-3　螺纹的旋向

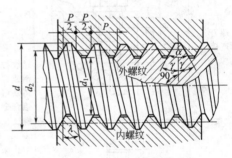

图 4-7-4　内、外螺纹

以三角形螺纹为例，圆柱普通螺纹有以下主要参数。

（1）大径 d、D——分别表示外、内螺纹的最大直径，为螺纹的公称直径。

（2）小径 d_1、D_1——分别表示外、内螺纹的最小直径。

（3）中径 d_2、D_2——分别表示螺纹牙宽度和牙槽宽度相等处的圆柱直径。

（4）螺距 P——表示相邻两螺纹牙同侧齿廓之间的轴向距离。

（5）线数 n——表示螺纹的螺旋线数目。

（6）导程 S——表示在同一条螺旋线上相邻两螺纹牙之间的轴向距离，$S=nP$。

（7）螺纹升角 λ——在中径 d_2 圆柱上螺旋线的切线与螺纹轴线的垂直平面间的夹角，如图 4-7-1 所示，$S=\pi d_2 \tan\lambda$。

（8）牙形角 α——在螺纹轴向剖面内螺纹牙形两侧边的夹角。

2. 螺纹连接的基本类型

螺纹连接的基本类型有螺栓连接、双头螺栓连接、螺钉连接和紧定螺钉连接，如表 4-7-1所示。

表 4-7-1　螺纹连接的基本类型、特点与应用

类型	结构图	尺寸关系	特点与应用
普通螺栓连接		普通螺栓的螺纹余量长度 l_1 为 　静载荷　$l_1 \geqslant (0.3 \sim 0.5)d$ 　变载荷　$l_1 \geqslant 0.75d$ 铰制孔用螺栓的静载荷螺纹余量长度 l_1 应尽可能小于螺纹伸出长度 a $\qquad a = (0.2 \sim 0.3)d$ 螺纹轴线到边缘的距离 e $\qquad e = d + (3 \sim 6)\text{mm}$ 螺栓孔直径 d_0 　普通螺栓：$d_0 = 1.1d$ 　铰制孔用螺栓：d_0 按 d 查有关标准	结构简单，装拆方便，对通孔加工精度要求低，应用最广泛
铰制孔用螺栓连接			孔与螺栓杆之间没有间隙，采用基孔制过渡配合。用螺栓杆承受横向载荷或者固定被连接件的相对位置
螺钉连接		螺纹拧入深度 H 为 钢或青铜：$H \approx d$ 铸铁：$H = (1.25 \sim 1.5)d$ 铝合金：$H = (1.5 \sim 2.5)d$ 螺纹孔深度： $\qquad H_1 = H + (2 \sim 2.5)P$ 钻孔深度： $\qquad H_2 = H_1 + (0.5 \sim 1)d$ l_1、a、e 值与普通螺栓连接相同	不用螺母，直接将螺钉的螺纹部分拧入被连接件之一的螺纹孔中构成连接。其连接结构简单。用于被连接件之一较厚，不便加工通孔的场合，但如果经常装拆时，易使螺纹孔产生过度磨损而导致连接失败
双头螺栓连接			螺栓的一端旋紧在一被连接件的螺纹孔中。另一端则穿过另一被连接件的孔，通常用于被连接件之一太厚不便穿孔、结构要求紧凑或者经常装拆的场合
紧定螺钉连接		$d = (0.2 \sim 0.3)d_h$，当力和转矩较大时取较大值	螺钉的末端顶住零件的表面或者顶入该零件的凹坑中，将零件固定；它可以传递不大的载荷

3. 标准螺纹连接件

螺纹连接件的结构形式和尺寸已经标准化，设计时查有关标准选用即可。常用螺纹连接件的类型、结构特点和应用如表 4-7-2 所示。

表 4-7-2 常用螺纹连接件的类型、结构特点和应用

类型	图例	结构特点及应用
六角头螺栓	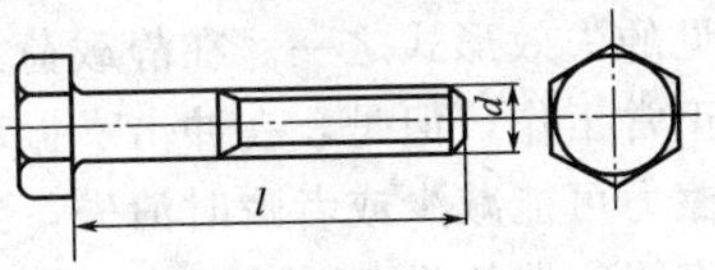	应用最广。螺杆可制成全螺纹或者部分螺纹，螺距有粗牙和细牙。螺栓头部有六角头和小六角头两种。其中小六角头螺栓材料利用率高、力学性能好，但由于头部尺寸较小，不宜用于装拆频繁、被连接件强度低的场合
双头螺栓	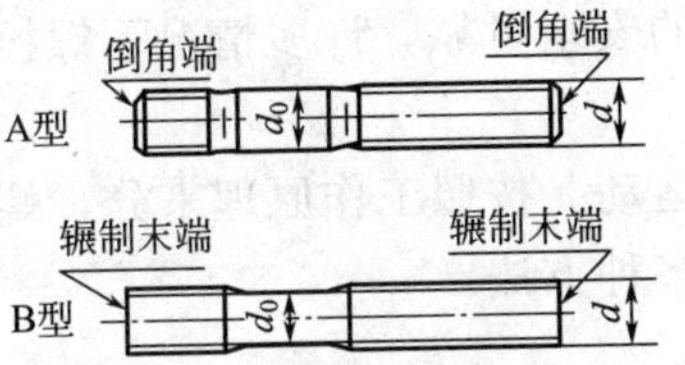	螺栓两头都有螺纹，两头的螺纹可以相同也可以不相同，螺栓可带退刀槽或者制成腰杆，也可以制成全螺纹的螺柱，螺柱的一端常用于旋入铸铁或者有色金属的螺纹孔中，旋入后不拆卸，另一端则用于安装螺母以固定其他零件
螺钉	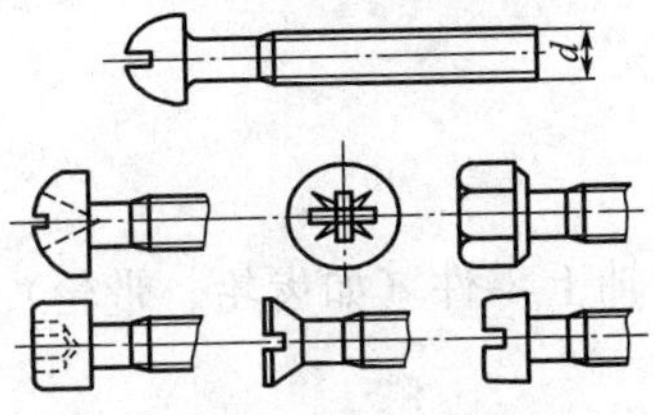	螺钉头部形状有圆头、扁圆头、六角头、圆柱头和沉头等。头部的旋具槽有一字槽、十字槽和内六角孔等形式。十字槽螺钉头部强度高、对中性好，便于自动装配。内六角孔螺钉可承受较大的扳手扭矩，连接强度高，可替代六角头螺栓，用于要求结构紧凑的场合
紧定螺钉	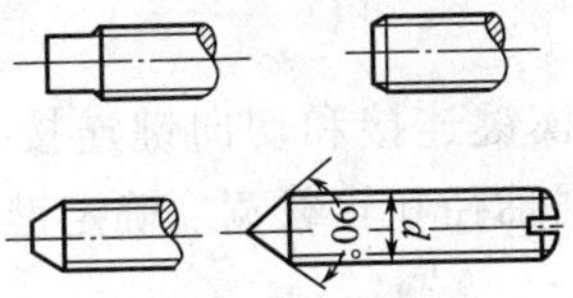	紧定螺钉常用的末端形式有锥端、平端和圆柱端。锥端适用于被紧定零件的表面硬度较低或者不经常拆卸的场合；平端接触面积大，不会损伤零件表面，常用于顶紧硬度较大的平面或者经常装拆的场合；圆柱端压入轴上的凹槽中，适用于紧定空心轴上的零件位置
自攻螺钉	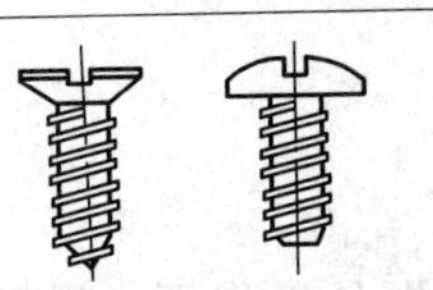	螺钉头部形状有圆头、六角头、圆柱头、沉头等。头部的旋具槽有一字槽、十字槽等形式。末端形状有锥端和平端两种。多用于连接金属薄板、轻合金或者塑料零件，螺钉在连接时可以直接攻出螺纹
六角螺母	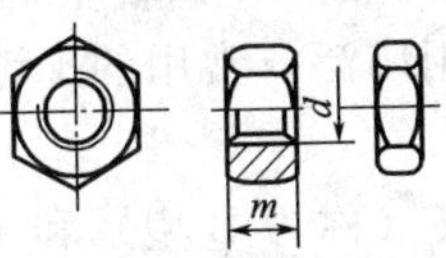	根据螺母厚度不同，可分为标准型和薄型两种。薄螺母常用于受剪力的螺栓上或者空间尺寸受限制的场合
圆螺母	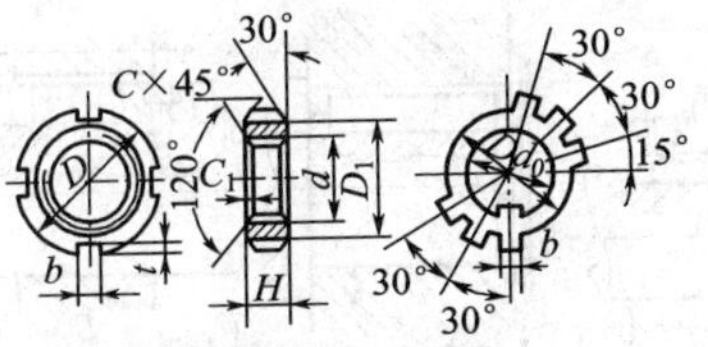	圆螺母常与止退垫圈配用，装配时将垫圈内舌插入轴上的槽内，将垫圈的外舌嵌入圆螺母的槽内，即可锁紧螺母，起到防松作用。常用于滚动轴承的轴向固定

4. 螺纹连接的预紧和防松

（1）螺纹连接的预紧 螺纹连接装配时，一般都要拧紧螺纹，使连接螺纹在承受工作载

荷之前，受到预先作用的力，这就是螺纹连接的预紧，预先作用的力称为预紧力。螺纹连接预紧的目的在于增加连接的可靠性、紧密性和防松能力。

预紧力的控制方法有多种。对于一般的普通螺栓连接，预紧力凭装配经验控制；对于较重要的普通螺栓连接，可用测力矩扳手或者定力矩扳手来控制预紧力大小；对于预紧力控制有精确要求的螺栓连接，可采用测量螺栓伸长的变形量来控制预紧力大小；而对于高强度螺栓连接，可以采用测量螺母转角的方法来控制预紧力大小。

（2）螺纹连接的防松　松动是螺纹连接最常见的失效形式之一。在静载荷条件下，普通螺栓由于螺纹的自锁性一般可以保证螺栓连接的正常工作，但是，在冲击、振动或者变载荷作用下，或者当温度变化很大时，螺纹副间的摩擦力可能减少或者瞬时消失，致使螺纹连接产生自动松脱现象，特别是在交通、化工和高压密闭容器等设备、装置中，螺纹连接的松动可能会造成重大事故的发生。为了保证螺纹连接的安全可靠，许多情况下螺栓连接都采取一些必要的防松措施。

螺纹连接防松的本质就是防止螺纹副的相对运动。按照工作原理来分，螺纹防松有摩擦防松、机械防松、破坏性防松以及粘合法防松等多种方法。

任务 4.7.2　键连接

【任务描述】

键连接在机械中应用极为广泛，主要用于轴与轴上零件（如齿轮、带轮）的周向固定并传递运动和转矩。

【任务分析】

键连接的主要类型有平键连接、半圆键连接、楔键连接和切向键连接。它们均已标准化，因此通常先根据工作特点选择键的类型，再根据轴径和轮毂宽度确定键的尺寸，必要时应对键连接进行强度计算。

【知识准备】

1. 键连接的类型、构造与工作原理

（1）平键连接　如图 4-7-5（a）所示，平键的两侧面是工作面，平键的上表面与轮毂槽底之间留有间隙。这种键的定心性好，装拆方便，应用广泛。常用的平键有普通平键和导向平键。

普通平键按其结构可分为圆头（称为 A 型）、方头（称为 B 型）和单圆头（称为 C 型）

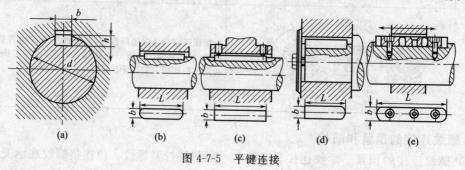

（a）　　　　（b）　　　　（c）　　　　（d）　　　　（e）

图 4-7-5　平键连接

三种。

　　图 4-7-5(b) 为 A 型键，A 型键在键槽中固定良好，但轴上键槽引起的应力集中较大。图 4-7-5(c) 为 B 型键，B 型键克服了 A 型键的缺点，当键尺寸较大时，宜用紧定螺钉将键固定在键槽中，以防松动。图 4-7-5(d) 为 C 型键，C 型键主要用于轴端与轮毂的连接。

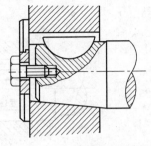

图 4-7-6　半圆键连接

　　图 4-7-5(e) 为导向平键，该键较长，键用螺钉固定在键槽中，键与轮毂之间采用间隙配合，轴上零件可沿键作轴向滑移。

　　(2) 半圆键连接　图 4-7-6 所示为半圆键，半圆键的工作面也是键的两个侧面。轴上键槽用与半圆键尺寸相同的键槽铣刀铣出，半圆键可在槽中绕其几何中心摆动以适应毂槽底面的倾斜。这种键连接的特点是工艺性好，装配方便，尤其适用于锥形轴端与轮毂的连接；但键槽较深，对轴的强度削弱较大，一般用于轻载静连接。

　　(3) 楔键连接和切向键连接　图 4-7-7　所示为楔键连接，楔键的上、下两面为工作面。楔键的上表面和与它相配合的轮毂键槽底面均有 1∶100 的斜度。装配时将楔键打入，使楔键楔紧在轴和轮毂的键槽中，楔键的上、下表面受挤压，工作时靠这个挤压产生的摩擦力传递转矩。如图 4-7-7 所示，楔键分为普通楔键和钩头楔键两种，钩头楔键的钩头是为了便于拆卸的。

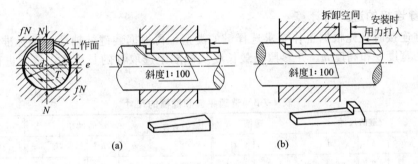

图 4-7-7　楔键连接

　　楔键连接的主要缺点是键楔紧后，轴和轮毂的配合产生偏心和偏斜，因此楔键连接一般用于定心精度要求不高和低转速的场合。

　　图 4-7-8(a) 所示为切向键。切向键是由一对楔键组成的，装配时将切向键沿轴的切线方向楔紧在轴与轮毂之间。切向键的上、下面为工作面，工作面上的压力沿轴的切线方向作用，能传递很大的转矩。用一对切向键时，只能单向传递转矩，当要双向传递转矩时，须采用两对互成 120° 分布的切向键 [图 4-7-8(b)]。由于切向键对轴的强度削弱较大，因此常用于直径大于 100mm 的轴上。

　　(4) 花键连接的类型、特点与应用　如图 4-7-9 所示，花键连接由周向均布多个键齿的花键轴与带有相应键齿槽的轮毂孔相配而成。花键齿的侧面为工作面，工作时有多个键齿同时传递转矩，所以花键连接的承载能力比平键连接高得多。花键连接的导向性好，齿根处的应力集中较小，适用于传递载荷大、定心精度要求高或者经常需要滑移的连接。

　　花键按齿形可分为矩形花键 [图 4-7-9(a)]、渐开线花键 [图 4-7-9(b)] 和三角形花键 [图 4-7-9(c)]。花键可用于静连接和动连接。花键已经标准化，例如矩形花键的齿数 z、小径 d、大径 D、键宽 B 等可以根据轴径查标准选定，其强度计算方法与平键相似。花键的加工需要专用设备。

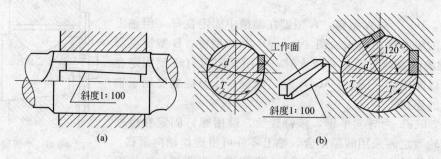

图 4-7-8　切向键连接

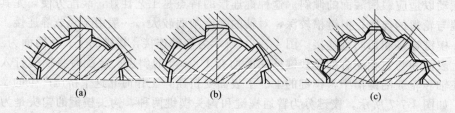

图 4-7-9　花键连接

2. 平键连接的选择与计算

设计键连接时，先根据工作要求选择键的类型，再根据装键处轴径 d 从标准（表 4-7-3）中查取键的宽度 b 和高度 h，并参照轮毂长度从标准中选取键的长度 L，最后进行键连接的强度校核。

表 4-7-3　普通平键和键槽的尺寸

轴的直径 d	键的尺寸			键槽		轴的直径 d	键的尺寸			键槽	
	b	h	L	t	t_1		b	h	L	t	t_1
>8~10	3	3	6~36	1.8	1.4	>38~44	12	8	28~140	5.0	3.3
>10~12	4	4	8~45	2.5	1.8	>44~50	14	9	33~160	5.5	3.8
>12~17	5	5	10~56	3.0	2.3	>50~58	16	10	45~180	6.0	4.3
>17~22	6	6	14~70	3.5	2.8	>58~65	18	11	50~200	7.0	4.4
>22~30	8	7	18~90	4.0	3.3	>65~75	20	12	56~220	7.5	4.9
>30~38	10	8	22~110	5.0	3.3	>75~85	22	14	63~250	9.0	5.4

L 系列　6、8、10、12、14、16、18、20、22、25、28、32、36、40、45、50、56、63、70、80、90、100、110、125、140、160、180、200、250……

注：在工作图中，轴槽深用 $(d-t)$ 或 t 标注，毂槽深用 $(d+t_1)$ 或 t_1 标注。

键的材料一般采用抗拉强度不低于 600N/mm^2 的碳素钢。平键连接的主要失效形式是工作面的压溃，除非有严重的过载，一般不会出现键的剪断。因此，通常只按工作面上挤压应力进行强度校核计算。导向平键连接的主要失效形式是过度磨损，因此，一般按工作面上的压强进行条件性强度校核计算。

如图 4-7-10 所示，假定载荷在键的工作面上均匀分布，并假设 $k \approx h/2$。则普通平键连接的挤压强度条件为

$$\sigma_p = \frac{2T/d}{L_c k} = \frac{4T}{dhL_c} \leqslant [\sigma_p] \quad (\text{N/mm}^2) \qquad (4\text{-}7\text{-}1)$$

对导向平键连接应限制压强 p 以避免过度磨损，即

$$p = \frac{2T/d}{L_c k} = \frac{4T}{dhL_c} \leqslant [p] \quad (\text{N/mm}^2) \qquad (4\text{-}7\text{-}2)$$

上两式中 T——传递的转矩，N·mm；

                  d——轴径，mm；

                  h——键的高度，mm；

                  L_c——键的计算长度（对 A 型键，$L_c = L - b$），mm；

$[\sigma_p]$ 和 $[p]$——分别为连接的许用挤压应力和许用压强，N/mm^2，见表 4-7-4。

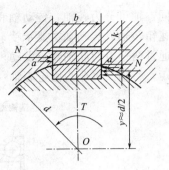

图 4-7-10   平键上的受力

表 4-7-4   键连接的许用挤压应力和许用压强   N/mm^2

许用值	轮毂材料	载荷性质		
		静载荷	轻微冲击	冲击
$[\sigma_p]$	钢	125~150	100~120	60~90
	铸铁	70~80	50~60	30~45
$[p]$	钢	50	40	30

在设计使用中若单个键的强度不够，可采用双键按 180°对称布置。考虑载荷分布不均匀性，在强度校核中应按 1.5 个键进行计算。

学习情境 4.8   轴

【学习目标】

（1）掌握轴的分类及材料。

（2）掌握轴的结构设计。

任务 4.8.1   轴的分类及材料

【任务描述】

轴是各种机器上的重要零件，它用来支承机器中的转动零件（如齿轮、带轮等），使转动零件具有确定的工作位置。一切作回转运动的传动零件都必须安装在轴上才能进行运动及动力传递。

【任务分析】

以减速装置的传动简图为例。

【知识准备】

1. 轴的功用及分类

轴是机器中的重要零件之一，用来支持旋转零件，如齿轮、带轮等。根据承受载荷的不

同，轴可分为转轴、传动轴和心轴三种。转轴既承受转矩又承受弯矩，如图 4-8-1 所示的减速箱转轴。传动轴主要承受转矩，不承受或承受很小的弯矩，如汽车的传动轴（图 4-8-2）通过两个万向联轴器与发动机转轴和汽车后桥相连，传递转矩。心轴只承受弯矩而不传递转矩。心轴又可分为固定心轴（图 4-8-3）和转动心轴（图 4-8-4）。

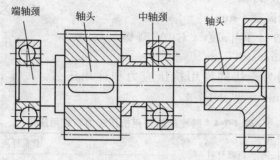

图 4-8-1 减速箱转轴

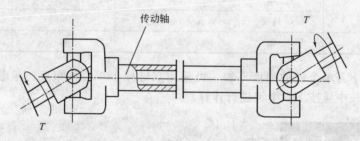

图 4-8-2 汽车传动轴

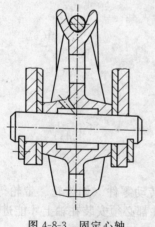

图 4-8-3 固定心轴

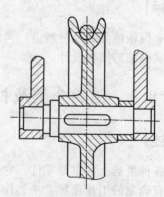

图 4-8-4 转动心轴

按轴线的形状，轴可分为直轴（图 4-8-1～图 4-8-4）、曲轴（图 4-8-5）和挠性轴（图 4-8-6）。曲轴常用于往复式机械中，如发动机等。挠性钢丝轴通常是由几层紧贴在一起的钢丝层构成的，可以把转矩和运动灵活地传到任何位置。挠性轴常用于振捣器和医疗设备中。另外，为减轻轴的重量，还可以将轴制成空心的形式，如图 4-8-7 所示。

轴的设计，主要是根据工作要求并考虑制造工艺等因素，选用合适的材料，进行结构设计，经过强度和刚度计算，定出轴的结构形状和尺寸。高速时还要考虑振动稳定性。

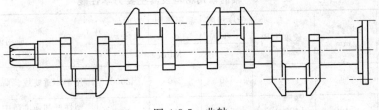

图 4-8-5 曲轴

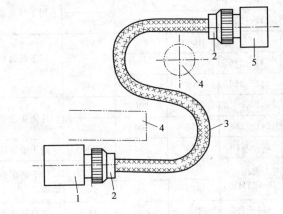

图 4-8-6 挠性轴

1—动力装置；2—接头；3—加有外层保护套的挠性轴；4—其他设备；5—被驱动装置

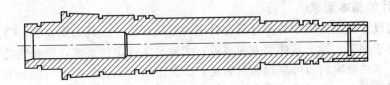

图 4-8-7 空心轴

2. 轴的材料

在轴的设计中，首先要选择合适的材料。轴的材料常采用碳素钢和合金钢。

碳素钢有 35、45、50 等优质中碳钢。它们具有较高的综合力学性能，因此应用较多，特别是 45 钢应用最为广泛。为了改善碳素钢的力学性能，应进行正火或调质处理。不重要或受力较小的轴，可采用 Q235、Q275 等普通碳素钢。

合金钢具有较高的力学性能，但价格较贵，多用于有特殊要求的轴。例如采用滑动轴承的高速轴，常用 20Cr、20CrMnTi 等低碳合金钢，经渗碳淬火后可提高轴颈耐磨性；汽轮发电机转子轴在高温、高速和重载条件下工作，必须具有良好的高温力学性能，常采用 27Cr2Mo1V、38CrMnMo 等合金结构钢。值得注意的是：钢材的种类和热处理对其弹性模量的影响甚小，因此如欲采用合金钢或通过热处理来提高轴的刚度，并无实效。此外，合金钢对应力集中的敏感性较高，因此设计合金钢轴时，更应从结构上避免或减小应力集中，并减小其表面粗糙度。

轴的毛坯一般用圆钢或锻件。有时也可采用铸钢或球墨铸铁。例如，用球墨铸铁制造曲轴、凸轮轴，具有成本低廉、吸振性较好，对应力集中的敏感性较低，强度较好等优点。适合制造结构形状复杂的轴。表 4-8-1 列出轴的常用材料及其主要力学性能。

表 4-8-1　轴的常用材料及其主要力学性能

材料及热处理	毛坯直径/mm	硬度 HB	强度极限 σ_b	屈服极限 σ_s	弯曲疲劳极限 σ_{-1}	应用说明
				/MPa		
Q235			440	240	200	用于不重要或载荷不大的轴
35 正火	≤100	149～187	520	270	250	塑性好和强度适中,可做一般曲轴、转轴等
45 正火	≤100	170～217	600	300	275	用于较重要的轴,应用最为广泛
45 调质	≤200	217～255	650	360	300	
40Cr 调质	25		1000	800	500	用于载荷较大,而无很大冲击的重要的轴
	≤100	241～286	750	550	350	
	>100～300	241～266	700	550	340	
40MnB 调质	25		1000	800	485	性能接近于 40Cr,用于重要的轴
	≤200	241～286	750	500	335	
35CrMo 调质	≤100	207～269	750	550	390	用于受重载荷的轴
20Cr 渗碳淬火回火	15	表面 56～62HRC	850	550	375	用于要求强度、韧性及耐磨性均较高的轴
	—		650	400	280	
QT400-100	—	156～197	400	300	145	结构复杂的轴
QT600-2	—	197～269	600	200	215	结构复杂的轴

3. 轴设计的基本要求

轴的结构设计就是使轴的各部分具有合理的形状和尺寸。其主要要求：①满足制造安装要求，轴应便于加工，轴上零件要方便装拆；②满足零件定位要求，轴和轴上零件有准确的工作位置，各零件要牢固而可靠地相对固定；③满足结构工艺性要求，使加工方便和节省材料；④满足强度要求，尽量减少应力集中等。

任务 4.8.2　轴的结构设计

【任务描述】

轴的形状通常采用阶梯形，因为阶梯轴接近等强度，加工不太复杂，同时轴上的零件能可靠固定，装拆方便。

【任务分析】

轴的结构设计就是使轴的各部分具有合理的形状和尺寸，以满足制造安装要求、零件定位要求、结构工艺性要求和强度要求。

【知识准备】

1. 轴上零件装配方案

为了方便轴上零件的装拆，常将轴做成阶梯形。对于一般剖分式箱体中的轴，它的直径从轴端逐渐向中间增大。如图 4-8-8 所示，可依次将齿轮、套筒、左端滚动轴承、轴承盖和

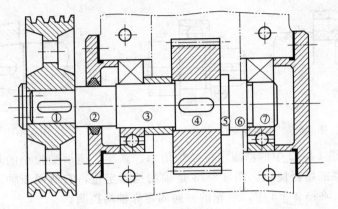

图 4-8-8 轴的结构

带轮从轴的左端装拆，另一滚动轴承从右端装拆。为使轴上零件易于安装，轴端及各轴段的端部应有倒角。

轴上磨削的轴段，应有砂轮越程槽（图 4-8-8 中⑥与⑦的交界处）；车制螺纹的轴段，应有退刀槽。在满足使用要求的情况下，轴的形状和尺寸应力求简单，以便于加工。

2. 确定各轴段的直径和长度

（1）确定各轴段的直径（参见图 4-8-8）

① 由最小轴径估算求得的 d_{1min}，即为图 4-8-8 中轴外伸端装带轮①处的直径。

② 轴段②处的直径 d_2 应大于 d_1，以便形成轴肩，使带轮定位。

③ 装滚动轴承处轴颈③的直径 d_3 应大于 d_2，以便于轴承拆装。该轴段加工精度要求高且 d_3 应符合轴承内径。

④ 装齿轮④处的直径 d_4 应大于 d_3，可使齿轮方便拆装，并避免划伤轴颈表面。齿轮定位靠右段轴环，轴环直径 d_5 应大于 d_4，保证定位可靠。

⑤ 为装配方便，同一轴上两端轴承采用相同的型号，故右端轴承⑦处的轴径也为 d_3。

⑥ 轴段⑥处的直径，除要满足右端轴承的定位要求外，还应保证轴承的装拆方便。

（2）确定各轴段的长度

① 为使套筒、轴端挡圈、圆螺母等能可靠地压紧在轴上零件的端面，轴头的长度通常比轮毂宽度 B 小 1～3mm。

② 轴颈处的轴段长度应与轴承宽度相匹配。

③ 回转件与箱体内壁间的距离为 10～15mm；轴承端面距箱体内壁约为 5～10mm；联轴器或带轮与轴承盖间的距离通常取 10～15mm。

3. 轴上零件的轴向定位和固定

（1）轴上零件的轴向固定 阶梯轴上截面变化处叫轴肩，利用轴肩和轴环进行轴向定位，其结构简单、可靠，并能承受较大轴向力。在图 4-8-8 中，①、②间的轴肩使带轮定位；轴环⑤使齿轮在轴上定位；⑥、⑦间的轴肩使右端滚动轴承定位。

有些零件依靠套筒定位。在图 4-8-8 中左端滚动轴承采用套筒定位。套筒定位结构简单、可靠，但不适合高转速情况。

无法采用套筒或套筒太长时，可采用圆螺母加以固定，如图 4-8-9 所示。圆螺母定位可实现轴上零件的位置调整，并能承受较大轴向力，但轴上需车制螺纹。

在轴端部可以用圆锥面定位（图 4-8-10），圆锥面定位的轴和轮毂之间无径向间隙、装拆方便，能承受冲击，但锥面加工较为麻烦。

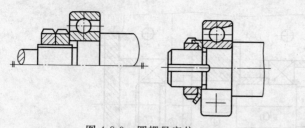

图 4-8-9　圆螺母定位

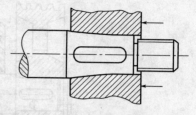

图 4-8-10　圆锥面定位

　　图 4-8-11 和图 4-8-12 中的挡圈定位结构简单、紧凑，能承受较小的轴向力，但可靠性差，可在不太重要的场合使用。图 4-8-13 是轴端挡圈定位，它适用于轴端，可承受剧烈的振动和冲击载荷。在图 4-8-8 中，带轮的轴向固定靠轴端挡圈。

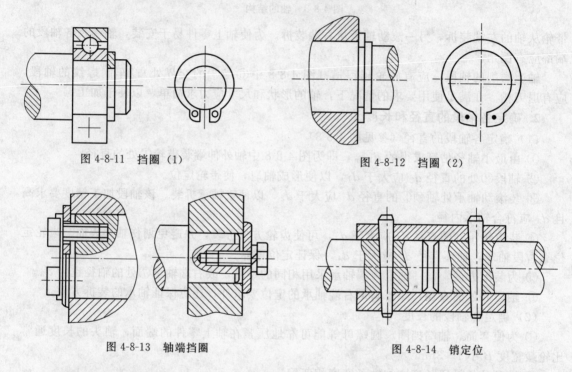

图 4-8-11　挡圈（1）　　　　　　　　　图 4-8-12　挡圈（2）

图 4-8-13　轴端挡圈　　　　　　　　　图 4-8-14　销定位

　　圆锥销也可以用作轴向定位，它结构简单，用于受力不大且同时需要轴向定位和固定的场合，如图 4-8-14 所示。

　　（2）轴上零件的周向固定　轴上零件周向固定的目的是使其能同轴一起转动并传递转矩。轴上零件的周向固定，大多采用键、花键或过盈配合等连接形式。

　　（3）轴上零件的定位　轴上零件的定位与固定是两个截然不同的概念。定位是为了保证轴上零件有准确的安装位置；而固定是为了使轴上零件保持原位，并清除轴向和周向两个自由度，对于轴的具体结构既起到定位作用又起到固定作用。

任务 4.8.3　轴的强度校核

【任务描述】

　　完成轴的结构设计后，轴上零件的位置已确定，轴所受的弯矩即可求出。为使轴的设计既安全又经济，应进行弯扭强度校核。

【任务分析】

绘出轴的空间受力简图，将轴上作用力分解成水平分力和铅垂分力；求出水平平面内和铅垂平面内的支反力，分别绘出水平面内的弯矩图和铅垂面的弯矩；计算合成弯矩，绘出合成弯矩图；计算转矩，绘出转矩图；按弯扭组合作用计算当量弯矩，绘出当量弯矩图；判断危险截面，校核危险截面处轴的直径；比较轴径，当 $d_{计算} \leqslant d_{设计}$ 时，说明轴强度足够。否则重新进行轴的结构设计。

【知识准备】

1. 直径估算

对承受弯曲和扭转复合作用的转轴，由于轴上零件的位置和两轴承间的距离通常尚未确定，所以对轴所受弯矩无法进行计算。因此常用扭矩法作轴径的估算。

轴直径的设计式为：
$$d \geqslant A(P/n)^{1/3}$$

式中，d 为最小轴径，mm；P 为功率，kW；n 为轴传递的转速，r/min；A 为轴的材料和承载情况确定的系数，45 钢通常取 $107 \sim 118$。

2. 按弯扭组合校核轴的强度

轴的最小直径确定后，根据阶梯轴的形状确定其他各段直径，轴上零件位置得以确定，轴各截面的弯矩即可算出。这时可按弯扭组合作用校核轴的强度。

危险截面处直径的计算公式
$$d \geqslant \{[M_C^2 + (\alpha T)^2]^{1/2}/[0.1[\sigma_b]_{-1}]\}^{1/3}$$

式中，M_C 为合成弯矩，N·mm；T 为扭矩，N·mm；α 为根据扭矩性质而定的折合系数，扭矩不变时，$\alpha = 0.3$；扭矩为脉动循环时，$\alpha = 0.6$；对频繁正反转动的轴，扭矩视为对称循环变化，$\alpha = 1$；$[\sigma_b]_{-1}$ 为对称循环下的许用弯曲应力。

3. 绘出轴零件工作图

绘制轴零件工作图时要做到以下几方面。

① 正确合理选择视图，完整而清楚地表达结构形状与尺寸。

② 轴向尺寸标注要完备，设计、制造、测量基准要统一，不允许形成封闭的尺寸链。

③ 表面粗糙度、行位公差标注要恰当。

④ 轴上中心孔根据需要标注。其他热处理方法、硬度、圆角和倒角列入"技术要求"中。

【任务实施】

例 一级直齿圆柱齿轮减速器从动轴的转速 $n = 170$ r/min，传递的功率 $P = 6$ kW，齿轮轮毂宽度 $b_2 = 65$ mm，齿数 $z = 60$，模数 $m = 3$。设计该减速器的从动轴。

解：

1. 选择轴的材料，确定许用应力

由于设计的是单级减速器的输入轴，属于一般轴的设计问题，选用 45 正火钢，抗拉强度 $\sigma_b = 600$ MPa，$[\sigma_{-1}] = 55$ MPa。

2. 估算轴的最小直径

取 $A = 110$
$$d_1 \geqslant A(P/n)^{1/3} = 110 \times (6/170)^{1/3} = 36.1 \text{(mm)}$$

考虑有键槽，将直径增大 5%，则 $d_1 = 36.1 \times (1 + 5\%) = 37.9$(mm)
取标准直径 $d_1 = 38$mm

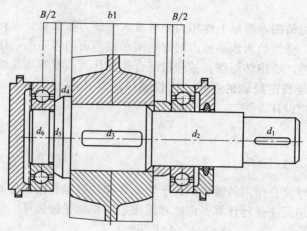

3. 轴的结构设计

（1）轴上零件的定位、固定和装配。

单级减速器中可将齿轮安排在箱体中央，相对两轴承对称分布，齿轮左面由轴肩定位，右面用套筒轴向固定，靠平键和过盈配合实现周向固定。两轴承分别以轴肩和套筒实现轴向定位，靠过盈配合实现周向固定，轴通过两端轴承实现轴向定位。大带轮轮毂靠轴肩、平键和螺栓分别实现轴向定位和周向固定。

（2）确定轴各段直径和长度。

① Ⅰ段：$d_1 = 38$mm，长度取决于联轴器结构和安装位置，根据联轴器计算选择，选取 YL_7 型 Y 型凸缘联轴器 $L_1 = 82$mm。

由 $h = (2 \sim 3)c$ 查指导书附表取 $c = 1.5$mm

② Ⅱ段：$d_2 = d_1 + 2h = 38 + 2 \times (2 \sim 3) \times 1.5 = 44 \sim 47$(mm)
取 $d_2 = 45$mm

初选用 6009 型深沟球轴承，其内径为 45mm，宽度为 16mm。

考虑齿轮端面和箱体内壁，轴承端面和箱体内壁应有一定距离。而且两对轴承与箱体内壁距离一致，（$L_{轴1} = L_{轴2}$）取套筒长为 21mm，通过密封盖轴段长应根据密封盖的宽度，并考虑联轴器和箱体外壁应有一定距离而定，为此，取该段长为 55mm，安装齿轮段长度应比轮毂宽度小 2mm，故 Ⅱ段长：

$$L_2 = (2 + 21 + 16 + 55) = 94 \text{(mm)}$$

③ Ⅲ段：直径 $d_3 = d_2 + 2h = 45 + 2 \times (2 \sim 3) \times 1.5 = 51 \sim 54$(mm) 取 $d_3 = 53$mm

$$L_3 = b_2 - 2 = 65 - 2 = 63 \text{(mm)}$$

④ Ⅳ段：直径 $d_4 = d_3 + 2h = 53 + 2 \times (2 \sim 3) \times 1.5 = 59 \sim 62$(mm) 取 $d_4 = 60$mm
L_4 与 L_5 长度之和与右面的套筒相同，即 $L_4 + L_5 = 21$mm。

⑤ 考虑此段滚动轴承右面的定位轴肩，应便于轴承的拆卸，应按标准查取，由轴承附表得安装尺寸 $d_a = 51$mm，该段直径应取：$d_5 = 51$mm。

⑥ Ⅵ段：直径 $d_6 = 45$mm，长度 $L_6 = 16$mm

由上述轴各段长度可算得轴支承跨距 $L = 16 + 21 + 65 + 21 = 123$(mm)

4. 齿轮受力计算

（1）求分度圆直径 D：根据模数、齿数得，$D = 180$mm

(2) 求扭矩：已知 $T_2 = 9550 \times P/n = 337059\text{N} \cdot \text{mm}$

(3) 求圆周力 F_t： $F_t = 2T_2/D = 2 \times 337059/180 = 3745.1(\text{N})$

(4) 求径向力 F_r： $F_r = F_t \tan\alpha = 3745.1 \times \tan20° = 1216.86(\text{N})$

5. 轴的强度校核

(1) 绘制轴受力（水平面 H 和铅垂面 V）简图［如图（a）］。

(2) 绘制水平面弯矩图［如图（b）］。

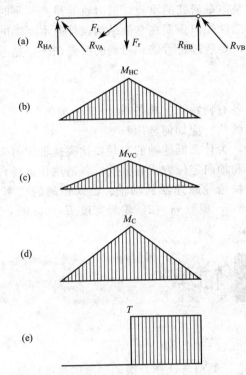

轴承支反力：
$$R_{HA} = R_{HB} = F_t/2 = 1872.55\text{N}$$

由两边对称，知截面 C 的弯矩也对称。截面 C 在水平面弯矩为
$$M_{HC} = R_{HA}(L/2) = 1872.55 \times 61.5 = 115161.83(\text{N} \cdot \text{mm})$$

(3) 绘制垂直面弯矩图［如图（c）］。
$$R_{VA} = R_{VB} = F_r/2 = 608.43\text{N}$$

由两边对称，知截面 C 的弯矩也对称。截面 C 在垂直面弯矩为
$$M_{VC} = R_{VA}(L/2) = 608.43 \times 61.5 = 37418.45(\text{N} \cdot \text{mm})$$

(4) 绘制合成弯矩图［如图（d）］。
$$M_C = (M_{HC}^2 + M_{VC}^2)^{1/2} = (115161.83^2 + 37418.45^2)^{1/2} = 121088.4(\text{N} \cdot \text{mm})$$

(5) 绘制扭矩图［如图（e）］。

扭矩：$T = 337059\text{N} \cdot \text{mm}$

(6) 按弯扭合成进行强度计算。

单向转动，转矩为脉动循环：$\alpha = 0.6$
$$d \geqslant \{[(M_C^2 + (\alpha T)^2]^{1/2}/0.1[\sigma-1]\}^{1/3}$$
$$= \{[121088.4^2 + (0.6 \times 337059)^2]^{1/2}/5.5\}^{1/3} = 34.99(\text{mm})$$

考虑键槽 $34.99 \times 1.05 = 36.74(\text{mm})$

由于 $d_3=53\text{mm}\geqslant d$

所示，该轴强度足够，不必修改结构。

【学习小结】

（1）轴的类型及其应力性质。要求能结合实际判明轴的类型及其所受的应力特性。这是设计轴时首先应明确的问题。

（2）轴的结构设计。这是本章研究的重点，同时也是难点。平时要注意观察和分析实物及部件装配图，以不断增加感性知识；要在掌握结构设计基本要求的基础上，从实例中学习分析问题和解决问题的方法；要通过思考题和习题的反复训练，熟悉和掌握轴的结构。

【自我评估】

4-8-1 轴有哪些类型？各有何特点？请各举 2~3 个实例？

4-8-2 轴的常用材料有哪些？应如何选用？

4-8-3 在齿轮减速器中，为什么低速轴的直径要比高速轴粗得多？

4-8-4 轴上零件的周向和轴向定位方式有哪些？各适用什么场合？

4-8-5 试设计某直齿圆柱齿轮减速器从动轴。已知传递的功率 $P=7.5\text{kW}$，大齿轮转速 $n_2=730\text{r/min}$，齿数 $z_2=50$，模数 $m=2$，轮毂宽度 $B=60\text{mm}$，采用深沟球轴承，单向转动，希望轴的跨距 120mm。

学习情境 4.9 轴承

【学习目标】

（1）掌握滚动轴承的构造、类型与选择，滚动轴承的强度计算。

（2）滚动轴承的组合设计及轴承的润滑与密封。

任务 4.9.1 滚动轴承

【任务描述】

滚动轴承一般由内圈、外圈、滚动体和保持架组成（图 4-9-1）。

图 4-9-1 滚动轴承

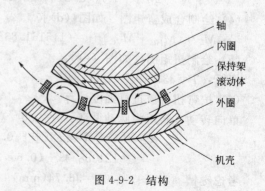

图 4-9-2 结构

【任务分析】

通常内圈随轴颈转动，外圈装在机座或零件的轴承孔内固定不动。内外圈都制有滚道，当内外圈相对旋转时，滚动体将沿滚道滚动。保持架的作用是把滚动体沿滚道均匀地隔开，如图 4-9-2 所示。

【知识准备】

1. 滚动轴承的结构

滚动轴承一般由内圈、外圈、滚动体和保持架组成。

由于滚动轴承已经标准化，并由轴承厂大批生产，所以，使用者的任务主要是熟悉标准、正确选用。

图 4-9-3 给出了不同形状的滚动体，按滚动体形状滚动轴承可分为球轴承和滚子轴承。滚子又分为长圆柱滚子、短圆柱滚子、螺旋滚子、圆锥滚子、球面滚子和滚针等。

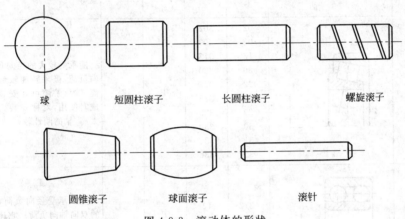

| 球 | 短圆柱滚子 | 长圆柱滚子 | 螺旋滚子 |
| 圆锥滚子 | 球面滚子 | 滚针 | |

图 4-9-3 滚动体的形状

2. 滚动轴承类型及特点

滚动轴承的主要类型和特性，见表 4-9-1。

表 4-9-1 滚动轴承的主要类型和特性

轴承名称、类型及代号	结构简图、承载方向	尺寸系列代号	组合代号	极限转速 n_c	允许角偏差 θ	特性与应用
双列角接触球轴承(0)		32 33	32 33	中		同时能承受径向负荷和双向的轴向负荷，比角接触球轴承具有较大的承载能力，与双联角接触球轴承比较，在同样负荷作用下能使轴在轴向更紧密地固定
调心球轴承1或(1)		(0)2 22 (0)3 23	12 22 13 23	中	2°～3°	主要承受径向负荷，可承受少量的双向轴向负荷。外圈滚道为球面，具有自动调心性能。适用于多支点轴、弯曲刚度小的轴以及难于精确对中的支承

轴承名称、类型及代号	结构简图、承载方向	尺寸系列代号	组合代号	极限转速 n_c	允许角偏差 θ	特性与应用
调心滚子轴承 2		13 22 23 30 31 32 40 41	213 222 223 230 231 232 240 241	中	0.5°~2°	主要承受径向负荷,其承载能力比调心球轴承约大1倍,也能承受少量的双向轴向负荷。外圈滚道为球面,具有调心性能,适用于多支点轴、弯曲刚度小的轴及难于精确对中的支承
推力调心滚子轴承 2		92 93 94	292 293 294	中	2°~3°	可承受很大的轴向负荷和一定的径向负荷,滚子为鼓形,外圈滚道为球面,能自动调心。转速可比推力球轴承高。常用于水轮机轴和起重机转盘等
圆锥滚子轴承 3		02 03 13 20 22 23 29 30 31 32	302 303 313 320 322 323 329 330 331 332	中	2′	能承受较大的径向负荷和单向的轴向负荷,极限转速较低。内外圈可分离,轴承游隙可在安装时调整。通常成对使用,对称安装。适用于转速不太高,轴的刚性较好的场合
双列深沟球轴承 4		(2)2 (2)3	42 43	中		主要承受径向负荷,也能承受一定的双向轴向负荷。它比深沟球轴承具有较大的承载能力
推力球轴承 5		11 12 13 14	511 512 513 514	低	不允许	推力球轴承的套圈与滚动体可分离,单向推力球轴承只能承受单向轴向负荷,两个圈的内孔不一样大,内孔较小的与轴配合,内孔较大的与机座固定。双向推力球轴承可以承受双向轴向负荷,中间圈与轴配合,另两个圈为松圈 高速时,由于离心力大,寿命较低。常用于轴向负荷大、转速不高的场合
		22 23 24	522 523 524	低	不允许	
深沟球轴承 6 或(16)		17 37 18 19 (0)0 (1)0 (0)2 (0)3 (0)4	617 637 618 619 160 60 62 63 64	高	8′~16′	主要承受径向负荷,也可同时承受少量双向轴向负荷,工作时内外圈轴线允许偏斜。摩擦阻力小,极限转速高,结构简单,价格便宜,应用最广泛。但承受冲击载荷能力较差,适用于高速场合。在高速时可代替推力球轴承

轴承名称、类型及代号	结构简图、承载方向	尺寸系列代号	组合代号	极限转速 n_c	允许角偏差 θ	特性与应用
角接触球轴承 7		19 (1)0 (0)2 (0)3 (0)4	719 70 72 73 74	较高	$2'\sim3'$	能同时承受径向负荷与单向的轴向负荷，公称接触角 α 有 15°、25°、40° 三种，α 越大，轴向承载能力也越大。成对使用，对称安装，极限转速较高。适用于转速较高，同时承受径向和轴向负荷的场合
推力圆柱滚子轴承 8		11 12	811 812	低	不允许	能承受很大的单向轴向负荷，但不能承受径向负荷。它比推力球轴承承载能力要大，套圈也分紧圈与松圈。极限转速很低，适用于低速重载场合
圆柱滚子轴承 N		10 (0)2 22 (0)3 23 (0)4	N10 N2 N22 N3 N23 N4	较高	$2'\sim4'$	只能承受径向负荷。承载能力比同尺寸的球轴承大，承受冲击载荷能力大，极限转速高。对轴的偏斜敏感，允许偏斜较小，用于刚性较大的轴上，并要求支承座孔很好地对中
滚针轴承 NA		48 49 69	NA48 NA49 NA69	低	不允许	滚动体数量较多，一般没有保持架。径向尺寸紧凑且承载能力很大，价格低廉 不能承受轴向负荷，摩擦因数较大，不允许有偏斜。常用于径向尺寸受限制而径向负荷又较大的装置中

3. 滚动轴承类型代号及类型选择

滚动轴承的类型很多，而各类轴承又有不同的结构、尺寸、精度和技术要求，为便于组织生产和选用，应规定滚动轴承的代号。滚动轴承的代号表示方法如下。

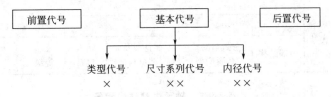

（1）内径尺寸代号：右起第一、二位数字表示内径尺寸，表示方法见表 4-9-2。

（2）尺寸系列代号：右起第三、四位表示尺寸系列（第四位为 0 时可不写出）。为了适应不同承载能力的需要，同一内径尺寸的轴承，可使用不同大小的滚动体，因而使轴承的外径和宽度也随着改变。这种内径相同而外径或宽度不同的变化称为尺寸系列，见表 4-9-3。

（3）类型代号：右起第五位表示轴承类型，其代号见表 4-9-1。代号为 0 时不写出。

（4）前置代号：在基本代号之前，用来说明成套轴承分部件的特点，见表 4-9-4。

（5）后置代号：内部结构、尺寸、公差等，其顺序见表 4-9-5，常见的轴承内部结构代号和公差等级代号分别见表 4-9-5 和表 4-9-6。

表 4-9-2　轴承内径尺寸代号

内径尺寸/mm	代号表示	举　例	
		代号	内径
10	00		
12	01		
15	02	6200	10
17	03		
20～480(5 的倍数)	内径/5 的商	23208	40
22、28、32 及 500 以上	/内径	230/500 62/22	500 22

表 4-9-3　向心轴承、推力轴承尺寸系列代号表示法

直径系列代号	向心轴承							推力轴承			
	宽度系列代号							高度系列代号			
	窄 0	正常 1	宽 2	特宽 3	特宽 4	特宽 5	特宽 6	特低 7	低 9	正常 1	正常 2
	尺寸系列代号										
超特轻 7	—	17		37	—	—	—	—	—	—	—
超轻 8	08	18	28	38	48	58	68	—	—	—	—
超轻 9	09	19	29	39	49	59	69	—	—	—	—
特轻 0	00	10	20	30	40	50	60	70	90	10	
特轻 1	01	11	21	31	41	51	61	71	91	11	
轻 2	02	12	22	32	42	52	62	72	92	12	22
中 3	03	13	23	33	—	—	63	73	93	13	23
重 4	04	—	24					74	94	14	24

表 4-9-4　轴承代号排列

前置代号	轴　承　代　号								
	基本代号	后置代号							
		1	2	3	4	5	6	7	8
成套轴承分部件		内部结构	密封与防尘套圈变型	保持架及其材料	轴承材料	公差等级	游隙	配置	其他

表 4-9-5　轴承内部结构代号

代　号	含　义	示　例
C	角接触球轴承公称接触角 $\alpha=15°$ 调心滚子轴承 C 型	7005C 23122C
AC	角接触球轴承公称接触角 $\alpha=25°$	7210AC
B	角接触球轴承公称接触角 $\alpha=40°$ 圆锥滚子轴承接触角加大	7210B 32310B
E	加强型	N207E

表 4-9-6　轴承公差等级代号

代　号	含　义	示　例
/P0	公差等级符合标准规定的 0 级(可省略不标注)	6205
/P6	公差等级符合标准规定的 6 级	6205/P6
/P6X	公差等级符合标准规定的 6X 级	6205/P6X
/P5	公差等级符合标准规定的 5 级	6205/P5
/P4	公差等级符合标准规定的 4 级	6205/P4
/P2	公差等级符合标准规定的 2 级	6205/P2

4. 滚动轴承类型的选择

（1）承载能力　在同样外形尺寸下，滚子轴承的承载能力约为球轴承的 1.5～3 倍。所以，在载荷较大或有冲击载荷时宜采用滚子轴承。但当轴承内径 $d \leqslant 20mm$ 时，滚子轴承和球轴承的承载能力已相差不多，而球轴承的价格一般低于滚子轴承，故可优先选用球轴承。

（2）接触角 α　接触角是滚动轴承的一个主要参数，轴承的受力分析和承载能力等与接触角有关。表 4-9-7 列出各类轴承的公称接触角。

滚动体套圈接触处的法线与轴承径向平面（垂直于轴承轴心线的平面）之间的夹角称为公称接触角。公称接触角越大，轴承承受轴向载荷的能力也越大。

滚动轴承按其承受载荷的方向或公称接触角的不同，可分为：

① 径向轴承，主要用于承受径向载荷，其公称接触角从 0°到 45°；

② 推力轴承，主要用于承受轴向载荷，其公称接触角从大于 45°到 90°（表 4-9-7）。

由于接触角的存在，角接触轴承可同时承受径向载荷和轴向载荷。公称接触角小的，如角接触向心轴承，主要用于承受径向载荷；公称接触角大的，如角接触推力轴承，主要用于承受轴向载荷。径向接触向心球轴承的公称接触角为零（表 4-9-7），但由于滚动体与滚道间留有微量间隙，受轴向载荷时轴承内外圈间将产生轴向相对位移，实际上形成一个不大的接触角，所以它也能承受一定的轴向载荷。

表 4-9-7　各类球轴承的公称接触角

轴承类型	径向轴承		推力轴承	
	径向接触	向心角接触	推力角接触	轴向接触
公称接触角 α	$\alpha=0°$	$0°<\alpha\leqslant45°$	$45°<\alpha<90°$	$\alpha=90°$
图例				

（3）极限转速 n_c　滚动轴承转速过高会使摩擦面间产生高温，润滑失效，从而导致滚动体回火或胶合破坏。轴承在一定载荷和润滑条件下，允许的最高转速称为极限转速，其具体数值见有关手册。各类轴承极限转速的比较，见表 4-9-1。如果轴承极限转速不能满足要求，可采取提高轴承精度、适当加大间隙、改善润滑和冷却条件、选用青铜保持架等措施。

【任务实施】

例 4-9-1 试说明轴承代号 6213/P4 和 7312C 的意义。

6	2	13	/P4	深沟球轴承	窄 0	轻 2	内径 65	4 级精度
7	3	12	C	角接触球轴承	窄 0	中 3	内径 60	公称接触角 $\alpha = 15°$

任务 4.9.2 滚动轴承的强度计算

【任务描述】

滚动轴承工作时,对于轴向力,可认为由各滚动体平均分担;当受径向力作用时,其载荷及应力的分布不均匀。

【任务分析】

以图 4-9-4 所示的深沟球轴承为例。

【知识准备】

1. 滚动体受力分析

滚动轴承在通过轴心线的轴向载荷(中心轴向载荷)F_a 作用下,可认为各滚动体所承受载荷是相等的。当轴承受纯径向载荷 F_r 作用时(图 4-9-4),由于各接触点上存在弹性变形,使内圈沿 F_r 方向下移一距离 δ,上半圈滚动体不承受载荷,而下半圈各滚动体承受不同的载荷。处于 F_r 作用线最下位置的滚动体受载最大(Q),而远离作用线的各滚动体,其受载就逐渐减小。对于 $\alpha = 0°$ 的向心轴承可以导出

$$Q \approx 5F_r/z$$

式中,z 为轴承的滚动体的总数。

2. 滚动轴承的失效形式

(1)疲劳破坏 如图 4-9-4 所示,在工作过程中,滚动体和内外圈不断地接触,滚动体与滚道受变应力作用,可近似地看作是脉动循环。在载荷的反复作用下,首先在表面下一定深度处产生疲劳裂纹,继而扩展到接触表面,形成疲劳点蚀,致使轴承不能正常工作。通常,疲劳点蚀是滚动轴承的主要失效形式。

(2)塑性变形 当轴承转速很低或间歇摆动时,一般不会产生疲劳损坏。而很大的静载荷或冲击载荷会使轴承滚道和滚动体接触处产生塑性变形,使滚道表面形成变形凹坑。从而使轴承在运转中产生剧烈振动和噪声,无法正常工作。

此外,使用维护和保养不当或密封润滑不良也能引起轴承早期磨损、胶合、内外圈和保持架破损等失效形式。

3. 滚动轴承疲劳寿命的计算

轴承的套圈或滚动体的材料首次出现疲劳点蚀前,一个套圈相对于另一个套圈的转数,称为轴承的寿命。寿命

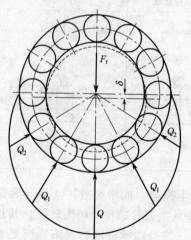

图 4-9-4 滚动体受力分布

还可以用在恒定转速下的运转小时数来表示。

对于一组同一型号的轴承，由于材料、热处理和工艺等很多随机因素的影响，即使在相同条件下运转，寿命也不一样，有的甚至相差几十倍。因此对一个具体轴承，很难预知其确切的寿命。但大量的轴承寿命试验表明，轴承的可靠性与寿命之间有如图 4-9-5 所示的关系。可靠性常用可靠度 R 度量。一组相同轴承能达到或超过规定寿命的百分率，称为轴承寿命的可靠度。如图所示，当寿命 L 为 1×10^6 r 时，可靠度 R 为 90%。

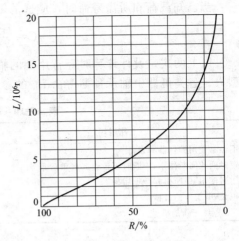

图 4-9-5　轴承寿命曲线

一组同一型号轴承在相同条件下运转，其可靠度为 90% 时，能达到或超过的寿命称为额定寿命，单位为百万转（10^6 r）。换言之，即 90% 的轴承在发生疲劳点蚀前能达到或超过的寿命，称为额定寿命。对单个轴承来讲，能够达到或超过此寿命的概率为 90%。

大量试验表明：对于相同型号的轴承，在不同载荷 F_1，F_2，F_3，… 作用下，若轴承的额定寿命分别为 L_1，L_2，L_3，…（10^6 r），则它们之间有如下的关系：

$$L_1 F_1^\varepsilon = L_2 F_2^\varepsilon = L_3 F_3^\varepsilon = \cdots = 常数$$

在寿命 $L = 10^6$ r（可靠度为 90%）时，轴承能承受的载荷为额定动载荷，用 C 表示。上式可写为

$$LF^\varepsilon = 10^6 C^\varepsilon$$

或

$$L = 10^6 \times \left(\frac{C}{F}\right)^\varepsilon \quad (10^6 \, \text{r}) \tag{4-9-1}$$

式中，ε 为寿命指数，球轴承 $\varepsilon = 3$，滚子轴承 $\varepsilon = 10/3$。

实际计算时，用小时表示轴承寿命比较方便，上式可改写为：

$$L_h = \frac{10^6}{60n}\left(\frac{C}{F}\right)^\varepsilon \quad (\text{h}) \tag{4-9-2}$$

式中，n 为轴承的转速，r/min。

考虑到轴承工作温度高于 100℃ 时，轴承的额定动载荷 C 有所降低，故引进温度系数 f_T，对 C 值予以修正，f_T 可查表 4-9-8。考虑到很多机械在工作中有冲击、振动，使轴承寿命降低，为此又引进载荷系数 f_F，对载荷 F 值进行修正，f_F 可查表 4-9-9。

表 4-9-8　温度系数 f_T

轴承工作温度/℃	100	125	150	200	250	300
温度系数 f_T	1	0.95	0.90	0.80	0.70	0.60

表 4-9-9　载荷系数 f_F

载荷性质	无冲击或轻微冲击	中等冲击	强烈冲击
f_F	1.0～1.2	1.2～1.8	1.8～3.0

修正后的寿命计算式可写为

$$L_h = \frac{10^6}{60n}\left(\frac{f_T C}{f_F F}\right)^\varepsilon \quad (\text{h}) \tag{4-9-3}$$

当已知载荷和所需寿命时，应选的轴承额定动载荷可按下式计算：

$$C = \frac{f_F F}{f_T}\left(\frac{60n}{10^6}L_h\right)^{1/\varepsilon} (\text{N})$$

(4-9-4)

以上两式是设计计算时经常用到的轴承寿命计算式，由此可迅速确定轴承的寿命或尺寸型号。各类机器中轴承预期寿命 L_h 的参考值，列于表 4-9-10 中。

表 4-9-10　轴承预期寿命 L_h 参考值

使用场合	L_h/h
不经常使用的仪器和设备	500
短时间或间断使用，中断时不致引起严重后果	4000～8000
间断使用，中断引起严重后果	8000～12000
每天 8h 工作的机械	12000～20000
24h 连续工作的机械	40000～60000

4. 当量动载荷的计算

滚动轴承的额定动载荷是在一定条件下确定的。对向心轴承是指承受纯径向载荷；对推力轴承是指承受轴向载荷。如果作用在轴承上的实际载荷与上述条件不一样，必须将实际载荷换算为和上述条件相同的载荷后，才能和额定动载荷进行比较。换算后的载荷是一种假定的载荷，称为当量动载荷。径向和轴向载荷分别用 R 和 A 表示。

对于向心轴承，径向当量动载荷 P 与实际载荷 R、A 的关系式为

$$P = XR + YA$$

(4-9-5)

式中，X 为径向系数；Y 为轴向系数，可分别按 $A/R > e$ 或 $A/R \leqslant e$ 两种情况，由表 4-9-11 查出。参数 e 反映了轴向载荷对轴承承载能力的影响，其值与轴承类型和 A/C_0 有关，C_0 是轴承的径向额定静载荷。

表 4-9-11　向心轴承当量动载荷的 X、Y 值

轴承类型	A/C_0	e	$A/R > e$		$A/R \leqslant e$	
			X	Y	X	Y
深沟球轴承 60000	0.014	0.19	0.56	2.30	1	0
	0.028	0.22		1.99		
	0.056	0.26		1.71		
	0.084	0.28		1.55		
	0.11	0.30		1.45		
	0.17	0.34		1.31		
	0.28	0.38		1.15		
	0.42	0.42		1.04		
	0.56	0.44		1.00		
角接触球轴承 70000C ($\alpha=15°$)	0.015	0.38	0.44	1.47	1	0
	0.029	0.40		1.40		
	0.058	0.43		1.30		
	0.087	0.46		1.23		
	0.12	0.47		1.19		
	0.17	0.50		1.12		
	0.29	0.55		1.02		
	0.44	0.56		1.00		
	0.58	0.56		1.00		
70000AC ($\alpha=25°$)	—	0.68	0.41	0.87	1	0
70000B ($\alpha=40°$)	—	1.14	0.35	0.57	1	0

轴承类型	A/C_0	e	$A/R > e$		$A/R \leqslant e$	
			X	Y	X	Y
圆锥滚子轴承 30000	—	$1.5\tan\alpha$	0.4	$0.4\cot\alpha$	1	0
调心球轴承 10000	—	$1.5\tan\alpha$	0.65	$0.65\cot\alpha$	1	0

径向轴承只承受径向载荷时，其当量动载荷为

$$P = R \tag{4-9-6}$$

推力轴承只能承受轴向载荷，因此其当量动载荷为

$$P = A \tag{4-9-7}$$

5. 角接触向心轴承轴向载荷的计算

角接触球轴承和圆锥滚子轴承的结构特点是在滚动体和滚道接触处存在着接触角 α。当它承受径向载荷 R 时，作用在承载区内第 i 个滚动体上的法向力 Q_i 可分解为径向分力 R_i 和轴向分力 S_i。各滚动体上所受轴向分力的和即为轴承的内部轴向力 S［见图 4-9-6(a) 中的 S_1 和 S_2］。轴承的内部轴向力可以按表 4-9-12 计算。

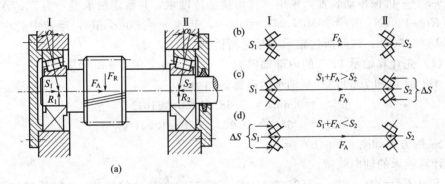

图 4-9-6　圆锥滚子轴承的受力

表 4-9-12　角接触球轴承和圆锥滚子轴承内部轴向力

轴承类型	角接触球轴承			圆锥滚子轴承
	70000C 型($\alpha = 15°$)	70000AC 型($\alpha = 25°$)	70000B 型($\alpha = 40°$)	
内部轴向力 S	eR	$0.68R$	$1.14R$	$R/2Y$[①]

① Y 是 $A/R > e$ 时的轴向系数，参见表 4-9-11。

为了使轴承内部轴向力得到平衡，通常角接触球轴承和圆锥滚子轴承都是成对使用的。在计算轴承所受轴向力 A 时，除了考虑外部轴向力 F_A 的作用外，还应将由径向载荷 R 产生的内部轴向力 S_1 和 S_2 考虑进去［见图 4-9-6(b)］。

首先按表 4-9-12 求得轴承内部轴向力 S_1 和 S_2。如图 4-9-6(c) 所示，当 $F_A + S_1 > S_2$，由于轴不能向右移动，轴承Ⅱ承受的轴向力显然是 $A_2 = F_A + S_1$。若如图 4-9-6(d) 所示，$S_2 > F_A + S_1$，则轴承Ⅱ的轴向力是 $A_2 = S_2$。因此轴承Ⅱ的轴向载荷必然是下列两值中的较大者：

$$A_2 = S_2$$
$$A_2 = F_A + S_1 \tag{4-9-8}$$

用同样的方法分析，可得轴承Ⅰ的轴向力是下列两值中的较大者：

$$A_1 = S_1$$
$$A_1 = S_2 - F_A \tag{4-9-9}$$

当轴向外力 F_A 与图示方向相反时，F_A 应取负值，其他计算步骤相同。

【任务实施】

  例 4-9-2 试求 N207 轴承允许的最大径向载荷。已知工作转速 $n=200 \text{r/min}$，工作温度 $t<100℃$，载荷平稳，寿命 $L_h=1000\text{h}$。

  解：对向心轴承，由式（4-9-3）可得载荷为：

$$F = \frac{f_T}{f_F} C \left(\frac{10^6}{60 n L_h} \right)^{1/\varepsilon}$$

  由机械设计手册查得圆柱滚子轴承 N207 的径向额定动载荷 $C=27200\text{N}$；因 $t<100℃$，由表 4-9-8 查得 $f_T=1$，因载荷平稳，由表 4-9-9 查得 $f_F=1$，对滚子轴承取 $\varepsilon=10/3$。将以上有关数据代入上式，得

$$F = 27200 \times \left(\frac{10^6}{60 \times 200 \times 10^4} \right)^{3/10} = 6469 \text{(N)}$$

  故在规定的条件下，N207 轴承可承受的载荷为 6469N。

  例 4-9-3 一机械传动装置，采用一对角接触球轴承，并暂定轴承型号为 7307AC。已知轴承载荷 $R_1=1200\text{N}$，$R_2=2050\text{N}$，$F_A=880\text{N}$，转速 $n=5000\text{r/min}$，运转中受中等冲击，预期寿命 $L_h=2000\text{h}$，试问所选轴承型号是否恰当？

  解：（1）先计算轴承 1、2 的内部轴向力 S_1、S_2［参见图 4-9-6(b)］。

  由表 4-9-12 可知 70000AC 型轴承的内部轴向力为

$$S_1 = 0.68 R_1 = 0.68 \times 1200 = 816 \text{(N)}$$
$$S_2 = 0.68 R_2 = 0.68 \times 2050 = 1394 \text{(N)}$$

S_1、S_2 的方向如图 4-9-6(b) 所示。

  （2）计算轴承的轴向载荷。

  因为 $S_1 + F_A = 816 + 880 = 1696 \text{(N)} > S_2$，轴有向右移动的趋势，2 轴承被"压紧"，1 轴承被"放松"

  所以 $A_2 = S_1 + F_A = 1696\text{N}$

  而 $A_1 = S_1 = 816\text{N}$

  （3）计算轴承 1、2 的当量动载荷。

  由表 4-9-11 查得 70000AC 型轴承 $e=0.68$，而

$A_1 / R_1 = 816/1200 = 0.68 = e$

$A_2 / R_2 = 1696/2050 = 0.83 > 0.68$

  查表 4-9-11 可得 $X_1=1$、$Y_1=0$；$X_2=0.41$、$Y_2=0.87$。故当量动载荷为

$P_1 = 1 R_1 + 0 A_1 = 1 \times 1200 + 0 \times 816 = 1200 \text{(N)}$

$P_2 = 0.41 R_2 + 0.87 A_2 = 0.41 \times 2050 + 0.87 \times 1696 = 2316.02 \text{(N)}$

  （4）计算所需的径向额定动载荷 C。

  因两端选择同样尺寸的轴承，而 $P_2 > P_1$，故应以轴承 2 的径向当量动载荷 P_2 为计算依据。工作温度正常，查表 4-9-8 得 $f_T=1$；按中等冲击载荷，查表 4-9-9 得 $f_F=1.5$。

$$C_2 = \frac{f_F P_2}{f_T} \left(\frac{60 n}{10^6} L_h \right)^{1/3} = \frac{1.5 \times 2316.02}{1} \times \left(\frac{60 \times 5000}{10^6} \times 2000 \right)^{1/3} \approx 29301.1 \text{(N)}$$

  （5）由机械设计手册查得 7307AC 轴承的径向额定动载荷 $C=32800\text{N}$。因为 $C_2 < C$，故

所选 7307AC 轴承合适。

【学习小结】

（1）滚动轴承分为球轴承和滚子轴承；滚动轴承按承载方向又分为向心轴承和推力轴承。

（2）滚动轴承的类型选择；几个常用基本概念：额定寿命、额定动载荷、当量动载荷。

（3）滚动轴承寿命计算方法；角接触轴承内部轴向力的确定和当量动载荷的计算。

【自我评估】

4-9-1   说明下列滚动轴承代号的含义：

6210/P6，7215AC，6308，N2312

4-9-2   选择滚动轴承类型时，应考虑哪些因素？

4-9-3   滚动轴承有几种失效形式？产生原因是什么？

4-9-4   某转轴根据工作条件决定面对面安装一对角接触球轴承。已知轴承载荷 $R_1 = 1500N$，$R_2 = 2600N$，$F_A = 1000N$，方向由右指向左；轴颈 $d = 40mm$，转速 $n = 1460r/min$，运转中受中等冲击，预期寿命 $L_h = 6000h$，试选轴承型号。

参 考 文 献

[1] 关玉琴、王瑞清．工程力学．呼和浩特：内蒙古大学出版社，2009．

[2] 王洪，银金光，工程力学．北京：中国林业出版社，2006．

[3] 穆能伶．工程力学．北京：机械工业出版社，2002．

[4] 王培兴，李健，工程力学．北京：机械工业出版社，2005．

[5] 陈丹．工程力学．北京：中国劳动社会保障出版社，2006．

[6] 王伯平．互换性与测量技术基础．北京：机械工业出版社，2000．

[7] 刘金华，刘金萍．互换性与测量技术．北京：化学工业出版社，2008．

[8] 甘永立．几何量公差与检测习题试题集．上海：上海科学技术出版社，2002．

[9] 甘永立．几何量公差与检测．第 5 版．上海：上海科学技术出版社，2001．

[10] 吕天玉，宫波．公差配合与测量技术．第 2 版．大连：大连理工大学出版社，2006．

欢迎订阅化工版"全国高职高专教学改革规划教材"

本套教材涉及汽车专业、电气专业、机械专业。汽车专业的具体书目已在本书的前言和封底有具体的介绍，机械专业和电气专业的具体书目如下。

机械专业

- 机械图样识读与测绘
- 机械图样识读与测绘（化工专业适用）
- 工程力学
- 机械制造基础
- 机械设计基础
- 电气控制技术（非电类专业适用）
- 液压气动技术及应用
- 机械制造工艺与装备
- 机电设备故障诊断与维修

- 数控加工手工编程
- 数控加工自动编程
- 数控机床维护故障诊断
- 冷冲压模具设计
- 塑料成型模具设计
- 金属压铸模具设计
- 模具制造技术
- 模具试模与维修
- 电工电子技术（非电类专业适用）

电气专业

- 自动生产线安装、调试与维护
- 电机控制与维修
- 电子技术
- 电机与电气控制
- 变频器应用与维修
- PLC 技术应用——西门子 S7-200

- 单片机系统设计与调试
- 工厂供配电技术
- 自动检测仪表使用与维护
- 集散控制系统应用
- 液压气动技术与应用（非机械类专业适用）

化学工业出版社出版**机械、电气**、化学、化工、环境、安全、生物、医药、材料工程、腐蚀和表面技术等专业图书。如要出版新著，请与编辑联系。如要以上图书的内容简介和详细目录，或要更多的图书信息，请登录 www.cip.com.cn。

地址：北京市东城区青年湖南街 13 号　化学工业出版社　　**邮编**：100011
编辑：010-64519273